JavaScript 網頁設計 與 TensorFlow.js 人工智慧應用教本

JavaScript 網頁設計與 TensorFlow.js 人工智慧應用教本

作　　者：陳會安
企劃編輯：江佳慧
文字編輯：王雅雯
設計裝幀：張寶莉
發 行 人：廖文良

發 行 所：碁峰資訊股份有限公司
地　　址：台北市南港區三重路 66 號 7 樓之 6
電　　話：(02)2788-2408
傳　　真：(02)8192-4433
網　　站：www.gotop.com.tw
書　　號：AEL023900
版　　次：2020 年 09 月初版
建議售價：NT$540

國家圖書館出版品預行編目資料

JavaScript 網頁設計與 TensorFlow.js 人工智慧應用教本 / 陳會安著. -- 初版. -- 臺北市：碁峰資訊, 2020.09
面；　公分
ISBN 978-986-502-610-3(平裝)
1.Java Script(電腦程式語言)　2.網頁設計　3.人工智慧
312.32J36　　109013010

讀者服務

- 感謝您購買碁峰圖書，如果您對本書的內容或表達上有不清楚的地方或其他建議，請至碁峰網站：「聯絡我們」\「圖書問題」留下您所購買之書籍及問題。(請註明購買書籍之書號及書名，以及問題頁數，以便能儘快為您處理)
http://www.gotop.com.tw

- 售後服務僅限書籍本身內容，若是軟、硬體問題，請您直接與軟體廠商聯絡。

- 若於購買書籍後發現有破損、缺頁、裝訂錯誤之問題，請直接將書寄回更換，並註明您的姓名、連絡電話及地址，將有專人與您連絡補寄商品。

PREFACE

序言

JavaScript 是客戶端網頁技術主要使用的腳本語言，其簡單易學的語法，就算不懂程式設計，也一樣可以輕鬆在 HTML 網頁內嵌 JavaScript 程式碼，或使用 DOM（Document Object Model）走訪 HTML 網頁元素來建立客戶端動態網頁。jQuery 是 JavaScript 函式庫，可以輕鬆存取網頁元素、變更網頁外觀與內容、顯示動畫和回應使用者輸入，讓你使用另一種方式思考如何設計與建立客戶端動態網頁。

JavaScript 標準是 ECMAScript（簡稱 ES），從 ES6 開始，JavaScript 語法有了大幅度的更動，不只大量引用其他程式語言的好用語法，更提供非同步程式設計的 Promise 物件和 async/await 語法，支援 Fetch API 實作 AJAX 技術。

TensorFlow 是 Google 著名的機器學習/深度學習套件，TensorFlow.js 是 TensorFlow 的 JavaScript 版，不需任何安裝，就可以在瀏覽器建構客戶端人工智慧的機器學習應用，不只可以載入 Python+Keras 已經訓練好的預測模型來進行預測，更可以使用 JavaScript 以 Keras 高階 API 來訓練自己的預測模型。而且 TensorFlow.js 提供大量現成的預訓練模型，例如：MobileNet、KNN Classifier、Blazeface、COCO-SSD 和 PoseNet 等，可以馬上建構支援機器學習/深度學習應用的 Web 應用程式。

在規劃上，本書可以作為大專院校、技術學院和科技大學基礎程式設計、網頁程式設計或人工智慧入門課程的教材，可以讓初學者從 JavaScript 和 jQuery 開始，輕鬆使用微軟 Visual Studio Code 程式碼編輯器進入客戶端網頁技術，然後使用 TensorFlow.js 建構客戶端人工智慧的機器學習應用。

因為 JavaScript 程式碼除錯一直是學習上的最大問題，本書詳細說明 Google Chrome 的開發人員工具，和如何使用此工具進行 CSS、HTML、DOM 與 JavaScript 程式碼的除錯，幫助我們學習 JavaScript、jQuery 和 TensorFlow.js 程式設計。

在 JavaScript 語言部分，筆者不只詳細說明 JavaScript 語言的基本語法，更使用大量程式範例說明 JavaScript 自訂物件和內建物件，和如何使用 JavaScript 程式碼來處理 DOM 和 CSS 樣式，更詳細說明從 ES6 開始的 JavaScript 語言新標準。

然後以實務角度詳細說明各種 jQuery 方法的活用、包含事件處理和動畫特效，並且使用 Viewer for PHP 工具實際建立 Web 伺服器來測試 jQuery 和 Fetch API 的 AJAX 應用程式。

接著從客戶端進入人工智慧的 TensorFlow.js，說明如何使用 JavaScript 建立客戶端人工智慧應用，實際使用迴歸、分類和圖片辨識的神經網路來建立機器學習應用，和如何使用 Python 訓練的 Keras 模型，最後，使用 TensorFlow.js 預訓練模型來快速建立圖片辨識、物件偵測、人臉辨識和姿勢偵測的 Web 應用程式。

如何閱讀本書

本書架構是循序漸進從 JavaScript 程式語言開始，在依序說明 DOM、CSS 後，才進入 jQuery 函式庫，然後說明 ES6 之後的 JavaScript 新語法，在說明非同步程式設計之後，才真正進入 TensorFlow.js 人工智慧應用。

第 1 章是 HTML 與 JavaScript 的基礎，在說明 HTML5 和 JavaScript 後，就以 Windows 作業系統為例說明如何建立 JavaScript 開發環境 Visual Studio Code，最後使用一個簡單範例建立第 1 個 JavaScript 程式、說明 JavaScript 程式碼位置和 JavaScript 寫作風格。

第 2~5 章是 JavaScript 語言的基礎，包含變數、運算子、流程控制和函數，再加上 JavaScript 自訂和內建物件。如果是 JavaScript 初學者，請詳細閱讀這些章節，以便建立 JavaScript 程式設計能力。

第 6 章是 DOM（Document Object Model）物件模型，詳情說明什麼是 DOM，和如何使用 JavaScript 程式來走訪 DOM 節點樹和相關 DOM 節點操作。在第 7 章是 CSS（Cascading Style Sheets）層級式樣式表，筆者不只詳細說明 CSS 選擇器，更說明如何使用 JavaScript 動態更改元素的 CSS 樣式和絕對位置的編排。

第 8 章是 jQuery 的真正開始，在這一章詳細說明 jQuery 的基本觀念、使用和基本程式結構，並且在最後說明 Google Chrome 開發人員工具的使用。

在第 9 章是說明 jQuery 主要的選擇器和使用 jQuery 來處理 CSS 和 DOM。在第 10 章是 jQuery 事件處理，詳細說明 jQuery 各種事件處理方法。第 11 章配合 jQuery 特效方法建立各種網頁動畫，和詳細說明使用 jQuery 處理 HTML 表單欄位，以及表單驗證。

第 12 章說明從 ES6 開始的 JavaScript 新標準。第 13 章是 JavaScript 非同步程式設計、AJAX 和 JSON，完整說明 AJAX 技術和 jQuery 支援的 AJAX 方法，最後是 ES6 支援的 Fetch API。

第 14~16 章是 TensorFlow.js 人工智慧應用，在第 14 章說明人工智慧、機器學習和深度學習，並且說明 TensorFlow.js 的張量和資料視覺化圖表。第 15 章是機器學習的迴歸、分類與 CNN 圖片識別。最後在第 16 章是人工智慧應用，直接使用 TensorFlow.js 預訓練模型來建立各種 Web 介面的人工智慧應用。

附錄 A 是 HTML5 繪圖標籤與 Canvas API，可以讓我們使用 JavaScript 程式碼在 Canvas 繪圖。附錄 B 是 JavaScript、jQuery 與 TensorFlow.js 的網路資源。

編著本書雖力求完美，但學識與經驗不足，謬誤難免，尚祈讀者不吝指正。

陳會安

於台北 hueyan@ms2.hinet.net

ABOUT EXAMPLE

關於範例檔

線上下載說明

為了方便讀者實際操作本書內容，筆者已經將本書使用到的軟體、JavaScript、jQuery、TensorFlow.js 程式範例都收錄在本書的線上下載區：

http://books.gotop.com.tw/download/AEL023900

內容如下：

資料夾	說明
Ch01~Ch16 和 AppA 資料夾	本書各章 JavaScript、jQuery 和 TensorFlow.js 範例程式
Viewer4PHP 資料夾	Viewer for PHP 工具是 PHP+MySQL 套件，在本書是使用此工具在第 13 章測試 AJAX 範例，和第 15、16 章測試部分 TensorFlow.js 程式範例
eBook 資料夾	附錄 A「HTML5 繪圖標籤與 Canvas API」電子書 附錄 B「JavaScript、jQuery 與 TensorFlow.js 的網路資源」電子書

版權聲明

CONTENTS

目錄

第一篇：JavaScript 程式設計

CHAPTER 01　HTML 與 JavaScript 的基礎

CHAPTER 02 JavaScript 變數與運算子

CHAPTER 03 JavaScript 流程控制

CHAPTER 04 JavaScript 函數與物件

CHAPTER 05 JavaScript 內建物件

第二篇：DOM 物件模型與 CSS

CHAPTER 06 DOM 物件模型

CHAPTER 07　CSS 層級式樣式表

第三篇：JavaScript 函式庫 - jQuery

CHAPTER 08　jQuery 基礎與 Chrome 開發人員工具

CHAPTER 09 jQuery 選擇器與 CSS 和 DOM

CHAPTER 10 jQuery 事件處理

CHAPTER 11 jQuery 動畫、特效與表單處理

第四篇：從 ES6 開始的 JavaScript 語言新標準

CHAPTER 12 JavaScript ES 規格的新標準

CHAPTER 13 非同步程式設計、Fetch API 與 AJAX

第五篇：TensorFlow.js 人工智慧應用

CHAPTER 14 TensorFlow.js 與機器學習基礎

CHAPTER 15 機器學習的迴歸、分類與 CNN 圖片識別

CHAPTER 16 人工智慧應用：TensorFlow.js 預訓練模型

APPENDIX A HTML5 繪圖標籤與 Canvas API

PDF電子書，請線上下載

APPENDIX B JavaScript、jQuery 與 TensorFlow.js 的網路資源

PDF電子書，請線上下載

CHAPTER

1

HTML 與 JavaScript 的基礎

1-1 HTML 的基礎

HTML 標示語言並不是開發應用程式使用的程式語言，這是一種針對文件編排的語言，其主要目的是在瀏覽器編排和顯示 Web 網頁。

1-1-1 認識 HTML

「HTML」（HyperText Markup Language）的語法是源於 SGML 語言，「SGML」（Standard Generalized Markup Language）是一種功能強大的文件標示、管理和編排語言，早在 1980 年就已經公佈語言的草稿，在 1986 年成為 ISO 標準的文件描述語言。

HTML 標示語言

HTML 語言是 Tim Berners-Lee 在 1991 年建立，1993 年 HTML 1.0 版由 Berners-Lee 和 Connolly 完成，經過 3.2 版到 HTML 4.01 版，它是一種文件內容的格式編排語言，不像 SGML 允許定義如何標示文件的標籤，HTML 只是使用 SGML 慣用語法，即標籤和屬性，如下所示：

- 標籤（Tags）：HTML 標籤是一個字串符號，可以用來標示文字內容套用的編排格式，例如：在<p>開頭標籤和</p>結尾標籤之中的文字內容，就是使用預設格式編排成段落，如下所示：

```
<p>這是一個測試網頁</p>
```

- 屬性（Attributes）：每一個標籤可以擁有一些屬性來定義細部編排，例如：<img>標籤的 src、width 和 height 屬性，可以指定顯示的圖形和尺寸的寬和高，如下所示：

```
<img src="sample.jpg" width="20" height="30" />
```

簡單的說，HTML 是一種簡化版的 SGML，因為 SGML 需要自己定義各種標籤格式，Tim Berners-Lee 已經定義好一組 HTML 預設標籤集，就算不是專業的程式設計者，也一樣可以使用 HTML 標籤來輕鬆建立 HTML 網頁，顯示漂亮的 Web 網頁內容。

HTML5 的基礎

HTML5 不只是一種單純編排內容的標記語言，更支援多媒體的相關技術，可以幫助我們建立更適合人類閱讀和電腦處理的文件。

HTML5 仍然遵循舊版 HTML 4.01 標籤的語法，只是擴充、改進 HTML 標籤和 API（Application Programming Interfaces）來建立複雜 Web 應用程式，和處理 DOM（Document Object Model）。不只如此，HTML5 支援手機和平板電腦等低耗電行動裝置，可以建立跨平台行動應用程式。目前 Edge、Firefox、Safari、Chrome 和 Opera 等瀏覽器都已經支援 HTML5。

HTML5 支援全新<video>、<audio>和<canvas>標籤來建立多媒體網頁，提供特殊規則來插入和格式化文字、圖形、視訊和音效，例如：使用<section>、<article>和<header>語意標籤讓網頁設計者建立更有效率和人性化的網頁內容，不需安裝 Flash 外掛程式，就可以直接在網頁播放視訊和音效檔。

1-1-2 HTML5 的網頁結構

HTML5 的頁面結構和舊版 HTML 並沒有什麼不同，為了保證與舊版瀏覽器相容，更提供靈活的錯誤語法處理，可以讓 HTML5 網頁在舊版瀏覽器上正確的顯示網頁內容。HTML5 基本網頁結構如下所示：

```
<!DOCTYPE html>
<html lang="zh-TW">
<head>
<meta charset="utf-8">
<title>網頁標題文字</title>
</head>
<body>
網頁內容
</body>
</html>
```

上述 HTML 標籤的網頁結構可以分成數個部分，如下所示：

<!DOCTYPE>

<!DOCTYPE>是位在<html>標籤之前，可以告訴瀏覽器使用的 HTML 版本，以便瀏覽器使用正確引擎來產生 HTML 網頁內容。HTML5 的 DOCTYPE，如下所示：

```
<!DOCTYPE html>
```

<html>標籤

<html>標籤是 HTML 網頁的根元素，一個容器元素，擁有<head>和<body>兩個子標籤。如果需要，在<html>標籤可以使用 lang 屬性指定網頁使用的語言，例如：正體中文 zh-TW，如下所示：

```
<html lang="zh-TW">
```

上述標籤的 lang 屬性值，常用 2 碼值有：zh（中文）、en（英文）、fr（法文）、de（德文）、it（義大利文）和 ja（日文）等。在 lang 屬性值也可以再加上次 2 碼的國家或地區，例如：en-US 是美式英文、zh-TW 是台灣的正體中文等。

<head>標籤

<head>標籤的內容是標題元素，包含<title>、<meta>、<script>和<style>子標籤。我們可以使用<meta>標籤指定網頁編碼，例如：utf-8，如下所示：

```
<meta charset="utf-8">
```

<body>標籤

<body>標籤是實際在瀏覽器顯示的網頁內容，包含文字、超連結、圖片、表格、清單和表單等網頁元素。

1-2 認識 JavaScript

HTML 是網頁製作的基礎語言，只能呈現網頁內容或建立使用介面，如果需要建立互動網頁或表單處理，我們需要使用客戶端網頁技術，例如：JavaScript 腳本（Script）語言。

1-2-1 JavaScript 與腳本語言

電腦程式語言是一組文字、數字和鍵盤符號組成的特殊符號，這些符號組合成指令和敘述，再進一步編寫成程式碼，程式碼可以告訴電腦解決指定問題的步驟。

腳本語言

電腦的程式語言可以分成好幾個世代，高階語言，例如：C 和 C++語言等都需要進行編譯，將程式碼轉譯成機器語言的執行檔案後才能在電腦上執行。腳本（Script）語言沒有如此複雜，這是一種直譯語言，直譯器是一個指令一個動作，一列一列的執行腳本程式碼，例如：JavaScript 和 Python 都屬於直譯語言。

因為 JavaScript 這類腳本語言並不需要編譯，所以除錯十分容易，而且程式碼一經更改，就可以馬上執行和看到執行結果。

不過直譯的腳本語言仍然有一些缺點，在執行效率上比不上編譯的程式語言，對於一些大型應用程式來說，程式執行效率的差異就會更加明顯，而且腳本語言並不能單獨執行，需要直譯器才能執行，例如：HTML 網頁的 JavaScript 程式碼需要瀏覽器支援才能執行。

JavaScript 語言

JavaScript 原為 Netscape Communication Corporation（網景公司）開發的腳本語言，提供該公司瀏覽器產品 Netscape Navigator 開發互動網頁的功能。JavaScript 原名 LiveScript，於 1995 年在 Netscape 2.0 版正式發表，現在已經是市面上各大瀏覽器最普遍支援的腳本語言。

微軟是在 Internet Explorer 3.0 版支援 JavaScript 1.0 版，稱為 JScript，這是一種與 JavaScript 相容的腳本語言，其初期並不穩定，而且問題相當多，微軟在 Internet Explorer 4.0 版時支援官方版本 ECMA 標準的 JavaScript 規格，稱為 ECMAScript，雖然 Netscape 的 JavaScript 和 Microsoft 的 JScript 都支援 ECMA 規格，但是兩種不同的腳本語言。

Memo

「ECMA」（European Association for Standardizing Information and Communication Systems）開發官方版本的 ECMASciript 規格 ECMA-262，這是 JavaScript 語言的標準規格書。

請注意！本書講解的 JavaScript 其實為 ECMAScript，只是基於歷史演進和說明上的方便，仍然稱為 JavaScript。JavaScript 的特點如下所示：

- JavaScript 不是 Java 程式語言，它是一種腳本語言。
- JavaScript 是一列一列可執行的腳本程式碼。
- JavaScript 程式碼是直接內嵌於 HTML 網頁，屬於 HTML 網頁的一部分。

1-2-2 客戶端網頁技術

網頁設計在本質上是一種程式設計，不同於桌上型應用程式，網頁程式的輸出結果是 HTML 網頁，我們需要使用瀏覽器檢視執行結果，而不是在 Windows 作業系統的視窗，或命令提示字元視窗。

客戶端網頁技術是指程式碼或網頁是在使用者客戶端電腦的瀏覽器中執行，因為瀏覽器本身支援直譯器，所以可以執行客戶端網頁技術，如下圖所示：

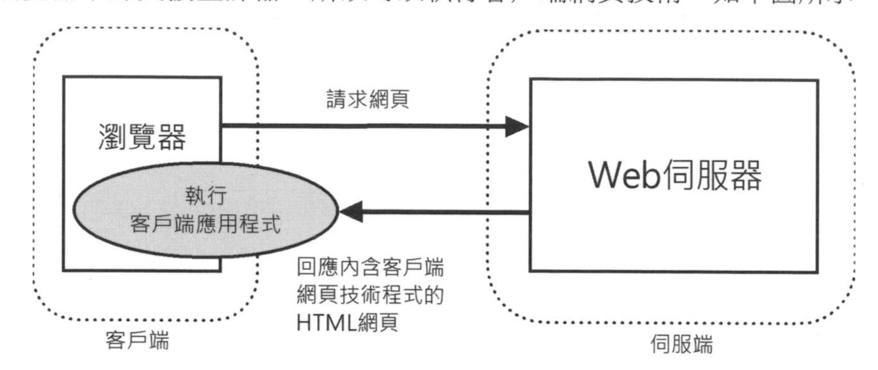

上述瀏覽器向 Web 伺服器請求網頁後，Web 伺服器會將 HTML 網頁和相關客戶端網頁技術的程式檔案下載至瀏覽器的電腦，然後在瀏覽器執行此應用程式。

目前常用的客戶端網頁技術有：Java Applet、JavaScript、ActionScript、VBScript、DHTML、Ajax 和 Silverlight 等。

1-3 JavaScript 的開發環境

JavaScript 是一種客戶端網頁技術，在電腦只需擁有瀏覽器和程式碼編輯器，例如：記事本，就可以建立 JavaScript 程式的開發環境，在本書是使用微軟跨平台免費的 Visual Studio Code 程式碼編輯器。

1-3-1 下載與安裝 Visual Studio Code

Visual Studio Code 是微軟公司開發，一套功能強大的程式碼編輯器，跨平台支援 Windows、macOS 和 Linux 作業系統，可以幫助我們編輯 HTML、JavaScript 和 CSS 等程式碼。

下載 Visual Studio Code

Visual Studio Code 是開放原始碼（Open Source）的免費軟體，可以從網路上免費下載，其下載網址如下所示：

- https://code.visualstudio.com/#alt-downloads

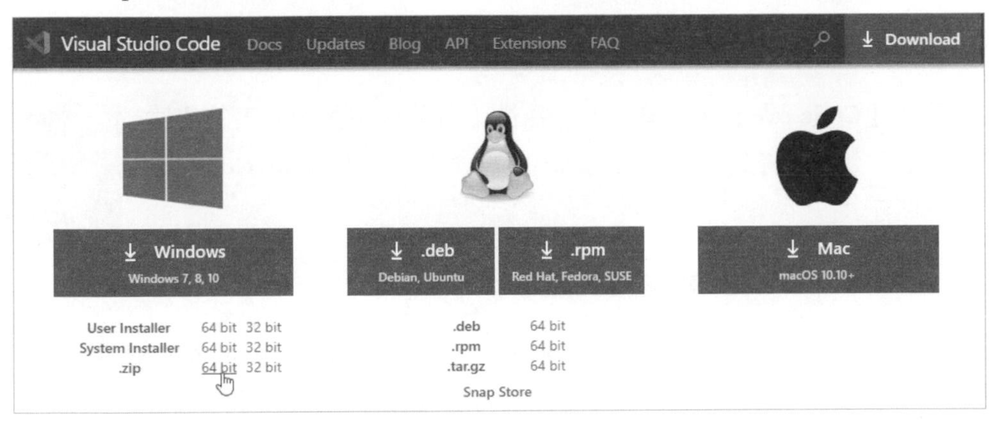

在進入網頁後，本書是下載 ZIP 格式檔案，請點選【.zip】後的【64 bit】超連結下載最新版 Visual Studio Code，在本書的下載檔名是【VSCode-win32-x64-1.44.2.zip】。

安裝 Visual Studio Code 和建立桌面捷徑

在成功下載 Visual Studio Code 後，以 Windows 10 作業系統為例，請解壓縮 ZIP 格式檔案至「D:\VSCode-win32-x64-1.44.2」目錄，如下圖所示：

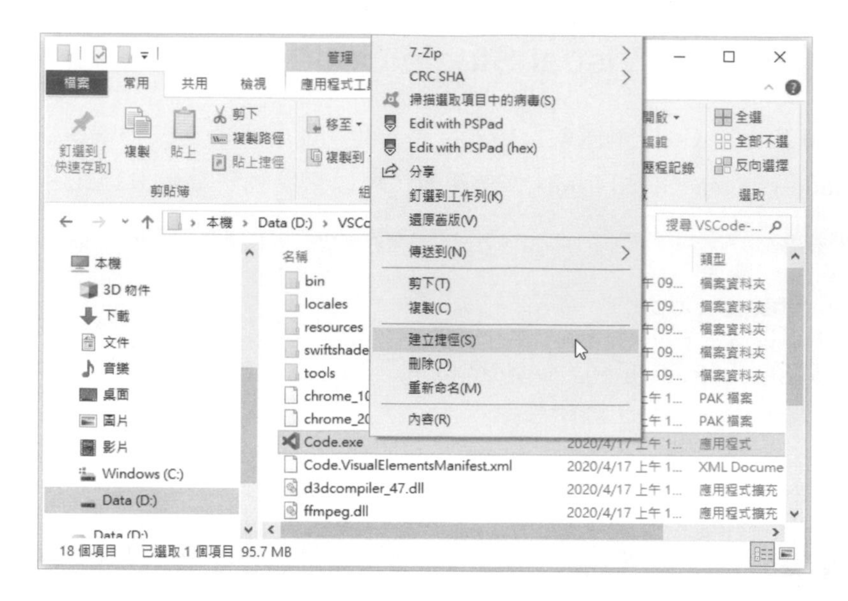

請在【Code.exe】執行檔案上，執行【右】鍵快顯功能表的【建立捷徑】命令後，將此捷徑移至桌面，更名成【Visual Studio Code】，如右圖所示：

啟用 Visual Studio Code 的可攜式版本

啟用 Visual Studio Code 可攜式版本只需在「D:\VSCode-win32-x64-1.44.2」目錄下新增名為「data」子目錄即可啟用可攜式版本。

1-3-2 Visual Studio Code 的基本使用

當成功下載安裝 Visual Studio Code 程式碼編輯器後，我們就可以馬上在 Windows 作業系統啟動 Visual Studio Code。

啟動 Visual Studio Code 和安裝中文語言包

請按二下桌面【Visual Studio Code】捷徑，啟動 Visual Studio Code，可以看到執行畫面的歡迎使用標籤頁，預設是英文使用介面，如下圖所示：

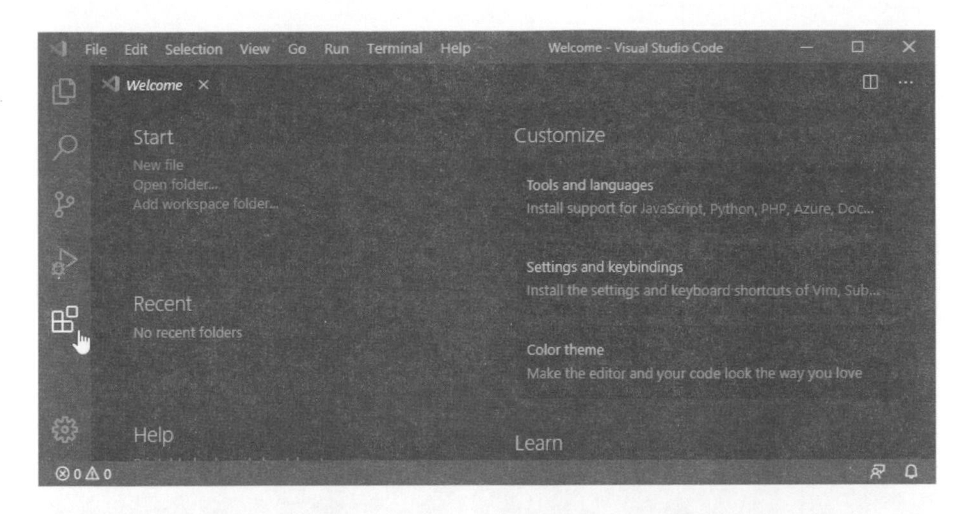

請點選左邊欄的最後 1 個【Extensions】圖示，在上方欄位輸入【chinese】，然後點選【Chinese (Traditional) Language Pack 】，按【Install】鈕安裝語言包。

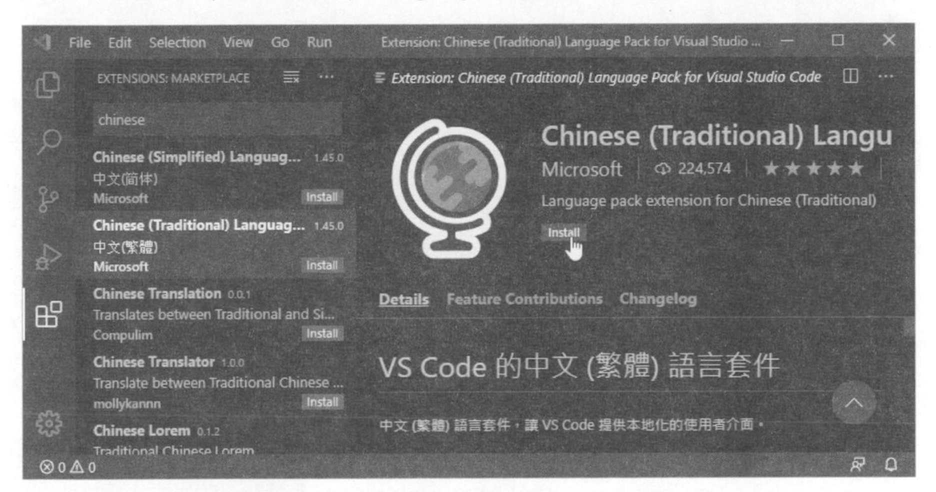

在安裝完成後，按【Restart Now】鈕重新啟動 Visual Studio Code，如下圖所示：

等到成功重新啟動 Visual Studio Code 後，可以看到使用介面已經改為中文使用介面，如下圖所示：

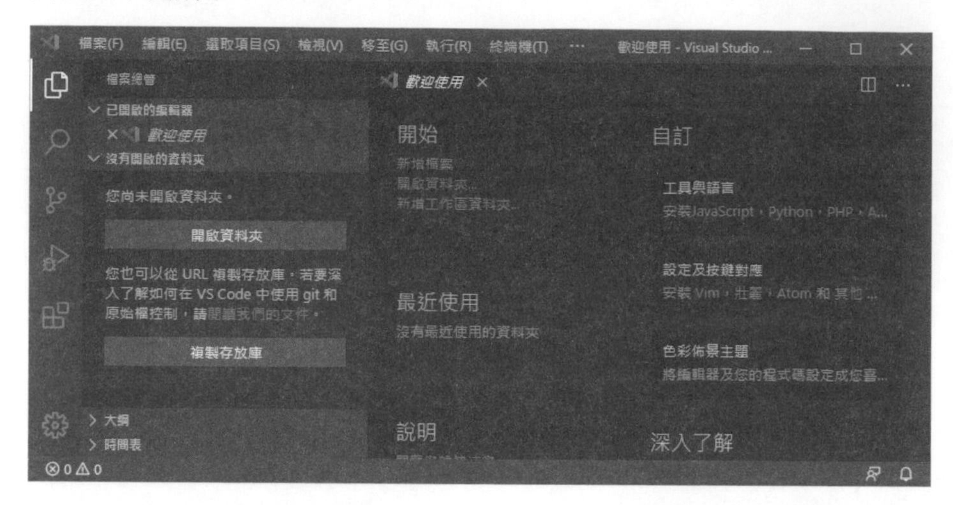

Visual Studio Code 的側邊欄圖示

Visual Studio Code 的使用介面非常簡潔，在上方是功能表，位在左邊的側邊欄共有 5 個圖示，這是用來切換和顯示常用功能，第 1 個圖示是檔案總管，點選可以開啟目錄，和顯示最近曾開啟過的檔案清單，如右圖所示：

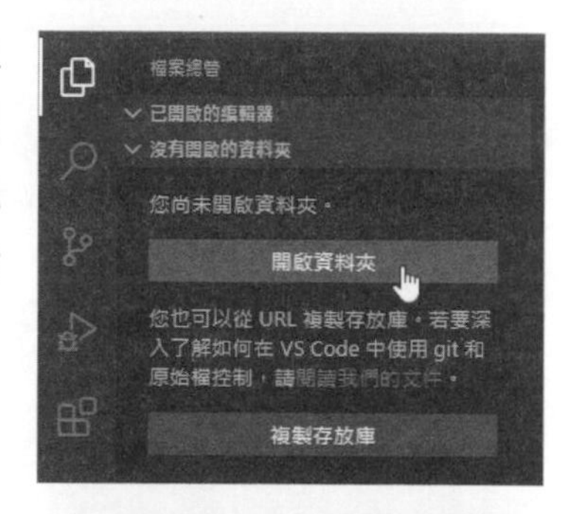

右述圖例因為尚未開啟資料夾，請按【開啟資料夾】鈕，選「\JS\Ch02」資料夾，可以載入此資料夾下的所有程式檔案，點選檔名，即可馬上開啟檔案來進行編輯，如右圖所示：

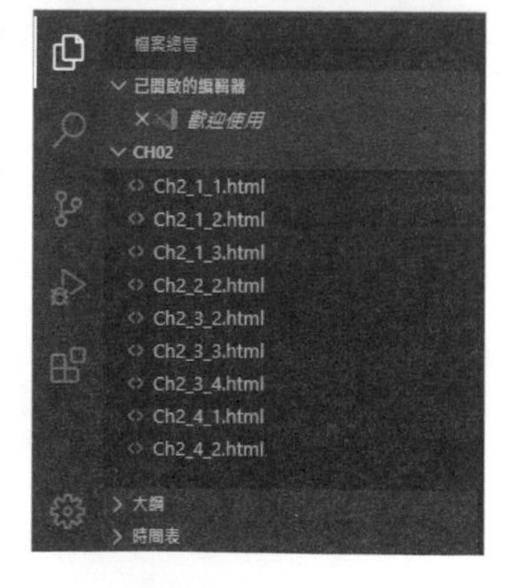

第 2 個是搜尋圖示，可以搜尋目前開啟的程式檔案的內容，和搜尋/取代開啟資料夾所有檔案的內容，如下圖所示：

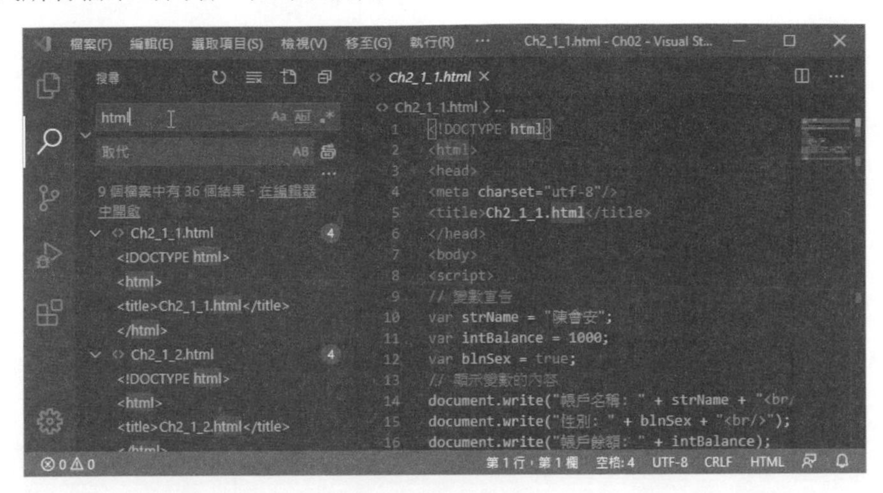

接著依序是版本控制、偵錯和擴充功能圖示，可以在程式開發時執行版本控制，除錯，和使用延伸模組來擴充 Visual Studio Code 功能。

結束 Visual Studio Code

結束 Visual Studio Code 請執行「檔案>結束」命令。

1-3-3 安裝與管理延伸模組

Visual Studio Code 是一套功能強大的通用用途的程式碼編輯器，同時支援多種程式語言，也因為如此，有很多功能並非內建，我們需要自行安裝延伸模組來擴充功能，例如：第 1-3-2 節的中文語言包和 open in browser 延伸模組。

在 Visual Studio Code 安裝【open in browser】延伸模組，可以讓我們使用【右】鍵快顯功能表的命令，輕鬆啟動瀏覽器來執行 JavaScript 程式碼，其安裝步驟如下所示：

1. 請啟動 Visual Studio Code，執行「檢視>擴充功能」命令，或按左邊側邊欄的最後一個圖示後，在上方欄位輸入【open in browser】，可以在下方顯示找到的延伸模組清單。

❷ 因為同名模組有多個，請選【TechER】開發的 open in browser，按此延伸模組下方的【安裝】鈕進行安裝。

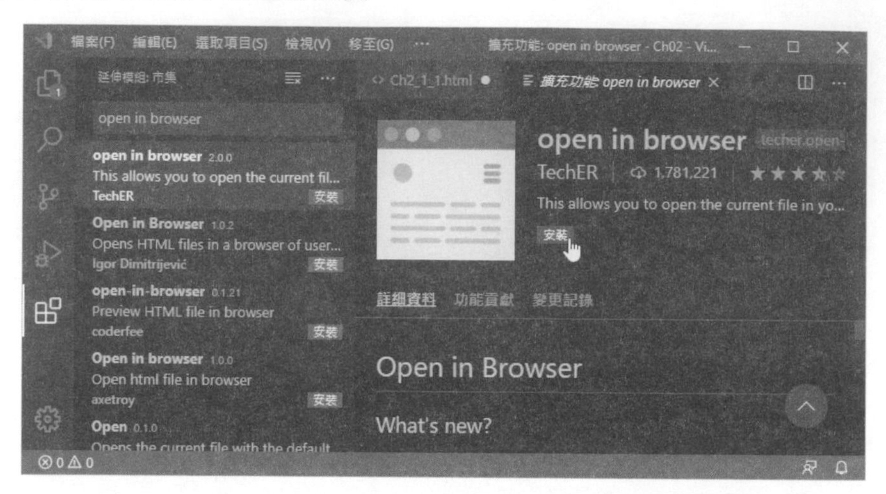

❸ 在成功安裝後，可以看到安裝的延伸模組（請刪除搜尋關鍵字），如下圖所示：

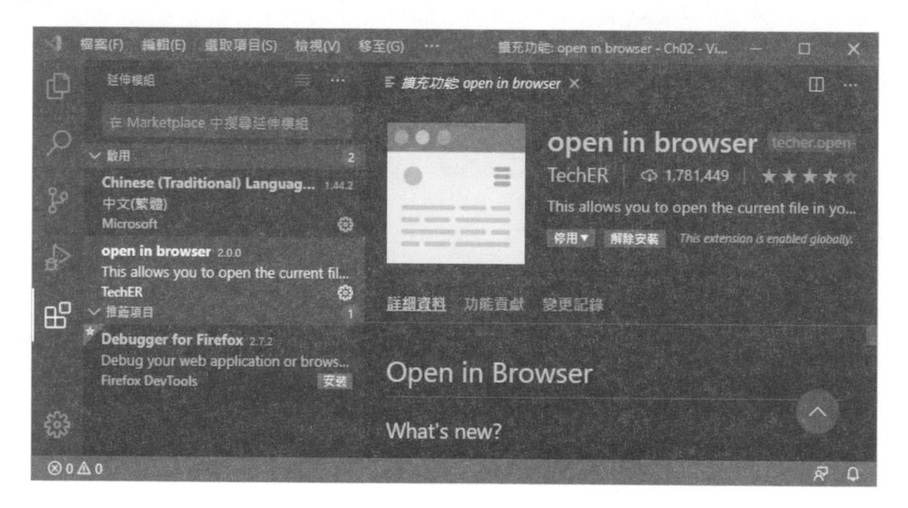

❹ 選延伸模組，可以在右邊看到延伸模組的版本和使用說明，按【停用】鈕可以停用延伸模組；【解除安裝】鈕是解除安裝延伸模組。

關於【open in browser】延伸模組的使用，請參閱第 1-4-1 節步驟三。

1-4 建立你的 JavaScript 程式

大部分 JavaScript 程式檔案就是一個 HTML 網頁（也可能是獨立副檔名為.js 的檔案），我們是在 HTML 的<script>標籤插入腳本程式碼，當瀏覽器看到<script>標籤，就直譯和執行其內容的腳本程式碼。

1-4-1 撰寫第 1 個 JavaScript 程式

基本上，JavaScript 程式碼是使用<script>標籤插入 HTML 網頁，這些標籤是我們撰寫 JavaScript 程式碼的地方。舊版 HTML 的<script>…</script>標籤需要指定 language 屬性，如下所示：

```
<script language="JavaScript">
   …
</script>
```

上述<script>標籤的 language 屬性指定是使用 JavaScript 語言。HTML5 不用指明 language 屬性，只需使用<script>…</script>標籤，因為預設是 JavaScript，如下所示：

```
<script>
   ……
</script>
```

現在，我們可以使用 Visual Studio Code 建立第 1 個 JavaScript 程式，因為 JavaScript 程式碼是內嵌 HTML 標籤，所以新增的是 HTML 網頁檔案，副檔名是.html。

步驟一：開啟資料夾和新增程式檔案

在 Visual Studio Code 是開啟資料夾後，再新增檔案，筆者準備開啟資料夾來新增 Ch1_4_1.html 的 HTML 網頁，其步驟如下所示：

1 請啟動 Visual Studio Code，執行「檔案>開啟資料夾」命令，可以看到「開啟資料夾」對話方塊。

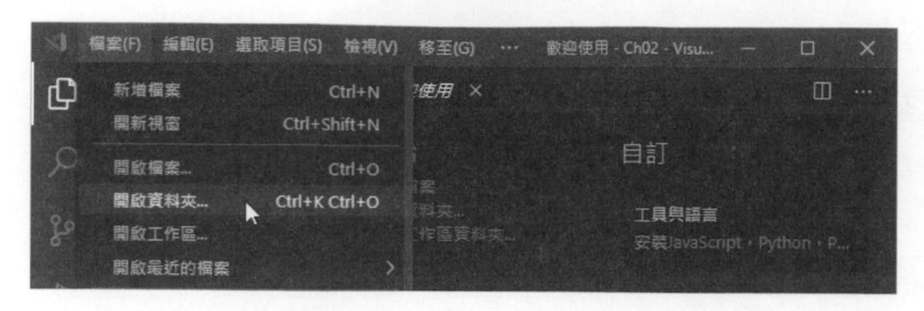

2 在「開啟資料夾」對話方塊選「\JS\Ch01」資料夾，按【選擇資料夾】鈕開啟 CH01 資料夾（關閉資料夾請執行「檔案>關閉資料夾」命令）。

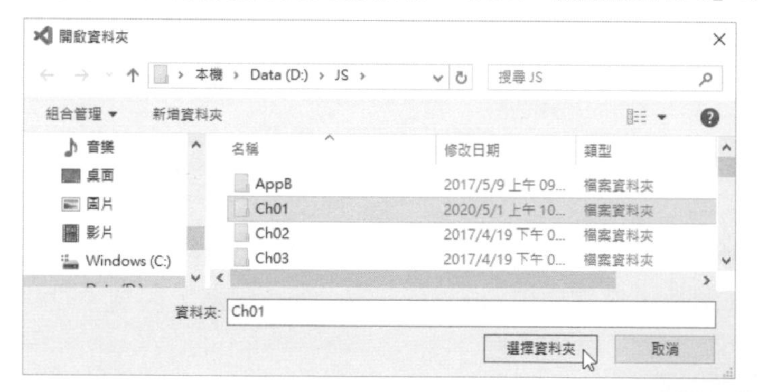

3 請將游標移至 CH01 資料夾，按第 1 個【新增檔案】圖示新增程式檔案，如右圖所示：

4 然後在下方欄位輸入檔案名稱【Ch1_4_1.html】，按 Enter 鍵新增檔案。

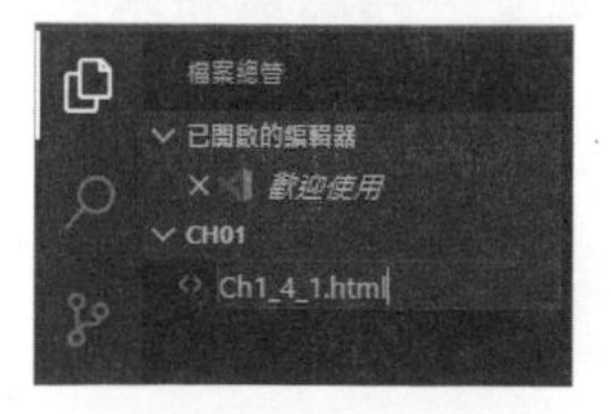

5 可以在右邊標籤頁看到 Ch1_4_1.html 標籤的程式碼編輯區域，如下圖所示：

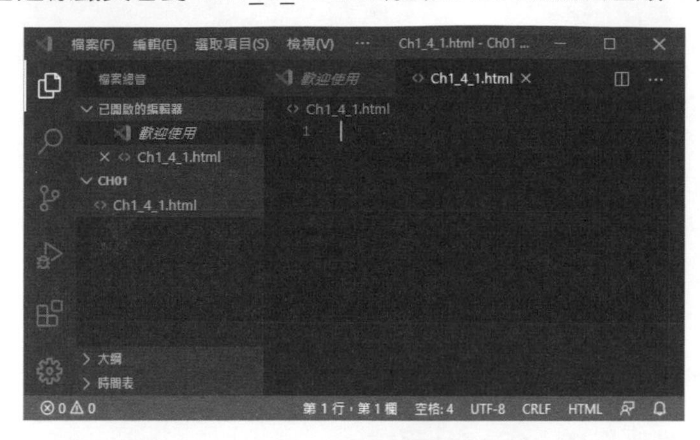

步驟二：輸入 HTML 標籤和 JavaScript 程式碼

在資料夾成功新增程式檔後，就可以開始輸入 HTML 標籤和 JavaScript 程式碼，其步驟如下所示：

1 如果沒有開啟，請在右邊檔案總管選【Ch1_4_1.html】檔案開啟檔案來進行編輯（再點選一次圖示可以關閉檔案總管）。

2 請在標籤頁輸入 HTML 標籤和 JavaScript 程式碼，這是使用 Document 物件的 write()方法輸出一個字串的網頁內容，如下所示：

```
<!DOCTYPE html>
<html>
<head>
<meta charset="utf-8"/>
<title>Ch1_4_1.html</title>
</head>
<body>
<script>
document.write("第一份 JavaScript 程式<br/>");
</script>
</body>
</html>
```

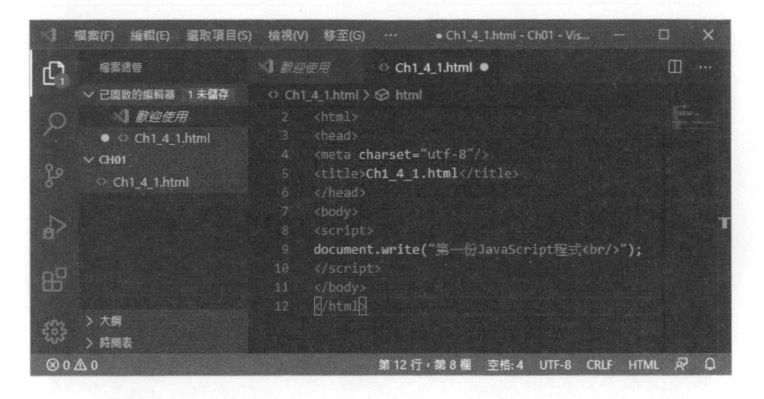

❸ 在完成輸入後，請執行「檔案>儲存」命令儲存檔案。

步驟三：在瀏覽器執行 JavaScript 程式

在本書是使用預設 Google Chrome 瀏覽器執行 JavaScript 程式，例如：Ch1_4_1.html，其步驟如下所示：

❶ 請在檔案【Ch1_4_1.html】內容上，執行【右】鍵快顯功能表的【Open In Default Browser】命令（需安裝 open in browser 延伸模組），可以使用預設瀏覽器執行 HTML 網頁的 JavaScript 程式，如下圖所示：

2 稍等一下，可以啟動預設瀏覽器來執行 JavaScript 程式（在筆者電腦的預設瀏覽器是 Google Chrome），如下圖所示：

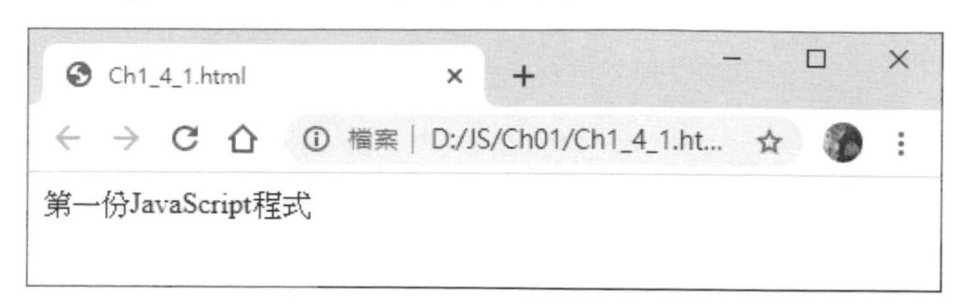

如果執行【右】鍵快顯功能表的【Open In Other Browsers】命令，可以在上方看到可用的瀏覽器清單，請自行選擇電腦安裝的其他瀏覽器，如下圖所示：

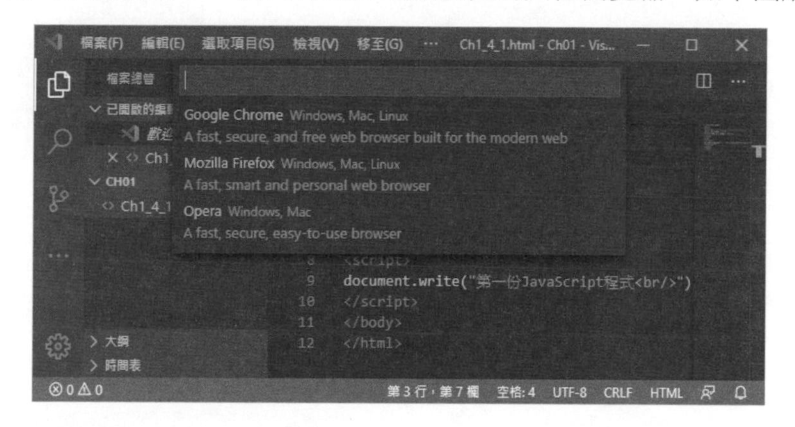

因為執行 JavaScript 程式就是在瀏覽器載入 HTML 檔案，我們一樣可以自行啟動瀏覽器，在 URL 欄輸入 file:網址來執行 JavaScript 程式，如下所示：

```
file:///D:/JS/Ch01/Ch1_4_1.html
```

上述「file:///」之後是 HTML 檔案 Ch1_4_1.html 的路徑。

1-4-2 新增獨立 JavaScript 程式檔

如果 JavaScript 程式檔是副檔名.js 的獨立程式檔案（詳見第 1-5-3 節），在 Visual Studio Code 新增檔名.js 的獨立程式檔案的步驟，如下所示：

❶ 請啟動 Visual Studio Code 執行「檔案>新增檔案」命令，可以新增名為【Untitled-1】的程式檔案，如下圖所示：

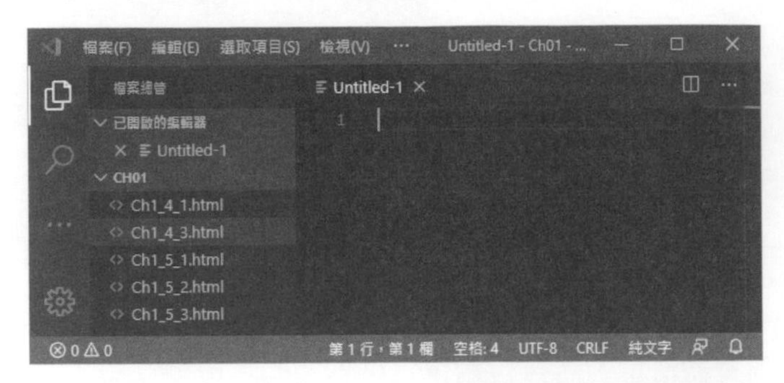

❷ 請在編輯視窗輸入第 1-5-3 節的 JavaScript 程式碼，如下所示：

```
alert("外部 JavaScript 程式檔案");
```

❸ 執行「檔案>儲存」命令，在「另存新檔」對話方塊切換至「\JS\Ch01」資料夾，在【存檔類型】欄選【JavaScript】，【檔案名稱】欄輸入【Ch1_5_3.js】，按【存檔】鈕儲存程式檔案。

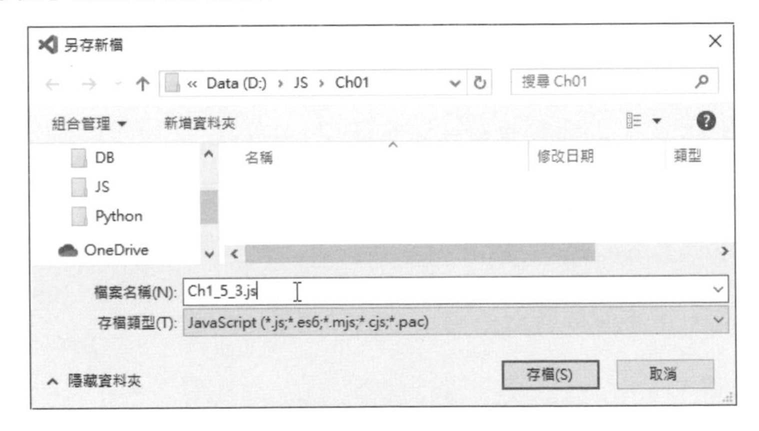

1-4-3 顯示 JavaScript 程式碼的錯誤

當 Visual Studio Code 編輯 HTML 標籤、CSS 樣式和 JavaScript 程式碼時，就會自動顯示提示訊息的浮動視窗，和使用不同色彩來標示程式碼。

如果輸入 HTML 標籤或 JavaScript 程式碼有錯誤，在程式碼下方會顯示紅色鋸齒線，當游標移至其上就會顯示錯誤說明的浮動框，例如：Ch1_4_3.html 的字串少了結尾的符號「"」，如下圖所示：

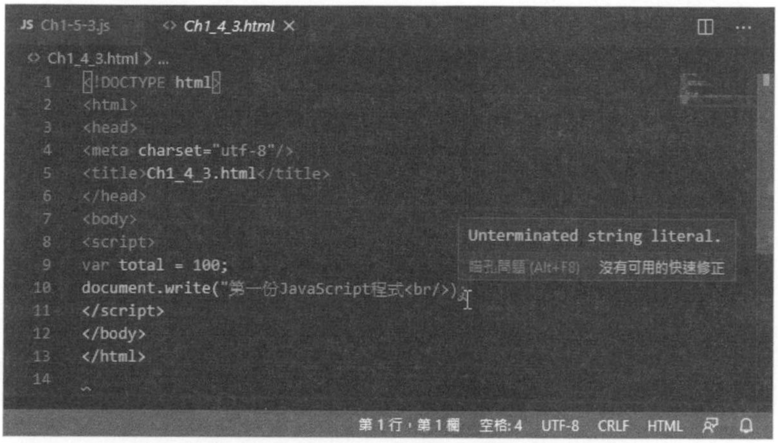

```
<!DOCTYPE html>
<html>
<head>
<meta charset="utf-8"/>
<title>Ch1_4_3.html</title>
</head>
<body>
<script>
var total = 100;
document.write("第一份JavaScript程式<br/>);
</script>
</body>
</html>
```

Unterminated string literal.

1-5 JavaScript 程式碼的位置

當啟動瀏覽器載入 HTML 網頁，如果讀到 JavaScript 程式碼時就會馬上執行，不過需視 JavaScript 程式碼是放在哪一個位置而定，因為我們可以在 HTML 網頁內嵌無限數目的 JavaScript 程式區塊。

一般來說，函數和事件處理大都是放在 HTML 的 Head 區塊，也就是<head>…</head>標籤之中，網頁內容或呼叫函數的程式區塊在 Body 區塊，也就是<body>…</body>標籤，如果區塊的程式碼太長，或需要同時使用在多份 HTML 網頁時，我們可以將 JavaScript 程式碼獨立成外部 JS 程式檔案。

1-5-1 在 Head 區塊的 JavaScript 程式碼

在 Head 區塊的 JavaScript 程式碼是為了保證執行程式碼呼叫前相關函數或程式碼已經載入，通常這個區塊的程式碼是 Body 區塊程式碼呼叫的函數或事件處理。

JavaScript 程式：Ch1_5_1.html

在 Java 程式的 Head 區塊建立 onload 事件的處理函數 showmessage()，在載入網頁內容後顯示一個訊息視窗，如下圖所示：

上述圖例可以看到在完全載入網頁後，觸發 onload 事件執行 alert()函數顯示訊息視窗，按【確定】鈕結束 JavaScript 程式的執行，可以看到網頁內容。

程式內容

```
01: <!DOCTYPE html>
02: <html>
03: <head>
04: <meta charset="utf-8"/>
05: <title>Ch1_5_1.html</title>
06: <script>
07: function showmessage(){
08:   alert("Head 區塊的 JavaScript 程式碼");
09: }
10: </script>
11: </head>
12: <body onload="showmessage()">
13: <h2>Head 區塊的 JavaScript 程式碼</h2>
14: <hr/>
15: 在 Head 區塊執行事件處理程序.
16: </body>
17: </html>
```

程式說明

第 7~9 列：在 showmessage()函數的第 8 列使用 alert()函數顯示訊息視窗。

第 12 列：使用 onload 屬性指定 onload 事件處理的函數是 showmessage()。

第 13~15 列：HTML 網頁內容，擁有一個標題文字標籤和一條水平線。

1-5-2 在 Body 區塊的 JavaScript 程式碼

當網頁載入時，Body 區塊內的程式碼會馬上執行，這些程式碼如果輸出內容，輸出的內容就是網頁的一部分。請注意！在 Body 區塊內的 JavaScript 程式碼可以呼叫位在 Head 區塊的函數。

JavaScript 程式：Ch1_5_2.html

在 JavaScript 程式同樣使用 alert()函數顯示一個訊息視窗，這個 JavaScript 程式區塊是馬上執行，如下圖所示：

上述瀏覽器顯示的網頁仍然在載入中，在標籤前的符號顯示目前正在載入，需要等到按【確定】鈕後才會真正完成網頁的載入，如下圖所示：

程式內容

```
01: <!DOCTYPE html>
02: <html>
03: <head>
04: <meta charset="utf-8"/>
05: <title>Ch1_5_2.html</title>
06: </head>
07: <body>
08: <h2>Body 區塊的 JavaScript 程式碼</h2>
```

```
09: <hr/>
10: <script>
11: alert("Body 區塊的 JavaScript 程式碼");
12: </script>
13: 執行 Body 區塊的 JavaScript 程式碼.
14: </body>
15: </html>
```

程式說明

第 8~9 列：顯示網頁的標題文字和水平線。

第 10~12 列：內嵌的 JavaScript 程式碼，在第 11 列執行 alert()函數顯示訊息視窗。

第 13 列：顯示網頁內容的一段文字內容。

1-5-3 使用外部 JavaScript 程式檔案

如果同一 JavaScript 程式區塊需要使用在多份 HTML 網頁時，為了避免重複撰寫相同程式碼，我們可以將 JavaScript 程式碼獨立成一個檔案，然後在每一份 HTML 網頁含括引用。一般來說，外部 JavaScript 程式檔的副檔名為.js。

在建立外部 JavaScript 程式檔案或下載其他的 JavaScript 函式庫（例如：本書後的 jQuery 函式庫）後，就可以在 HTML 網頁的<script>標籤之中，使用 src 屬性指定外部 JavaScript 程式檔案的路徑，如下所示：

```
<script src="Ch1_5_3.js"></script>
```

上述 HTML 標籤含括 JavaScript 程式檔案 Ch1_5_3.js，此路徑也可以是 URL 網址指定的檔案。

請注意！在含括外部 JavaScript 程式檔案時，一定需要使用</script>結尾標籤，不可以使用「/>」符號代替結尾標籤，如下所示：

```
<script src="Ch1_5_3.js"/>
```

上述標籤碼是錯誤寫法，因為<script>標籤是有內容的，其內容是插入的外部 JavaScript 程式碼。

JavaScript 程式：Ch1_5_3.html、Ch1_5_3.js

這個 JavaScript 是修改 Ch1_5_2.html，將 JavaScript 程式區塊獨立成外部檔案 Ch1_5_3.js，如下圖所示：

上述圖例在載入網頁就馬上執行 alert()函數顯示訊息視窗，不過，網頁尚未完全載入，需要按【確定】鈕後才會完全載入，如下圖所示：

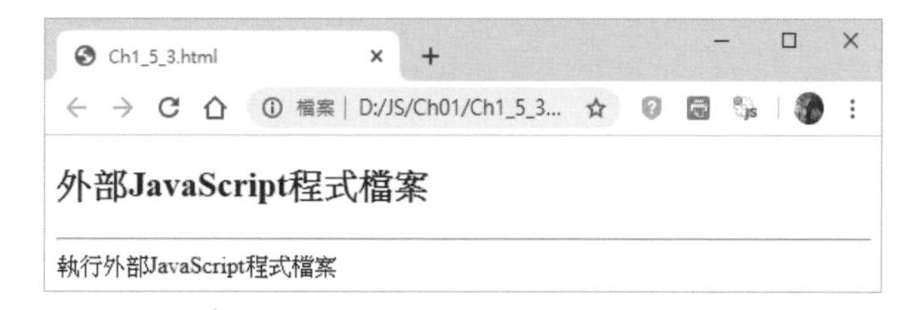

程式內容：Ch1_5_3.html

```
01: <!DOCTYPE html>
02: <html>
03: <head>
04: <meta charset="utf-8"/>
05: <title>Ch1_5_3.html</title>
06: </head>
07: <body>
08: <h2>外部 JavaScript 程式檔案</h2>
09: <hr/>
10: <script src="Ch1_5_3.js"></script>
11: 執行外部 JavaScript 程式檔案
12: </body>
13: </html>
```

程式說明

第 8~9 列：顯示標題文字和水平線。

第 10 列：含括外部 JavaScript 程式檔案 Ch1_5_3.js。

外部 JavaScript 程式檔案並不需要<script>標籤，檔案內容是 JavaScript 程式碼，如下所示：

程式內容：Ch1_5_3.js

```
01: alert("外部 JavaScript 程式檔案");
```

程式說明

第 1 列：執行 alert()函數顯示訊息視窗。

1-6 JavaScript 的寫作風格

如同大部分程式語言，JavaScript 程式碼也是一種文字格式的檔案，JavaScript 主要是由程式敘述組成，以程式區塊內嵌 HTML 網頁，每一個區塊擁有數列程式敘述或註解文字，一列程式敘述是一個運算式、變數和關鍵字的程式碼。

請注意！JavaScript 程式碼的英文大小寫字母是不同的，例如：Showmessage()、showmessage()和 ShowMessage()代表不同的函數，同樣的，變數名稱也需要注意英文字母的大小寫。

1-6-1 程式敘述

JavaScript 程式是由程式敘述組成，一列程式敘述如同英文的一個句子，內含多個運算式、運算子或 JavaScrpt 關鍵字，如下所示：

```
var intBalance = 1000;
intBalance += 100;
document.write("第一份 JavaScript 程式<br/>");
```

上述的程式碼是三列 JavaScript 程式敘述。

「;」程式敘述結束符號

在 JavaScript 程式敘述後並不需要加上「;」結束符號，「;」程式敘述並不是 JavaScript 語言的規格，只因傳統程式語言 C++或 Java 都使用「;」代表程式敘述的結束，為了配合程式設計師的撰寫習慣，如果在程式敘述後加上「;」符號，JavaScript 程式碼一樣可以在瀏覽器正確的執行。

我們可以使用「;」符號，在同一列撰寫多個程式敘述，如下所示：

```
var strName = "陳會安";var intBalance = 1000;var strNo = "1234567";
```

上述程式碼在同一 JavaScript 程式碼列擁有三個程式敘述。

程式區塊（Block）

一個程式區塊是由多個程式敘述所組成，它是使用「{」和「}」符號包圍，例如：函數、條件和迴圈的程式碼，如下所示：

```
function showmessage(){
  alert("Head 區塊的 JavaScript 程式碼");
}
```

上述函數是一個程式區塊，我們可以將一個程式區塊視同一個程式敘述，即將程式區塊視為一個單獨的程式敘述，置於 JavaScript 程式的任何位置。在 JavaScript 程式區塊的「}」符號後不用加上「;」，但是區塊內的程式敘述需要加上「;」結束符號。

1-6-2 程式註解

程式註解是程式設計上十分重要的部分，因為良好註解文字不但能夠輕易了解程式的目的，並且在維護上也可以提供更多的資訊，JavaScript 的程式註解是以「//」符號開始的列，或放在程式列後的文字內容，如下所示：

```
// 註解文字
document.write("<h2>大家好!</h2>");    // 輸出內容
```

如果註解文字需要跨過數列，請使用「/*」和「*/」符號標示註解文字：

```
/* 註解文字
  使用 JavaScript */
```

1-6-3 太長的程式碼

如果 JavaScript 同一列的程式碼長度太長，基於程式編排的需要可以將它分成兩列，如下所示：

```
document.write
("第一份 JavaScript 程式<br/>");
```

上述程式碼分成兩列，不過，我們不可從字串中間分割。

1-6-4 空白字元

JavaScript 會自動忽略程式敘述中多餘的空白字元，如下所示：

```
var total = 5;
var total =       5;
var total     =    5;
```

上述 3 列程式碼都是相同的，我們可以基於編排所需來自行在程式敘述新增空白字元。

1-6-5 程式碼縮排

在撰寫程式時記得使用縮排編排程式碼，適當的縮排程式碼，可以讓程式更加容易閱讀，並且反應出程式碼的邏輯和迴圈架構。例如：迴圈程式區塊的程式碼縮排幾格，如下所示：

```
for (i = 1; i <= 5; i++) {
   document.write("數字: " + i + "<br/>");
   sum += i;
}
```

上述迴圈的程式敘述向內縮排，表示屬於此程式區塊，如此可以清楚分辨哪些程式碼屬於同一個程式區塊。事實上，程式撰寫風格並非一成不變，程式設計者可以自己定義所需的程式撰寫風格。

CHAPTER

2

JavaScript 變數與運算子

2-1 JavaScript 的變數

JavaScript 是一種「鬆散型態的程式語言」（Loosely Typed Language），程式變數不需要事先宣告就可以直接使用。我們可以將 JavaScript 變數視為一個在程式碼中暫存資料的容器，變數值可以在程式碼中隨時使用變數名稱取得或更改變數值。

2-1-1 變數命名與宣告

在 JavaScript 變數儲存的值可以是三種基本資料型態：「字串」（String）、「數值」（Number）和「布林」（Boolean），如下表所示：

基本資料型態	說明
String	內含一個或多個字元，使用「'」或「"」括起的字串
Number	整數或浮點數
Boolean	true 真和 false 偽

在這一節 JavaScript 程式範例的變數只有使用上表三種基本資料型態，關於 JavaScript 詳細資料型態的說明，請參閱第 2-2-1 節。

變數的命名

JavaScript 變數名稱區分英文字母大小寫，counter、Counter 和 COUNTER 是不同的變數，變數名稱長度並沒有限制，JavaScript 變數的命名原則，如下所示：

- 變數名稱不能使用 JavaScript 語法的保留字，即關鍵字，如下表所示：

break	case	catch	continue	debugger
default	delete	do	else	false
finally	for	function	if	in
instanceof	new	null	return	switch
this	throw	true	try	typeof
var	void	while	with	

- 變數名稱的開始字元必須為英文字母的大小寫或「_」字元，不能使用數字開頭。
- 變數名稱除開頭字元外，可以是英文字母、數字和「_」符號，不能使用句點「.」，句點是保留給物件使用的運算子。

變數的宣告

在 JavaScript 程式碼是使用【var】指令宣告變數，如下所示：

```
var strName;
```

上述程式碼宣告一個字串變數 strName，如果需要同時宣告多個變數，請使用「,」分隔，如下所示：

```
var strName, intBalance;
```

上述程式碼在同一個 var 指令宣告兩個變數，一為整數，一為字串，目前的 JavaScript 程式碼只有宣告變數，並沒有指定變數值，所謂變數型態只是使用變數名稱的字首來標示變數儲存資料的型態。

事實上，JavaScript 可以在宣告變數的同時指定變數值，如下所示：

```
var strName = "陳會安";
var intBalance = 1000;
var blnSex = true;
```

上述程式碼宣告三個變數且指定變數值。

JavaScript 程式：Ch2_1_1.html

在 JavaScript 程式宣告 3 個變數和指定變數值，然後將變數值顯示出來，如右圖所示：

上述圖例顯示 3 個變數值，變數值在宣告時就已經指定。

程式內容

```
01: <!DOCTYPE html>
02: <html>
03: <head>
04: <meta charset="utf-8"/>
05: <title>Ch2_1_1.html</title>
06: </head>
07: <body>
08: <script>
09: // 變數宣告
10: var strName = "陳會安";
11: var intBalance = 1000;
12: var blnSex = true;
13: // 顯示變數的內容
14: document.write("帳戶名稱: " + strName + "<br/>");
15: document.write("性別: " + blnSex + "<br/>");
16: document.write("帳戶餘額: " + intBalance);
17: </script>
18: </body>
19: </html>
```

程式說明

第 10~12 列：宣告 3 個變數同時指定變數值。

第 14~16 列：顯示變數值，其中「+」號為字串連接運算子，可以將變數值和字串連接起來，進一步說明請參閱第 2-4-1 節資料型態的強制轉換和第 2-3-2 節的算術運算子。

2-1-2 指定敘述

在宣告變數後如果沒有指定變數值，我們可以使用指定敘述「=」等號來指定變數值，事實上，在指定變數值的同時，也指定了變數的資料型態，如下所示：

```
strName = "陳會安";
intBalance = 1000;
```

上述程式碼指定變數值，字串變數 strName 為「陳會安」，整數變數 intBalance 為 1000，不只如此，我們還可以再次使用指定敘述更改變數成其他值，如下所示：

```
intBalance = "1000";
```

上述變數 intBalance 的資料型態也隨之成為字串，換句話說，JavaScript 變數只是一個暫存資料的容器，變數宣告只是聲明程式碼需要一個變數的容器，至於變數的資料型態，我們可以使用指定敘述隨時更改其資料型態。

事實上，JavaScript 變數根本就不需要事先宣告，如果在程式碼需要使用變數，直接使用指定敘述，即可同時宣告和指定變數值，如下所示：

```
strNo = "1234567";    // 沒有宣告變數
```

上述程式碼的變數 strNo 沒有使用 var 宣告，不過，我們依然可以使用指定敘述指定變數值，同時也建立了這個變數。

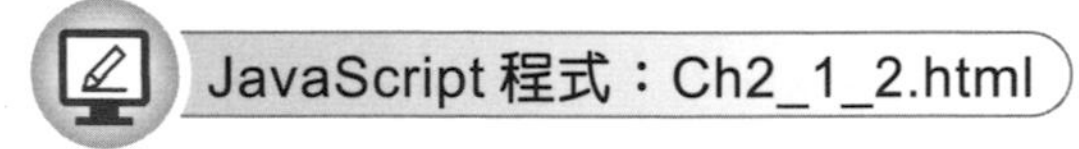

在 JavaScript 宣告變數後，使用指定敘述指定變數值，然後顯示變數的內容，如下圖所示：

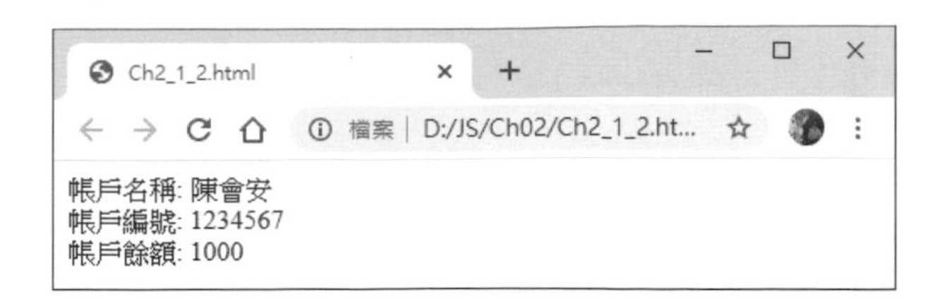

上述圖例顯示變數值，這些變數都是使用指定敘述指定變數值。

程式內容

```
01: <!DOCTYPE html>
02: <html>
03: <head>
04: <meta charset="utf-8"/>
05: <title>Ch2_1_2.html</title>
06: </head>
07: <body>
08: <script>
09: // 變數宣告
10: var strName, intBalance;
11: // 指定變數值
12: strName = "陳會安";
13: intBalance = 1000;
14: strNo = "1234567";    // 沒有宣告變數
15: intBalance = "1000"; // 重新指定成字串
16: // 顯示變數的內容
17: document.write("帳戶名稱: " + strName + "<br/>");
18: document.write("帳戶編號: " + strNo + "<br/>");
19: document.write("帳戶餘額: " + intBalance);
20: </script>
21: </body>
22: </html>
```

程式說明

第 10 列：同時宣告 2 個變數 strName 和 intBalance。

第 12~13 列：使用指定敘述指定變數值。

第 14 列：指定敘述指定的變數 strNo 並沒有先行宣告。

第 15 列：將原來是整數的變數 intBalance 改為字串值，換句話說，它的資料型態也改成字串。

第 17~19 列：顯示 3 個變數值。

2-1-3 JavaScript 的變數是否存在

JavaScript 程式碼的變數需要使用 var 宣告或指定敘述來隱藏宣告，對於一個變數，程式碼如何知道它是否存在，所謂存在是指變數擁有值，而不是 undefined 資料型態，詳細資料型態請參閱第 2-2-1 節。

筆者準備使用第 3-2-2 節的 if 條件敘述來檢查變數是否存在，如下所示：

```
if (intBalance)
   document.write("intBalance 存在<br/>");
else
   document.write("intBalance 不存在<br/>");
```

上述 if 條件檢查變數值是否為 undefined，如果 false 表示存在，否則變數不存在，問題是變數 intBalance 需要是已經宣告的變數，如果變數根本沒有宣告，此時的 if 條件將導致 JavaScript 執行錯誤，不過，在瀏覽器並不會顯示錯誤訊息，只是根本忽略此 if 條件。

正確的變數檢查方法是使用 Window 物件，因為 JavaScript 宣告或使用的變數都屬於 Window 物件的屬性，換句話說，我們只需檢查 Window 物件的屬性，就可以知道變數是否存在，如下所示：

```
if (window.strName)
   document.write("strName 存在:" + window.strName + "<br/>");
else
   document.write("strName 不存在:" + window.strName + "<br/>");
```

上述 if 條件不論變數是否宣告，都可以檢查變數是否存在，不過，此 if 條件的程式碼並不適用布林資料型態的變數檢查。

JavaScript 程式：Ch2_1_3.html

在 JavaScript 程式使用 Window 物件的屬性，配合 if 條件檢查變數是否存在，筆者分別測試一個有宣告的變數和根本沒有宣告的變數，如下圖所示：

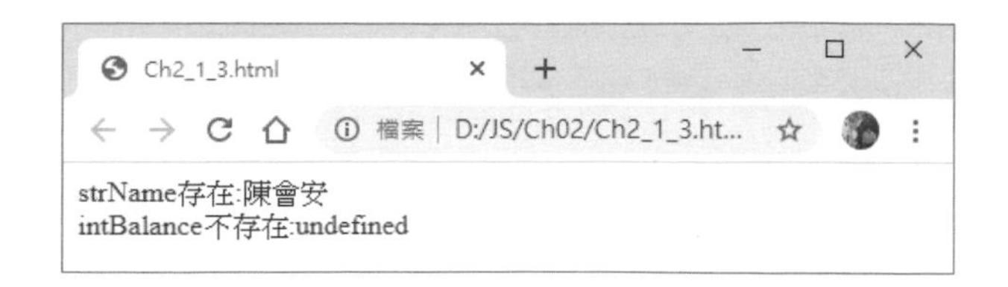

上述圖例顯示變數 strName 存在，其後為變數值；變數 intBalance 不存在，其變數值為 undefined。

程式內容

```
01: <!DOCTYPE html>
02: <html>
03: <head>
04: <meta charset="utf-8"/>
05: <title>Ch2_1_3.html</title>
06: </head>
07: <body>
08: <script>
09: // 變數宣告
10: var strName = "陳會安";
11: // 檢查變數是否存在
12: if (window.strName)
13:    document.write("strName 存在:" + window.strName + "<br/>");
14: else
15:    document.write("strName 不存在:" + window.strName + "<br/>");
16: // 一個不存在的變數
17: if (window.intBalance)
18:    document.write("intBalance 存在:" + window.intBalance + "<br/>");
19: else
20:    document.write("intBalance 不存在:" + window.intBalance + "<br/>");
21: </script>
22: </body>
23: </html>
```

程式說明

第 10 列：宣告變數 strName 且指定初值，表示變數 strName 存在。

第 12~15 列：if 條件檢查變數 strName，如果不是 undefined，就執行第 13 列；否則執行第 15 列。

第 17~20 列：if 條件檢查一個不存在的變數 intBalance，因為我們並沒有宣告此變數。

2-2 JavaScript 的資料型態

JavaScript 變數的基本資料型態除了數值、布林和字串型態外，還有物件和陣列，特殊資料型態 Null 和 Undefined。

2-2-1 JavaScript 的資料型態

JavaScript 資料型態就是變數儲存值的種類，在本節只說明基本和特殊資料型態，物件和陣列資料型態請參閱本書後各章節的說明。

數值資料型態（Number Data Type）

JavaScript 數值資料型態的整數和浮點數並沒有什麼不同，數值資料型態的變數值可以是整數或浮點數，簡單的說，數值資料型態就是浮點資料型態。數值資料型態的變數值，如下所示：

- 整數值：整數值包含 0、正整數和負整數，可以使用十進位、八進位和十六進位表示，如果是「0」開頭的數值且每個位數的值為 0~7 的整數是八進位，「0x」開頭的數值，位數值為 0~9 和 A~F，這是十六進位，一些整數的範例，如下表所示：

整數值	十進位值	說明
19	19	十進位整數
0182	182	雖然是 0 開頭，不過因為有 8，所以不是八進位而是十進位整數
0377	255	八進位整數
0xff	255	十六進位整數
0x3e7	999	十六進位整數

- 浮點數值：浮點數是整數加上小數，其範圍最大為 $\pm 1.7976931348623157xE^{308}$，最小為 $\pm 5xE^{-324}$，使用「e」或「E」符號代表 10 為底的指數，一些浮點數的範例，如下表所示：

浮點數值	十進位值	說明
0.0005	0.0005	浮點數
.0005	0.0005	浮點數
5e-4	0.0005	使用 e 指數的浮點數

JavaScript 數值資料型態擁有一些特殊值的字串，通常是出現在數值資料型態發生錯誤時，如下表所示：

數值的特殊值字串	說明
NaN	Not a number，當算術運算式的運算結果是不正確資料時，例如：字串或 Undefined
Positive Infinity	數值太大超過 JavaScript 正數值的範圍
Negative Infinity	數值太大超過 JavaScript 負數值的範圍
Positive and Negative 0	JavaScript 用來區分+0 和-0

字串資料型態（String Data Type）

字串可以包含 0 或多個 Unicode 字元，包含文字、數值和標點符號，字串資料型態是用來儲存文字內容的變數，JavaScript 程式碼的字串需要使用「"」或「'」符號括起。一些中英文的字串範例，如下所示：

字串變數值	顯示的字串
"JavaScript"	JavaScript
"1234567"	1234567
'陳會安'	陳會安
'"陳會安"是本書的作者'	"陳會安"是本書的作者
"I'm an author."	I'm an author.

Memo

「統一字碼」（Unicode）是由 Unicode Consortium 組織所制定的一個能包括全世界文字的內碼集，包含 GB2312 和 Big5 的所有內碼集，即 ISO 10646 內碼集。擁有常用的兩種編碼方式：UTF-8 為 8 位元編碼；UTF-16 為 16 位元的編碼。

JavaScript 不支援單一字元的函數，例如：Visual Basic 或 C/C++語言的 chr() 函數，我們只能使用單一字元的字串，例如："J"、'c'，如果連一個字元都沒有，""就是空字串。

布林資料型態（Boolean Data Type）

布林資料型態只有兩個值 true 和 false，主要是用在第 3 章條件和迴圈控制的條件判斷，以便決定繼續執行哪一個程式區塊的程式碼，或是判斷迴圈是否結束。

Null 資料型態

Null 資料型態只有一個值 null，null 是一個關鍵字並不是 0，如果變數值為 null，表示變數沒有值或不是一個物件。

Undefined 資料型態

Undifined 資料型態指的是一個變數有宣告，但是不曾指定變數值，或是一個物件屬性根本不存在。

2-2-2 Escape 逸出字元

JavaScript 提供 Escape 逸出字元，這些是使用「\」符號開頭的字元，可以在字串資料型態的變數值中顯示無法使用鍵盤輸入的特殊字元，如下表所示：

Escape 逸出字元	說明
\b	Backspace，Backspace 鍵
\f	FF，Form feed

Escape 逸出字元	說明
\n	LF，Line feed 換行符號
\r	CR，Enter 鍵
\t	Tab 鍵
\'	「'」符號
\"	「"」符號
\\	「\」符號

JavaScript 程式：Ch2_2_2.html

在 JavaScript 程式顯示 Escape 逸出字元顯示的字元，不過，大部分字元並無法在瀏覽器正確的顯示，如下圖所示：

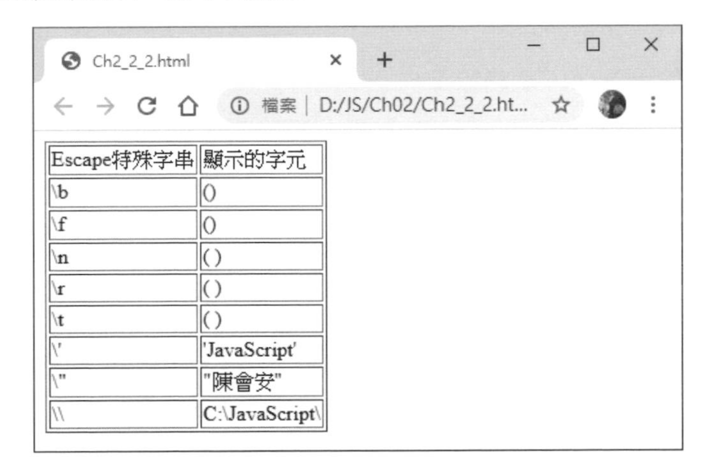

上述表格顯示 Escape 逸出字元，只有最後 3 個字元可以正確顯示，其他字元通常是使用在文字檔案處理時，輸出文字內容的控制，例如：「\n」為換行。

程式內容

```
01: <!DOCTYPE html>
02: <html>
03: <head>
04: <meta charset="utf-8"/>
05: <title>Ch2_2_2.html</title>
06: </head>
```

```
07: <body>
08: <script>
09: document.write("<table border='1'>");
10: document.write("<tr><td>Escape 特殊字串</td>");
11: document.write("<td>顯示的字元</td></tr>");
12: document.write("<tr><td>\\b</td><td>(\b)</td></tr>");
13: document.write("<tr><td>\\f</td><td>(\f)</td></tr>");
14: document.write("<tr><td>\\n</td><td>(\n)</td></tr>");
15: document.write("<tr><td>\\r</td><td>(\r)</td></tr>");
16: document.write("<tr><td>\\t</td><td>(\t)</td></tr>");
17: document.write("<tr><td>\\'</td><td>\'JavaScript\'</td></tr>");
18: document.write("<tr><td>\\\"</td><td>\"陳會安\"</td></tr>");
19: document.write("<tr><td>\\\\</td><td>C:\\JavaScript\\</td></tr>");
20: document.write("</table>");
21: </script>
22: </body>
23: </html>
```

程式說明

第 9~20 列：輸出 HTML 表格標籤。

第 12~19 列：顯示 Escape 逸出字元。

2-3 JavaScript 的運算子

JavaScript 指定敘述的運算式都是由運算子和運算元組成，JavaScript 擁有完整算術、指定、位元和邏輯運算子，一些運算式的範例，如下所示：

```
a + b - 1
a >= b
a > b && a > 1
```

上述運算式變數 a、b 和數值 1 是運算元；「+」、「-」、「>=」、「>」和「&&」是運算子。

2-3-1 運算子的優先順序

因為 JavaScript 提供多種運算子，而且在同一個運算式允許使用多種運算子，為了讓運算式能夠得到相同的運算結果，運算式會以運算子預設的優先順序進行運算，也就是我們所熟知的「先乘除後加減」，如下所示：

```
a + b * 2
```

上述運算式先計算 b*2 後才和 a 相加，這就是運算子的優先順序。JavaScript 運算子的優先順序（愈上面愈優先），如下表所示：

運算子	說明
()	括號
!、-、++、--	邏輯運算子 NOT、算數運算子負號、遞增和遞減
*、/、%	算術運算子的乘、除法和餘數
+、-	算術運算子加和減法
<<、>>、>>>	位元運算子左移、右移和無符號右移
>、>=、<、<=	比較運算子大於、大於等於、小於和小於等於
==、!=	比較運算子等於和不等於
&	位元運算子 AND
^	位元運算子 XOR
|	位元運算子 OR
&&	邏輯運算子 AND
||	邏輯運算子 OR
?:	條件運算子
=、op=	指定運算子

在上表的條件運算子 ?: 可以在運算式建立條件控制來指定成不同的變數值，如同 if 條件敘述，詳細說明請參閱第 3-2-1 節。

2-3-2 算術運算子

JavaScript 算術運算子擁有常用的數學運算子，大部分運算元是數值，不過，加法運算子可以連接兩個字串變數。各種算術運算子的說明與範例（變數 a 的值為 10），如下表所示：

運算子	說明	運算式範例
-	負號	-7
++	遞增運算	a++ = 11
--	遞減運算	a-- = 9
*	乘法	5 * 6 = 30
/	除法	7 / 2 = 3.5
%	餘數	7 % 2 = 1
+	加法或字串連接	4 + 3 = 7
-	減法	4 – 3 = 1

上表遞增和遞減運算++和--可以置於變數之前或之後，如下所示：

```
x++;
--yy;
```

上述算術運算子在變數之前，變數值會立刻改變；之後則是在執行運算式後才改變，如下所示：

```
x = 10;
y = 10;
document.write("x++ = " +x+++":x = " + x + "<br/>");
document.write("--y = " +--y+":y = " + y + "<br/>");
```

上述變數 x 和 y 的初始值為 10，後面二列程式碼的第一列是 x++，運算子在後所以之後才改變，第一個 x++值仍然為 10；第二個 x 為 11，最後一列的 --y 運算子在前，所以第一個為 9；第二個也是 9。

JavaScript 程式：Ch2_3_2.html

在 JavaScript 程式測試上表各種 JavaScript 算術運算子，如右圖所示：

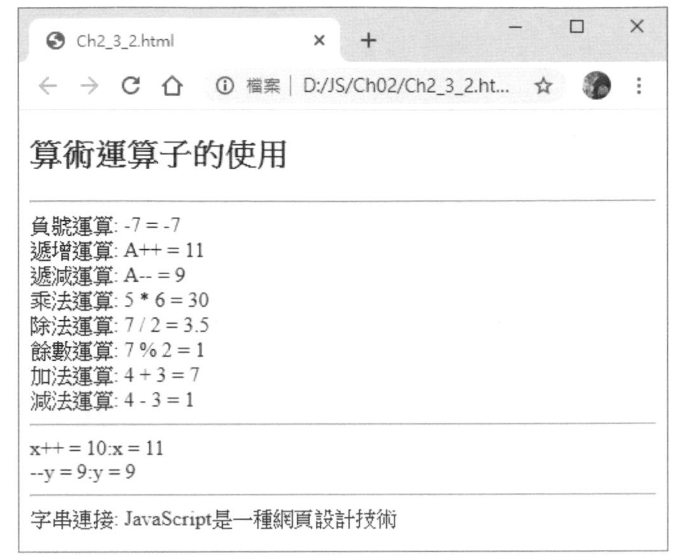

右述圖例在第二條水平線前為算術運算子，中間測試遞增和遞減運算子，其位置分別在變數之前和之後，最後使用「+」加號連接 2 個字串變數。

程式內容

```
01: <!DOCTYPE html>
02: <html>
03: <head>
04: <meta charset="utf-8"/>
05: <title>Ch2_3_2.html</title>
06: </head>
07: <body>
08: <h2>算術運算子的使用</h2>
09: <hr/>
10: <script>
11: var x, y;
12: var intInc = 10;
13: var intDec = 10;
14: var strTitle1 = "JavaScript 是"
15: var strTitle2 = "一種網頁設計技術"
16: document.write("負號運算: -7     = " + -7 + "<br/>");
17: intInc++;
18: document.write("遞增運算: A++ = " + intInc + "<br/>");
19: intDec--;
20: document.write("遞減運算: A-- = " + intDec + "<br/>");
21: document.write("乘法運算: 5 * 6 = " + 5*6 + "<br/>");
```

```
22: document.write("除法運算: 7 / 2 = " + 7/2 + "<br/>");
23: document.write("餘數運算: 7 % 2 = " + 7%2 + "<br/>");
24: document.write("加法運算: 4 + 3 = " + (4+3) + "<br/>");
25: document.write("減法運算: 4 - 3 = " + (4-3) + "<br/><hr/>");
26: // 測試 Pre-/Post- 運算子
27: x = 10;
28: y = 10;
29: document.write("x++ = " +x+++":x = " + x + "<br/>");
30: document.write("--y = " +--y+":y = " + y + "<br/><hr/>");
31: document.write("字串連接: " + (strTitle1+strTitle2) + "<br/>");
32: </script>
33: </body>
34: </html>
```

程式說明

第 11~15 列：宣告變數和指定初值。

第 16~25 列：測試算術運算子。

第 27~30 列：測試 x++和--y 運算式。

第 31 列：連接 2 個字串變數。

2-3-3 邏輯與比較運算子

邏輯與比較運算子主要是使用在第 3 章迴圈和條件敘述的判斷條件，true 為真；false 為假。比較運算子的說明和範例，如下表所示：

運算子	說明	運算式範例	運算結果
==	等於	6 == 3	false
!=	不等於	6 != 3	true
<	小於	6 < 3	false
>	大於	6 > 3	true
<=	小於等於	6 <= 3	false
>=	大於等於	6 >=3	true

如果條件不只一個，就需要使用邏輯運算子連接各比較運算式，其說明如下表所示：

運算子	說明
!	NOT 非，傳回運算元相反的值，true 成 false，false 成 true
&&	AND 且，連接的兩個運算元都為 true，運算式為 true
||	OR 或，連接的兩個運算元，任一個為 ture，運算式為 true

JavaScript 程式：Ch2_3_3.html

在 JavaScript 程式測試上表的邏輯和比較運算子，如右圖所示：

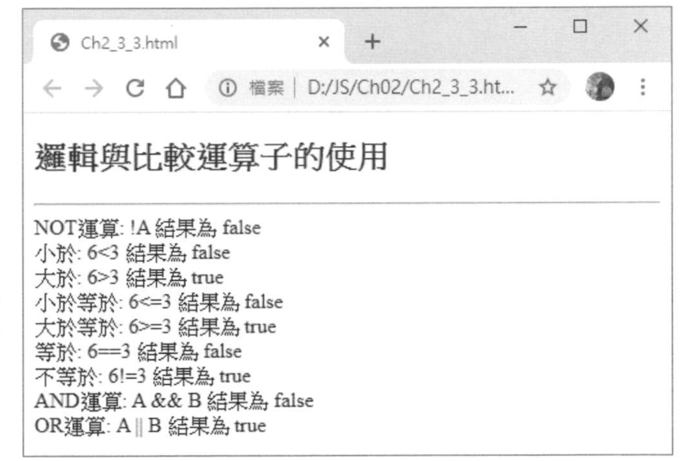

右述圖例顯示各種邏輯和比較運算式的執行結果，最後 2 列是邏輯運算子連接 2 個比較運算式。

程式內容

```
01: <!DOCTYPE html>
02: <html>
03: <head>
04: <meta charset="utf-8"/>
05: <title>Ch2_3_3.html</title>
06: </head>
07: <body>
08: <h2>邏輯與比較運算子的使用</h2>
09: <hr/>
10: <script>
11: var blnA = true;
12: var blnB = false;
13: document.write("NOT 運算: !A 結果為 "+ (!blnA)+"<br/>");
14: document.write("小於: 6<3  結果為 "+(6<3)+"<br/>");
15: document.write("大於: 6>3  結果為 "+(6>3)+"<br/>");
```

```
16: document.write("小於等於: 6<=3  結果為 "+(6<=3)+"<br/>");
17: document.write("大於等於: 6>=3  結果為 "+(6>=3)+"<br/>");
18: document.write("等於: 6==3  結果為 "+ (6==3)+"<br/>");
19: document.write("不等於: 6!=3  結果為 "+(6!=3)+"<br/>");
20: document.write("AND 運算: A && B 結果為 "+ (blnA && blnB)+"<br/>");
21: document.write("OR 運算: A || B 結果為 "+ (blnA || blnB)+"<br/>");
22: </script>
23: </body>
24: </html>
```

程式說明

第 11~12 列：宣告 2 個變數且指定初值。

第 13 列：NOT 運算。

第 14~19 列：測試比較運算子。

第 20~21 列：測試 AND 和 OR 邏輯運算子。

2-3-4 位元運算子

JavaScript 支援位元運算子能夠進行二進位值的位元運算，我們可以向左移或右移幾個位元，或執行 NOT、AND、XOR 和 OR 的位元運算。位元運算子的說明與範例，如下表所示：

運算子	A	B	C	D	範例	結果	說明
~	1(01)				~A	-2(10)	NOT 運算
<<			3(11)		C<< 2	12(1100)	左移運算
>>		2(10)			B >> 1	1(1)	右移運算
>>>				16(1000)	D >>> 1	8(0100)	無符號右移
&	1(01)		3(11)		A & C	1(01)	AND 運算
^	1(01)	2(10)			A ^ B	3(11)	XOR 運算
|	1(01)	2(10)			A | B	3(11)	OR 運算

上表變數值為十進位，括號中的數值是二進位值，無符號右移運算 >>> 是在右移幾個位元後，在左邊填入 0。

NOT、AND 和 OR 運算的說明請參閱上一節的邏輯運算子，XOR 運算連接的二進位值中，各位元只需任一個為 1，結果為 1，如果同為 0 或 1 時結果為 0。位元運算子的結果，a 和 b 代表一個位元，其真假值表如下表所示：

a	b	NOT a	NOT b	a AND b	a OR b	a XOR b
1	1	0	0	1	1	0
1	0	0	1	0	1	1
0	1	1	0	0	1	1
0	0	1	1	0	0	0

JavaScript 程式：Ch2_3_4.html

在 JavaScript 程式測試上表說明的各種位元運算子，如右圖所示：

Ch2_3_4.html
檔案 | D:/JS/Ch02/Ch2_3_4.ht...

位元運算子的使用

NOT運算: ~A = -2
左移運算: C << 2 = 12
右移運算: B >> 1 = 1
無符號右移運算: D >>> 1 = 8
AND運算: A & C = 1
XOR運算: A ^ B = 3
OR運算: A | B = 3

程式內容

```
01: <!DOCTYPE html>
02: <html>
03: <head>
04: <meta charset="utf-8"/>
05: <title>Ch2_3_4.html</title>
06: </head>
07: <body>
08: <h2>位元運算子的使用</h2>
09: <hr>
10: <script>
11: var intA = 1;  // 0001
12: var intB = 2;  // 0010
13: var intC = 3;  // 0011
14: var intD = 16; // 1000
15: document.write("NOT 運算: ~A = " + (~intA) + "<br/>");
16: document.write("左移運算: C << 2 = " + (intC<<2) + "<br/>");
17: document.write("右移運算: B >> 1 = " + (intB>>1) + "<br/>");
18: document.write("無符號右移運算: D >>> 1 = " + (intD>>>1) + "<br/>");
19: document.write("AND 運算: A & C = " + (intA & intC) + "<br/>");
20: document.write("XOR 運算: A ^ B = " + (intA ^ intB) + "<br/>");
21: document.write("OR 運算: A | B = " + (intA | intB) + "<br/>");
22: </script>
```

```
23: </body>
24: </html>
```

程式說明

第 11~14 列：宣告測試變數和指定初值，註解文字為該變數的二進位值。

第 15~21 列：使用宣告的變數測試各種位元運算，並且顯示結果。

2-3-5 指定運算子

JavaScript 指定運算子除了指定敘述「=」外，指定運算子能夠配合其他運算子來簡化運算式，建立出簡潔的算術或位元運算式，如下表所示：

運算子	範例	相當的運算式	說明
=	x = y	N/A	指定敘述
+=	x+ = y	x = x + y	數值相加或字串連接
-=	x -= y	x = x - y	減法
*=	x *= y	x = x * y	乘法
/=	x /= y	x = x / y	除法
%=	x %= y	x = x % y	餘數
<<=	x <<= y	x = x << y	位元左移 y 位元
>>=	x >>= y	x = x >> y	位元右移 y 位元
>>>=	x >>>= y	x = x >>> y	無符號右移 y 位元
&=	x &= y	x = x & y	位元 AND 運算
|=	x |= y	x = x | y	位元 OR 運算
^=	x ^= y	x = x ^ y	位元 XOR 運算

2-4 資料型態的轉換

「資料型態轉換」（Type Conversions）是因為同一運算式可能有多個不同資料型態的變數或值。例如：在運算式擁有整數和浮點數的變數或值時，就需要執行型態轉換。

2-4-1 資料型態的強制轉換

因為 JavaScript 是一種鬆散型態的程式語言，所謂變數的資料型態是指變數值的資料型態，基本上，JavaScript 運算式會強制進行型態轉換，因為 JavaScript 運算式的運算元需要相同型態，資料型態的強制轉換方式，如下表所示：

運算式	型態強制轉換的處理
數值和字串相加	數值會強制轉換成字串
布林和字串相加	布林會強制轉換成字串
布林和數值相加	布林會強制轉換成數值

布林值 true 在強迫轉換成字串時為"true"，數值為 1，值 false 轉換成字串"false"，數值為 0。

JavaScript 程式：Ch2_4_1.html

在 JavaScript 程式測試上表 3 種資料型態的強制轉換，使用的是加法的算術運算子，運算子說明詳見第 2-3-2 節，在轉換後使用 document.write() 方法顯示轉換結果和資料型態，使用的是下一節的 typeof()函數，如右所示：

上述圖例顯示 3 種資料型態的強迫轉換結果，其資料型態分別為字串、字串、數值和數值，最後 2 列為布林加數值，分別為 true 和 false，可以看出轉換成數值 1 和 0。

程式內容

```
01: <!DOCTYPE html>
02: <html>
03: <head>
04: <meta charset="utf-8"/>
05: <title>Ch2_4_1.html</title>
06: </head>
07: <body>
08: <script>
09: // 變數宣告
10: var strName, intBalance, blnSex;
11: // 指定變數值
12: strName = "陳會安";
13: intBalance = 1000;
14: blnSex = true;
15: // 顯示資料型態的強制轉換的結果
16: output = strName + intBalance; // 字串加數值
17: document.write(output + " : " + typeof(output) + "<br/>");
18: output = strName + blnSex;  // 字串加布林
19: document.write(output + " : " + typeof(output) + "<br/>");
20: output = blnSex + intBalance; // 布林加數值
21: document.write(output + " : " + typeof(output) + "<br/>");
22: blnSex = false;  // 重設布林值
23: output = blnSex + intBalance; // 布林加數值
24: document.write(output + " : " + typeof(output) + "<br/>");
25: </script>
26: </body>
27: </html>
```

程式說明

第 10 列：同時宣告 3 個變數。

第 12~14 列：分別指定變數值為字串、數值和布林。

第 16~17 列：字串和數值的強制轉換，在第 16 列顯示結果和資料型態，它是使用 typeof()函數取得資料型態。

第 18~19 列：字串和布林的強制轉換。

第 20~24 列：布林加數值的轉換，第 1 個布林值為 true，第 23~24 列也是布林加數值，不過此時的布林值為 false。

2-4-2 資料型態的轉換函數

JavaScript 雖然在執行運算時會自動進行資料型態的強迫轉換，不過，JavaScript 仍然提供數個函數和運算子來進行資料型態的轉換。

parseInt()函數

將字串變數值開頭的數值轉換成整數，如果字串沒有數值，就傳回 NaN(Not a number)，在轉換時可以指定十六、十和八進位。一些轉換的範例，如下表所示：

parseInt()函數	值	說明
parseInt("3 page")	3	字串開頭為數值
parseInt("3.2")	3	雖然是浮點值的字串，不過只取出整數
parseInt("Page 3")	NaN	字串開頭不是數值
parseInt("18ff 值", 16)	6399	將字串轉換成 16 進位數值，也就是 18ff
parseInt("18ff 值", 10)	18	將字串轉換成 10 進位數值，也就是 18
parseInt("18ff 值", 8)	1	將字串轉換成 8 進位數值，因為數值不能超過 8，所以為 1

parseFloat()函數

將字串變數值開頭的浮點數轉換成浮點數，如果字串沒有數值，就傳回 NaN(Not a number)，如下表所示：

parseFloat()函數	值	說明
parseFloat("3.2")	3.2	字串開頭為浮點數
parseFloat("Page 3.2")	NaN	字串開頭不是浮點數

eval()函數

將運算式的字串參數當作運算式，函數可以傳回運算式的計算結果，一些範例和說明，如下表所示：

eval()函數	值	說明
eval("20 + 4 * 5")	40	算術運算式
eval("intBalance = 1000")	1000	指定敘述
eval("5 > 4")	true	邏輯或比較運算式

typeof()運算子

typeof()運算子可以取得變數的資料型態，也就是 string、number、boolean、undefined 和 object 等資料型態。

Memo

JavaScript 變數值如果為 null，我們可以使用 typeof()運算子檢查變數型態為 object，而不是 null 資料型態，如下所示：

```
<script>
var strName = null;
document.write(typeof(strName) + "<br/>");
</script>
```

上述程式碼 typeof(strName)的值為 object。

JavaScript 程式：Ch2_4_2.html

在 JavaScript 程式使用資料轉換函數進行變數資料的轉換，typeof()運算子檢查變數的資料型態，如下圖所示：

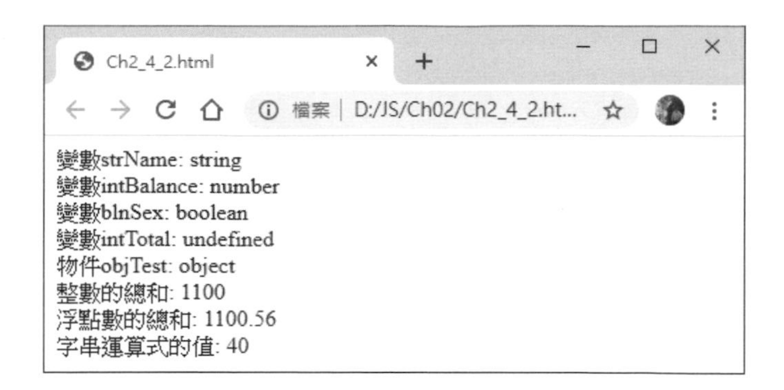

上述執行結果的前 5 列顯示 typeof()運算子取得的變數資料型態，最後 3 列分別使用 parseInt()、parseFloat()和 eval()函數取得整數、浮點數和運算式的計算結果。

程式內容

```
01: <!DOCTYPE html>
02: <html>
03: <head>
04: <meta charset="utf-8"/>
05: <title>Ch2_4_2.html</title>
06: </head>
07: <body>
08: <script>
09: // 變數宣告
10: var strName, intBalance, blnSex;
11: var strNo, objTest, intTotal, strNo;
12: // 指定變數值
13: strNo = "100.56 的編號"
14: strName = "陳會安";
15: intBalance = 1000;
16: blnSex = true;
17: objTest = new Object();
18: // 使用 typeof()顯示變數的資料型態
19: document.write("變數 strName: " + typeof(strName) +"<br/>");
20: document.write("變數 intBalance: " + typeof(intBalance) +"<br/>");
21: document.write("變數 blnSex: " + typeof(blnSex) +"<br/>");
22: document.write("變數 intTotal: " + typeof(intTotal) +"<br/>");
23: document.write("物件 objTest: " + typeof(objTest) +"<br/>");
24: // 使用 parseInt()
25: intTotal = parseInt(strNo) + intBalance;
26: document.write("整數的總和: " + intTotal + "<br/>");
27: // 使用 parseFloat()
28: intTotal = parseFloat(strNo) + intBalance;
29: document.write("浮點數的總和: " + intTotal + "<br/>");
```

```
30: // 使用 eval()
31: intTotal = eval("20 + 4 * 5");
32: document.write("字串運算式的值: " + intTotal + "<br/>");
33: </script>
34: </body>
35: </html>
```

程式說明

第 10~11 列：宣告 7 個變數。

第 13~16 列：指定變數值。

第 17 列：使用 new 運算子建立物件。

第 19~23 列：顯示各變數的資料型態。

第 25~31 列：分別測試使用 parseInt()、parseFloat()和 eval()函數。

CHAPTER

3

JavaScript 流程控制

3-1 流程控制的基礎

基本上，JavaScript 程式碼大部分是一列程式敘述接著一列程式敘述循序的執行，但是對於複雜的工作，為了達成預期的執行結果，我們需要使用「流程控制結構」（Control Structures）來改變執行的順序。

循序結構（Sequential）

循序結構是程式預設的執行方式，也就是一個程式敘述接著一個程式敘述依序的執行，如右圖所示：

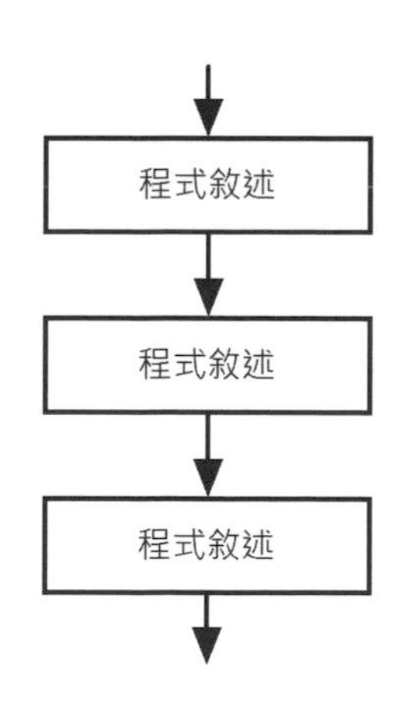

選擇結構（Selection）

選擇結構是一種條件控制，這是一個選擇題，分為是否選擇、二選一或多選一共三種。程式執行順序是依照邏輯或比較運算式的條件，決定執行哪一個程式區塊的程式碼，如右圖所示：

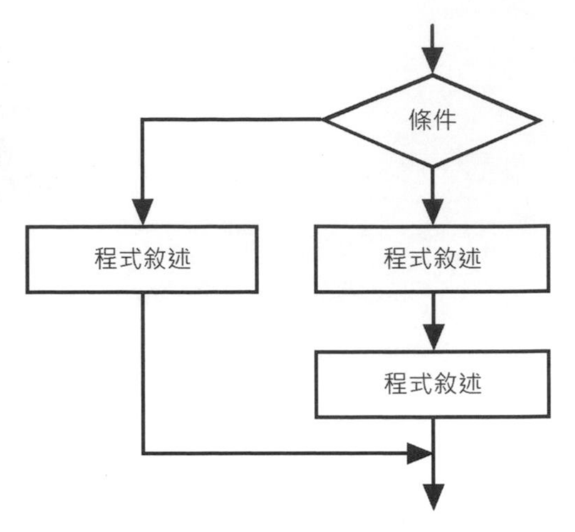

條件控制如同從公司走路回家，因為回家的路不只一條，當走到十字路口時，可以決定向左、向右或直走，雖然最終都可以到家，但是經過的路徑並不相同，也稱為「決策判斷敘述」（Decision Making Statements）。

重複結構（Iteration）

重複結構就是迴圈控制，可以重複執行一個程式區塊的程式碼，提供結束條件結束迴圈的執行，依結束條件測試的位置不同分為兩種，如下所示：

- 前測式重複結構：測試迴圈結束條件在程式區塊的開頭，需要符合條件，才能執行迴圈中的程式碼，如右圖所示：

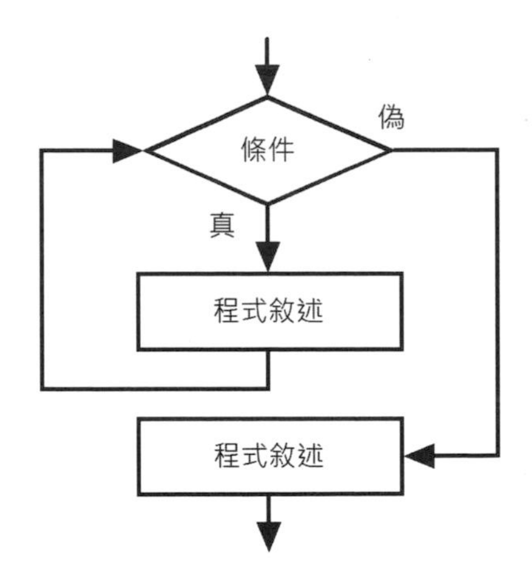

- 後測式重複結構：測試迴圈結束條件在程式區塊的結尾，所以迴圈的程式區塊至少會執行一次，如右圖所示：

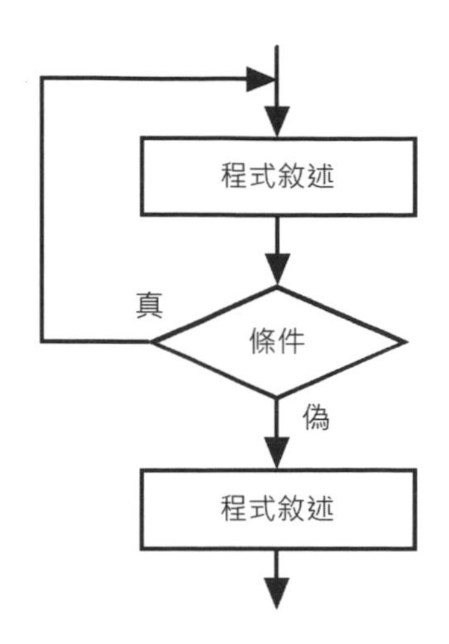

迴圈控制有如搭乘環狀的捷運系統回家，因為捷運系統一直環繞著軌道行走，上車後可依不同情況來決定蹺幾圈才下車，上車是進入迴圈；下車是離開迴圈回家。

3-2 JavaScript 的條件控制

JavaScript 的條件敘述可以分為是否選擇(if)、二選一(if/else)或多選一(switch)的幾種方式，此外還提供有條件運算子(?:)可以建立單行程式碼的條件控制。

3-2-1 if 是否選擇條件敘述

if 條件敘述是一種是否執行的單選題，可以決定是否執行程式區塊內的程式碼，如果條件運算結果為 true，就執行括號之間的程式碼，如下所示：

```
if (strGender == "男"){
   document.write("男性網友您好! ");
   document.write("歡迎使用 JavaScript<br/>");
}
```

上述 if 條件如果為 true 就執行程式區塊的程式碼，如果為 false 就不執行程式區塊。當程式區塊的程式碼只有一列時，我們也可以省略前後的大括號 "{" 和 "}"。

JavaScript 程式：Ch3_2_1.html

在 JavaScript 程式使用 if 條件的程式碼，決定是否顯示歡迎訊息，如右圖所示：

上述圖例顯示的訊息是 if 條件的程式區塊，如果條件不成立，在水平線下就不會顯示任何文字內容。

程式內容

```
01: <!DOCTYPE html>
02: <html>
03: <head>
04: <meta charset="utf-8"/>
05: <title>Ch3_2_1.html</title>
06: </head>
07: <body>
08: <h2>測試 if 條件敘述</h2>
09: <hr/>
10: <script>
11: // 變數宣告
12: var strGender = "男";
13: // 條件敘述
14: if (strGender == "男"){
15:    document.write("男性網友您好! ");
16:    document.write("歡迎使用 JavaScript<br/>");
17: }
18: </script>
19: </body>
20: </html>
```

程式說明

第 12 列：宣告字串變數且指定初值。

第 14~17 列：if 條件的程式區塊，如果條件成立就執行第 15~16 列的程式碼。

3-2-2 if/else 二選一條件敘述

基本上，if 條件敘述只能選擇執行或不執行程式區塊，更進一步，如果擁有兩個程式區塊，而且只能二選一，執行其中一個程式區塊，我們可以改用 if 條件加上 else 關鍵字，如果 if 條件為 true，就執行與 else 之間的程式區塊，如果為 false，就執行 else 之後的程式區塊，如下所示：

```
if (strGender == "男"){
   document.write("男性網友您好！ ");
}
else{
   document.write("女性網友您好！ ");
}
```

上述 if 條件敘述因性別條件有排它性，不是男就是女，可以顯示不同的訊息內容，如果程式區塊只有一列程式碼，可以省略大括號，如下所示：

```
if (strGender == "男")
   document.write("男性網友您好！ ");
else
   document.write("女性網友您好！ ");
```

JavaScript 程式：Ch3_2_2.html

在 JavaScript 程式使用 if/else 條件敘述，可以依照性別顯示不同的歡迎訊息，如右圖：

上述圖例顯示的歡迎訊息中，在「!」號前面的部分依照 if/else 條件所顯示的文字內容。

程式內容

```
01: <!DOCTYPE html>
02: <html>
03: <head>
```

```
04: <meta charset="utf-8"/>
05: <title>Ch3_2_2.html</title>
06: </head>
07: <body>
08: <h2>測試 if/else 條件敘述</h2>
09: <hr/>
10: <script>
11: // 變數宣告
12: var strGender;
13: strGender = "女";
14: // 條件敘述
15: if (strGender == "男"){
16:    document.write("男性網友您好！ ");
17: }
18: else{
19:    document.write("女性網友您好！ ");
20: }
21: document.write("歡迎使用 JavaScript<br/>");
22: </script>
23: </body>
24: </html>
```

程式說明

第 12~13 列：宣告變數和指定初值。

第 15~20 列：if 條件敘述依變數條件顯示第 16 或 19 列的程式碼。

第 21 列：不論 if 條件為何都一定會顯示的訊息文字。

3-2-3 if/else 多選一條件敘述

在 JavaScript 程式如果需要多選一條件敘述，也就是依照一個條件判斷來執行多個不同程式區塊之一。第一種方法是重複使用 if/else 條件敘述來建立多選一條件敘述，如下所示：

```
if (strPayment == "cash")
   document.write("使用現金付款!<br/>");
else
   if (strPayment == "visa")
      document.write("使用 VISA 信用卡付款!<br/>");
   else
      if (strPayment == "master")
```

```
        document.write("使用 Master 信用卡付款!<br/>");
    else
        document.write("未明的付款方式!<br/>");
```

上述 if/else 條件敘述每次只能判斷一個條件，如果為 false 就重複使用 if/else 條件進行下一次判斷，這種多選一條件敘述架構比較複雜。

JavaScript 程式：Ch3_2_3.html

在 JavaScript 程式使用 if/else 多選一條件敘述來顯示消費者選擇的付款方式，如下圖所示：

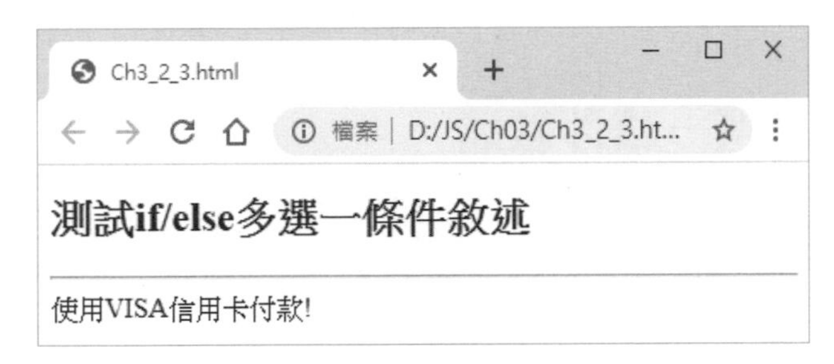

上述圖例顯示的是 if/else 多選一條件敘述的付款方式。

程式內容

```
01: <!DOCTYPE html>
02: <html>
03: <head>
04: <meta charset="utf-8"/>
05: <title>Ch3_2_3.html</title>
06: </head>
07: <body>
08: <h2>測試 if/else 多選一條件敘述</h2>
09: <hr/>
10: <script>
11: // 變數宣告
12: var strPayment = "visa";
13: // 多選一條件敘述
14: if (strPayment == "cash")
15:    document.write("使用現金付款!<br/>");
16: else
17:    if (strPayment == "visa")
18:        document.write("使用 VISA 信用卡付款!<br/>");
19:    else
```

```
20:         if (strPayment == "master")
21:             document.write("使用 Master 信用卡付款!<br/>");
22:         else
23:             document.write("未明的付款方式!<br/>");
24: </script>
25: </body>
26: </html>
```

程式說明

第 12 列：宣告變數且指定初值。

第 14~23 列： if/else 多選一條件敘述，在第 17~23 列是下一層 if/else 條件，第 20~23 列是最後 1 個 if/else 條件敘述。

3-2-4 switch 多選一條件敘述

在 JavaScript 程式建立多選一條件敘述可以使用第二種方法，就是使用 switch 多選一條件敘述，直接依照符合條件來執行不同程式區塊的程式碼，如下所示：

```
switch (strPayment){
    case "cash":
        document.write("使用現金付款!<br/>");
        break;
    case "visa":
        document.write("使用 VISA 信用卡付款!<br/>");
        break;
    case "master":
        document.write("使用 Master 信用卡付款!<br/>");
        break;
    default:
        document.write("未明的付款方式!<br/>");
}
```

上述 switch 條件架構只擁有一個邏輯或比較運算式，每一個 case 條件的比較相當於「==」運算子，如果符合，就執行 break 關鍵字前的程式碼，每一個程式區塊需要使用 break 關鍵字跳出條件敘述，最後的 default 關鍵字並非必要，這是一個例外條件，如果 case 條件都沒有符合就執行 default 程式區塊。

JavaScript 程式：Ch3_2_4.html

在 JavaScript 程式使用 switch 多選一條件敘述，可以顯示消費者選擇的付款方式，如下圖所示：

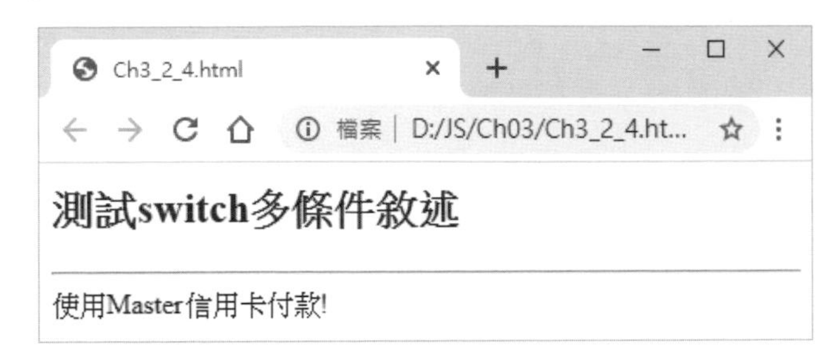

上述圖例是使用 switch 多選一條件敘述顯示的付款方式。

程式內容

```
01: <!DOCTYPE html>
02: <html>
03: <head>
04: <meta charset="utf-8"/>
05: <title>Ch3_2_4.html</title>
06: </head>
07: <body>
08: <h2>測試 switch 多條件敘述</h2>
09: <hr/>
10: <script>
11: // 變數宣告
12: var strPayment = "master";
13: // 條件敘述
14: switch (strPayment){
15:     case "cash":
16:         document.write("使用現金付款!<br/>");
17:         break;
18:     case "visa":
19:         document.write("使用 VISA 信用卡付款!<br/>");
20:         break;
21:     case "master":
22:         document.write("使用 Master 信用卡付款!<br/>");
23:         break;
24:     default:
25:         document.write("未明的付款方式!<br/>");
26: }
```

```
27: </script>
28: </body>
29: </html>
```

程式說明

第 12 列：宣告變數且指定初值。

第 14~26 列：switch 多選一條件敘述，第 24~25 列是例外條件。

3-2-5 條件運算子?:

JavaScript 支援條件運算子 ?:，這個運算子可以用來指定變數值，條件運算子如同一個 if/else 條件，使用「?」符號代替 if；「:」符號代替 else，如下所示：

```
strHours = (dtHour >= 12) ? " PM" : " AM";
```

上述程式碼指定變數 strHours 的值，使用的是條件運算子，如果條件為 true，strHours 變數值為 PM；false 是 AM。

JavaScript 程式：Ch3_2_5.html

在 JavaScript 程式使用條件運算子將 24 小時制的時間改為 12 小時制的 AM 或 PM，如右圖所示：

上述圖例是使用條件運算子顯示的時間，這是 12 小時制。

程式內容

```
01: <!DOCTYPE html>
02: <html>
03: <head>
04: <meta charset="utf-8"/>
05: <title>Ch3_2_5.html</title>
06: </head>
07: <body>
```

```
08: <h2>測試條件運算子</h2>
09: <hr/>
10: <script>
11: // 變數宣告
12: var strHours = "";
13: dtHour = 18;
14: strHours = (dtHour >= 12) ? " PM" : " AM";
15: dtHour = (dtHour >= 12) ? dtHour-12 : dtHour;
16: document.write("目前時間為: " + dtHour + strHours + "!<br/>");
17: </script>
18: </body>
19: </html>
```

程式說明

第 12~13 列：宣告變數和指定 24 小時制的小時。

第 14 列：使用條件運算子決定 PM 或 AM。

第 15 列：將小時換算成 12 小時制。

第 16 列：顯示最後的轉換結果。

3-3 JavaScript 的迴圈控制

迴圈控制能夠重複執行程式區塊的程式碼，JavaScript 支援多種迴圈控制，能夠在迴圈的開始或結尾測試迴圈的結束條件。

3-3-1 for 迴圈敘述

for 迴圈可以執行固定次數的程式區塊，這個迴圈擁有計數器，計數器每次增加或減少一個值，直到迴圈結束條件成立為止，例如：使用迴圈計算 1 加到 5 的總和，每次增加 1，如下所示：

```
for (i = 1; i <= 5; i++) {
    document.write("整數: " + i + "<br/>");
    intSum += i;
}
```

上述迴圈的程式碼是從 1 加到 5 計算總和。在 for 迴圈括號中分成三個程式敘述，如下所示：

```
for (i = 1; i <= 5; i++) { … }
```

在上述 for 迴圈程式碼的括號，使用「;」符號分為三個部分，如下所示：

- i = 1：迴圈的初始值，變數 i 是計數器，在設定初始值時也可以同時宣告變數，如下所示：

  ```
  for (var i = 1; i <= 5; i++) {    }
  ```

- i <=5：迴圈的結束條件，當 i > 5 時結束迴圈。
- i++：更改計數器的值，i++是每次遞增 1，變數 i 的值依序為 1、2、3、4 和 5，總共執行五次迴圈，如果使用 i--，表示每次遞減 1。

JavaScript 程式：Ch3_3_1.html

在 JavaScript 程式使用 for 迴圈敘述計算 1 加到 5 的總和，如右圖所示：

上述圖例依序顯示每次執行迴圈時，計數器變數的值，在水平線後是 1 加到 5 的總和。

程式內容

```
01: <!DOCTYPE html>
02: <html>
03: <head>
```

```
04: <meta charset="utf-8"/>
05: <title>Ch3_3_1.html</title>
06: </head>
07: <body>
08: <h2>測試 for 迴圈</h2>
09: <hr/>
10: <script>
11: // 變數宣告
12: var i;
13: var intSum = 0;
14: // 迴圈敘述
15: for (i = 1; i <= 5; i++){
16:     document.write("整數: " + i + "<br/>");
17:     intSum += i;
18: }
19: document.write("<hr/>總和: " + intSum + "<br/>");
20: </script>
21: </body>
22: </html>
```

程式說明

第 12~13 列：宣告變數和指定變數值。

第 15~18 列：for 迴圈是由 1 到 5 執行 5 次，在第 16 列顯示計數器值，第 17 列計算總和。

第 19 列：顯示 1 加到 5 的總和。

3-3-2 for/In 迴圈敘述

for/in 迴圈和 for 迴圈敘述十分相似，不過 for/in 迴圈主要是在顯示物件的所有屬性，如下所示：

```
for (prop in objAddress) {
   document.write("屬性: " + prop + "=" + objAddress[prop] + "<br/>");
}
```

上述 for/in 迴圈的程式碼變數 objAddress 是一個物件，prop 可以取得屬性名稱，這個迴圈可以取得物件的所有屬性，詳細 JavaScript 物件的說明請參閱第 4 章。

JavaScript 程式：Ch3_3_2.html

在 JavaScript 程式建立一個物件和指定物件的屬性後，使用 for/in 迴圈顯示物件的所有屬性名稱和值，如右圖所示：

右述圖例使用 for/in 迴圈顯示物件的所有屬性名稱和屬性值。

程式內容

```
01: <!DOCTYPE html>
02: <html>
03: <head>
04: <meta charset="utf-8"/>
05: <title>Ch3_3_2.html</title>
06: </head>
07: <body>
08: <h2>測試 for/in 迴圈</h2>
09: <hr/>
10: <script>
11: // 變數宣告
12: var prop;
13: var objAddress = new Object();
14: objAddress.name = "陳會安";
15: objAddress.age = "40";
16: objAddress.phone = "02-22222222";
17: objAddress.email = "hueyan@ms2.hinet.net";
18: // 迴圈敘述
19: for (prop in objAddress){
20:     document.write("屬性: " + prop + "=" + objAddress[prop] + "<br/>");
21: }
22: </script>
23: </body>
24: </html>
```

程式說明

第 12 列：宣告屬性名稱變數。

第 13~17 列：建立物件和新增物件屬性，在第 13 列建立物件 objAddress，第 14~17 列新增物件屬性。

第 19~21 列：使用 for/in 迴圈顯示物件的所有屬性，在第 20 列顯示屬性名稱和屬性值。

3-3-3 while 迴圈敘述

while 迴圈敘述需要自行在程式區塊內處理計數器的增減，迴圈是在開頭檢查結束條件，如果條件為 true 才能夠進入迴圈；false 離開迴圈，如下所示：

```
while(i <= 6) {
   document.write("整數: " + i + "<br/>");
   intSum += i;
   i++;
}
```

上述 while 迴圈計算從 1 加到 6 的總和，只需符合條件就執行程式區塊，迴圈的結束條件為 i > 6。

請注意！因為 while 迴圈和下一節 do/while 迴圈並沒有內建計數器增減的程式敘述，所以如果沒有自行處理計數器更新，有可能成為一個無窮迴圈，在使用時請務必小心！

JavaScript 程式：Ch3_3_3.html

在 JavaScript 程式使用 while 迴圈敘述，計算 1 加到 6 的總和，如右圖所示：

右述圖例依序顯示每次執行迴圈時，計數器變數的值，在水平線後是 1 加到 6 的總和。

程式內容

```
01: <!DOCTYPE html>
02: <html>
03: <head>
04: <meta charset="utf-8"/>
05: <title>Ch3_3_3.html</title>
06: </head>
07: <body>
08: <h2>測試 while 迴圈</h2>
09: <hr/>
10: <script>
11: // 變數宣告
12: var i = 1;
13: var intSum = 0;
14: // 迴圈敘述
15: while (i <= 6){
16:     document.write("整數: " + i + "<br/>");
17:     intSum += i;
18:     i++;
19: }
20: document.write("<hr/>總和: " + intSum + "<br/>");
21: </script>
22: </body>
23: </html>
```

程式說明

第 12 列：宣告變數 i，這是 while 迴圈的計數器變數。

第 15~19 列： while 迴圈的進入條件為 i<=6，第 16 列顯示計數器變數值，第 17 列計算總和，在第 18 列更新計數器。

3-3-4 do/while 迴圈敘述

do/while 和 while 迴圈敘述的不同處是在迴圈結尾檢查結束條件，因此，do/while 迴圈的程式區塊至少會執行一次，如下所示：

```
do {
   document.write("整數: " + i + "<br/>");
   intSum += i;
   i++;
} while (i <= 6);
```

上述迴圈在第一次執行到迴圈結尾，才檢查 while 條件是否為 true，如果是 true 就繼續執行迴圈，可以計算從 1 加到 6 的總和，迴圈的結束條件為 i > 6。

JavaScript 程式：Ch3_3_4.html

在 JavaScript 程式使用 do/while 迴圈敘述計算 1 到 6 的總和，如右圖所示：

右述圖例依序顯示每次執行迴圈時，計數器變數的值，在水平線後是 1 加到 6 的總和。

程式內容

```
01: <!DOCTYPE html>
02: <html>
03: <head>
04: <meta charset="utf-8"/>
05: <title>Ch3_3_4.html</title>
06: </head>
07: <body>
08: <h2>測試 do while 迴圈</h2>
09: <hr/>
10: <script>
11: // 變數宣告
12: var i = 1;
13: var intSum = 0;
14: // 迴圈敘述
15: do{
16:     document.write("整數: " + i + "<br/>");
17:     intSum += i;
18:     i++;
19: } while (i <= 6);
20: document.write("<hr/>總和: " + intSum + "<br/>");
21: </script>
22: </body>
23: </html>
```

程式說明

第 12 列：宣告變數 i，這是迴圈的計數器變數。

第 15~19 列： do/while 迴圈的進入條件為 i <= 6，第 16 列顯示計數器變數值，第 17 列計算總和，在第 18 列更新計數器。

3-4 繼續和跳出迴圈

JavaScript 迴圈如果沒有正常結束，我們可以強迫終止迴圈的執行或繼續執行迴圈，這兩個關鍵字只能在迴圈的程式區塊之中使用，如下所示：

- break 關鍵字：當某些條件成立時，強迫終止迴圈的執行，如同 switch 條件使用 break 關鍵字跳出程式區塊，如下所示：

```
if (number == null || number == target)
    break;
```

- continue 關鍵字：可以馬上繼續下一次迴圈的執行，不過，它並不會執行程式區塊中位在 continue 關鍵字之後的程式碼，如果使用在 for 或 for/in 迴圈，一樣也會自動更新計數器變數，如下所示：

```
if (number != target) {
    document.write(number + "太小<br/>");
    continue;
}
```

換句話說，我們可以使用 do/while 迴圈敘述建立一個無窮迴圈，然後使用 break 和 continue 關鍵字來控制迴圈的執行。

JavaScript 程式：Ch3_4.html

在 JavaScript 程式建立一個無限迴圈，然後使用 break 和 continue 關鍵字建立猜數字遊戲，當使用者輸入數字後，可以顯示輸入的數字太大或太小，直到猜到數字為止，如下圖所示：

在上述欄位輸入數字，以此例為 50，按【確定】鈕進行遊戲，按【取消】鈕取消遊戲，然後顯示太大、太小或猜中數字，如下圖所示：

上述訊息視窗顯示猜測的數字太大，請按【確定】鈕繼續輸入數字進行遊戲直到猜中數字為止，如下圖所示：

上述圖例顯示共猜 5 次後，終於猜中數字為 36。

程式內容

```
01: <!DOCTYPE html>
02: <html>
03: <head>
04: <meta charset="utf-8"/>
05: <title>Ch3_4.html</title>
06: </head>
07: <body>
08: <h2>猜數字遊戲(break 和 continue)</h2>
09: <hr/>
10: <script>
11: // 變數宣告
```

```
12: var target = 36;
13: var number = 0;
14: var times = 0;
15: // 無窮迴圈
16: do {
17:     number = window.prompt("輸入數字", number);
18:     // 離開無窮迴圈
19:     if (number == null || number == target)
20:         break;
21:     // 判斷是太大或太小
22:     if (number > target) {
23:         alert(number + "太大!");
24:         times++;
25:         continue;
26:     }
27:     else
28:         if (number != target) {
29:             alert(number + "太小!");
30:             times++
31:             continue;
32:         }
33: } while (true);
34: if (number == null)
35:    document.write("不猜了! 答案為: " + target + "<br/>");
36: else {
37:    document.write("猜對了! 答案為: " + target + "<br/>");
38:    document.write("共猜了: " + (times+1) + "次<br/>");
39: }
40: </script>
41: </body>
42: </html>
```

程式說明

第 12~14 列：宣告正確答案的變數，第 13 列是使用者輸入的數字，在第 14 列是次數。

第 16~33 列：do/while 迴圈是一個無窮迴圈，因為第 33 列的 while 條件為 true。

第 17~20 列：使用 Window 物件的方法顯示輸入數字的視窗，在第 19~20 列的 if 條件檢查是否取消 null 或猜到正確數字，如果是，就執行第 20 列的 break 關鍵字跳出迴圈。

第 22~32 列：if/else 迴圈檢查使用者輸入的數字，是否太大或太小，第 22~26 列是太大，第 28~32 列的 if 條件為太小。

3-5 JavaScript 的巢狀迴圈

巢狀迴圈是指在迴圈之中擁有其他迴圈，例如：在 for 迴圈之中擁有 for、while 或 do/while 迴圈，同樣的，while 迴圈之中也可以有 for、while 或 do/while 迴圈。

JavaScript 的巢狀迴圈可以有很多層，例如：在 for 迴圈之中擁有 while 迴圈，如下所示：

```
for (i=1;i<=9;i++) {
    ……
    j = 1;
    while (j <= 9) {
        …
        j++;
    }
}
```

上述迴圈共有兩層，第一層 for 迴圈執行 9 次，第二層的 while 迴圈也是執行 9 次，兩層巢狀迴圈共執行 81 次。

JavaScript 程式：Ch3_5.html

在 JavaScript 程式使用 for 和 while 迴圈建立兩層巢狀迴圈，以 HTML 表格標籤顯示九九乘法表，如右圖所示：

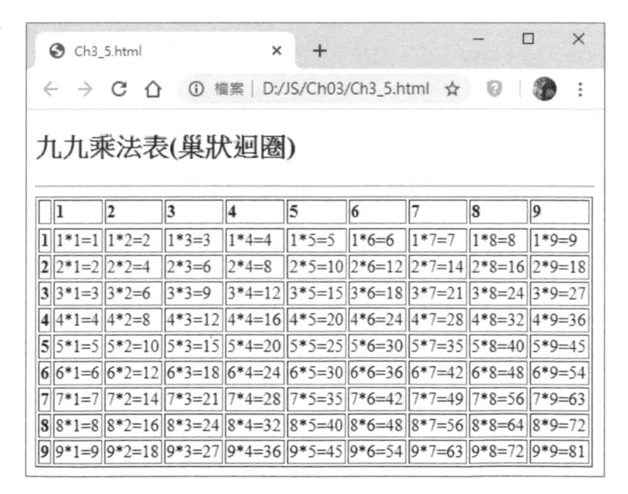

	1	2	3	4	5	6	7	8	9
1	1*1=1	1*2=2	1*3=3	1*4=4	1*5=5	1*6=6	1*7=7	1*8=8	1*9=9
2	2*1=2	2*2=4	2*3=6	2*4=8	2*5=10	2*6=12	2*7=14	2*8=16	2*9=18
3	3*1=3	3*2=6	3*3=9	3*4=12	3*5=15	3*6=18	3*7=21	3*8=24	3*9=27
4	4*1=4	4*2=8	4*3=12	4*4=16	4*5=20	4*6=24	4*7=28	4*8=32	4*9=36
5	5*1=5	5*2=10	5*3=15	5*4=20	5*5=25	5*6=30	5*7=35	5*8=40	5*9=45
6	6*1=6	6*2=12	6*3=18	6*4=24	6*5=30	6*6=36	6*7=42	6*8=48	6*9=54
7	7*1=7	7*2=14	7*3=21	7*4=28	7*5=35	7*6=42	7*7=49	7*8=56	7*9=63
8	8*1=8	8*2=16	8*3=24	8*4=32	8*5=40	8*6=48	8*7=56	8*8=64	8*9=72
9	9*1=9	9*2=18	9*3=27	9*4=36	9*5=45	9*6=54	9*7=63	9*8=72	9*9=81

上述圖例是使用 for 和 while 迴圈建立巢狀迴圈顯示的九九乘法表。

程式內容

```
01: <!DOCTYPE html>
02: <html>
03: <head>
04: <meta charset="utf-8"/>
05: <title>Ch3_5.html</title>
06: </head>
07: <body>
08: <h2>九九乘法表(巢狀迴圈)</h2>
09: <hr/>
10: <script>
11: document.write("<table border='1'>");
12: // 變數宣告
13: var i, j;
14: // 表格的標題列
15: document.write("<tr><td></td>");
16: for (i=1;i<=9;i++)
17:     document.write("<td><b>" + i + "</b></td>");
18: document.write("<tr>");
19: // 巢狀迴圈
20: for (i=1;i<=9;i++) {
21:     document.write("<tr>");
22:     document.write("<td><b>" + i + "</b></td>");
23:     j = 1;
24:     while (j <= 9) { // 內層迴圈
25:        document.write("<td>");
26:        document.write(i + "*" + j + "=" + i*j);
27:        document.write("</td>");
28:        j++;
29:     }
30:     document.write("</tr>");
31: }
32: document.write("</table>");
33: </script>
34: </body>
35: </html>
```

程式說明

第 16~17 列： 使用 for 迴圈顯示九九乘法表的表格標題列。

第 20~31 列： 兩層巢狀迴圈的第一層是 for 迴圈，在第 22 列顯示各列第一個儲存格的標題內容，也就是變數 i 值。

第 24~29 列：第二層 while 迴圈，在第 26 列分別使用第一層的變數 i 和第二層變數 j 的值顯示和計算九九乘法表的值，如下所示：

```
document.write(i + "*" + j + "=" + i*j);
```

上述程式碼在第一層迴圈變數 i 值為 1 時，第二層迴圈的變數 j 分別為 1 到 9，可以顯示下列的執行結果，如下所示：

```
1*1=1
1*2=2
…
1*9=9
```

當第一層迴圈執行第二次時，變數 i 的值為 2，而第二層迴圈的變數 j 仍然為 1 到 9，此時顯示的執行結果，如下所示：

```
2*1=2
2*2=4
…
2*9=18
```

繼續第一層的 for 迴圈，變數 i 的值依序為 3 到 9，最後就可以建立表格顯示的九九乘法表。

CHAPTER

4

JavaScript 函數與物件

4-1 JavaScript 的函數

JavaScript 函數可以將程式中一些共用程式碼獨立成程式區塊，能夠傳入參數和傳回執行結果，事實上，JavaScript 資料型態都是一種物件，函數也是，而且函數可以視為是一種 JavaScript 的「全域方法」（Global Methods）。

函數是將程式區塊的程式碼隱藏起來，使用函數名稱進行呼叫和傳遞參數，JavaScript 擁有兩種函數，一種是 JavaScript 內建函數；另一種為使用者自行建立的自訂函數。

4-1-1 JavaScript 的內建函數

JavaScript 擁有一些內建函數，在第 2 章已經介紹過 parseInt()和 parseFloat()兩個函數（或稱為方法）來轉換變數的資料型態。這一節筆者準備說明 URL 編碼轉換函數 escape()和 unescape()，如下所示：

- escape()函數：使用 URL 編碼傳入的參數字串，可以傳回加碼後的字串，如下所示：

```
strURLcode = escape(strMsg);
```

- unescape()函數：解碼參數的 URL 編碼字串，可以傳回還原成編碼前的原始字串，如下所示：

```
strOriginal = unescape(strURLcode);
```

JavaScript 程式：Ch4_1_1.html

在 JavaScript 程式使用 escape()和 unescape()函數進行字串的 URL 加碼和解碼，如右圖所示：

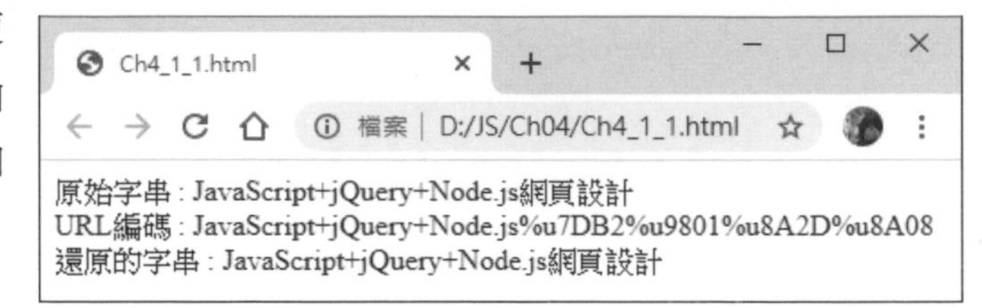

上述圖例由上而下顯示原始字串、URL 編碼字串和還原後的字串。URL 基本的編碼規則，如下表所示：

字串的字元	說明
英文字母和數值	不進行編碼
空白、標點符號	轉換成%XX 字串，XX 為十六進位值，例如：空白字元轉換成%20
中文字	轉換成%uXXXX 字串，XXXX 為十六進位值，例如：「網」轉換成%u7DB2

程式內容

```
01: <!DOCTYPE html>
02: <html>
03: <head>
04: <meta charset="utf-8"/>
05: <title>Ch4_1_1.html</title>
06: </head>
07: <body>
08: <script>
09: // 變數宣告
10: var strMsg = "JavaScript+jQuery+Node.js 網頁設計";
11: var strURLcode, strOriginal;
12: strURLcode = escape(strMsg);  // 進行加碼
13: document.write("原始字串 : " + strMsg + "<br/>");
14: document.write("URL 編碼 : " + strURLcode + "<br/>");
15: strOriginal = unescape(strURLcode); // 還原字串
```

```
16: document.write("還原的字串 : " + strOriginal + "<br/>");
17: </script>
18: </body>
19: </html>
```

程式說明

第 10~11 列：宣告原始字串、儲存 URL 編碼後字串和還原字串的變數。

第 12~14 列：使用 escape()函數進行加碼，第 13 列顯示原始字串，第 14 列顯示 URL 編碼後的字串。

第 15~16 列：執行 unescape()函數進行解碼，最後在第 16 列顯示還原後的原始字串。

4-1-2 建立 JavaScript 自訂函數

JavaScript 函數是由 function 關鍵字、函數名稱和程式區塊組成，如下所示：

```
function writeString() {
   document.write("歡迎使用 JavaScript!<br/>");
}
```

上述函數使用 function 關鍵字宣告，函數名稱為 writeString，在括號定義傳入函數的參數，不過，此函數並沒有任何參數，在「{」和「}」程式區塊內就是函數的程式碼。

因為上述函數沒有傳回值，所以呼叫函數只需使用函數名稱，如下所示：

```
writeString();
```

JavaScript 程式：Ch4_1_2.html

在 JavaScript 程式建立 writeString()函數顯示訊息字串，此函數是位在 Head 區塊，如右圖所示：

上述圖例的水平線下方是使用 writeString()函數輸出的文字字串。

程式內容

```
01: <!DOCTYPE html>
02: <html>
03: <head>
04: <meta charset="utf-8"/>
05: <title>Ch4_1_2.html</title>
06: <script>
07: function writeString(){
08:    document.write("歡迎使用 JavaScript!<br/>");
09: }
10: </script>
11: </head>
12: <body>
13: <h2>使用函數顯示文件內容</h2>
14: <hr/>
15: <script>
16: // 呼叫函數
17: writeString();
18: </script>
19: </body>
20: </html>
```

程式說明

第 7~9 列：建立 writeSting()函數，第 8 列使用 document.write()方法顯示字串內容。

第 17 列：呼叫 writeString()函數。

4-1-3 擁有參數的 JavaScript 函數

JavaScript 函數可以傳入 1 至多個參數，函數如果擁有傳入參數，在呼叫函數時，只需傳入不同參數值就可以產生不同的執行結果，如下所示：

```
function writeNString(strMsg, intnumber) {
   for(var i=1; i<=intnumber; i++) {
      document.write(strMsg + "<br/>");
   }
}
```

上述 writeNString()函數擁有 2 個參數，參數如果不只一個，請使用「,」符號分隔，傳入參數的變數可以在函數的程式區塊中使用，以此例是在 document.write()方法輸出字串和作為 for 迴圈的結束條件。

JavaScript 程式：Ch4_1_3.html

在 JavaScript 程式建立 writeNString()函數，傳入 2 個參數分別為顯示的字串和次數，此函數可以顯示多個相同內容的字串，如下圖所示：

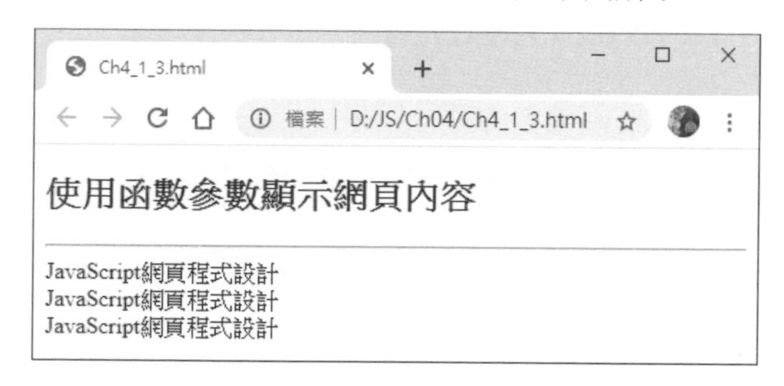

上述圖例是呼叫 writeNString()函數顯示的字串，共顯示 3 次相同的字串內容。

程式內容

```
01: <!DOCTYPE html>
02: <html>
03: <head>
04: <meta charset="utf-8"/>
05: <title>Ch4_1_3.html</title>
06: <script>
07: function writeNString(strMsg, intnumber) {
08:    for(var i=1; i<=intnumber; i++) {
09:       document.write(strMsg + "<br/>");
10:    }
11: }
12: </script>
13: </head>
14: <body>
15: <h2>使用函數參數顯示網頁內容</h2>
16: <hr/>
17: <script>
18: // 呼叫函數
19: writeNString("JavaScript 網頁程式設計", 3);
20: </script>
```

```
21: </body>
22: </html>
```

程式說明

第 7~11 列：建立 writeNString()函數，第 8~10 列的 for 迴圈依傳入參數在第 9 列重複使用 document.write()方法顯示參數值。

第 19 列：呼叫 writeNString()函數，傳入參數是字串和顯示次數。

4-1-4 JavaScript 函數的傳回值

JavaScript 函數可以傳回函數的執行結果，即函數的傳回值，此時的函數可以視為是一個黑盒子，只需傳入不同參數值，就可以產生不同執行結果的傳回值，如下所示：

```
function sumToN(intNumber) {
  var intSum = 0;
  for(var i=1; i<=intNumber; i++) {
     intSum += i;
  }
  return intSum;
}
```

上述 sumToN()函數計算 1 加到傳入參數 intNumber 的總和，在使用 for 迴圈計算總和後，使用 return 關鍵字傳回函數的執行結果。

因為函數有傳回值，在呼叫時通常是使用指定敘述來取得傳回值，如下所示：

```
intSum = sumToN(10);
```

JavaScript 程式：Ch4_1_4.html

在 JavaScript 程式建立 sumToN()函數，可以計算 1 加到傳入參數的總和，如右圖所示：

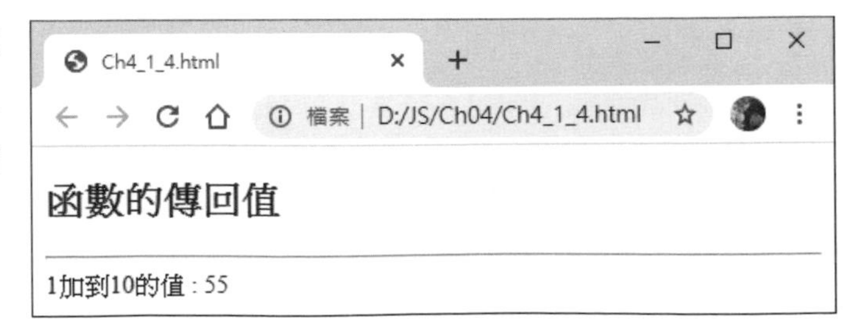

上述圖例顯示 sumToN()函數的計算結果，函數的傳入參數為 10，傳回值為 55。

程式內容

```
01: <!DOCTYPE html>
02: <html>
03: <head>
04: <meta charset="utf-8"/>
05: <title>Ch4_1_4.html</title>
06: <script>
07: // 加到 N 的總和
08: function sumToN(intNumber) {
09:   var intSum = 0;
10:   for(var i=1; i<=intNumber; i++) {
11:      intSum += i;
12:   }
13:   return intSum;
14: }
15: </script>
16: </head>
17: <body>
18: <h2>函數的傳回值</h2>
19: <hr/>
20: <script>
21: var intSum = sumToN(10);
22: document.write("1 加到 10 的值 : " + intSum + "<br/>");
23: </script>
24: </body>
25: </html>
```

程式說明

第 8~14 列：建立 sumToN()函數，第 10~12 列的 for 迴圈計算總和，第 13 列傳回計算結果。

第 21 列：宣告變數且呼叫 sumToN()函數，可以將函數的傳回值指定給宣告的變數。

4-1-5 JavaScript 函數的傳值或傳址參數

JavaScript 函數的傳入參數擁有兩種參數傳遞方式，如下表所示：

傳遞方式	說明
傳值	將變數值傳入函數，函數會另外配置記憶體空間來儲存參數值，所以不會變更原變數值
傳址	將變數實際儲存的記憶體位址傳入，如果在函數中變更參數值，也會同時變動原變數值

JavaScript 函數的參數依據不同資料型態擁有不同的預設傳遞方式（比較操作指的是 2 個不同資料型態變數之間的比較），如下表所示：

資料型態	方式	說明
數值、字串和布林	傳值	參數傳遞和比較操作都是使用傳值方式
物件、陣列和函數	傳址	參數傳遞和比較操作都是使用傳址方式
字串物件	傳址	參數傳遞和比較操作都是使用傳址方式

請注意！上表的字串資料型態和字串物件並不同，字串資料型態是宣告變數且指定變數值為字串，如下所示：

```
var a = "陳會安";  // 字串
```

上述程式碼宣告一個字串變數 a，如果是字串物件需要使用 new 運算子建立物件，如下所示：

```
var obja = new String("陳會安");  // 字串物件
```

上述程式碼建立一個字串物件 obja。如果是 2 個字串物件進行比較，使用的是傳址方式，如下所示：

```
var objb = new String("陳會安");  // 字串物件
document.write((obja==objb) + "<br/>"); // 比較結果為 false
```

上述程式碼再建立 objb 字串物件，因為是使用傳址，雖然字串物件的內容相同，但是，其比較結果仍然為 false。

如果比較時任一變數是字串資料型態，使用的就是傳值，如下所示：

```
document.write((a==obja) + "<br/>"); // 比較結果為 true
```

上述程式碼比較前面的字串變數 a 和 obja，其中變數 a 為字串變數，使用的是傳值，因為字串內容相同，所以比較結果為 true。

如果 2 個 Array 物件進行比較，就算兩個陣列都擁有相同元素，也永遠不會相等，如下所示：

```
var arra = new Array("a", "b", "c");  // 建立陣列 arra
var arrb = new Array("a", "b", "c");  // 建立陣列 arrb
document.write((arra==arrb) + "<br/>"); // 結果為 false
document.write((arra.toString()==arrb.toString()) + "<br/>"); // 結果為 true
```

上述程式碼建立陣列物件 arra 和 arrb，陣列元素相同，如果直接比較兩陣列，因為是使用傳址，所以結果為 false。如果需要檢查兩個陣列的元素內容是否相同，請使用 toString()方法，此時的結果為 true，詳細陣列物件和相關方法的說明，請參閱第 5 章。

如果將物件和陣列傳入函數，雖然使用的是傳址方式，但是在函數中的程式碼只能更改物件屬性和陣列元素，並不能更改物件或陣列本身。

JavaScript 程式：Ch4_1_5.html

在 JavaScript 程式建立 2 個函數，分別使用數值、布林和字串資料型態的傳值參數和物件的傳址方式，如右圖所示：

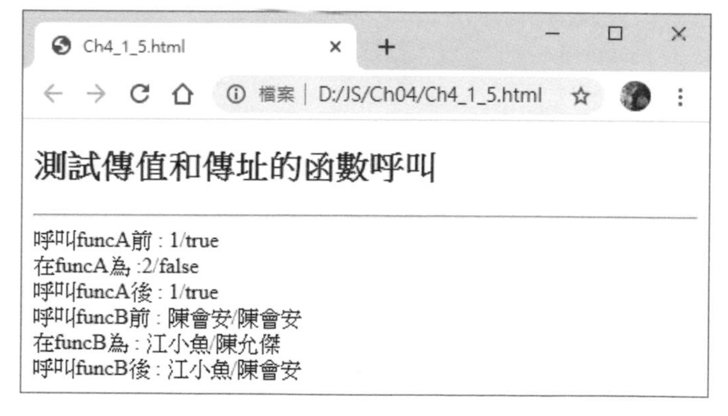

上述圖例顯示呼叫 funcA()前的變數值分別為 1 和 true，在呼叫 funcA()後可以看到數值和布林變數值並沒有改變，在呼叫 functB()後，可以看到物件屬性已經改變，而字串變數沒有改變。

程式內容

```
01: <!DOCTYPE html>
02: <html>
03: <head>
04: <meta charset="utf-8"/>
05: <title>Ch4_1_5.html</title>
06: <script>
07: // number 和 boolean 參數為傳值
08: function funcA(c, b){
09:    c++;
10:    b = false;
11:    document.write("在 funcA 為 :"+c+"/"+b+"<br/>");
12: }
13: // object 為傳址和字串參數為傳值
14: function funcB(objA, a){
15:    objA.name = "江小魚";
16:    a = "陳允傑";
17:    document.write("在 funcB 為 : "+objA.name+"/"+a+"<br/>");
18: }
19: </script>
20: </head>
21: <body>
22: <h2>測試傳值和傳址的函數呼叫</h2>
23: <hr/>
24: <script>
25: // 宣告變數
26: var c = 1;         // 數值
27: var b = true;      // 布林
28: var a = "陳會安"; // 字串
29: var objA = new Object();  // 建立物件實例
30: objA.name = "陳會安";
31: document.write("呼叫 funcA 前 : "+c+"/"+b+"<br/>");
32: funcA(c,b);  // 呼叫函數
33: document.write("呼叫 funcA 後 : "+c+"/"+b+"<br/>");
34: document.write("呼叫 funcB 前 : "+objA.name+"/"+a+"<br/>");
35: funcB(objA, a);  // 呼叫函數
36: document.write("呼叫 funcB 後 : "+objA.name+"/"+a+"<br/>");
37: </script>
38: </body>
39: </html>
```

程式說明

第 8~12 列：建立 funcA()函數，函數擁有 2 個參數分別為數值和布林變數，使用的是傳值方式，在第 9~10 列更改參數值。

第 14~18 列：funcB()函數的 2 個參數分別為物件和字串（請注意！這個字串不是字串物件），使用的是傳址和傳值方式，在第 15~16 列更改物件屬性和字串變數內容。

第 26~28 列：宣告 3 個變數且指定初值，資料型態分別為數值、布林和字串。

第 29~30 列：在建立物件後，新增物件屬性 name。

第 31~36 列：分別呼叫 2 個函數，可以顯示呼叫前後變數值的變化。

4-1-6 JavaScript 函數的參數陣列

JavaScript 函數都擁有一個「參數陣列」（Arguments Array）物件，叫做 arguments 物件（即其他程式語言的不定長度參數列），關於陣列物件的進一步說明，請參閱第 5 章。

當呼叫函數傳入參數時，函數就算沒有指明參數名稱，一樣可以使用參數陣列的物件取得參數個數和個別參數值，例如：函數 sumInt()沒有任何參數，如下所示：

```
function sumInt() {
  …
}
```

上述函數 sumInt()雖然沒有任何參數，不過我們還是可以在呼叫時傳遞參數，如下所示：

```
sumInt(100,45,567,234);
```

上述程式碼在呼叫 sumInt()函數時共傳入 4 個參數，在函數中可以使用 arguments 物件的 length 屬性取得傳遞多少個參數，如下所示：

```
sumInt.arguments.length;
```

上述程式碼使用函數名稱（可有可無）的 arguments 物件取得參數個數，然後使用陣列索引取得傳入函數的個別參數，如下所示：

```
sumInt.arguments[0];
sumInt.arguments[1];
sumInt.arguments[2];
sumInt.arguments[3];
```

上述程式碼依序取得函數傳入的參數值，陣列索引是以 0 開始，以上述函數呼叫為例，取得的參數值依序為 100、45、567 和 234。

JavaScript 程式：Ch4_1_6.html

在 JavaScript 程式建立 sumInt()函數，使用參數陣列物件取得所有傳入的參數值，並且計算其總和，如下圖所示：

上述圖例顯示 sumInt()函數的計算結果，這是傳入參數值的總和。

程式內容

```
01: <!DOCTYPE html>
02: <html>
03: <head>
04: <meta charset="utf-8"/>
05: <title>Ch4_1_6.html</title>
06: <script>
07: // 使用參數陣列取得傳遞的參數
08: function sumInt() {
09:    var sum = 0;
10:    // 取得傳遞的所有參數
11:    for(var i=0; i<sumInt.arguments.length; i++) {
12:        sum += sumInt.arguments[i];
13:    }
```

```
14:     return sum;
15: }
16: </script>
17: </head>
18: <body>
19: <h2>函數的參數陣列</h2>
20: <hr/>
21: <script>
22: // 宣告變數
23: var sum = 0;
24: sum = sumInt(100,45,567,234);
25: document.write("函數 sumInt(100,45,567,234): "+sum+"<br/>");
26: </script>
27: </body>
28: </html>
```

程式說明

第 8~15 列：建立 sumInt()函數，此函數沒有參數列，在第 11~13 列的 for 迴圈以 length 屬性為結束條件，第 12 列計算參數值的總和，在第 14 列傳回計算的結果。

第 24 列：呼叫 sumInt()函數傳入 4 個參數。

4-2 JavaScript 函數的變數範圍

JavaScript 變數範圍會影響程式碼的變數存取，在 JavaScript 擁有兩種變數範圍，如下所示：

- 區域變數（Local Variables）：在函數內宣告的變數，變數只能在函數程式區塊之中使用，函數之外的程式碼並無法存取此變數。
- 全域變數（Global Variables）：如果變數是在函數外宣告，整個 JavaScript 程式檔的函數和程式碼都可以存取此變數。

Memo

JavaScript 不支援區塊變數（Block Variables）範圍，也就是在條件或迴圈程式區塊中宣告的變數，在宣告之後的程式區塊之外也可以存取此變數，並不是只有在程式區塊中才能存取此變數，詳見 Ch4_2a.html。

JavaScript 程式：Ch4_2.html

在 JavaScript 程式建立 2 個函數，分別宣告同名的全域和區域變數來測試變數的範圍，如右圖所示：

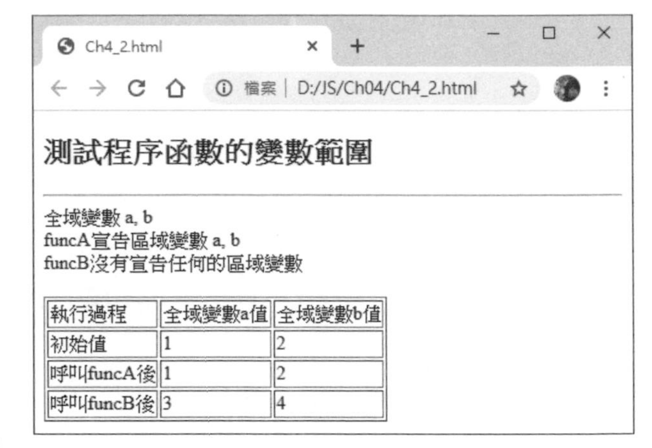

右述表格是全域變數 a 和 b 值的變化，在呼叫 funcA()函數之後並沒有改變，呼叫 funcB()函數之後可以看到全域變數已經改變，因為 funcB()沒有宣告區域變數，所以更改的是全域變數的值。

程式內容

```
01: <!DOCTYPE html>
02: <html>
03: <head>
04: <meta charset="utf-8"/>
05: <title>Ch4_2.html</title>
06: <script>
07: // 宣告全域變數
08: var a = 1;
09: var b = 2;
10: // 函數 A
11: function funcA(){
12:   // 宣告區域變數
13:   var a = 3;  // 設定區域變數
14:   var b = 4;  // 設定區域變數
```

```
15: }
16: // 函數 B
17: function funcB(){
18:   a = 3;    // 設定全域變數
19:   b = 4;    // 設定全域變數
20: }
21: </script>
22: </head>
23: <body>
24: <h2>測試程序函數的變數範圍</h2>
25: <hr/>
26: 全域變數 a, b<br/>
27: funcA 宣告區域變數 a, b<br/>
28: funcB 沒有宣告任何的區域變數<br/><br/>
29: <script>
30: document.write("<table border='1'>");
31: document.write("<tr>");
32: document.write("<td>執行過程</td><td>全域變數 a 值</td><td>全域變數 b 值</td>");
33: document.write("</tr>");
34: document.write("<tr><td>初始值</td><td>" + a + "</td>");
35: document.write("<td>" + b + "</td></tr>");
36: funcA();  // 呼叫 funcA
37: document.write("<tr><td>呼叫 funcA 後</td><td>" + a + "</td>");
38: document.write("<td>" + b + "</td></tr>");
39: funcB();  // 呼叫 funcB
40: document.write("<tr><td>呼叫 funcB 後</td><td>" + a + "</td>");
41: document.write("<td>" + b + "</td></tr>");
42: document.write("</table>");
43: </script>
44: </body>
45: </html>
```

程式說明

第 8~9 列：宣告全域變數 a 和 b 且指定初值。

第 11~15 列： 建立 funcA()函數，在第 13~14 列宣告同名的區域變數 a 和 b 且指定初值。

第 17~20 列： funcB()函數沒有宣告任何區域變數，在第 18~19 列更改的變數值就是全域變數值。

第 36 和 39 列：分別呼叫 funcA()和 funcB()兩個函數，可以顯示呼叫函數前後全域變數值的變化。

4-3 JavaScript 的物件

JavaScript 是一種物件導向程式語言，物件是 JavaScript 語言最重要的元素，不過，JavaScript 支援的物件導向和傳統物件導向程式語言 C++、Java 和 C#等不同，它是一種原型基礎的物件導向程式語言，詳見第 4-5-1 節的說明。

4-3-1 物件導向程式語言

程式語言之所以稱為「物件導向程式語言」（Object-oriented Language），因為程式語言支援三種特性，如下所示：

封裝（Encapsulation）

封裝是將資料和函數建立成物件，簡單的說，物件是資料和處理資料函數組合成的黑盒子，這些函數稱為方法（Methods）。

在物件導向程式語言定義物件是使用「類別」（Class），即建立一種抽象資料型態。不過，JavaScript 並沒有類別，我們可以使用建構函數來建立物件。

繼承（inheritance）

繼承是物件的再利用，當定義一個類別後，其他類別可以繼承此類別的屬性和方法，並且新增或取代繼承物件的屬性和方法來擴充其功能。JavaScript 是使用 Prototype 物件來實作繼承。

多型（Polymorphism）

多型是物件導向最複雜的特性，類別如果需要處理各種不同資料型態，我們並不需要針對不同資料型態建立多個類別，只需繼承基礎資料型態的類別，擴充此類別建立同名方法來處理各種不同資料型態，因為方法的名稱相同，只是參數和程式碼不同，所以也稱為同名異式。

4-3-2 JavaScript 的物件、屬性和方法

JavaScript 雖然是一種物件導向語言，不過，它和 C++、Java 或 C#等物件導向語言不一樣的地方是類別和物件的分野並不清楚，事實上，JavaScript 語言的特性是物件，所有變數資料型態都是物件，包含函數。

物件（Objects）

物件是資料（Data）和處理資料函數的綜合體，我們不用考慮物件內部的處理方式，只需將它視為是一個黑盒子，知道物件提供那些屬性（資料）和方法（處理資料的函數），和如何使用這些屬性和方法即可。

事實上，JavaScript 物件只是名稱和值成對的集合，即「物件文字值」（Object Literals），我們可以使用一個大括號包圍成對屬性名稱和屬性值來建立物件，如下所示：

```
var objStudent = {
   name : "陳允傑",
   age : 5
};
```

上述 objStudent 物件擁有 name 和 age 屬性，在「:」符號後是屬性值，因為有多個，所以使用「,」分隔。

JavaScript 也可以使用 new 運算子加上建構函數來建立物件，相當於其他物件導向程式語言的「實例」（Instance，也稱為副本），如下所示：

```
var objCard = new Object();
```

上述 Object()為 JavaScript 內建的物件建構函數，或稱為類別的建構子，當然，我們也可以自行建立物件的建構函數，但它不是類別（Class）。

屬性（Properties）

物件屬性可以存取物件儲存的資料，例如：String 物件的 String.length 屬性，可以取得字串長度。存取物件屬性是使用「.」運算子，其基本語法如下所示：

```
objName.propertyName;
```

方法（Methods）

JavaScript 物件的方法是用來處理物件儲存資料的函數，例如：String 物件擁有 String.substr()方法，其處理的就是字串物件的內容。物件方法的基本語法，如下所示：

```
objName.methodName();
```

4-3-3 JavaScript 支援的物件

JavaScript 支援多種物件：內建物件、自訂物件和瀏覽器物件。

內建物件（Intrinsic Objects）

JavaScript 提供十一種內建物件 Array、Boolean、Date、Function、Global、Math、Number、Object、RegExp、Error 和 String 物件，詳細說明請參閱第 5 章。

自訂物件（Custom Objects）

JavaScript 能夠建立使用者自訂的物件，擴充 JavaScript 的功能，進一步說明請參閱第 4-4 節。

宿主物件（Host Objects）

宿主物件是指 JavaScript 執行環境提供的物件，以瀏覽器的執行環境來說，就是指第 6 章的 DOM（Document Object Model），這是一種階層架構的物件模型。

4-4 自訂 JavaScript 的物件

JavaScript 能夠自訂物件來擴充 JavaScript 的功能，不只如此，JavaScript 還能夠擴充 JavaScript 內建物件，新增內建物件的屬性或方法。

4-4-1 使用 Object 物件建立自訂物件

在 JavaScript 可以直接建立 Object 物件後，新增所需的屬性和方法來建立自訂物件，如下所示：

```
var objCard = new Object();
```

上述程式碼使用 new 運算子建立物件後，就可以新增物件的屬性，如下所示：

```
objCard.name = "陳會安";
objCard.age = 42;
objCard.phone = "02-22222222";
objCard.email = "hueyan@ms2.hinet.net";
```

上述程式碼的物件屬性名稱是自行定義，自訂物件 objCard 擁有屬性 name、age、phone 和 email。我們也可以使用物件文字值（Object Literal）來建立物件，如下：

```
var objCard = {
  name : "陳會安",
  age  : 42,
  phone: "02-22222222",
  email: "hueyan@ms2.hinet.net"
};
```

上述大括號中是屬性名稱和值（即鍵和值）的集合，完整程式範例是 Ch4_4_1b.html。

JavaScript 程式：Ch4_4_1.html

在 JavaScript 程式新增名片資料的自訂物件，當新增屬性和值後顯示名片資料，如右圖所示：

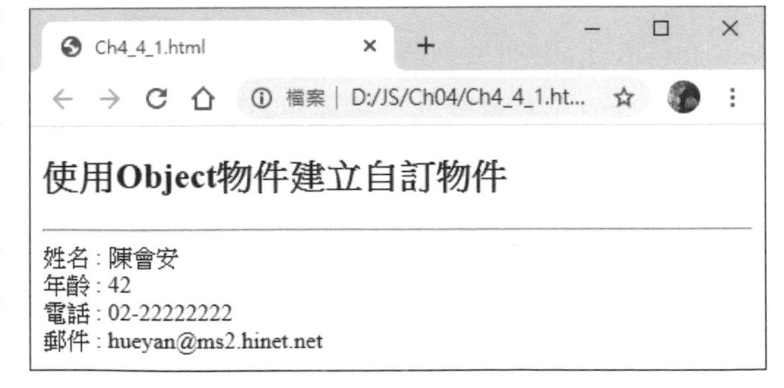

右圖例顯示的是自訂物件 objCard 的屬性值，即名片資料。

程式內容

```
01: <!DOCTYPE html>
02: <html>
03: <head>
04: <meta charset="utf-8"/>
05: <title>Ch4_4_1.html</title>
06: </head>
07: <body>
08: <h2>使用 Object 物件建立自訂物件</h2>
09: <hr/>
10: <script>
11: // 建立自訂物件
12: var objCard = new Object();
13: // 新增物件屬性
14: objCard.name = "陳會安";
15: objCard.age = 42;
16: objCard.phone = "02-22222222";
17: objCard.email = "hueyan@ms2.hinet.net";
18: // 顯示物件屬性
19: document.write("姓名 : " + objCard.name + "<br/>");
20: document.write("年齡 : " + objCard.age + "<br/>");
21: document.write("電話 : " + objCard.phone + "<br/>");
22: document.write("郵件 : " + objCard.email + "<br/>");
23: </script>
24: </body>
25: </html>
```

程式說明

第 12 列：使用 new 運算子建立物件。

第 14~17 列：新增物件屬性和值。

第 19~22 列：顯示物件的屬性，即名片資料。

JavaScript 物件可以視為陣列來處理，物件屬性就是陣列元素，所以可以使用陣列索引來存取物件屬性，將屬性名稱視為陣列索引，如下所示：

```
document.write("姓名 : " + objCard["name"] + "<br/>");
document.write("年齡 : " + objCard["age"] + "<br/>");
document.write("電話 : " + objCard["phone"] + "<br/>");
document.write("郵件 : " + objCard["email"] + "<br/>");
```

上述程式碼可以看到陣列索引 "[" 和 "]" 符號括起來的字串是屬性名稱，程式範例 Ch4_4_1a.html 是使用陣列方式來取得物件屬性值，關於陣列的進一步說明請參閱第 5 章。

4-4-2 with 程式區塊

JavaScript 提供物件處理的相關程式敘述：for/in 和 with，在第 3 章說明的 for/in 迴圈可以走訪和顯示物件的所有屬性，with 程式區塊能夠針對物件建立程式區塊，在程式區塊的程式碼不需要指明物件名稱，即可新增屬性和顯示屬性內容，如下所示：

```
with(objCard) {
   name = "陳會安";
   age = 42;
   …
   document.write("姓名 : " + name + "<br/>");
   document.write("年齡 : " + age + "<br/>");
   ……
}
```

上述程式碼是針對物件 objCard 運作，因為 with 程式區塊已經將 objCard 視為預設物件，所以在括號之中的程式碼就不用指出物件名稱，存取屬性也是直接使用屬性名稱即可。

JavaScript 程式：Ch4_4_2.html

這個 JavaScript 程式是修改自 Ch4_4_1.html，在建立物件後，使用 with 程式區塊新增屬性和顯示屬性值，如右圖所示：

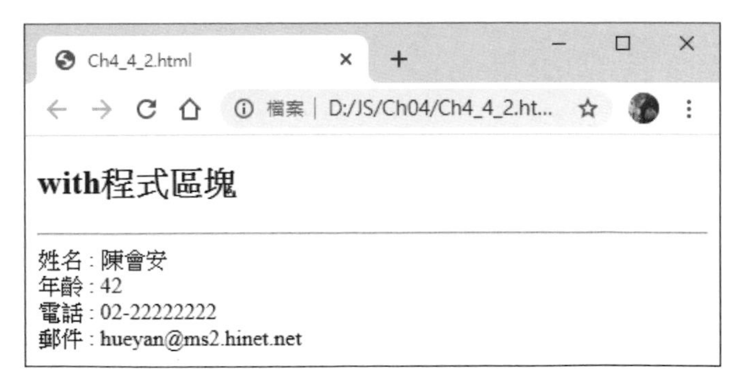

上述圖例顯示自訂物件 objCard 的屬性值，即名片資料。

程式內容

```
01: <!DOCTYPE html>
02: <html>
03: <head>
04: <meta charset="utf-8"/>
05: <title>Ch4_4_2.html</title>
06: </head>
07: <body>
08: <h2>with 程式區塊</h2>
09: <hr/>
10: <script>
11: // 建立自訂物件
12: var objCard = new Object();
13: with(objCard) {
14:    // 新增屬性
15:    name = "陳會安";
16:    age = 42;
17:    phone = "02-22222222";
18:    email = "hueyan@ms2.hinet.net";
19:    // 顯示物件屬性
20:    document.write("姓名 : " + name + "<br/>");
21:    document.write("年齡 : " + age + "<br/>");
22:    document.write("電話 : " + phone + "<br/>");
23:    document.write("郵件 : " + email + "<br/>");
24: }
25: </script>
26: </body>
27: </html>
```

程式說明

第 12 列：使用 new 運算子建立物件。

第 13~24 列：使用 with 程式區塊來新增物件屬性和顯示屬性值，也就是名片資料。

4-4-3 使用建構函數來建立物件

「建構函數」（Constructor Function）是一個函數，能夠定義物件的屬性和方法，在程式範例 Ch4_4_1.html 的自訂物件是使用內建建構函數 Object()，換句話說，所謂 JavaScript 內建物件就是一些預設的建構函數，例如：String 物件就是 String()；Array 物件是 Array()建構函數等。

JavaScript 也可以自已建立物件的建構函數，定義物件擁有的屬性和方法，基本上，使用建構函數建立物件有兩個步驟，如下所示：

步驟一：使用建構函數宣告物件

在步驟一是定義物件的建構函數，建構函數的語法是一個 JavaScript 函數，在建構函數可以定義物件屬性和方法，我們可以將它視為是一個物件宣告（但它並不是類別），如下所示：

```
function nameCard(name,age,phone,email) {
   this.name = name;
   this.age = age;
   this.phone = phone;
   this.email = email;
}
```

上述建構函數 nameCard()擁有數個參數可以建立屬性值，this 關鍵字指的是建立的物件本身，上述函數定義物件擁有屬性 name、age、phone 和 email。

this 關鍵字在建構函數中可以參考到物件本身，也就是建構函數準備建立的自訂物件，因為函數參數和屬性同名，所以使用 this 關鍵字表示是指定物件的屬性值，而不是函數的參數。

步驟二：使用 new 運算子建立物件

在定義宣告物件的建構函數後，就可以使用 new 運算子建立物件，如下所示：

```
objMyCard = new nameCard("陳會安", 42,
         "02-22222222","hueyan@ms2.hinet.net");
```

上述程式碼使用 new 運算子建立物件時，建構函數 nameCard()傳入的參數就是物件的屬性值，如果在建立物件時沒有指定屬性值，我們一樣可以在建立後再指定物件的屬性值，如下所示：

```
objCard = new nameCard();
objCard.name = "江小魚";
objCard.age = 35;
objCard.phone = "03-33333333";
objCard.email = "hueyan@yahoo.com.tw";
```

上述程式碼是在建立物件 nameCard 後，才設定物件的屬性值。

JavaScript 程式：Ch4_4_3.html

在 JavaScript 程式建立建構函數的物件宣告，然後使用建構函數建立 2 個名片資料的 nameCard 物件，最後顯示這 2 個物件的名片資料，如右圖所示：

上述圖例顯示物件 objMyCard 和 objCard 的屬性，這是 2 張名片的資料。

程式內容

```
01: <!DOCTYPE html>
02: <html>
03: <head>
04: <meta charset="utf-8"/>
05: <title>Ch4_4_3.html</title>
06: <script>
07: // 物件的建構函數
08: function nameCard(name,age,phone,email) {
09:    this.name = name;
10:    this.age = age;
11:    this.phone = phone;
12:    this.email = email;
13: }
14: </script>
15: </head>
16: <body>
17: <h2>使用建構函數建立物件</h2>
18: <hr/>
19: <script>
20: // 建立自訂物件
21: var objMyCard = new nameCard("陳會安", 42,
```

```
22:                  "02-22222222","hueyan@ms2.hinet.net");
23: var objCard = new nameCard();  // 建立物件
24: // 設定屬性
25: objCard.name = "江小魚";
26: objCard.age = 35;
27: objCard.phone = "03-33333333";
28: objCard.email = "hueyan@yahoo.com.tw";
29: // 顯示 objMyCard 物件屬性
30: document.write("姓名 : " + objMyCard.name + "<br/>");
31: document.write("年齡 : " + objMyCard.age + "<br/>");
32: document.write("電話 : " + objMyCard.phone + "<br/>");
33: document.write("郵件 : " + objMyCard.email + "<br/><hr/>");
34: // 顯示 objCard 物件屬性
35: document.write("姓名 : " + objCard.name + "<br/>");
36: document.write("年齡 : " + objCard.age + "<br/>");
37: document.write("電話 : " + objCard.phone + "<br/>");
38: document.write("郵件 : " + objCard.email + "<br/>");
39: </script>
40: </body>
41: </html>
```

程式說明

第 8~13 列：建立建構函數 nameCard()，函數擁有 4 個屬性參數，第 9~12 列定義物件的屬性。

第 21~22 列：使用 new 運算子建立 nameCard 物件，並且使用建構函數的參數來指定物件屬性的值。

第 23~28 列：在建立另一個物件後，第 25~28 列設定物件屬性。

第 30~33 列：顯示 objMyCard 物件的屬性值。

第 35~38 列：顯示 objCard 物件的屬性值。

4-4-4 物件的階層架構

JavaScript 物件可以建立「物件階層架構」（Object Hierarchy），因為物件屬性可以是另一個子物件，可以讓我們建立階層關係的物件架構，例如：nameCard 物件擁有子物件 phoneList，這個子物件是用來儲存住家電話和手機電話號碼，如下所示：

```
function nameCard(name,age,phone,email) {
   this.name = name;
   this.age = age;
   this.phone = new phoneList(phone, "N/A");
   this.email = email;
}
```

上述建構函數 nameCard()的 phone 屬性建立另一個物件，它是使用 phoneList() 建構函數，如下所示：

```
function phoneList(homephone,cellphone) {
   this.homephone = homephone;
   this.cellphone = cellphone;
}
```

上述建構函數 phoneList()擁有 2 個參數 homephone 和 cellphone，在 nameCard() 參數只傳遞一個 phone 參數設定 homephone 屬性，cellphone 屬性預設值為 N/A，如果需要設定手機電話號碼，如下所示：

```
objMyCard.phone.cellphone = "0901-666666";
```

上述程式碼的 objMyCard 物件是使用 nameCard()建構函數建立的物件，然後在 phone 物件的 cellphone 屬性指定手機電話號碼，很明顯的！我們可以看出 cellphone 是 phone 子物件的屬性。

換句話說，如果某一個人擁有 2 隻手機，雖然我們可以重新修改建構函數新增一個屬性，物件屬性能夠在 JavaScript 程式碼動態的新增，稱為「實例擴充」（Instance Extension），不同於第 4-5 節使用 Prototype 物件的「類別擴充」（Class Extension）。

換句話說，我們只需替 objCard 物件新增一個屬性來儲存額外手機的電話號碼即可，如下所示：

```
objCard.cellphone = "0900-777777";
```

上述程式碼的 objCard 物件為 nameCard()建立的物件，我們替這個物件新增 cellphone 屬性，它是專屬於 objCard 物件，另一個物件 objMyCard 並沒有此屬性。

此時 objCard 物件可以存取 2 個 cellphone 屬性，一個是新增的 cellphone 屬性，另一個是存取子物件 phone 的 objCard.phone.cellphone 屬性。

JavaScript 程式：Ch4_4_4.html

在 JavaScript 程式建立 2 個建構函數 nameCard()和 phoneList()，然後建立階層關係的自訂物件，如右圖所示：

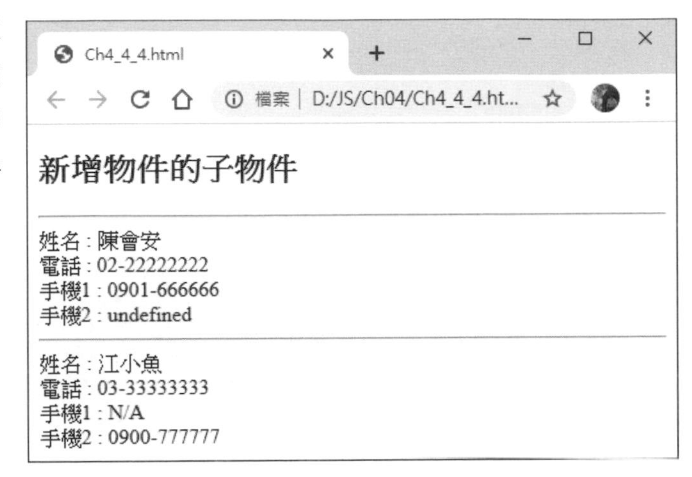

上述圖例依序顯示物件 objMyCard（上面）和 objCard（下面）的所有屬性值，電話和手機 1 是 phone 子物件的屬性 homephone 和 cellphone。

手機 2 為 objCard 物件新增的 cellphone 屬性，此方法只能新增個別物件的專屬屬性，所以另一個 objMyCard 物件並沒有此屬性，顯示的值為 undefined。

程式內容

```
01: <!DOCTYPE html>
02: <html>
03: <head>
04: <meta charset="utf-8"/>
05: <title>Ch4_4_4.html</title>
06: <script>
07: // 物件的建構函數
08: function nameCard(name,age,phone,email) {
09:    this.name = name;
10:    this.age = age;
11:    this.phone = new phoneList(phone, "N/A");
12:    this.email = email;
13: }
14: // 物件的建構函數
```

```
15: function phoneList(homephone,cellphone) {
16:     this.homephone = homephone;
17:     this.cellphone = cellphone;
18: }
19: </script>
20: </head>
21: <body>
22: <h2>新增物件的子物件</h2>
23: <hr/>
24: <script>
25: // 建立自訂物件
26: var objMyCard = new nameCard("陳會安", 42,
27:                 "02-22222222","hueyan@ms2.hinet.net");
28: // 設定手機電話號碼
29: objMyCard.phone.cellphone = "0901-666666";
30: var objCard = new nameCard("江小魚", 35, "03-33333333" ,
31:                              "hueyan@yahoo.com.tw");
32: // 新增另一隻手機的屬性
33: objCard.cellphone = "0900-777777";
34: // 顯示 objMyCard 物件屬性
35: document.write("姓名 : " + objMyCard.name + "<br/>");
36: document.write("電話 : " + objMyCard.phone.homephone + "<br/>");
37: document.write("手機 1 : " + objMyCard.phone.cellphone + "<br/>");
38: document.write("手機 2 : " + objMyCard.cellphone + "<br/><hr/>");
39: // 顯示 objCard 物件屬性
40: document.write("姓名 : " + objCard.name + "<br/>");
41: document.write("電話 : " + objCard.phone.homephone + "<br/>");
42: document.write("手機 1 : " + objCard.phone.cellphone + "<br/>");
43: document.write("手機 2 : " + objCard.cellphone + "<br/>");
44: </script>
45: </body>
46: </html>
```

程式說明

第 8~13 列：建立物件建構函數 nameCard()，擁有 4 個屬性參數，在第 9~12 列指定物件屬性，其中第 11 列屬性 phone 擁有一個子物件，使用的是第 15~18 列的建構函數 phoneList()。

第 26~27 列：使用 new 運算子建立 nameCard 物件，並且使用建構函數傳入參數來指定物件屬性的值。

第 29 列：指定 phone.cellphone 屬性值。

第 30~31 列：建立另一個 nameCard 物件。

第 33 列：新增物件屬性 cellphone。

第 35~38 列：顯示 objMyCard 物件的屬性值。

第 40~43 列：顯示 objCard 物件的屬性值。

4-4-5 新增物件的方法

在之前的 JavaScript 範例程式都是使用 document.write()方法顯示物件的屬性值，換一種方式，我們可以新增物件方法來顯示物件的屬性值，例如：在 nameCard 物件新增 print()方法顯示名片資料，如下所示：

```
function nameCard(name,age,phone,email) {
   this.name = name;
   this.age = age;
   this.phone = phone;
   this.email = email;
   this.print = printCard;
}
```

上述建構函數 nameCard()最後的 print 是一個方法，值 printCard 就是指向參考的 printCard()函數，如下所示：

```
function printCard() {
   document.write("姓名 : " + this.name + "<br/>");
   document.write("年齡 : " + this.age + "<br/>");
   document.write("電話 : " + this.phone + "<br/>");
   document.write("郵件 : " + this.email + "<br/><hr/>");
}
```

上述函數是 nameCard 物件的方法，在函數中使用 this 關鍵字取得物件的屬性值。

JavaScript 程式：Ch4_4_5.html

在 JavaScript 程式的 nameCard 物件新增 print() 方法，這個方法可以顯示物件屬性的名片資料，如右圖所示：

右述圖例顯示的是 nameCard 物件的屬性值，使用的是物件方法。

程式內容

```
01: <!DOCTYPE html>
02: <html>
03: <head>
04: <meta charset="utf-8"/>
05: <title>Ch4_4_5.html</title>
06: <script>
07: // 物件的建構函數
08: function nameCard(name,age,phone,email) {
09:    this.name = name;
10:    this.age = age;
11:    this.phone = phone;
12:    this.email = email;
13:    this.print = printCard;
14: }
15: // 物件方法
16: function printCard() {
17:    document.write("姓名 : " + this.name + "<br/>");
18:    document.write("年齡 : " + this.age + "<br/>");
19:    document.write("電話 : " + this.phone + "<br/>");
20:    document.write("郵件 : " + this.email + "<br/><hr/>");
21: }
22: </script>
23: </head>
24: <body>
25: <h2>新增物件方法</h2>
26: <hr/>
```

```
27: <script>
28: // 建立自訂物件
29: var objMyCard = new nameCard("陳會安", 42,
30:                  "02-22222222","hueyan@ms2.hinet.net");
31: var objCard = new nameCard();  // 建立物件
32: // 設定屬性
33: objCard.name = "江小魚";
34: objCard.age = 35;
35: objCard.phone = "03-33333333";
36: objCard.email = "hueyan@yahoo.com.tw";
37: // 顯示 objMyCard 物件屬性
38: objMyCard.print();
39: // 顯示 objCard 物件屬性
40: objCard.print();
41: </script>
42: </body>
43: </html>
```

程式說明

第 8~14 列：建立物件建構函數 nameCard()，函數擁有 4 個屬性參數，第 9~12 列設定物件屬性，第 13 列是方法 print，對應的函數為 printCard()。

第 16~21 列：實作方法的 printCard()函數。

第 29~30 列：使用 new 運算子建立 nameCard 物件和指定屬性值。

第 31 列：建立另一個 nameCard 物件。

第 33~36 列：設定物件屬性的值。

第 38 列和 40 列：使用 print()方法顯示物件的屬性值。

JavaScript 的靜態屬性和方法

JavaScript 也可以建立其他物件導向程式語言的靜態屬性和方法（即類別屬性和方法），因為建構函數相當於是類別，而且 JavaScript 函數就是物件，我們可以直接在建構函數新增靜態屬性，如下所示：

```
nameCard.belong = "陳允傑";
```

上述程式碼可以在本節範例的 nameCard()建構函數新增屬性，同樣的，我們也可以新增靜態方法，如下所示：

```
nameCard.now = function() {
   return new Date();
};
```

上述程式碼新增 now()方法傳回現在的日期/時間。因為是靜態屬性和方法，我們是使用 nameCard 物件名稱來存取此屬性和呼叫方法，如下所示：

```
document.write("名片簿屬於: " + nameCard.belong + "<br/>");
document.write("現在日期/時間: " + nameCard.now());
```

上述程式碼存取 nameCard.belong 屬性和呼叫 nameCard.now()方法，完整程式範例是 Ch4_4_5a.html。

4-5 JavaScript 的 Prototype 物件

JavaScript 支援 Prototype 物件，能夠新增物件的屬性或方法，讓我們實作 Prototype 物件的繼承。

4-5-1 類別基礎和原型基礎程式語言

JavaScript 是一種「原型基礎」（Prototype-based）程式語言，不同於 C++、Java 或 C#的「類別基礎」（Class-based）程式語言。

類別基礎和原型基礎程式語言

類別基礎程式語言的類別（Class）是一種抽象資料型態，它和物件實例（Instance）是不同的，我們使用類別的藍圖來建立物件實例；在原型基礎程式語言的類別和物件之間，其分野並不明顯，類別事實上就是物件。

物件在原型基礎程式語言屬於一個實際的實體，可以使用現成的物件作為原型（Prototype）來建立其他物件，這個物件可以分享原型物件的屬性和方法，換句話說，就是使用 Prototype 物件來繼承其他物件。

物件的 prototype 屬性

JavaScript 的每一個物件都擁有 prototype 屬性，這個屬性是一個 Prototype 物件，Prototype 物件的屬性會被所有物件所繼承，使用 prototype 屬性的優點，如下：

- 使用 prototype 屬性擴充物件可以大量減少物件使用的記憶體空間。
- 不論是否已經建立物件，我們都可以使用 prototype 屬性來擴充物件的屬性和方法。

4-5-2 新增 Prototype 物件的屬性

JavaScript 的 prototype 屬性能夠擴充 JavaScript 內建物件或自訂物件的屬性，例如：在自訂物件 circle 建立 PI 屬性，如下所示：

```
circle.prototype.PI = 3.1415926;
```

上述程式碼新增 circle 物件的 PI 屬性，不同於第 4-4-4 節只能針對指定物件新增屬性，prototype 屬性在所有建立的物件都會新增 PI 屬性。

請注意！JavaScript 只允許使用 new 運算子建立的物件使用 prototype 屬性，例如：String、Date 或 Array，並不能使用在字串資料型態。

JavaScript 程式：Ch4_5_2.html

在 JavaScript 程式建立 circle()建構函數，然後使用 prototype 屬性新增 PI 屬性，如右圖所示：

上述圖例顯示物件 objCircle1 和 objCircle2 的屬性，可以看到都擁有 PI 屬性，這是使用 prototype 屬性新增的屬性。

程式內容

```
01: <!DOCTYPE html>
02: <html>
03: <head>
04: <meta charset="utf-8"/>
05: <title>Ch4_5_2.html</title>
06: <script>
07: // 物件的建構函數
08: function circle(r, color) {
09:    this.r = r;
10:    this.color = color;
11:    this.display = showCircle;
12: }
13: // 物件方法
14: function showCircle() {
15:    document.write("半徑 : " + this.r + "<br/>");
16:    document.write("色彩 : " + this.color + "<br/>");
17:    document.write("圓周率 : " + this.PI + "<br/><hr/>");
18: }
19: </script>
20: </head>
21: <body>
22: <h2>新增 Prototype 物件的屬性</h2>
23: <hr/>
24: <script>
25: // 建立自訂物件
26: var objCircle1 = new circle(2, "red");
27: var objCircle2 = new circle(3, "green");
28: // 新增 Prototype 物件的屬性
29: circle.prototype.PI = 3.1415926;
30: // 執行物件方法
31: objCircle1.display();
32: // 執行物件方法
33: objCircle2.display();
34: </script>
35: </body>
36: </html>
```

程式說明

第 8~18 列： 建立 circle()建構函數，定義物件擁有 2 個屬性和 1 個方法，在第 14~18 列是物件方法的函數。

第 26~27 列：使用 new 運算子建立兩個 circle 物件。

第 29 列：使用 prototype 屬性新增 PI 屬性。

第 31 列：執行 objCircle1 物件的方法顯示物件的屬性值。

第 33 列：執行 objCircle2 物件的方法顯示物件的屬性值。

4-5-3 新增 Prototype 物件的方法

我們準備使用 prototype 屬性在程式範例 Ch4_5_2.html 新增 area()方法，這個方法就是計算圓面積的 getArea()函數，如下所示：

```
function getArea() {
   var result = this.PI * this.r * this.r;
   document.write("圓面積 : " + result + "<br/><hr/>");
}
```

上述函數是物件 circle 的方法，不過，這並不是在建構函數定義的方法，而是使用 prototype 屬性新增的方法，如下所示：

```
circle.prototype.area = getArea;
```

JavaScript 程式：Ch4_5_3.html

這個 JavaScript 程式是擴充 Ch4_5_2.html 的 circle 物件，使用 prototype 屬性新增 area()方法，如右圖所示：

右述圖例顯示的圓面積是執行物件的 area()方法，可以看到所有物件都可以執行 prototype 屬性新增的方法。

🔊 程式內容

```
01: <!DOCTYPE html>
02: <html>
03: <head>
04: <meta charset="utf-8"/>
05: <title>Ch4_5_3.html</title>
06: <script>
07: // 物件的建構函數
08: function circle(r, color) {
09:    this.r = r;
10:    this.color = color;
11:    this.display = showCircle;
12: }
13: // 物件方法
14: function showCircle() {
15:    document.write("半徑 : " + this.r + "<br/>");
16:    document.write("色彩 : " + this.color + "<br/>");
17:    document.write("圓周率 : " + this.PI + "<br/><hr/>");
18: }
19: // 新增 Prototype 物件方法
20: function getArea(){
21:    var result = this.PI * this.r * this.r;
22:    document.write("圓面積 : " + result + "<br/><hr/>");
23: }
24: </script>
25: </head>
26: <body>
27: <h2>新增 Prototype 物件的方法</h2>
28: <hr/>
29: <script>
30: // 建立自訂物件
31: var objCircle1 = new circle(2, "red");
32: var objCircle2 = new circle(3, "green");
33: // 新增 Prototype 物件的屬性
34: circle.prototype.PI = 3.1415926;
35: //新增 Prototype 物件的方法
36: circle.prototype.area = getArea;
37: // 執行物件方法
38: objCircle1.display();
39: objCircle1.area();  // 執行 Prototype 方法
40: // 執行物件方法
41: objCircle2.display();
42: objCircle2.area();  // 執行 Prototype 方法
43: </script>
44: </body>
45: </html>
```

程式說明

第 8~18 列：建立 circle()建構函數，函數擁有 2 個屬性和 1 個方法，在第 14~18 列是物件方法的函數。

第 20~23 列：getArea()函數是欲新增的方法。

第 31~32 列：使用 new 運算子建立 2 個 circle 物件。

第 36 列：使用 prototype 屬性新增 area()方法。

第 39 和 42 列：分別執行 objCircle1 和 objCircle2 物件新增的 area()方法。

4-5-4 擴充 JavaScript 內建物件的方法

JavaScript 物件的 prototype 屬性不只可以新增自訂物件的方法，對於 JavaScript 內建物件，我們一樣可以使用 Prototype 物件新增物件的方法，例如：String 物件，如下所示：

```
var objMessage = new String("JavaScript 網頁程式設計");
```

上述 String 物件使用 new 運算子建立物件，我們只需使用 prototype 屬性就可以新增 String 物件的方法，如下所示：

```
String.prototype.reverse = reverse_string;
String.prototype.even = even_string;
```

上述程式碼新增 String 物件的 reverse()和 even()方法，使用的函數是反向顯示字串的 reverse_string()，和只顯示字串中偶數字元的 even_string()函數。

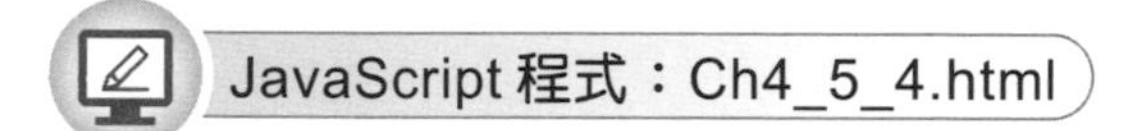

在 JavaScript 程式使用 prototype 屬性新增內建物件 String 的兩個 reverse()和 even()方法，這些方法是在建立物件前使用 Prototype 物件新增的物件方法，如右圖：

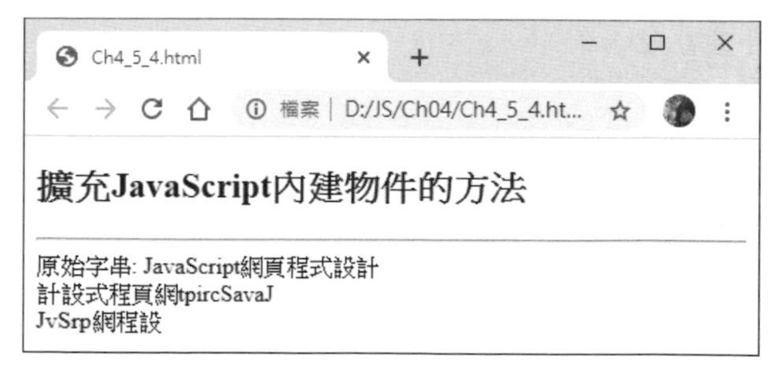

上述圖例顯示的字串依序為原始字串、反向顯示字串和只顯示字串中的偶數字元。

程式內容

```
01: <!DOCTYPE html>
02: <html>
03: <head>
04: <meta charset="utf-8"/>
05: <title>Ch4_5_4.html</title>
06: <script>
07: // 新增的物件方法
08: function reverse_string() {
09:    for (var i = (this.length-1); i >= 0; i--)
10:       document.write(this.charAt(i));
11:    document.write("<br/>");
12: }
13: // 新增的物件方法
14: function even_string() {
15:    var output = "";
16:    for (var i = 0; i < this.length; i+=2)
17:       output += this.charAt(i);
18:    return output;
19: }
20: // 擴充物件方法
21: String.prototype.reverse = reverse_string;
22: String.prototype.even = even_string;
23: </script>
24: </head>
25: <body>
26: <h2>擴充 JavaScript 內建物件的方法</h2>
27: <hr/>
28: <script>
29: // 建立內建物件 String
30: var objMessage = new String("JavaScript 網頁程式設計");
31: document.write("原始字串: " + objMessage + "<br/>");
32: // 執行物件方法
33: objMessage.reverse();
34: strOutput = objMessage.even();  // 執行物件方法
35: document.write(strOutput + "<br/>");
36: </script>
37: </body>
38: </html>
```

程式說明

第 8~12 列： reverse_string()函數的第 9~10 列使用 for 迴圈將字串的字元反向顯示。

第 14~19 列： even_string()函數在第 16~17 列使用 for 迴圈只顯示偶數字元，第 18 列傳回偶數字元的字串。

第 21~22 列：使用物件的 prototype 屬性新增 reverse()和 even()方法。

第 30 列：使用 new 運算子建立 String 物件。

第 33 列：執行新增的 reverse()方法。

第 34~35 列：執行 even()方法顯示取得的偶數字串。

4-5-5 Prototype 物件的繼承

JavaScript 物件的繼承可以將一個物件擴充成其他物件，換句話說，我們不但可以使用物件作為原型來建立其他物件，還可以擴充物件的屬性和方法，例如：position 物件的建構函數，如下所示：

```
function position(x, y, color) {
   this.x = x;
   this.y = y;
   this.color = color;
}
```

上述 position()建構函數定義圖形的基本資料，包含位置 x、y 和色彩 color 屬性，接著建立 circle 物件繼承 position 物件，如下所示：

```
function circle(r) {
   this.r = r;
   this.info = showCircleInfo;
   function showCircleInfo() {
      var result = 3.1415926 * this.r * this.r;
      document.write("半徑 : " + this.r + "<br/>");
      document.write("X 座標 : " + this.x + "<br/>");
      document.write("Y 座標 : " + this.y + "<br/>");
      document.write("圖形色彩 : " + this.color + "<br/>");
      document.write("圓面積 : " + result + "<br/>");
   }
}
```

上述函數是 circle 物件的建構函數，可以看到新增屬性 r 和方法 info，函數 showCircleInfo()就是方法 info（在 JavaScript 的函數中可以定義另一個函數），內含 position 物件的屬性，現在我們可以在 circle 物件使用 prototype 屬性繼承 position 物件，如下所示：

```
circle.prototype = new position();
```

上述程式碼使用 new 運算子建立 position 物件，此時的 circle 物件就可以繼承 position 物件的屬性和方法。

JavaScript 程式：Ch4_5_5.html

在 JavaScript 程式建立建構函數的物件宣告，然後在 circle 物件使用 prototype 屬性繼承 position 物件，如右圖所示：

上述圖例顯示 circle 物件的屬性，部分屬性是使用 prototype 屬性繼承自 position 物件。

程式內容

```
01: <!DOCTYPE html>
02: <html>
03: <head>
04: <meta charset="utf-8"/>
05: <title>Ch4_5_5.html</title>
06: <script>
07: // 基礎物件的建構函數
08: function position(x, y, color) {
09:    this.x = x;
10:    this.y = y;
11:    this.color = color;
12: }
```

```
13: // 繼承物件 circle 的建構函數
14: function circle(r) {
15:    this.r = r;
16:    this.info = showCircleInfo;
17:    // 物件 circle()的方法
18:    function showCircleInfo() {
19:       var result = 3.1415926 * this.r * this.r;
20:       document.write("半徑 : " + this.r + "<br/>");
21:       document.write("X 座標 : " + this.x + "<br/>");
22:       document.write("Y 座標 : " + this.y + "<br/>");
23:       document.write("圖形色彩 : " + this.color + "<br/>");
24:       document.write("圓面積 : " + result + "<br/>");
25:    }
26: }
27: // Prototype 物件的繼承
28: circle.prototype = new position();
29: </script>
30: </head>
31: <body>
32: <h2>Prototype 物件的繼承</h2>
33: <hr/>
34: <script>
35: // 建立自訂物件
36: var objCircle = new circle(2);
37: // 設定物件屬性
38: with(objCircle) {
39:    x = 100;
40:    y = 50;
41:    color = "green";
42: }
43: // 執行物件方法 info
44: objCircle.info();
45: </script>
46: </body>
47: </html>
```

程式說明

第 8~12 列：建立 position()建構函數，函數擁有 3 個屬性。

第 14~26 列：建構函數 circle()擁有 1 個屬性和方法，第 18~25 列是物件方法的函數。

第 28 列：circle 物件使用 prototype 屬性繼承 position 物件。

第 36 列：使用 new 運算子建立 circle 物件。

第 38~42 列：使用 with 程式區塊設定物件的屬性值。

第 44 列：執行物件方法 info()。

CHAPTER

5

JavaScript 內建物件

5-1 JavaScript 的內建物件

JavaScript 擁有內建物件和自訂物件，事實上，各種資料型態的變數都是物件，變數在宣告和指定值後馬上就擁有對應的方法和屬性。

5-1-1 JavaScript 內建物件的種類

JavaScript 物件依照建立方式的不同可以分為使用變數宣告的隱性物件，和使用 new 運算子建立物件的顯性物件。

隱性物件（Implicit objects）

JavaScript 的各種資料型態變數，在宣告和指定值後就是一個物件，例如：數值、字串和布林資料型態的變數等，如下所示：

```
var str="JavaScript 網頁程式設計";
```

上述程式碼宣告變數 str 是一個隱性 String 物件，雖然可以使用 String 物件的方法，不過隱性物件不支援 prototype 屬性，如下所示：

```
str.prototype.count;
```

上述程式碼會導致 JavaScript 程式執行錯誤，而且，隱性物件也無法隨意擴充物件的屬性。

顯性物件（Explicit objects）

JavaScript 物件如果是使用 new 運算子建立物件，這個物件就是一個顯性物件，如下所示：

```
var str= new String("JavaScript 網頁程式設計");
```

上述程式碼建立的也是一個字串變數，不過，這是一個 String 物件，顯性物件支援新增屬性和 Prototype 屬性。

5-1-2 JavaScript 的內建物件

JavaScript 提供十一種內建物件，在本章準備介紹常用的 String、Array、Date、Math 和 Error 物件，其他物件的簡單說明，如下所示：

Boolean 物件

Boolean 物件是一種資料型態，提供建構函數可以建立布林資料型態的物件，如下所示：

```
objBoolean = new Boolean();
```

上述程式碼使用 new 運算子建立布林物件，括號參數如為 false、0、null、NaN 或空字串的布林值為 false；否則為 true。

當使用 var 宣告布林變數且指定值後，布林變數將自動轉換成 Boolean 物件。

Function 物件

JavaScript 函數就是一個 Function 物件，在第 4 章已經說明函數建立方法，如下所示：

```
function mod(x, y) {
   return(x % y);
}
```

上述程式區塊是一個餘數函數，我們也可以使用 new 運算子建立函數的 Function 物件，如下所示：

```
var mod = new Function("x", "y", "return(x%y)");
```

上述程式碼建立 mod()函數，不論使用哪一種方法建立函數，我們都可以使用相同程式碼來呼叫它，如下所示：

```
value = mod(4, 5);
```

Function 物件是函數，如果函數擁有參數，這些傳入參數是 arguments 物件，在第 4 章已經說明過如何使用 arguments 物件來取得函數傳入的參數值。

Global 物件

Global 物件不能使用 new 運算子建立，在腳本語言引擎初始後就會自動建立此物件。在 Global 物件擁有 2 個屬性，如下表所示：

屬性	說明
Infinity	取得 Number.POSITIVE_INFINITY 的初始值
NaN	取得 Number.NaN 的初始值

Global 物件的屬性不用指名 Global 物件，直接使用屬性名稱即可，如下所示：

```
Infinity
NaN
```

Number 物件

Number 物件類似 Boolean 物件可以建立數值資料型態的變數，如下所示：

```
objnum = new Number(value);
```

上述程式碼使用 new 運算子建立 Number 物件，參數 value 為數值變數的值，通常我們使用 Number 物件的目的是為了使用 toString()方法將數值轉換成字串(詳細說明請參閱第 5-7 節)。

Number 物件屬性的語法為：Number.propertyname;，其常用屬性的說明，如下表所示：

屬性	說明
MAX_VALUE	傳回 JavaScript 數值的最大值，約 1.79E+308
MIN_VALUE	傳回 JavaScript 最接近 0 的值，約 5.00E-324
NaN	一種特殊值，表示運算式或變數值不是數值
NEGATIVE_INFINITY	傳回比 -Number.MAX_VALUE 更大的負值
POSITIVE_INFINITY	傳回比 Number.MAX_VALUE 更大的正值

Object 物件

Object 物件可以建立 JavaScript 支援的物件，如下所示：

```
Objobject = new Object(value);
```

上述程式碼使用 new 運算子建立 Object 物件，參數 value 如果是 String，它是一個字串物件，Boolean 是 Boolean 物件等，在第 4 章筆者已經使用 Object 物件來建立自訂物件。

RegExp 物件

RegExp 物件是 JavaScript「正規表達式」（Regular Expression）物件。

5-2 JavaScript 的 String 物件

字串屬於 JavaScript 基本資料型態，字串變數本身就是一種 String 物件。

5-2-1 建立 String 物件

String 物件的方法可以格式化字串或進行子字串操作，簡單的說，就是處理字串變數的資料，我們可以直接宣告字串變數或使用 new 運算子建立 String 物件，如下所示：

```
var objstr1="JavaScript";
var objstr2= new String("網頁程式設計");
```

上述程式碼都可以建立 String 物件，不論使用哪一種方法建立 String 物件，都可以使用本節方法來處理字串內容。

HTML 標籤的格式編排

String 物件提供一系列格式編排方法，可以將 String 物件的字串內容輸出成對應的 HTML 標籤，相關方法的說明（下表 string 代表 String 物件的字串內容），如下表所示：

方法	說明
anchor()	傳回<a>string</a>標籤字串
big()	傳回<big>string</big>標籤字串
blink()	傳回<blink>string</blink>標籤字串
bold()	傳回<b>string</b>標籤字串
fixcd()	傳回<tt>string</tt>標籤字串
fontcolor(color)	傳回<font color="color">string</font>標籤字串
fontsize(size)	傳回<font size="size">string</font>標籤字串
italics()	傳回<i>string</i>標籤字串
link(*url*)	傳回<a href="url">string</a>標籤字串
small()	傳回<small>string</small>標籤字串
strike()	傳回<strike>string</strike>標籤字串
sub()	傳回_{string}標籤字串
sup()	傳回^{string}標籤字串

JavaScript 程式：Ch5_2_1.html

在 JavaScript 程式使用 String 物件的方法，可以將字串使用 HTML 標籤的格式編排來輸出內容，如右圖所示：

右述圖例顯示 String 物件格式編排方法的顯示結果，這些輸出結果都可以對應 HTML 標籤的編排效果。

程式內容

```
01: <!DOCTYPE html>
02: <html>
03: <head>
04: <meta charset="utf-8"/>
05: <title>Ch5_2_1.html</title>
06: </head>
07: <body>
08: <h2>HTML 標籤的格式編排</h2>
09: <hr/>
10: <script>
11: // 測試字串
12: var str="JavaScript 網頁程式設計";
13: document.write("anchor(): " + str.anchor() + "<br/>");
14: document.write("big(): " + str.big() + "<br/>");
15: document.write("blink(): " + str.blink() + "<br/>");
16: document.write("bold(): " + str.bold() + "<br/>");
17: document.write("fixed(): " + str.fixed() + "<br/>");
18: document.write("fontcolor('red'): " + str.fontcolor("red") + "<br/>");
19: document.write("fontsize(5): " + str.fontsize(5) + "<br/>");
20: document.write("italics(): " + str.italics() + "<br/>");
21: document.write("link('URL'): " + str.link("http://www.hinet.net") + "<br/>");
22: document.write("small(): " + str.small() + "<br/>");
23: document.write("strike(): " + str.strike() + "<br/>");
24: document.write("sub(): " + str.sub() + "<br/>");
```

```
25: document.write("sup(): " + str.sup() + "<br/>");
26: </script>
27: </body>
28: </html>
```

程式說明

第 12 列：宣告測試的字串變數且指定初值。

第 13~24 列：使用 String 物件方法顯示格式編排的字串內容。

5-2-2 字串長度與大小寫

String 物件提供方法和屬性可以取得字串長度和英文字串的大小寫轉換，相關屬性的說明，如下表所示：

屬性	說明
length	取得字串的長度

相關 String 物件的方法，如下表所示：

方法	說明
toLowerCase()	將字串的英文字母都轉換成小寫字母
toUpperCase()	將字串的英文字母都轉換成大寫字母

JavaScript 程式：Ch5_2_2.html

在 JavaScript 程式使用 String 物件的方法來取得字串長度和進行英文字母的大小寫轉換，如右圖所示：

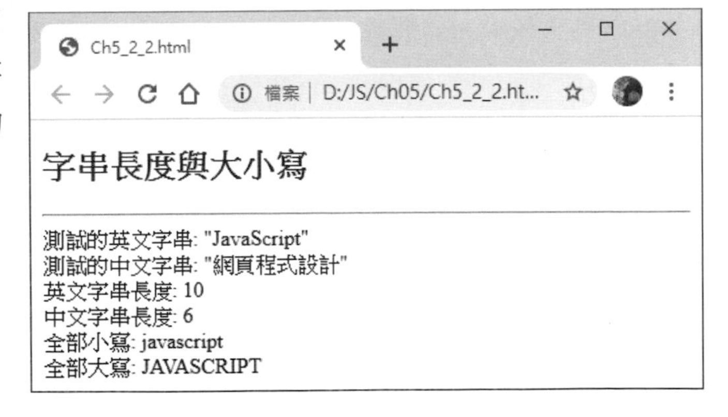

在上述圖例最上方的 2 個字串為測試的中英文字串，接著是中英文字串的長度，最後是英文字串的大小寫轉換。

程式內容

```
01: <!DOCTYPE html>
02: <html>
03: <head>
04: <meta charset="utf-8"/>
05: <title>Ch5_2_2.html</title>
06: </head>
07: <body>
08: <h2>字串長度與大小寫</h2>
09: <hr/>
10: <script>
11: // 測試字串
12: var str1="JavaScript";
13: var str2= new String("網頁程式設計");
14: document.write("測試的英文字串: \"" + str1 + "\"<br/>");
15: document.write("測試的中文字串: \"" + str2 + "\"<br/>");
16: document.write("英文字串長度: " + str1.length + "<br/>");
17: document.write("中文字串長度: " + str2.length + "<br/>");
18: document.write("全部小寫: " + str1.toLowerCase() + "<br/>");
19: document.write("全部大寫: " + str1.toUpperCase() + "<br/>");
20: </script>
21: </body>
22: </html>
```

程式說明

第 12 列：宣告測試的英文字串變數且指定初值。

第 13 列：使用 new 運算子建立測試的中文字串物件。

第 16~17 列：分別使用 String 物件的屬性 length 取得中英文的字串長度。

第 18~19 列：進行英文大小寫字母的轉換。

5-2-3 取得字串的指定字元

在字串處理時如果需要取得字串指定位置的字元，String 物件提供 2 種方法來取得指定位置的字元，相關方法的說明，如下表所示：

方法	說明
charAt(index)	取得參數 index 位置的字元，索引值是從 0 開始
charCodeAt(index)	取得參數 index 位置的 Unicode 統一字碼

上述 2 種方法傳入參數 index 都是以 0 開始，第 1 個字元為 0，第 2 個字元為 1，依序類推。

JavaScript 程式：Ch5_2_3.html

在 JavaScript 程式使用 String 物件的方法取得指定位置的字元和 Unicode 內碼，如右圖所示：

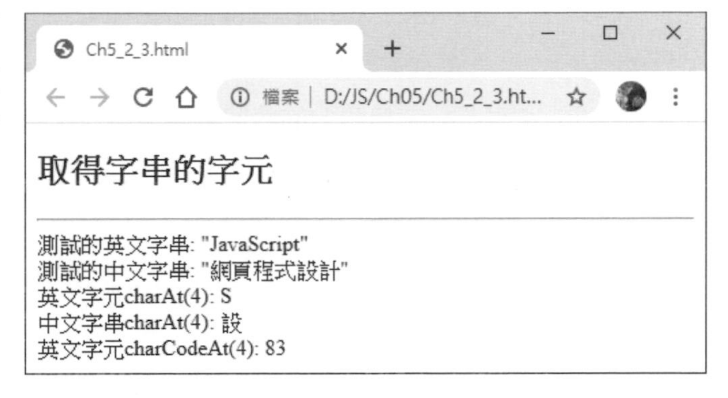

上述圖例上方為中英文原始的測試字串，接著取得位置索引值為 4 的中英文字元，即第 5 個字元，最後取得英文字元 S 的 Unicode 字碼為 83。

程式內容

```
01: <!DOCTYPE html>
02: <html>
03: <head>
04: <meta charset="utf-8"/>
05: <title>Ch5_2_3.html</title>
06: </head>
07: <body>
08: <h2>取得字串的字元</h2>
09: <hr/>
10: <script>
11: // 測試字串
12: var str1="JavaScript";
13: var str2= new String("網頁程式設計");
14: document.write("測試的英文字串: \"" + str1 + "\"<br/>");
15: document.write("測試的中文字串: \"" + str2 + "\"<br/>");
```

```
16: document.write("英文字元 charAt(4): " + str1.charAt(4) + "<br/>");
17: document.write("中文字串 charAt(4): " + str2.charAt(4) + "<br/>");
18: document.write("英文字元 charCodeAt(4): " + str1.charCodeAt(4) + "<br/>");
19: </script>
20: </body>
21: </html>
```

程式說明

第 12 列：宣告測試的英文字串變數且指定初值。

第 13 列：使用 new 運算子建立測試的中文字串物件。

第 16~17 列：分別使用 String 物件的 charAt()方法取得中英文字串中索引值位置為 4 的字元。

第 18 列：取得英文字母的 Unicode 字碼。

5-2-4 子字串的搜尋

String 物件提供功能強大的子字串搜尋方法，可以輕鬆在字串中搜尋所需的子字串，相關方法的說明，如下表所示：

方法	說明
indexOf(string, index)	傳回第 1 次搜尋到字串的索引位置，沒有找到傳回-1，傳入參數是搜尋字串，index 為開始搜尋的索引位置
lastIndexOf(string)	如同 indexOf()方法，不過是從尾搜尋到頭的反向搜尋
match(string)	如同 indexOf()和 lastIndexOf()，不過傳回的為找到的字串，沒有找到傳回 null
search(string)	與 indexOf()的功能相似

上表 match()和 search()方法可以使用正規運算式，傳入參數是正規運算式的範本字串。

JavaScript 程式：Ch5_2_4.html

在 JavaScript 程式使用 String 物件的相關方法來搜尋指定的子字串，如右圖所示：

上述圖例由上而下分別顯示原始測試字串和測試各種方法的字串搜尋結果。

程式內容

```
01: <!DOCTYPE html>
02: <html>
03: <head>
04: <meta charset="utf-8"/>
05: <title>Ch5_2_4.html</title>
06: </head>
07: <body>
08: <h2>字串搜尋</h2>
09: <hr/>
10: <script>
11: // 測試字串
12: var str1="JavaScript";
13: var str2= new String("網頁程式設計");
14: document.write("測試的英文字串: \"" + str1 + "\"<br/>");
15: document.write("測試的中文字串: \"" + str2 + "\"<br/>");
16: document.write("英文字元 indexOf('a'): " + str1.indexOf('a') + "<br/>");
17: document.write("英文字元 indexOf('a', 2): " + str1.indexOf('a', 3) + "<br/>");
18: document.write("中文字串 indexOf('程式'): " + str2.indexOf('程式') + "<br/>");
19: document.write("英文字元 lastIndexOf('a'): " + str1.lastIndexOf('a') + "<br/>");
20: document.write("英文字元 match('Script'): " + str1.match('Script') + "<br/>");
```

```
21: document.write("中文字串 match('程式'): " + str2.match('程式') + "<br/>");
22: document.write("英文字元 search('Script'): " + str1.search('Script') + "<br/>");
23: document.write("中文字串 search('學習'): " + str2.search('學習') + "<br/>");
24: </script>
25: </body>
26: </html>
```

程式說明

第 12 列：宣告測試的英文字串變數且指定初值。

第 13 列：使用 new 運算子建立測試的中文字串物件。

第 16~23 列：分別使用 String 物件方法搜尋指定子字串是否存在。

5-2-5 子字串的處理

String 物件提供方法可以取代、分割和取出字串中所需的子字串，相關方法的說明（string1 和 string2 為子字串），如下表所示：

方法	說明
replace(string1, string2)	將找到的 string1 子字串取代成 string2
split(string)	傳回 Array 物件，使用參數 string 作為分割字串，可以將字串轉換成 Array 物件
substr(index, length)	從 index 開始取出 length 個字元
substring(index1, index2)	取出 index1 到 index2 之間的子字串
concat(string)	將 string 字串新增到 String 物件的字串後

上述 concat()方法的呼叫需要使用指定敘述，如下所示：

```
str3 = str1.concat(str2);
```

上述程式碼相當於 str3 = str1 + str2。

JavaScript 程式：Ch5_2_5.html

在 JavaScript 程式使用 String 物件的方法取出字串中的子字串，並且使用 concat()方法連接 2 個字串，如右圖：

右述圖例的前二列是中英文測試的原始字串，下方是各種子字串處理的執行結果，最後將中英文字串結合成一個字串。

程式內容

```
01: <!DOCTYPE html>
02: <html>
03: <head>
04: <meta charset="utf-8"/>
05: <title>Ch5_2_5.html</title>
06: </head>
07: <body>
08: <h2>子字串處理</h2>
09: <hr/>
10: <script>
11: // 測試字串
12: var str1="JavaScript";
13: var str2= new String("網頁程式設計");
14: document.write("測試的英文字串: \"" + str1 + "\"<br/>");
15: document.write("測試的中文字串: \"" + str2 + "\"<br/>");
16: document.write("英文 replace('Java','VB'): "+str1.replace('Java','VB')+"<br/>");
17: document.write("中文 split('程式'): " + str2.split('程式') + "<br/>");
18: document.write("英文 substr(2,4): " + str1.substr(2,4) + "<br/>");
19: document.write("中文 substring(2,5): " + str2.substring(2,5) + "<br/>");
20: // 連接 2 個字串
21: str3 = str1.concat(str2);
22: document.write("連接字串 str1.concat(str2): " + str3 + "<br/>");
23: </script>
24: </body>
25: </html>
```

程式說明

第 12 列：宣告測試的英文字串變數且指定初值。

第 13 列：使用 new 運算子建立測試的中文字串物件。

第 16~19 列：分別使用 String 物件的 replace()、split()、substr()和 substring()方法取代和取出子字串。

第 21~22 列：使用 concat()方法連接 2 個子字串，在第 22 列顯示連接後的字串。

5-3 JavaScript 的 Array 物件

JavaScript 資料型態並沒有陣列，而是使用 Array 物件建立陣列，每一個陣列元素事實上就是 Array 物件的屬性。

5-3-1 JavaScript 的一維陣列

基本上，JavaScript 陣列和物件的分野並不明顯，陣列擁有陣列元素如同物件擁有屬性，JavaScript 陣列事實上就是一種特殊物件。

建立一維陣列

如同 C/C++、C#、Java 或 Visual Basic 語言的陣列元素是使用數值的索引值來存取元素，JavaScript 陣列的索引值是從 0 開始，JavaScript 宣告陣列的方法就是建立 Array 物件，如下所示：

```
var username = new Array(5);
```

上述程式碼使用 new 運算子建立 Array 物件，參數 5 表示陣列有 5 個元素，索引值是從 0 開始，因為只有一個索引，所以是建立一維陣列。然後我們可以使用索引值來指定陣列的元素值，如下所示：

```
username[0] = "Joe";
username[1] = "Jane";
…
username[4] = "Merry";
```

上述程式碼指定陣列元素的內容，我們也可以在建立 Array 物件時，直接在參數指定陣列元素值，如下所示：

```
var tips = new Array(100,200,500);
```

上述兩個方法都可以建立 JavaScript 陣列，其中 username[] 陣列是一個字串陣列，tips[] 陣列是數值陣列。

走訪一維陣列

我們可以使用 for 迴圈走訪和顯示陣列元素，如下所示：

```
for (var i = 0; i < 5; i++) {
   document.write(username[i] + "<br/>");
}
```

上述程式碼使用陣列索引值取得每一個陣列元素的值，迴圈的結束條件是使用 length 屬性取得陣列尺寸。

JavaScript 程式：Ch5_3_1.html

在 JavaScript 程式使用 Array 物件建立一維的數值和字串陣列，然後使用 for 迴圈顯示陣列的所有元素，如右圖所示：

上述圖例分別顯示 2 個陣列的所有元素，上方數值為 tips[] 陣列；下方字串屬於 username[] 陣列。

程式內容

```
01: <!DOCTYPE html>
02: <html>
03: <head>
04: <meta charset="utf-8"/>
05: <title>Ch5_3_1.html</title>
06: </head>
07: <body>
08: <h2>JavaScript 的一維陣列</h2>
09: <hr/>
10: <script>
11: var tips = new Array(100,200,500);
12: var username = new Array(5);
13: username[0] = "Joe";
14: username[1] = "Jane";
15: username[2] = "Tony";
16: username[3] = "Tom";
17: username[4] = "Merry";
18: // 使用迴圈顯示陣列值
19: for(var i = 0; i < tips.length; i++){
20:     document.write(tips[i] + "<br/>");
21: }
22: // 使用迴圈顯示陣列值
23: for(var i = 0; i < 5; i++){
24:     document.write(username[i] + "<br/>");
25: }
26: </script>
27: </body>
28: </html>
```

程式說明

第 11~17 列：分別使用 new 運算子建立數值內容的陣列 tips[]，和擁有 5 個元素的陣列物件 username[]，第 13~17 列指定陣列元素值。

第 19~21 列：使用 for 迴圈顯示 tips[] 陣列元素，結束條件是使用 length 屬性取得陣列尺寸。

第 23~25 列：使用 for 迴圈顯示 username[] 陣列的元素。

5-3-2 Array 物件的屬性和方法

Array 物件提供屬性和方法可以取得陣列尺寸、排序陣列元素、合併陣列和反轉陣列元素。Array 物件的屬性說明，如下表所示：

屬性	說明
length	取得陣列的元素個數，即陣列尺寸

Array 物件的相關方法說明，如下表所示：

方法	說明
join()	將陣列的元素使用字串方式顯示，每個陣列元素是使用「,」符號分隔
reverse()	將陣列元素反轉，本來是陣列的最後一個元素成為第一個元素
sort()	將陣列所有元素進行排序
concat(array)	將參數的陣列合併到目前的陣列中

JavaScript 程式：Ch5_3_2.html

在 JavaScript 程式建立 2 個測試陣列，然後分別測試 Array 物件的屬性和方法，如右圖所示：

上述圖例依序顯示陣列元素的個數，各種 Array 物件方法的執行結果，最後一列將兩個陣列結合成一個陣列。

程式內容

```
01: <!DOCTYPE html>
02: <html>
03: <head>
```

```
04: <meta charset="utf-8"/>
05: <title>Ch5_3_2.html</title>
06: <script>
07: function showArray(username) {
08:    // 使用迴圈顯示陣列值
09:    for(var i = 0; i < username.length; i++){
10:       document.write(username[i] + ",");
11:    }
12:    document.write("<br/>");
13: }
14: </script>
15: </head>
16: <body>
17: <h2>Array 物件的方法</h2>
18: <hr/>
19: <script>
20: var username = new Array("Joe","Jane","Tony","Tom");
21: var username1 = new Array("陳會安","江小魚","陳允傑");
22: document.write("陣列元素共: " + username.length + "個<br/>");
23: // 顯示陣列元素
24: document.write(username.join() + "<br/>");
25: username.reverse();  // 反轉陣列
26: showArray(username); // 顯示陣列元素
27: username.sort(); // 排序
28: showArray(username); // 顯示陣列元素
29: username = username.concat(username1); // 結合兩陣列
30: showArray(username); // 顯示陣列元素
31: </script>
32: </body>
33: </html>
```

程式說明

第 7~13 列： showArray()函數可以顯示傳入陣列的所有元素。

第 20~21 列： 使用 new 運算子建立陣列 username[]，第 21 列建立另一個陣列物件 username1[]。

第 22 列：使用 length 屬性取得陣列 username[] 的元素個數。

第 24 列：使用 join()方法顯示陣列元素。

第 25 列：使用 reverse()方法反轉陣列。

第 27~28 列：測試 sort()排序方法。

第 29~30 列：合併陣列 username[] 和 username1[]。

5-3-3 JavaScript 的多維陣列

JavaScript 的 Array 物件並不能直接建立二維或多維陣列，不過，因為 Array 物件的元素可以是另一個 Array 物件，我們仍然可以在 JavaScript 程式碼建立多維陣列，如下所示：

```
var users = new Array(5);
for(var i = 0; i < 5; i++)
   users[i] = new Array(2);
```

上述程式碼先建立擁有 5 個元素的 Array 物件 users[]，接著使用 for 迴圈將每個陣列元素分別建立成擁有 2 個元素的 Array 物件，即 5 X 2 的二維陣列，然後可以指定二維陣列的元素值，如下所示：

```
users[0][0] = "Joe";
users[0][1] = "1234";
users[1][0] = "Jane";
users[1][1] = "5678";
…
users[4][0] = "Merry";
users[4][1] = "5678";
```

上述程式碼指定二維陣列的元素值，同樣方式，我們可以將 Array 物件擴充成多維陣列。

JavaScript 程式：Ch5_3_3.html

在 JavaScript 程式使用 Array 物件建立 5 X 2 的二維陣列，當指定二維陣列值後，使用二層巢狀迴圈顯示二維陣列的值，如右圖：

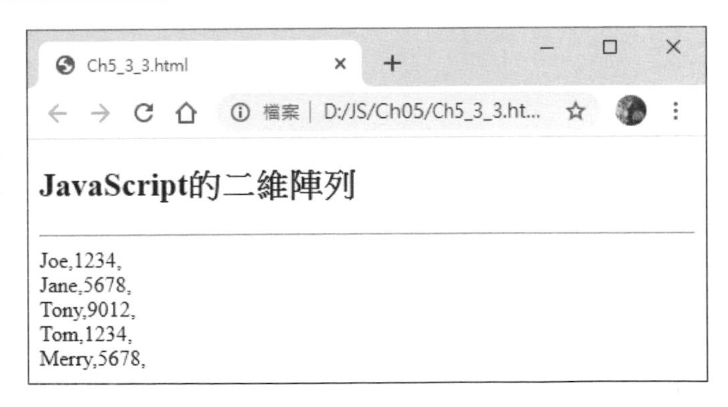

上述圖例顯示二維陣列的值，共五列，每列擁有二個元素。

程式內容

```
01: <!DOCTYPE html>
02: <html>
03: <head>
04: <meta charset="utf-8"/>
05: <title>Ch5_3_3.html</title>
06: </head>
07: <body>
08: <h2>JavaScript 的二維陣列</h2>
09: <hr/>
10: <script>
11: // 建立二維陣列
12: var users = new Array(5);
13: for(var i = 0; i < 5; i++)
14:    users[i] = new Array(2);
15: users[0][0] = "Joe";
16: users[0][1] = "1234";
17: users[1][0] = "Jane";
18: users[1][1] = "5678";
19: users[2][0] = "Tony";
20: users[2][1] = "9012";
21: users[3][0] = "Tom";
22: users[3][1] = "1234";
23: users[4][0] = "Merry";
24: users[4][1] = "5678";
25: // 使用迴圈顯示陣列值
26: for(var j = 0; j < users.length; j++){
27:    for(i = 0; i < users[i].length; i++)
28:       document.write(users[j][i] + ",");
29:    document.write("<br/>");
30: }
31: </script>
32: </body>
33: </html>
```

程式說明

第 12~24 列：使用 Array 物件建立 5 X 2 的二維陣列，第 15~24 列指定二維陣列的元素值。

第 26~30 列：使用二層 for 迴圈顯示二維陣列的所有元素。

5-4 JavaScript 的 Date 物件

Date 物件可以取得電腦的系統時間和日期，並且提供相關方法可以將它轉換成所需的日期或時間資料。

5-4-1 取得日期和時間

Date 物件在使用 new 運算子建立物件後，就可以取得系統的時間和日期，如下所示：

```
var dttoday = new Date();
```

上述程式碼建立 Date 物件後，可以使用下表方法取得時間和日期資料，其說明如下表所示：

方法	說明
getDate()	傳回日期值 1~31
getDay()	傳回星期值 0~6，也就是星期日到星期六
getMonth()	傳回月份值 0~11，也就是一到十二月
getFullYear()	傳回完整年份，例如：2014
getYear()	傳回年份，如果在 1900~1999 年之間，傳回後兩碼，例如：1999 年傳回 99，否則傳回完整年份
getHours()	傳回小時 0~23
getMinutes()	傳回分鐘 0~59
getSeconds()	傳回秒數 0~59
getMilliseconds()	傳回千分之一秒為單位的秒數，0~999
getTime()	傳回自 1/1/1970 年開始的秒數，以千分之一秒（毫秒）為單位

JavaScript 程式：Ch5_4_1.html

在 JavaScript 程式使用 Date 物件方法取得系統時間、日期和星期，如右圖所示：

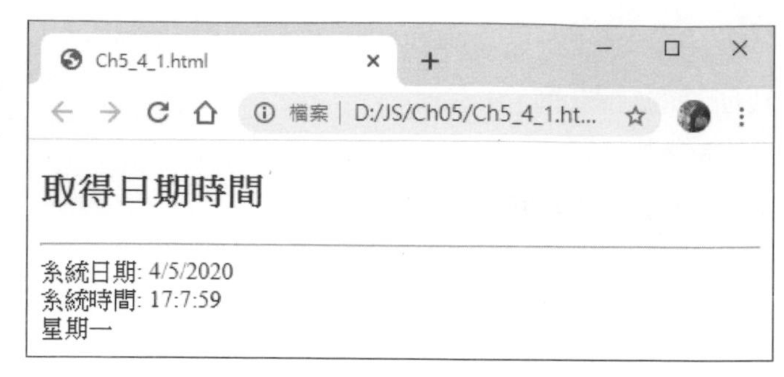

上述圖例顯示使用 Date 物件方法取得系統日期、時間和今天是星期幾。

程式內容

```
01: <!DOCTYPE html>
02: <html>
03: <head>
04: <meta charset="utf-8"/>
05: <title>Ch5_4_1.html</title>
06: </head>
07: <body>
08: <h2>取得日期時間</h2>
09: <hr/>
10: <script>
11: var weekday=new Array("星期日","星期一","星期二","星期三","星期四","星期五","星期六");
12: var dttoday = new Date();
13: // 取得系統日期
14: var output = dttoday.getDate() + "/";
15: output += (dttoday.getMonth() + 1) + "/";
16: output += dttoday.getFullYear() + "<br/>";
17: document.write("系統日期: " + output);
18: // 取得系統時間
19: output = dttoday.getHours() + ":";
20: output += dttoday.getMinutes() + ":";
21: output += dttoday.getSeconds() + "<br/>";
22: document.write("系統時間: " + output);
23: document.write(weekday[dttoday.getDay()]);
24: </script>
25: </body>
26: </html>
```

程式說明

第 11 列：建立星期字串的一維陣列。

第 12 列：使用 new 運算子建立 Date 物件。

第 14~16 列：取得系統日期，不過取得的月份需要加一才是我們慣用的月份。

第 19~23 列：取得系統時間，在第 23 列取得星期幾。

5-4-2 設定日期和時間

Date 物件提供數種方法來存取日期與時間，請注意！這些設定方法並不是修改電腦的系統時間和日期，只是設定 Date 物件儲存的時間和日期，Date 物件設定日期和時間的相關方法說明，如下表所示：

方法	說明
setDate()	設定 Date 物件的日期 1~31
setMonth()	設定 Date 物件的月份 0~11
setFullYear()	設定 Date 物件的完整年份
setYear()	設定 Date 物件的年份，在 1990~1999 間只需使用後兩位，例如：1999 使用 99，否則需要使用完整年份
setHours()	設定 Date 物件的小時 0~23
setMinutes()	設定 Date 物件的分鐘 0~59
setSeconds()	設定 Date 物件的秒數 0~59
setMilliseconds()	設定 Date 物件的秒數，以千分之一秒為單位，0~999
setTime()	設定 Date 物件的時間，自 1/1/1970 年開始，以千分之一秒為單位

Date 物件提供一組對應方法，可以設定和取得 UTC 日期和時間，例如：setDate() 方法對應 setUTCDate()；getHours()方法對應 getUTCHours()等。

Memo

「UTC」（Universal Coordinated Standard）稱為國際標準時間也就是「GMT」（Greenwich Mean Time）格林威治標準時間，如下所示：

```
Wed Nov 11 04:30:14 UTC+0800 2020
```

上述字串是本地的日期時間，UTC+0800 表示本地時間為 UTC 時間再加 8 小時，我們可以使用 toGMTString()方法將本地時間轉換成 GMT 時間，也就是 UTC 時間。

JavaScript 程式：Ch5_4_2.html

在 JavaScript 程式使用 Date 物件方法設定物件的日期和時間，如右圖所示：

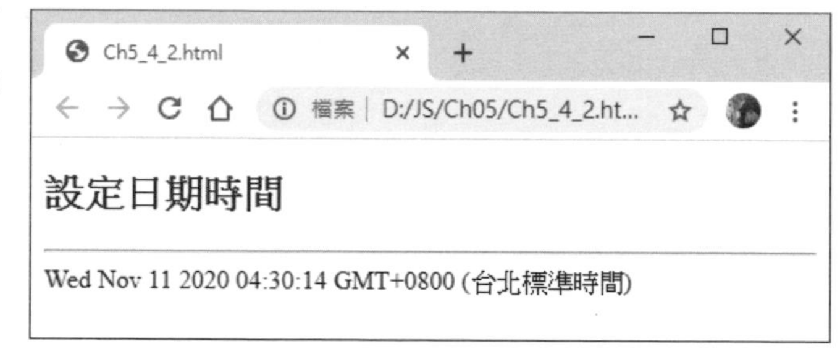

上述圖例顯示使用 Date 物件方法設定的日期和時間，這是 Date 物件記錄的時間和日期，並不是電腦的系統日期和時間。

程式內容

```
01: <!DOCTYPE html>
02: <html>
03: <head>
04: <meta charset="utf-8"/>
05: <title>Ch5_4_2.html</title>
06: </head>
07: <body>
08: <h2>設定日期時間</h2>
09: <hr/>
10: <script>
11: var newdate = new Date();
12: // 設定日期
```

```
13: newdate.setDate("11");
14: newdate.setMonth("10");     // 11 月
15: newdate.setFullYear("2020");
16: newdate.setHours("4");
17: newdate.setMinutes("30");
18: document.write(newdate);
19: </script>
20: </body>
21: </html>
```

程式說明

第 11 列：建立 Date 物件。

第 13~17 列：設定 Date 物件的日期和時間。

5-4-3 日期和時間的轉換

Date 物件提供日期和時間轉換方法，可以取得時間差、轉換成千分之一秒數或輸出成字串等轉換操作，GMT 為格林威治標準時間，相關方法的說明，如下表所示：

方法	說明
getTimezoneOffset()	傳回本地時間和 GMT 的時間差，以分為單位
toGMTString()	傳回轉換成 GMT 時間的字串
toLocalString()	傳回將 GMT 轉換成本地時間的字串
parse(Date)	傳回參數 Date 物件從 1/1/1970 到本地時間的毫秒數，以千分之一秒為單位
UTC(Y,M,D,…)	傳回參數年-月-日-時-分-秒從 1/1/1970 到 GMT 時間的毫秒數，以千分之一秒為單位

上表 parse()和 UTC()方法和其他時間轉換方法在使用上有些不同，這 2 個方法不用建立物件，因為它是 Date()建構函數的方法（相當於其他語言的靜態/類別方法），如下所示：

```
document.write(Date.parse(dttoday));
document.write(Date.UTC(2020, 04, 30, 12, 1, 0));
```

上述程式碼直接使用 Date.parse()和 Date.UTC()執行方法，參數 dttoday 是 Date 物件變數 dttoday。

5-4-4 取得系統的時間

JavaScript 的 Date 物件可以取得系統時間，換句話說，只需定時執行 JavaScript 函數，就可以使用 Date 物件建立網頁小時鐘。

JavaScript 小時鐘需要使用 Window 物件的計時器方法 setTimeout()，方法參數可以設定在間隔時間後執行指定函數或網頁，對應的 clearTimeout()方法可以清除計時器。

JavaScript 程式：Ch5_4_4.html

在 JavaScript 程式使用 Date 物件和 Window 物件的計時器方法建立網頁小時鐘，使用 GIF 圖檔 0~9.gif 顯示系統時間，如右圖所示：

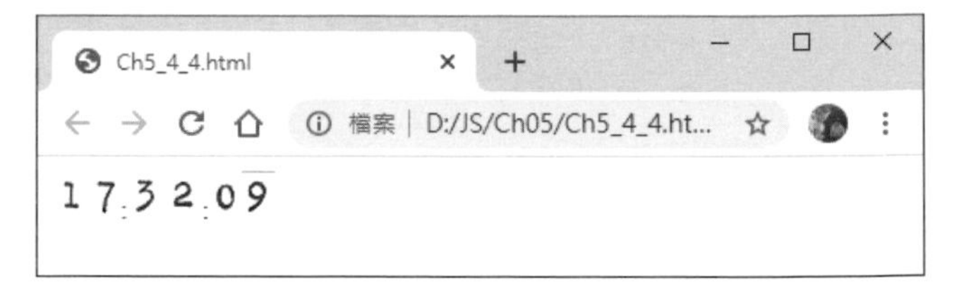

上述圖例是網頁小時鐘，顯示的並不是靜態時間，而是真的會走的小時鐘。

程式內容

```
01: <!DOCTYPE html>
02: <html>
03: <head>
04: <meta charset="utf-8"/>
05: <title>Ch5_4_4.html</title>
06: <script>
07: var timer = null;
08: // 顯示數字圖片
09: function displayClock(num) {
10:   var dig = parseInt(num/10);
11:   var timetag="<img src='images\\" + dig + ".gif'>";
12:   dig = num%10;
13:   timetag +="<img src='images\\" + dig + ".gif'>";
14:   return timetag;
```

```
15: }
16: // 停止計時
17: function stopClock() {
18:    clearTimeout(timer);
19: }
20: // 開始計時
21: function startClock() {
22:    var time = new Date();
23:    // 取得時間
24:    var hours = displayClock(time.getHours()) + ":";
25:    var minutes = displayClock(time.getMinutes()) + ":";
26:    var seconds = displayClock(time.getSeconds());
27:    // 顯示時間
28:    show.innerHTML = hours + minutes + seconds;
29:    timer = setTimeout("startClock()",1000);
30: }
31: </script>
32: </head>
33: <body onload="startClock()" onunload="stopClock()">
34: <div id="show"></div>
35: </body>
36: </html>
```

程式說明

第 9~15 列：displayClock()函數可以將目前時間轉換成圖片的 HTML 標籤。

第 17~19 列：stopClock()函數可以停止計時器。

第 21~30 列：startClock()函數可以取得系統時間，並且啟動 Window 物件的計時器，在第 22 列建立 Date 物件，第 24~26 列使用物件方法取得小時、分鐘和秒數，並且使用 displayClock()函數轉換成圖片的 HTML 標籤，第 28 列使用標籤物件屬性設定<div>標籤的內容，也就是目前的時間，在第 29 列啟動計時器來定時執行 startClock()函數。

第 33 列：在<body>標籤設定 onload 和 onunload 事件的函數。

第 34 列：顯示時間的<div>標籤。

5-5 JavaScript 的 Math 物件

JavaScript 的 Math 物件擁有數學常數和函數的屬性和方法，Math 物件不同於 JavaScript 其他內建物件，Math 物件是由腳本語言引擎所建立，所以不需要使用 new 運算子建立物件，在 JavaScript 程式碼可以直接使用 Math 物件的屬性和方法，即其他物件導向語言的靜態/類別方法。

5-5-1 Math 物件的屬性

Math 物件的屬性都是一些數學常數，屬性的說明如下表所示：

屬性	說明
E	自然數 e = 2.718281828459045
LN2	ln2 = 0.6931471805599453
LN10	ln10 = 2.302585092994046
LOG2E	$\log_2 e$ = 1.4426950408889633
LOG10E	loge = 0.4342944819032518
PI	圓周率 π = 3.141592653589793
SQRT1_2	$\sqrt{\frac{1}{2}}$ = 0.7071067811865476
SQRT2	$\sqrt{2}$ = 1.4142135623730951

JavaScript 程式：Ch5_5_1.html

在 JavaScript 程式顯示 Math 物件的屬性清單，如右圖所示：

上述圖例顯示 Math 物件的屬性名稱和值，這些都是數學常數。

程式內容

```
01: <!DOCTYPE html>
02: <html>
03: <head>
04: <meta charset="utf-8"/>
05: <title>Ch5_5_1.html</title>
06: </head>
07: <body>
08: <h2>Math 物件的屬性</h2>
09: <hr/>
10: <script>
11: document.write("E: " + Math.E + "<br/>");
12: document.write("LN2: " + Math.LN2 + "<br/>");
13: document.write("LN10: " + Math.LN10 + "<br/>");
14: document.write("LOG2E: " + Math.LOG2E + "<br/>");
15: document.write("LOG10E: " + Math.LOG10E + "<br/>");
16: document.write("PI: " + Math.PI + "<br/>");
17: document.write("SQRT1_2: " + Math.SQRT1_2 + "<br/>");
18: document.write("SQRT2: " + Math.SQRT2 + "<br/>");
19: </script>
20: </body>
21: </html>
```

程式說明

第 11~18 列： 顯示 Math 物件的屬性，我們並沒有建立 Math 物件，而且是直接使用 Math 物件（即靜態/類別方法），其語法如下所示：

```
Math.propertyname;
```

5-5-2 Math 物件的亂數、最大和最小值

Math 物件提供建立亂數、最大值和最小值的方法，相關方法的說明，如下表所示：

方法	說明
max(value1,value2)	傳回 2 個參數中的最大值
min(value1,value2)	傳回 2 個參數中的最小值

方法	說明
random()	傳回亂數值
round(value)	將參數值四捨五入後傳回

JavaScript 程式：Ch5_5_2.html

在 JavaScript 程式使用 Math 物件的方法取得 2 個數字的最大值和最小值，然後取得 0-10 和 0-100 之間的亂數值，如右圖所示：

上述圖例顯示 Math 物件方法取得最大、最小值、亂數和四捨五入方法的執行結果。

程式內容

```
01: <!DOCTYPE html>
02: <html>
03: <head>
04: <meta charset="utf-8"/>
05: <title>Ch5_5_2.html</title>
06: </head>
07: <body>
08: <h2>Math 物件的亂數、最大和最小</h2>
09: <hr/>
10: <script>
11: document.write("最大值 max(34, 78): " + Math.max(34,78) + "<br/>");
12: document.write("最小值 min(34, 78): " + Math.min(34,78) + "<br/>");
13: document.write("四捨五入 round(34.567):" + Math.round(34.567) + "<br/>");
14: document.write("四捨五入 round(34.567):" + Math.round(34.467) + "<br/>");
15: document.write("亂數 random(): " + Math.random() + "<br/>");
16: // 0-10 的亂數
17: var no = Math.round(Math.random()*10);
```

```
18: document.write("0-10 亂數: " + no + "<br/>");
19: // 0-100 的亂數
20: no = Math.round(Math.random()*100);
21: document.write("0-100 亂數: " + no + "<br/>");
22: </script>
23: </body>
24: </html>
```

程式說明

第 11~12 列：測試 max()和 min()方法。

第 13~15 列：使用 round()方法測試數值的四捨五入，在第 15 列取得亂數值。

第 17 和 20 列：使用 round()和 random()方法取得 0 到 10 之間的亂數值，第 20 列取得 0 到 100 之間的亂數值。

5-5-3 Math 物件的數學方法

Math 物件提供數學的三角函數和指數的方法，相關方法的說明，如下表所示：

方法	說明
abs()	傳回絕對值
acos()	反餘弦函數
asin()	反正弦函數
atan()	反正切函數
ceil()	傳回大於或等於參數的最小整數
cos()	餘弦函數
exp()	自然數的指數 e^x
floor()	傳回大於或等於參數的最大整數
log()	自然對數
pow()	次方
sin()	正弦函數
sqrt()	傳回參數的平方根
tan()	正切函數

5-6 JavaScript 的 Error 物件

例外處理（Exception Handling）是 JavaScript 的錯誤控制機制，當程式碼有錯誤時，可以在程式出錯時提供解決方案。

5-6-1 JavaScript 的例外處理

JavaScript 的 Error 物件可以取得執行時的錯誤資料，建立 JavaScript 程式碼的例外處理。

Error 物件

Error 物件儲存 JavaScript 執行時產生的錯誤資訊，當 JavaScript 執行階段的錯誤產生後，Error 物件會自動建立，此物件的屬性說明，如下表所示：

屬性	說明
number	錯誤碼，這是一個 32-bit 值，其中後 16-bit 才是真正的錯誤碼
message	錯誤訊息字串
description	如同 message 屬性，這也是錯誤說明的字串

JavaScript 例外處理程式敘述

JavaScript 例外處理程式敘述是：try/catch/finally，可以處理 JavaScript 執行階段的錯誤，如下所示：

```
try {
   …
}
catch(e) {
   // 例外處理
   …
}
finally {
   …
}
```

上述例外處理敘述可以分為三個程式區塊，如下所示：

- try 程式區塊：在此區塊的程式碼是 JavaScript 需要例外處理的程式碼。
- catch 程式區塊：如果 try 程式區塊的程式碼發生錯誤，在這個程式區塊傳入的參數 e 是 Error 物件，可以取得 Error 物件屬性的錯誤資訊，並且建立例外處理的程式碼。
- finally 程式區塊：這是一個選擇性的程式區塊，不論例外是否產生，都會執行此區塊的程式碼。

JavaScript 程式：Ch5_6_1.html

在 JavaScript 程式使用 try/catch/finally 程式敘述建立 JavaScript 執行階段的例外處理，如右圖所示：

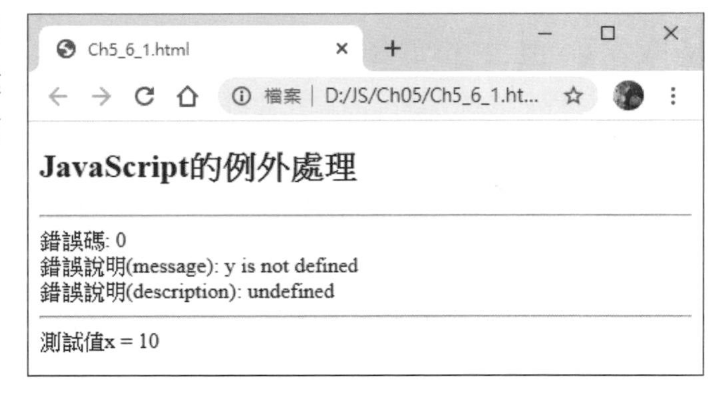

上述圖例可以看到取得 Error 物件顯示的錯誤訊息，測試變數 x 的值為 10。

程式內容

```
01: <!DOCTYPE html>
02: <html>
03: <head>
04: <meta charset="utf-8"/>
05: <title>Ch5_6_1.html</title>
06: </head>
07: <body>
08: <h2>JavaScript 的例外處理</h2>
09: <hr/>
10: <script>
11: var x = 10;
12: try {
13:    x = y;   // 測試的錯誤程式碼
```

```
14: }
15: catch(e) {
16:     // 例外處理的程式碼
17:     document.write("錯誤碼: " + (e.number & 0xFFFF) + "<br/>");
18:     document.write("錯誤說明(message): " + e.message + "<br/>");
19:     document.write("錯誤說明(description): " + e.description + "<br/>");
20: }
21: finally {
22:     // 顯示測試值
23:     document.write("<hr/>測試值 x = " + x + "<br/>");
24: }
25: </script>
26: </body>
27: </html>
```

程式說明

第 11 列：產生錯誤的變數。

第 12~24 列：例外處理的程式敘述，第 12~14 列的 try 程式區塊是在第 13 列產生 JavaScript 的程式錯誤，因為沒有宣告變數 y。

第 15~20 列：在 catch 程式區塊使用 Error 物件取得錯誤資訊，第 17 列為錯誤碼，在第 18 和 19 列是錯誤說明。

第 21~24 列：finally 程式區塊顯示變數的測試值。

5-6-2 JavaScript 多層的例外處理架構

JavaScript 可以使用 try/catch/finally 程式敘述建立多層例外處理架構，例如：兩層例外處理架構，如下所示：

```
try {
    …
    try {
        throw 運算式
    }
    catch(e) {
        // 第二層的例外處理
        …
        throw e;   // 丟到外層的例外處理
    }
}
```

```
catch(e) {
    // 第一層的例外處理
    …
}
finally {
    …
}
```

上述程式區塊擁有兩層例外處理敘述，第二層 try 程式區塊使用 throw 關鍵字產生使用者自訂的錯誤訊息。

在第二層 catch 程式區塊可以處理第二層 try 程式區塊的錯誤，如果不屬於第二層處理的錯誤，就使用 throw 關鍵字將錯誤丟到上一層 catch 程式區塊進行處理。

JavaScript 程式：Ch5_6_2.html

在 JavaScript 程式使用兩層 try/catch/finally 程式敘述，第一層是 JavaScript 執行階段的例外處理；第二層是使用者自訂的例外處理，如右圖所示：

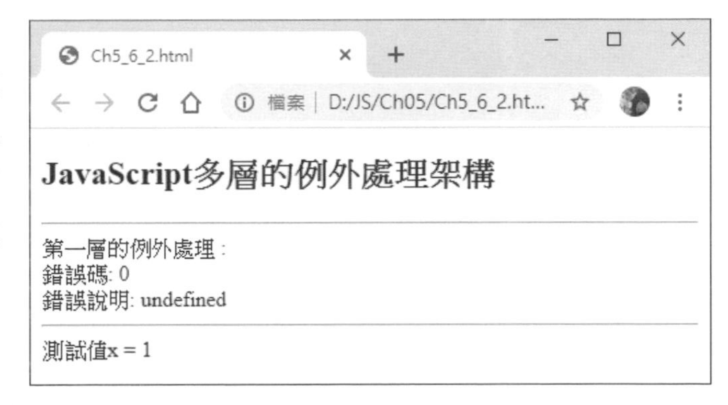

在上述圖例可以看到測試變數 x 的值為 1，所以顯示第一層的例外處理，錯誤訊息為 Error 物件的屬性，如果更改第 11 列程式碼為 x=0，此時的錯誤訊息是自訂的例外訊息，如右圖：

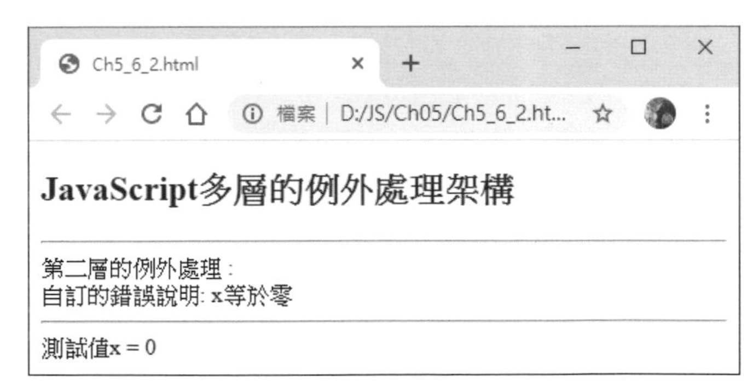

上述圖例顯示第二層例外處理的訊息文字，訊息是使用 throw 關鍵字丟出的自訂錯誤訊息。

🔊 程式內容

```
01: <!DOCTYPE html>
02: <html>
03: <head>
04: <meta charset="utf-8"/>
05: <title>Ch5_6_2.html</title>
06: </head>
07: <body>
08: <h2>JavaScript 多層的例外處理架構</h2>
09: <hr/>
10: <script>
11: var x = 1;
12: // 第一層例外處理
13: try {
14:    // 第二層例外處理
15:    try {
16:       if(x == 0)
17:          // 程式產生的錯誤訊息
18:          throw "x 等於零";
19:       else
20:          x = y;
21:    }
22:    catch(e) {
23:        // 第二層的例外處理, 處理程式產生的錯誤
24:        if(e == "x 等於零"){
25:            document.write("第二層的例外處理 : <br/>");
26:            document.write("自訂的錯誤說明: " + e + "<br/>");
27:        }
28:        else
29:            // 非內部處理的例外
30:            throw e;  // 丟到外層的例外處理
31:    }
32: }
33: catch(e) {
34:    // 第一層的例外處理, JavaScript 的執行錯誤
35:    document.write("第一層的例外處理 : <br/>");
36:    document.write("錯誤碼: " + (e.number & 0xFFFF) + "<br/>");
37:    document.write("錯誤說明: " + e.description + "<br/>");
38: }
39: finally {
40:    // 顯示測試值
```

```
41:     document.write("<hr/>測試值 x = " + x + "<br/>");
42: }
43: </script>
44: </body>
45: </html>
```

程式說明

第 11 列：產生錯誤的變數 x，如果變數值為 1 導致 JavaScript 執行階段的錯誤；0 是使用者的自訂錯誤。

第 13~42 列：第一層例外處理，在第 13~32 列的 try 程式區塊擁有第二層例外處理，第 16~20 列的 if 條件產生兩種錯誤，第 18 列使用 throw 關鍵字丟出自訂錯誤訊息，第 20 列產生 JavaScript 程式錯誤，因為沒有宣告變數 y。

第 22~31 列：第二層 catch 程式區塊，這是處理第二層例外的錯誤處理，在第 24~30 列的 if 條件判斷是否為使用者的自訂錯誤，如果是，執行 25~26 列顯示錯誤訊息，如果不是自訂錯誤，就執行第 30 列將錯誤丟到第一層的例外處理。

第 33~38 列：第一層的 catch 程式區塊，使用 Error 物件取得錯誤資訊，第 36 列為錯誤碼，在第 37 列是錯誤說明，第 39~42 列的 finally 程式區塊顯示變數的測試值。

5-7 物件的共用屬性和方法

JavaScript 內建物件擁有一些共用屬性和方法，這些屬性和方法可以使用在大部分的內建物件。

5-7-1 JavaScript 物件的共用屬性

JavaScript 物件的 constructor 屬性是共用屬性，constructor 屬性可以取得建立物件使用的建構函數名稱，JavaScript 內建物件除了 Global 和 Math 物件外都支援此屬性。

在使用 new 運算子建立 test 物件後，就可以使用 if 條件檢查物件的建構函數，如下所示：

```
if (test.constructor == String) {
   …
}
```

上述 JavaScript 程式碼檢查物件的建構函數是否為 String()。

5-7-2 JavaScript 物件的共用方法

JavaScript 物件常用的共用方法有 toString()和 valueOf()，這兩個方法可以顯示物件的內容。

toString()方法

toString()方法可以傳回物件的內容，傳回值為字串，其語法如下所示：

```
object.toString();
```

上述程式碼可以輸出物件內容的字串，各內建物件輸出的內容，如下表所示：

物件	傳回字串
Array	將陣列元素轉換成「,」符號分隔的字串
Boolean	true 傳回字串"true"；flase 傳回字串"false"
Date	傳回日期和時間的字串
Error	傳回錯誤訊息的字串
Function	傳回字串格式"function name( ) { … }"，其中 name 為呼叫 toString()方法的函數名稱
Number	傳回數值字串
String	傳回 String 物件的內容

valueOf()方法

valueOf()方法可以傳回物件值，不過 Math 和 Error 物件不支援 valueOf()方法，其語法如下所示：

```
object.valueOf();
```

上述程式碼可以輸出物件內容，各內建物件的輸出內容，如下表所示：

物件	傳回值
Array	將陣列元素轉換成以「,」符號分隔的字串，如同 Array.toString() 和 Array.join()方法
Boolean	傳回布林值
Date	傳回前晚到現在的秒數，以千分之一秒為單位
Function	傳回函數的本身
Number	傳回數字
Object	傳回物件本身
String	傳回字串

CHAPTER

6

DOM 物件模型

6-1 DOM 物件模型的基礎

DOM（Document Object Model）的中文譯名是文件物件模型，簡單的說，它就是將文件物件化，以便提供一套通用的存取方式來處理文件內容。

6-1-1 物件模型與 DOM

「物件模型」（Object Model）對於 HTML 網頁來說，就是一種規範如何存取 HTML 元素、樣式或程式碼的機制，可以將 HTML 元素、樣式和程式碼視為物件，和定義之間的關係，如下圖所示：

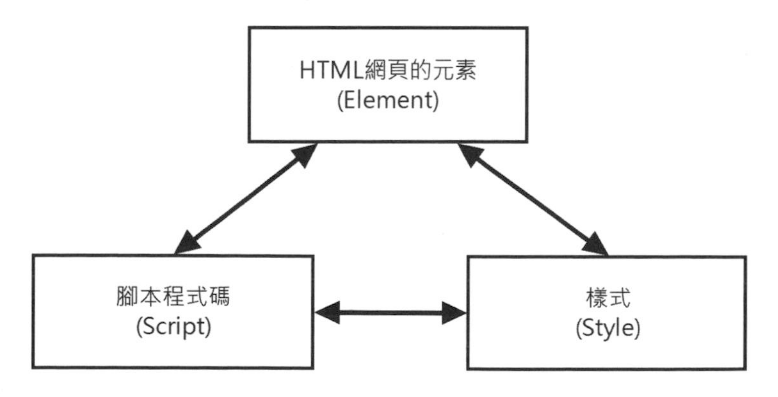

上述圖例顯示 HTML 網頁文件、腳本程式碼和樣式之間的關係，腳本程式碼可以控制 HTML 元素，樣式可以建立元素的編排，腳本程式碼可以存取樣式或初始化樣式。

DOM 簡介

基本上，DOM 可以用來處理 HTML 網頁和 XML 文件，針對 HTML 網頁的 DOM 稱為 HTML DOM，在本章主要說明的就是 HTML DOM。

DOM 提供 HTML 網頁一種存取方式，可以將 HTML 元素轉換成一棵節點樹，每一個標籤和文字內容是一個一個節點（Nodes），讓我們可以走訪節點來存取 HTML 元素。

DOM 物件模型提供一組標準程式介面，可以讓我們透過這組介面來存取物件的屬性和方法，換句話說，程式設計者可以使用此程式介面來瀏覽 HTML 網頁或 XML 文件，也可以新增、刪除和修改節點資料。對於 HTML 網頁來說，DOM 主要是由兩大部分組成，如下所示：

- DOM Core：提供 HTML 網頁或 XML 文件瀏覽、處理和維護階層架構，主要提供兩種功能，如下所示：
  - 瀏覽（Navigator）：能夠在網頁的樹狀架構中走訪節點。
  - 參考（Reference）：能夠存取節點的集合物件。
- DOM HTML：HTML 網頁專屬的 DOM API 介面，其目的是將網頁元素都視為是一個個物件，以便讓 JavaScript 等程式語言存取元素來建立動態網頁內容。

DOM Core 可以同時支援 XML 和 HTML，讓我們使用相同的屬性和方法來走訪和存取物件（本章主要說明此部分）；DOM HTML 是針對 HTML 網頁，可以讓我們存取各種不同的 HTML 元素。

DOM 的規格

DOM 就是一種跨平台和支援多種程式語言的物件模型，這是一個存取和更新文件內容、架構和樣式的程式介面，它是一種擁有擴充性的文件架構，目前有多種 DOM 規格，其簡單說明如下所示：

- DOM Level 0：這並不是真正存在的規格，其目的只是整合 Netscape 和 Internet Explorer 3.0 版瀏覽器的物件模型來建立一個通用的物件模型，它是建立 DOM Level 1 規格的基礎，目前瀏覽器支援 Level 0 的主要目的只是為了和舊版相容。
- DOM Level 1：在 1998 年成為 W3C（World Wide Web Consortium）的建議規格，提供 HTML 網頁和 XML 文件通用的瀏覽和處理元素內容的物件模型，不過，在 Level 1 並沒有提供事件處理機制。
- DOM Level 2：在 2000 年成為 W3C 的建議規格，除了 DOM2 Core 和 DOM2 HTML 外，還支援事件處理機制的 DOM2 Events 等 6 項規格。
- DOM Level 3：在 2004 年成為 W3C 的建議規格，Level 3 包含 5 種規格，即 DOM3 Core、Load and Save、Validation、Events 和 XPath。

事實上，DOM Level 0 只是將 HTML 網頁的元素物件化，每一個 HTML 標籤對應一個標籤物件，一份 HTML 網頁可能擁有上百種不同的標籤物件，提供不同的方法和屬性來進行存取。

DOM Level 1~3 則是一種通用的文件瀏覽和存取機制，可以將整份 HTML 網頁轉換成階層架構的樹狀結構，每一個 HTML 標籤都是樹狀結構的節點，提供一組通用屬性和方法來瀏覽和存取節點內容，並且提供事件處理機制。

DOM 的優點

DOM 可以將 HTML 網頁轉換成內部樹狀結構的節點，以便讓程式設計者可以更容易處理網頁內容，其優點如下所示：

- 提供跨平台和程式語言的程式介面：DOM 提供應用程式標準的程式處理介面，這是一種 HTML 和 XML 文件的標準 API。
- 支援多種文件：DOM 支援 HTML 網頁和 XML 文件，其中 DOM Core 可以使用在 HTML 網頁和 XML 文件；DOM HTML 是針對 HTML 網頁。
- 支援多種程式語言：DOM 支援多種程式語言和腳本語言，例如：Java、PHP、.NET 語言和 ECMAScript（即 JavaScript）等。

6-1-2 DOM 基礎的 HTML 網頁內容

DOM 是一種結構化文件內容的物件模型，可以將 HTML 網頁的標籤和文字內容視為「節點」（Node），依各節點之間的關係連接成樹狀結構，例如：<table> 表格標籤片斷，如下所示：

```
<table>
   <tbody>
     <tr>
        <td>HTML</td>
        <td>JavaScript</td>
     </tr>
     <tr>
        <td>PHP</td>
        <td>JSP</td>
     </tr>
   </tbody>
</table>
```

上述表格標籤是 2 X 2 表格，從 DOM 角度來看，就是一棵樹狀結構的節點樹，如下圖所示：

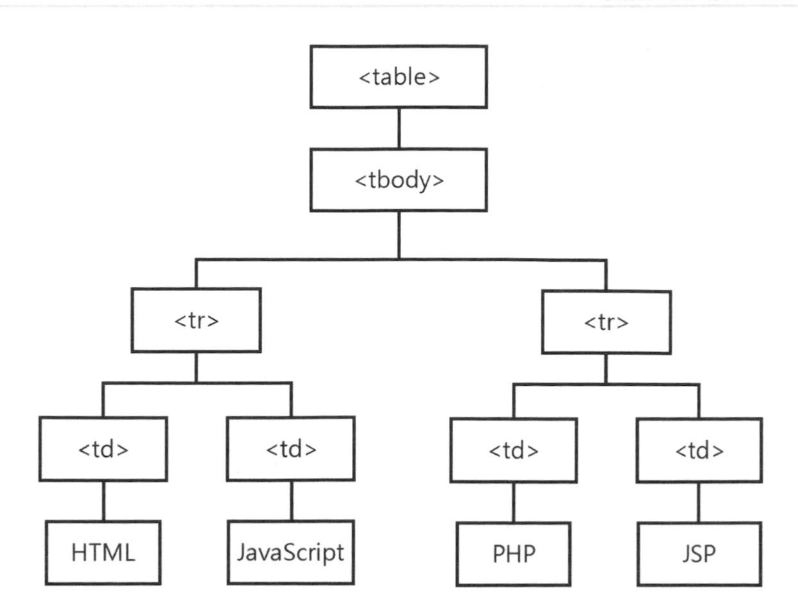

上述圖例可以看出各節點之間的關係，每一個節點都是一個物件，DOM HTML 提供各節點物件的屬性和方法；DOM Core 提供屬性和方法走訪上述樹狀結構的節點。

現在讓我們進一步分析上述樹狀結構，在節點之下擁有下一層子節點（Child Node），上一層是父節點（Parent Node），左右同一層是兄弟節點（Sibling Node），在最下層的節點稱為葉節點（Leaf Node），HTML 網頁顯示的內容是「文字節點」（Text Node）。

6-2 取得 HTML 元素節點

DOM 是一個存取和更新文件內容、架構和樣式的程式介面。基本上，使用 DOM 的第一步就是從 HTML 網頁轉換成的 DOM 樹中，取得指定 HTML 元素的節點物件。

JavaScript 可以使用 getElementById()和 getElementsByTagName()方法取得 HTML 網頁的指定元素或元素集合。

6-2-1 使用 Id 屬性取得元素節點

HTML 網頁的 Id 屬性是 HTML 元素的唯一識別字，換句話說，如果 HTML 元素有指定 Id 屬性值，我們就可以使用 Id 屬性來取得指定的元素節點。

getElementById()方法

DOM 的 getElementById()方法可以取出 HTML 網頁指定的 HTML 元素，和傳回節點物件的參考，它是使用參數的 id 屬性值來取得指定的元素，如下所示：

```
var a = document.getElementById("google");
```

上述程式碼的 document 可以取得 HTML 網頁的 DOM，方法的參數是<a>標籤的 id 屬性值，換句話說，就是取回此 a 元素的節點物件，如下所示：

```
<p><a id="google"
      href="http://www.google.com.tw">Google</a></p>
```

Memo

JavaScript 程式碼取得 HTML DOM 是使用 document，它是 BOM（Broswer Object Model）瀏覽器物件模型中，Window 根物件的屬性，其子物件 Document 就是 HTML DOM，在 JavaScript 程式碼使用 Window 物件屬性並不用指明 Window 物件，所以使用 document 即可。

nodeName 與 tagName 屬性

在取得指定節點物件後，我們可以使用 nodeName 或 tagName 屬性取得節點的標籤名稱，傳回的是大寫的標籤名稱字串，如下所示：

```
alert(a.nodeName + " - " + a.href);
alert(btn.tagName + " - " + btn.type);
```

上述程式碼不只可以傳回標籤名稱，在之後的 href 和 type 屬性就是 HTML 標籤的原生屬性，在取得指定節點物件後，就可以存取這些屬性值。

JavaScript 程式：Ch6_2_1.html

在 JavaScript 程式使用 Id 屬性取得 input 和 a 元素的節點物件，如下圖所示：

按【選取<a>元素】鈕，可以取得 a 元素的節點，在訊息視窗顯示的是 href 屬性值。按【選取<input>元素】鈕，可以看到顯示<input>標籤的 type 屬性值，如下圖所示：

程式內容

```
01: <!DOCTYPE html>
02: <html>
03: <head>
04: <meta charset="utf-8"/>
05: <title>Ch6_2_1.html</title>
06: <script>
07: function showAElement() {
08:    var a = document.getElementById("google");
09:    alert(a.nodeName + " - " + a.href);
10: }
11: function showButtonElement() {
12:    var btn = document.getElementById("test");
13:    alert(btn.tagName + " - " + btn.type);
14: }
15: </script>
16: </head>
17: <body>
18: <h2>使用 Id 屬性取得元素節點</h2>
```

```
19: <hr/>
20: <p id="content">使用 Id 屬性取得元素節點</p>
21: <p><a id="google"
22:       href="http://www.google.com.tw">Google</a></p>
23: <input id="test" type="button"
24:        onclick="showAElement()" value="選取<a>元素">
25: <input type="button"
26:        onclick="showButtonElement()"
27:        value="選取<input>元素">
28: </body>
29: </html>
```

程式說明

第 7~10 列：在 showAElement()函數的第 8 列取得第 21~22 列 a 元素的節點後，在第 9 列顯示標籤名稱和 href 屬性值。

第 11~14 列：showButtonElement()函數是在第 12 列取得第 23~24 列 input 元素的節點後，第 13 列顯示標籤名稱和 type 屬性值。

第 23~27 列：2 個按鈕分別使用 onclick 事件來呼叫上述 2 個函數。

6-2-2 使用標籤名稱取得元素節點

DOM 的 getElementById()方法主要是取得指定的唯一節點，如果是相同標籤的多個元素，我們可以使用 getElementsByTagName()方法取回參數標籤名稱的節點物件集合。

getElementsByTagName()方法

DOM 的 getElementsByTagName()方法可以傳回指定標籤名稱的節點陣列或清單，它是一個 NodeList 物件，如下所示：

```
var p = document.getElementsByTagName("p");
```

上述程式碼取回 HTML 網頁中所有<p>標籤的節點，因為可能有多個同名標籤，所以傳回的不是單一節點物件，而是 NodeList 物件，我們可以使用 length 屬性取得共有幾個節點物件，如下所示：

```
alert("P 元素有: " + p.length + "個");
```

上述程式碼可以取得 HTML 網頁共有幾個<p>標籤。

使用 item()方法取得指定的節點物件

因為 getElementsByTagName()方法傳回的是一個 NodeList 物件，我們可以使用 item()方法來取得指定的節點物件，如下所示：

```
var f = document.getElementsByTagName("input");
for (var i = 0; i < f.length; i++) {
   objEle = f.item(i);
   strTags += objEle.type + " ";
}
```

上述程式碼取得<input>標籤的 NodeList 物件後，使用 for 迴圈一一取出節點物件，迴圈是從 0 至 f.length-1，如下所示：

```
objEle = f.item(i);
```

上述程式碼使用 item()方法取得參數索引值的節點物件，第 1 個節點物件的索引值是 0，第 2 個是 1，以此類推。

使用陣列索引方式取得節點物件

除了使用 item()方法外，我們也可以直接將 NodeList 物件當成陣列來取出指定索引值的節點物件，如下所示：

```
var f = document.getElementsByTagName("input");
for (var i = 0; i < f.length; i++)
   strTags += f[i].type + " ";
```

上述程式碼和前述 for 迴圈的功能相同，只是改為陣列索引來取得節點物件，即 f[i]。

JavaScript 程式：Ch6_2_2.html

在 JavaScript 程式使用 getElementsByTagName()方法取得 HTML 網頁有幾個 p 和 h2 元素，可以顯示所有 input 元素的 type 屬性值清單，如下圖所示：

按【取得 P 元素】和【取得 H2 元素】鈕，可以顯示 HTML 網頁擁有多少個<p>或<h2>標籤，以此例是 2 個<p>標籤。按後兩個【顯示 INPUT 元素】鈕，都可以看到所有<input>標籤的 type 屬性值清單，共有 7 個，如下圖所示：

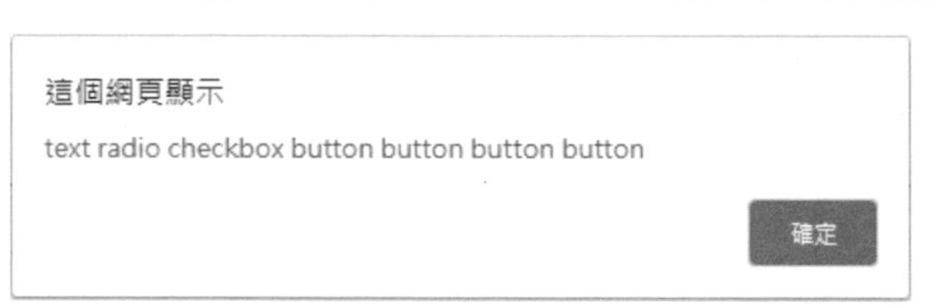

程式內容

```
01: <!DOCTYPE html>
02: <html>
03: <head>
04: <meta charset="utf-8"/>
05: <title>Ch6_2_2.html</title>
06: <script>
07: function getEle1() {
08:    var p = document.getElementsByTagName("p");
09:    alert("P 元素有: " + p.length + "個");
10: }
11: function getEle2() {
12:    var h = document.getElementsByTagName("h2");
13:    alert("H2 元素有: " + h.length + "個");
```

```
14: }
15: function showItems1() {
16:    var strTags = "";
17:    var f = document.getElementsByTagName("input");
18:    for (var i = 0; i < f.length; i++) {
19:       objEle = f.item(i);
20:       strTags += objEle.type + " ";
21:    }
22:    alert(strTags);
23: }
24: function showItems2() {
25:    var strTags = "";
26:    var f = document.getElementsByTagName("input");
27:    for (var i = 0; i < f.length; i++)
28:       strTags += f[i].type + " ";
29:    alert(strTags);
30: }
31: </script>
32: </head>
33: <body>
34: <h2>HTML 元素 H2</h2>
35: <hr/>
36: <p>HTML 元素 P</p>
37: <p>HTML 元素 P</p>
38: <h2>HTML 元素 H2</h2>
39: <form>
40:    <input type="text"/>
41:    <input type="radio"/>
42:    <input type="checkbox"/>
43: </form>
44: <input type="button" onclick="getEle1()" value="取得 P 元素">
45: <input type="button" onclick="getEle2()" value="取得 H2 元素">
46: <input type="button" onclick="showItems1()" value="顯示 INPUT 元素">
47: <input type="button" onclick="showItems2()" value="顯示 INPUT 元素">
48: </body>
49: </html>
```

程式說明

第 7~30 列：在 4 個函數中的前 2 個函數是使用標籤名稱取得網頁中的所有<p>和<h2>標籤，第 15~23 列的 showItems1()函數是在第 18~21 列的 for 迴圈使用 item()方法取得每一個節點物件，showItems2()函數是在第 27~28 列的 for 迴圈使用陣列索引取得每一個節點物件。

第 34~43 列： HTML 網頁的標籤，共有 2 個 p 元素和 2 個 h2 元素，在第 39~43 列共有 3 個 input 元素，加上第 44~47 列的 4 個，共有 7 個 input 元素。

第 44~47 列： 4 個按鈕使用 onclick 事件呼叫上述 4 個函數。

6-2-3 取得與更改元素內容

在取得指定的 DOM 節點物件後，我們可以使用 innerHTML 屬性存取 HTML 元素的文字內容，這是 HTML5 版支援的屬性，如下所示：

```
var c = document.getElementById("content");
alert(c.innerHTML);
c.innerHTML = "JavaScript 和 DOM";
```

上述程式碼在取得 id 屬性值為"content"的節點物件後，使用 innerHTML 屬性取得此 HTML 元素的文字內容，然後再一次使用 innerHTML 屬性，更改 HTML 元素的文字內容。

JavaScript 程式：Ch6_2_3.html

在 JavaScript 程式使用節點物件的 innerHTML 屬性，可以取得和更改 HTML 元素的內容，如下圖所示：

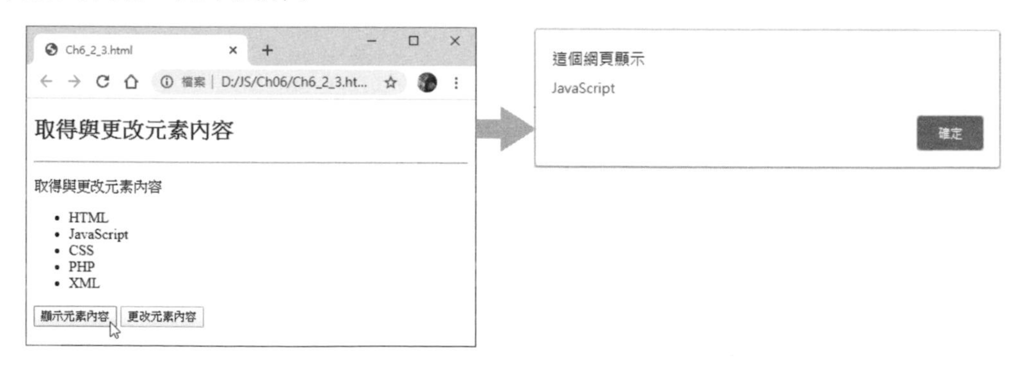

按【顯示元素內容】鈕，可以顯示清單第 2 個項目的內容，按【更改元素內容】鈕，可以將項目符號上的文字內容改成 "JavaScript 和 DOM"，如右圖所示：

程式內容

```
01: <!DOCTYPE html>
02: <html>
03: <head>
04: <meta charset="utf-8"/>
05: <title>Ch6_2_3.html</title>
06: <script>
07: function showText() {
08:    var li = document.getElementById("myLI");
09:    alert(li.innerHTML);
10: }
11: function changeText() {
12:    var c = document.getElementById("content");
13:    alert(c.innerHTML);
14:    c.innerHTML = "JavaScript 和 DOM";
15: }
16: </script>
17: </head>
18: <body>
19: <h2>取得與更改元素內容</h2>
20: <hr/>
21: <p id="content">取得與更改元素內容</p>
22: <ul id="myUL">
23:    <li>HTML</li>
24:    <li id="myLI">JavaScript</li>
25:    <li>CSS</li>
26:    <li>PHP</li>
27:    <li>XML</li>
28: </ul>
29: <input type="button" onclick="showText()" value="顯示元素內容">
30: <input type="button" onclick="changeText()" value="更改元素內容">
31: </body>
32: </html>
```

程式說明

第 7~10 列：showText()函數的第 8 列取得第 24 列 li 元素的節點物件，第 9 列使用 innerText 屬性取得元素的文字內容。

第 11~15 列：changeText()函數的第 12 列取得第 21 列的 p 元素，在第 13 列顯示文字內容，第 14 列更改文字內容。

第 22~28 列：清單項目的 HTML 標籤，在第 24 列的 id 屬性為 myLI。

第 29~30 列：2 個按鈕分別使用 onclick 事件呼叫上述 2 個函數。

6-2-4 存取 HTML 元素的尺寸與位置

DOM 節點物件提供屬性來取得 HTML 標籤的尺寸和位置，其相關屬性的說明，如下表所示：

屬性	說明
offsetLeft	節點物件距離左方邊界的距離
offsetTop	節點物件距離上方邊界的距離
offsetHeight	節點物件的高
offsetWidth	節點物件的寬
offsetParent	取得節點物件的上一層物件

不只如此，節點物件還提供方法來自動捲動瀏覽器視窗，以便讓指定 HTML 元素顯示在視窗內（如果不在視窗內），其說明如下表所示：

方法	說明
scrollIntoView()	如果瀏覽器視窗看不到指定 HTML 元素，就自動捲動視窗顯示此元素

JavaScript 程式：Ch6_2_4.html

在 JavaScript 程式顯示節點物件的尺寸和位置，並且測試 scrollIntoView()方法的使用，如下圖所示：

按中間哪一列的按鈕可以顯示節點物件的位置和尺寸，按【顯示父元素】鈕可以顯示上一層標籤名稱 BODY，按最後一個按鈕，可以馬上捲動視窗顯示按鈕後的<p>段落標籤（需縮小視窗）。

程式內容

```
01: <!DOCTYPE html>
02: <html>
03: <head>
04: <meta charset="utf-8"/>
05: <title>Ch6_2_4.html</title>
06: <script>
07: function showPosition() {
08:    var p = document.getElementById("myP");
09:    alert("left:" + p.offsetLeft + " top:" + p.offsetTop);
10: }
11: function showSize() {
12:    var p = document.getElementById("myP");
13:    alert(p.offsetHeight + " X " +p.offsetWidth);
14: }
15: function showParent() {
16:    var p = document.getElementById("myP");
17:    alert(p.offsetParent.tagName);
18: }
19: function viewElement() {
20:    var objEle = document.getElementsByTagName("p");
21:    if (objEle.length > 4 )
22:       objEle[3].scrollIntoView(true);
23: }
24: </script>
25: </head>
26: <body id="myBody">
27: <h2>存取 HTML 元素的位置和尺寸</h2>
28: <hr/>
```

```
29: <p id="myP">存取 HTML 元素的位置和尺寸</p>
30: <form>
31: <input type="button" onclick="showPosition()" value="元素位置">
32: <input type="button" onclick="showSize()" value="元素尺寸">
33: <input type="button" onclick="showParent()" value="顯示父元素">
34: <input type="button" onclick="viewElement()" value="顯示段落">
35: </form>
36: <p>存取 HTML 元素的位置和尺寸 1</p>
37: <p>存取 HTML 元素的位置和尺寸 2</p>
38: <p>存取 HTML 元素的位置和尺寸 3</p>
39: <p>存取 HTML 元素的位置和尺寸 4</p>
40: <p>存取 HTML 元素的位置和尺寸 5</p>
41: </body>
42: </html>
```

程式說明

第 7~23 列：4 個函數中，showPosition()函數可以取得標籤物件的位置，showSize()函數取得標籤尺寸，showParent()函數取得上一層標籤名稱，viewElement()函數使用 scrollIntoView()方法顯示第 38 列的<p>標籤。

第 29 列：測試的<p>標籤，id 屬性為 myP。

第 31~34 列：4 個按鈕使用 onclick 事件呼叫上述 4 個函數。

第 36~40 列：5 個<p>標籤是用來測試視窗捲動的 scrollIntoView()方法。

6-3 DOM 的節點瀏覽

在取得 HTML 網頁的指定節點後，我們就可以使用 DOM 節點瀏覽的相關屬性來走訪 DOM 樹的其他節點。

6-3-1 DOM 瀏覽節點的相關屬性

DOM 提供瀏覽、存取和集合物件等相關屬性來走訪、取得文字節點值、取得屬性和子節點的集合物件。

DOM 的瀏覽屬性

DOM 提供瀏覽屬性來走訪節點，和取得節點種類與名稱，其說明如下表所示：

屬性	說明
firstChild	傳回第 1 個 childNodes 集合物件的子節點，包含此節點下的所有子節點
lastChild	傳回最後 1 個 childNodes 集合物件的子節點，包含此節點下的所有子節點
parentNode	傳回父節點的物件
nextSibling	傳回下一個兄弟節點的物件
previousSibling	傳回前一個兄弟節點的物件
nodeName	傳回節點的 HTML 標籤名稱，名稱是英文大寫字母，例如：P 和 TABLE
nodeType	傳回節點種類，1 為標籤；2 為屬性；3 為文字節點
specified	傳回 HTML 標籤是否擁有屬性的布林值

在上表的屬性大都是瀏覽節點的屬性，例如：一份節點架構圖，如下圖所示：

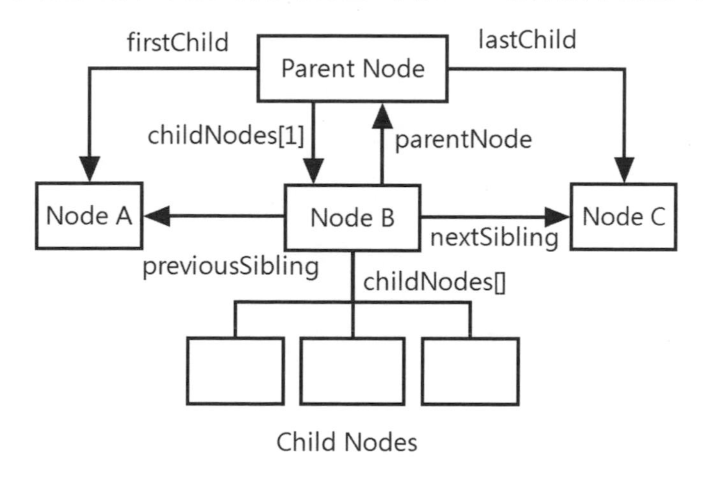

上述 Parent Node 使用 firstChild 屬性取得第 1 個子節點 Node A，childNodes[1] 為第 2 個子節點 Node B，childNodes 是所有子節點的集合物件，lastChild 屬性可以取得最後一個子節點 Node C。

在 Node B 使用 previousSibling 屬性可以取得前一個兄弟節點 Node A；nextSibling 屬性取得下一個兄弟節點 Node C。取得上一層父節點是使用

parentNode 屬性，因為 Node B 有子節點，這些 childNodes 集合物件一樣可以使用上述屬性來走訪下一層節點。

DOM 的存取屬性

DOM 提供存取屬性來存取文字節點的內容，其說明如下表所示：

屬性	說明
data	存取文字節點的內容，其他種類的節點傳回 undefined
nodeValue	存取文字節點的內容，其他種類的節點傳回 null

Memo

文字節點和其他節點的差異在於文字節點是節點樹的葉節點，所以不能有子節點，換句話說，我們只能存取文字節點的內容。

DOM 的集合物件

DOM 的集合物件可以取得下一層子節點和節點屬性，其說明如下表所示：

集合物件	說明
attributes	節點屬性的集合物件，可以直接使用名稱來存取
childNodes	子節點的集合物件，這是一個陣列物件，可以使用從 0 開始的索引值進行存取，例如：childNodes[0]
children	子元素的集合物件，不包含文字節點的子節點，這也是一個陣列物件，可以使用從 0 開始的索引值進行存取，例如：children[0]

6-3-2 瀏覽父節點

在 DOM 取得父節點是使用 parentNode 屬性，例如：項目符號的 HTML 標籤 <ul>和<li>，li 的父節點是 ul，如下所示：

```
var objLi = document.getElementById("myLI");
var objNode = objLi.parentNode;
alert(objNode.nodeName);
```

上述程式碼的 myLI 為<li>標籤的 id 屬性值，可以使用 parentNode 屬性取得上一層 HTML 標籤名稱 UL，使用的是 nodeName 屬性。

JavaScript 程式：Ch6_3_2.html

在 JavaScript 程式使用 DOM 的 parentNode 屬性來取得上一層節點的標籤名稱，如下圖所示：

上述紅色清單項目有 onclick 事件，按一下可以取得上一層標籤，第 1 個是 UL；第 2 個是 LI。

程式內容

```
01: <!DOCTYPE html>
02: <html>
03: <head>
04: <meta charset="utf-8"/>
05: <title>Ch6_3_2.html</title>
06: <script>
07: function showParentNode() {
08:    var objLi = document.getElementById("myLI");
09:    var objNode = objLi.parentNode;
10:    alert(objNode.nodeName);
11: }
12: function showParentNode1() {
13:    var objSpan = document.getElementById("mySpan");
14:    var objNode = objSpan.parentNode;
15:    alert(objNode.nodeName);
16: }
17: </script>
18: </head>
19: <body>
20: <h2>瀏覽父節點</h2>
```

```
21: <hr/>
22: <ul id="myUL">
23:    <li>HTML</li>
24:    <li style="color:red" id="myLI"
25:        onclick="showParentNode()">JavaScript</li>
26:    <li><span style="color:red" id="mySpan"
27:        onclick="showParentNode1()">CSS</span></li>
28:    <li>PHP</li>
29:    <li>XML</li>
30: </ul>
31: </body>
32: </html>
```

程式說明

第 7~16 列：2 個函數都是使用 parentNode 屬性取得上一層節點物件，然後使用 nodeName 屬性取得標籤名稱。

第 22~30 列：清單項目的 HTML 標籤，在第 24 列的 id 屬性為 myLI，第 26~27 列的 li 元素擁有子元素 span，其 id 屬性值為 mySpan，所以它的父節點是 LI，在第 25 和 27 列使用 onclick 事件呼叫第 7~16 列的 2 個函數。

6-3-3 瀏覽兄弟節點

DOM 可以使用 previousSibling 和 nextSibling 屬性取得兄弟節點，筆者同樣是使用清單項目的 HTML 標籤<ul>和<li>為例，如下所示：

```
var objLi = document.getElementById("myLI");
var objNode = objLi.previousSibling;
alert(objNode.firstChild.data);
```

上述程式碼的 myLI 是<li>標籤物件，可以取得前一個兄弟節點，然後使用 firstChild 屬性取得下一層文字節點的 data 屬性（也可以直接使用 innerHTML 屬性取代）。

Memo

在 DOM 節點樹中，HTML 標籤是一個元素節點，標籤內容是另一個文字節點，它是元素節點的子節點，如果 objNode 是元素節點，標籤內容就是下一層文字節點，如下所示：

```
objNode.firstChild.data;
```

上述程式碼可以取得第 1 個子節點內容，即文字節點的內容。

JavaScript 程式：Ch6_3_3.html

在 JavaScript 程式使用 DOM 的 previousSibling 屬性，可以取得前一個兄弟節點的 HTML 元素內容，如下圖所示：

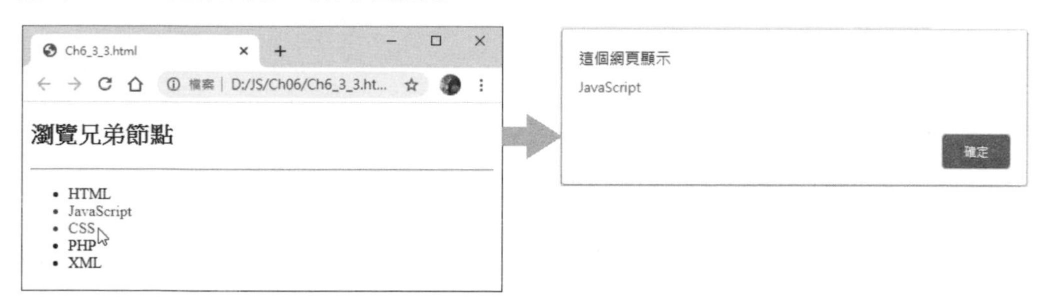

上述紅色清單項目提供 onclick 事件，按一下可以取得前一個兄弟節點的內容，第 1 個是 HTML；第 2 個是 JavaScript。

程式內容

```
01: <!DOCTYPE html>
02: <html>
03: <head>
04: <meta charset="utf-8"/>
05: <title>Ch6_3_3.html</title>
06: <script>
07: function showNode1() {
08:    var objLi = document.getElementById("myLI");
09:    var objNode = objLi.previousSibling;
10:    alert(objNode.firstChild.data);
11: }
12: function showNode2() {
```

```
13:     var objLi = document.getElementById("myLI1");
14:     var objNode = objLi.previousSibling;
15:     alert(objNode.innerHTML);
16: }
17: </script>
18: </head>
19: <body>
20: <h2>瀏覽兄弟節點</h2>
21: <hr/>
22: <ul id="myUL">
23:     <li>HTML
24:     <li style="color:red" id="myLI"
25:         onclick="showNode1()">JavaScript
26:     <li style="color:red" id="myLI1"
27:         onclick="showNode2()">CSS
28:     <li>PHP
29:     <li>XML
30: </ul>
31: </body>
32: </html>
```

程式說明

第 7~11 列：showNode1()函數使用 previousSibling 屬性取得前一個兄弟節點，在第 10 列使用 firstChild.data 取得文字節點的內容。

第 12~16 列：showNode2()函數也是使用 previousSibling 屬性取得前一個兄弟節點，在第 15 列改用 innerHTML 屬性取得文字節點的內容。

第 22~30 列：清單項目的 HTML 標籤，在第 24 列的 id 屬性為 myLI，它的前一個兄弟節點是第 23 列的<li>標籤，內容為 HTML。在第 26 列的 id 屬性為 myLI1，它的前一個兄弟節點是第 24~25 列的<li>標籤，內容為 JavaScript。

第 25 和 27 列：分別使用 onclick 事件呼叫上述 2 個函數。

Memo

因為 HTML 網頁的空白字元或換行符號都會轉換成文字節點，所以在第 22~28 列的<ul>和<li>標籤使用了一個小技巧，即<li>標籤沒有結尾標籤，如此 5 個<li>標籤才能成為兄弟節點，Ch6_3_3a.html 的執行結果，如下圖所示：

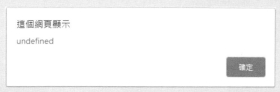

上述程式的 5 個<li>標籤有加上</li>結尾標籤，就會在中間插入文字節點，所以顯示 undefined。

6-3-4 瀏覽子節點與子元素

DOM 節點可以使用 childNodes 屬性取得子節點的集合物件，這是一個陣列物件，可以使用從 0 開始的索引值進行存取。首先取得父節點的節點物件，如下所示：

```
var objUL = document.getElementById("myUL");
```

上述程式碼取得 id 屬性值 myUL 的 ul 元素後，我們就可以使用 childNodes 屬性取得所有子節點，如下所示：

```
var objChilds = objUL.childNodes;
```

上述程式碼可以取得 ul 元素的所有子節點，包含 li 元素和文字節點。接著就可以使用 for 迴圈一一取得每一個節點物件且將節點名稱顯示出來，如下所示：

```
var strTags = "";
for (var i = 0; i < objChilds.length; i++) {
   objEle = objChilds.item(i);
   strTags += objEle.nodeName + "\n";
}
```

上述程式碼是使用 childNodes 屬性，如果使用 children 屬性，取得的子節點就只有 li 子元素，而沒有文字節點。

JavaScript 程式：Ch6_3_4.html

在 JavaScript 程式分別使用 childNodes 和 children 屬性來取得 ul 元素的所有子節點和子元素，如下圖所示：

上述紅色清單項目有 onclick 事件，按一下【JavaScript】可以顯示之下的所有子節點，包含 LI 和#text 的文字節點。按一下【CSS】，就只顯示 li 子元素，而沒有文字節點，如右圖所示：

程式內容

```
01: <!DOCTYPE html>
02: <html>
03: <head>
04: <meta charset="utf-8"/>
05: <title>Ch6_3_4.html</title>
06: <script>
07: function showChilds1() {
08:    var objUL = document.getElementById("myUL");
09:    var objChilds = objUL.childNodes;
10:    var strTags = "";
11:    for (var i = 0; i < objChilds.length; i++) {
12:       objEle = objChilds.item(i);
13:       strTags += objEle.nodeName + "\n";
14:    }
15:    alert(strTags);
16: }
17: function showChild2() {
```

```
18:     var objUL = document.getElementById("myUL");
19:     var objChilds = objUL.children;
20:     var strTags = "";
21:     for (var i = 0; i < objChilds.length; i++) {
22:        objEle = objChilds[i];
23:        strTags += objEle.nodeName + "\n";
24:     }
25:     alert(strTags);
26: }
27: </script>
28: </head>
29: <body>
30: <h2>瀏覽子節點與子元素</h2>
31: <hr/>
32: <ul id="myUL">
33:     <li>HTML</li>
34:     <li style="color:red" id="myLI"
35:         onclick="showChilds1()">JavaScript</li>
36:     <li style="color:red" id="myLI1"
37:         onclick="showChild2()">CSS</li>
38:     <li>PHP</li>
39:     <li>XML</li>
40: </ul>
41: </body>
42: </html>
```

程式說明

第 7~16 列：showChilds1()函數在第 8 列取得父節點物件，第 9 列使用 childNodes 屬性取得下一層所有子節點物件，然後使用第 11~14 列的 for 迴圈顯示每一個節點物件的標籤名稱，包含 LI 和#text。

第 17~26 列：showChilds2()函數在第 18 列取得父節點物件，第 19 列使用 children 屬性取得下一層所有子元素的節點物件，然後使用第 21~24 列的 for 迴圈顯示每一個子元素節點物件的標籤名稱，即 LI。

第 32~40 列：清單項目的 HTML 標籤，在第 34 列的 id 屬性為 myLI，第 36 列的 id 屬性值為 myLI1，而且<li>標籤都有結尾標籤</li>，在第 35 和 37 列使用 onclick 事件呼叫上述 2 個函數。

6-4 HTML 集合物件

DOM 提供一些屬性來取得常用 HTML 元素的集合物件，其說明如下表所示：

屬性	說明
document.anchors	包含 HTML 網頁所有擁有 name 屬性的<a>標籤（HTML5 不支援 name 屬性）
document.forms	包含 HTML 網頁所有<form>標籤
document.images	包含 HTML 網頁所有<img>標籤
document.links	包含 HTML 網頁所有擁有 href 屬性的<a>標籤

JavaScript 程式：Ch6_4.html

在 JavaScript 程式使用 HTML 集合物件取出 HTML 網頁的所有<a>和<form>標籤元素，如下圖所示：

按【表單集合】鈕，可以看到找到 3 個<form>標籤，按【超連結集合 1】鈕，可以找到 2 個擁有 href 屬性的<a>標籤，如右圖所示：

按【超連結集合 2】鈕，也可以找到 2 個擁有 name 屬性的<a>標籤，其中只有 1 個有 href 屬性值，所以只顯示 1 個 URL 網址。

程式內容

```
01: <!DOCTYPE html>
02: <html>
03: <head>
04: <meta charset="utf-8"/>
05: <title>Ch6_4.html</title>
06: <script>
07: function showForms() {
08:    var f = document.forms;
09:    alert("<FORM>: " + f.length);
10: }
11: function showLinks() {
12:    var links = document.links;
13:    var strTags = "<A> : " + links.length + "\n";
14:    for (var i = 0; i < links.length; i++) {
15:       objEle = links.item(i);
16:       strTags += objEle.href + "\n";
17:    }
18:    alert(strTags);
19: }
20: function showAnchors() {
21:    var a = document.anchors;
22:    var strTags = "<A> : " + a.length + "\n";
23:    for (var i = 0; i < a.length; i++) {
24:       objEle = a[i];
25:       strTags += objEle.href + "\n";
26:    }
27:    alert(strTags);
28: }
29: </script>
30: </head>
31: <body id="myBody">
32: <h2>HTML 集合物件</h2>
33: <hr/>
34: <a href="http://www.google.com.tw">Google</a>
35: <a name="hinet" href="http://www.hinet.net">HiNet</a>
36: <a name="test">Test</a>
37: <form name="Form1"></form>
38: <form name="Form2"></form>
39: <form>
40: <input type="button" onclick="showForms()" value="表單集合">
41: <input type="button" onclick="showLinks()" value="超連結集合 1">
42: <input type="button" onclick="showAnchors()" value="超連結集合 2">
43: </form>
```

```
44: </body>
45: </html>
```

程式說明

第 7~10 列：showForms()函數在第 8 列使用 forms 屬性取得所有<form>標籤的節點物件後，第 9 列使用 length 屬性取得有幾個。

第 11~19 列：showLinks()函數在第 12 列使用 links 屬性取得所有<a>標籤且擁有 href 屬性的節點物件後，第 14~17 列使用 for 迴圈顯示集合物件各節點物件的 href 屬性值。

第 20~28 列：showAnchors()函數在第 21 列使用 anchors 屬性取得所有<a>標籤且擁有 name 屬性的節點物件後，第 23~26 列使用 for 迴圈顯示集合物件各節點物件的 href 屬性值。

第 34~36 列：3 個<a>標籤，在第 34~35 列有 href 屬性，第 35~36 列有 name 屬性，第 35 列同時有 name 和 href 屬性；第 36 列只有 name 屬性，而沒有 href 屬性。

第 37~38 列：2 個<form>標籤。

第 40~42 列：3 個按鈕分別使用 onclick 事件呼叫上述 3 個函數。

6-5 存取 HTML 標籤的屬性

在取得 HTML 網頁的節點物件後，我們不只可以存取元素內容，也可以存取標籤屬性，如下所示：

```
var p = document.getElementsByTagName("p");
alert(p.item(0).align);
```

上述程式碼取得所有 p 元素後，就可以取得第 1 個<p>標籤的 align 屬性值，同樣方式，我們可以存取 HTML 標籤的其他屬性。在 DOM 節點物件提供 3 種方法來處理屬性，其說明如下表所示：

方法	說明
getAttribute(attribute)	取得傳入參數 attribute 屬性的屬性值
setAttribute(attribute, value)	將傳入參數 attribute 屬性設定為 value 值
removeAttribute(attribute)	刪除傳入參數的 attribute 屬性

JavaScript 程式：Ch6_5.html

在 JavaScript 程式存取節點物件的標籤屬性，或使用 getAttribute()和setAttribute()方法來分別取得和設定 HTML 標籤的屬性值，如下圖：

按【置中對齊】鈕，可以看到第 1 個段落置中對齊，第 2 個按鈕顯示 align 屬性值，最後一個按鈕切換第 2 個段落的對齊方式。

程式內容

```
01: <!DOCTYPE html>
02: <html>
03: <head>
04: <meta charset="utf-8"/>
05: <title>Ch6_5.html</title>
06: <script>
07: function setAlign(strAlign) {
08:    var p = document.getElementById("myP");
09:    p.align = strAlign;
10: }
11: function getAlign() {
12:    var p = document.getElementsByTagName("p");
13:    alert(p.item(0).align);
14: }
15: function switchAlign() {
16:    var objEle = document.getElementsByTagName("p");
17:    if (objEle[1].getAttribute("align") == "left")
```

```
18:         objEle[1].setAttribute("align", "center");
19:      else
20:         objEle[1].setAttribute("align", "left");
21: }
22: </script>
23: </head>
24: <body id="myBody">
25: <h2>存取 HTML 標籤的屬性</h2>
26: <hr/>
27: <p id="myP" align="left">存取 HTML 標籤的屬性 1</p>
28: <p align="left">存取 HTML 標籤的屬性 2</p>
29: <form>
30: <input type="button" onclick="setAlign('center')" value="置中對齊">
31: <input type="button" onclick="getAlign()" value="取得標籤屬性">
32: <input type="button" onclick="switchAlign()" value="切換標籤屬性">
33: </form>
34: </body>
35: </html>
```

程式說明

第 7~21 列： 在 3 個函數中，setAlign()函數在第 9 列設定 align 屬性值，getAlign()函數在第 13 列取得標籤屬性 align 的值，第 15~21 列的 switchAlign()函數，在第 17~20 列的 if 條件使用 getAttribute()方法取得標籤屬性，在檢查屬性值後，使用 setAttribute()方法重新設定屬性值。

第 27~28 列： 測試的<p>標籤，第 27 列的 id 屬性為 myP。

第 30~32 列： 3 個按鈕分別使用 onclick 事件呼叫上述 3 個函數。

6-6 DOM 的節點操作

DOM 的節點操作主要是指節點的新增與刪除操作，JavaScript 程式可以使用 DOM 的 createElemnet()、createTextNode()、appendChild()和 removeChild()方法建立和刪除節點樹的節點物件。

6-6-1 插入和新增節點

使用 JavaScript 在 DOM 節點樹插入和新增節點的基本步驟，如下所示：

步驟一：建立節點物件

首先使用 Document 物件的 createElement()方法建立節點物件，如果標籤擁有文字節點，還需要使用 createTextNode()方法建立文字節點物件，如下所示：

```
var objNewNode = document.createElement("P");
var objTextNode = document.createTextNode('段落四');
```

上述程式碼建立<p>標籤的節點，參數的標籤名稱字串為大寫，在<p>標籤擁有文字內容，所以建立文字節點，參數為文字節點的內容。

Memo

因為 HTML 標籤的 id 屬性是唯讀屬性，如果需要新增 id 屬性，請在 createElement() 方法建立節點物件後，馬上設定 id 屬性，如下所示：

```
objNewNode.id = "myP";
```

上述程式碼可以設定 id 屬性值，因為只有獨立的節點物件，id 屬性才能讀寫，如果節點已經新增或插入節點樹後，id 屬性就會成為唯讀屬性。

步驟二：將節點物件新增或插入 DOM 節點樹

在建立節點物件後，就可以將節點物件新增或插入 DOM 節點樹，如下所示：

```
objNode.appendChild(objNewNode);
objNewNode.appendChild(objTextNode);
```

上述程式碼的 objNode 為 DOM 節點樹的節點，首先將 objNewNode 節點物件新增為 objNode 節點物件的最後一個子節點，然後將文字節點 objTextNode 新增為 objNewNode 的子節點，如右圖所示：

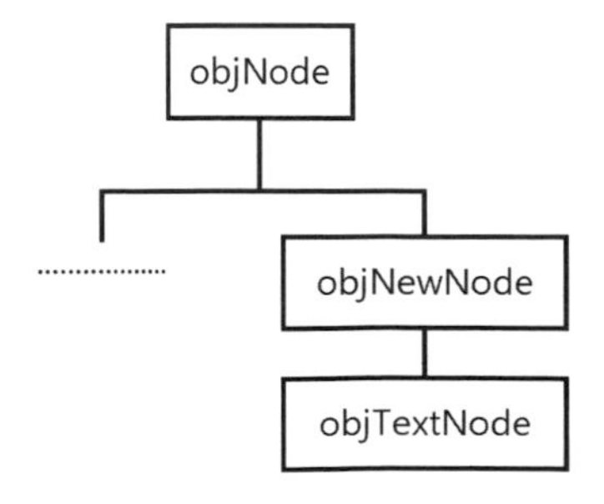

除了新增成為子節點外，我們也可以將節點物件插入節點樹中指定兄弟節點之前，如下所示：

```
objNode.insertBefore(objNewNode, objBrother);
objNewNode.appendChild(objTextNode);
```

上述程式碼的 objNode 和 objBrother 為 DOM 節點樹的節點，首先將 objNewNode 節點插入 objNode 子節點 objBrother 兄弟節點之前，然後將文字節點 objTextNode 新增為 objNewNode 的子節點，如下圖所示：

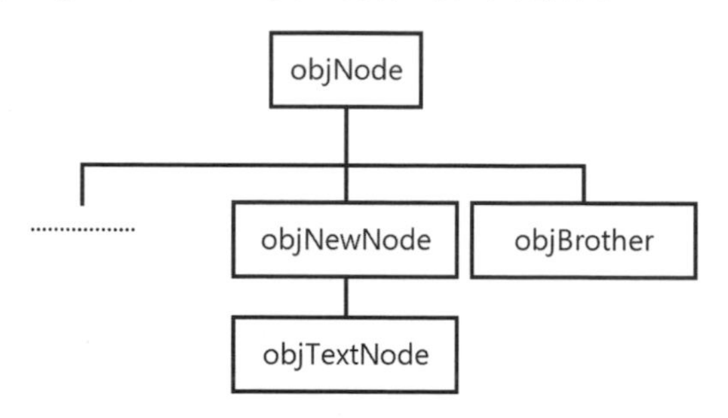

JavaScript 程式：Ch6_6_1.html

在 JavaScript 程式使用 DOM 操作的相關方法來新增和插入段落標籤<p>，如右圖所示：

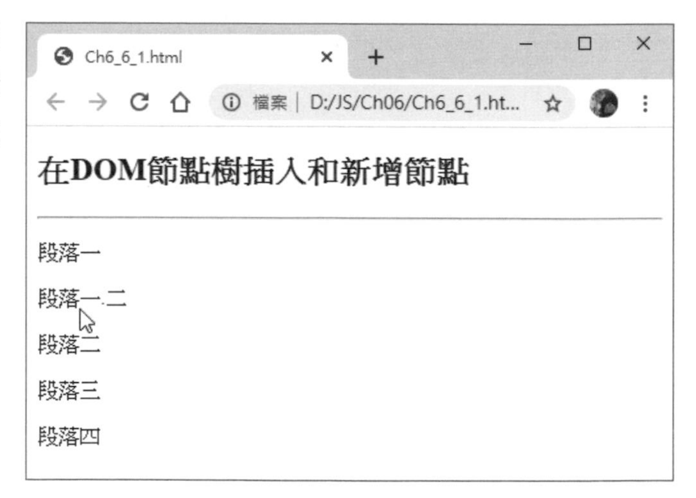

按一下【段落一】，可以在最後新增一個<p>標籤，內容為「段落四」，按一下【段落二】可以在「段落一」和「段落二」之間插入一個<p>標籤。

🔊 程式內容

```
01: <!DOCTYPE html>
02: <html>
03: <head>
04: <meta charset="utf-8"/>
05: <title>Ch6_6_1.html</title>
06: <script>
07: function appendNode() {
08:    var objNode = document.getElementById("myDiv");
09:    var strText = "段落四";
10:    var objNewNode = document.createElement("P");
11:    var objTextNode = document.createTextNode(strText);
12:    objNode.appendChild(objNewNode);
13:    objNewNode.appendChild(objTextNode);
14: }
15: function insertNode(objNode, objBrother, strText) {
16:    var objNode = document.getElementById("myDiv");
17:    var objBrother = objNode.children[1];
18:    var strText = '段落一.二';
19:    var objNewNode = document.createElement("P");
20:    var objTextNode = document.createTextNode(strText);
21:    objNode.insertBefore(objNewNode, objBrother);
22:    objNewNode.appendChild(objTextNode);
23: }
24: </script>
25: </head>
26: <body id="myBody">
27: <h2>在 DOM 節點樹插入和新增節點</h2>
28: <hr/>
29: <div id="myDiv">
30: <p onclick="appendNode()">段落一</p>
31: <p onclick="insertNode()">段落二</p>
32: <p>段落三</p>
33: </div>
34: </body>
35: </html>
```

🔊 程式說明

第 7~14 列：appendNode()函數可以建立<p>標籤的節點，在第 8 列取得父節點物件的<div>標籤，第 10~11 列建立元素和文字節點，在第 12~13 列新增元素至父節點的最後 1 個子節點後，再新增文字節點的子節點。

第 15~23 列： insertNode()函數可以插入<p>標籤節點到指定的兄弟節點之前，在第 16 列取得父節點的<div>標籤，第 17 列使用 children[1]取得第 2 個<p>標籤，在第 19~20 列建立元素和文字節點，第 21 列插入在第 2 個<p>標籤的兄弟節點之前，在第 22 列新增文字節點的子節點。

第 30~32 列： 共有 3 個<p>標籤，在第 30 列使用 onclick 事件在最後新增一個<p>標籤，第 31 列使用 onclick 事件插入<p>標籤在第 31 列的<p>標籤之前。

6-6-2 刪除節點

在 JavaScript 程式碼可以使用 DOM 節點物件的 removeChild()方法刪除節點樹中指定的子節點，如下所示：

```
objParent.removeChild(objNode);
```

上述 objParent 是父節點物件，removeChild()方法可以刪除參數的子節點，即 objNode。

在本節程式範例是使用 printChilds()函數來顯示指定節點的所有子節點，if 條件是使用 hasChildNodes()方法檢查節點是否擁有子節點，如下所示：

```
if (objNode.hasChildNodes()) {
   var nodeCount = objNode.children.length;
   strMsg += "子元素數 = " + nodeCount + "\n";
   for (var i = 0; i < nodeCount; i++)
      strMsg += "標籤名稱 = " + objNode.children[i].nodeName + "\n";
   alert(strMsg);
}
```

上述 if 條件檢查如果有子節點，就使用 for 迴圈顯示所有子元素數的標籤名稱，使用的是 children 屬性。

JavaScript 程式：Ch6_6_2.html

在 JavaScript 程式使用 DOM 的 removeChild()方法刪除指定的子節點，如下圖所示：

按【顯示子節點】鈕，可以看到顯示的子元素有 3 個<p>標籤。按【刪除元素 1】鈕刪除第 2 個<p>標籤後，再按【顯示子節點】鈕顯示子元素清單，如右圖所示：

上述原來 3 個<p>標籤剩下 2 個，當按【刪除元素 2】鈕刪除第 3 個<p>標籤後，就只剩下 1 個<p>標籤。

程式內容

```
01: <!DOCTYPE html>
02: <html>
03: <head>
04: <meta charset="utf-8"/>
05: <title>Ch6_6_2.html</title>
06: <script>
07: function printChilds(objNode) {
08:    var strMsg = "節點名稱 =" + objNode.nodeName + "\n";
09:    if (objNode.hasChildNodes()) {
10:       var nodeCount = objNode.children.length;
11:       strMsg += "子元素數 = " + nodeCount + "\n";
12:       for (var i = 0; i < nodeCount; i++)
13:          strMsg += "標籤名稱 = " + objNode.children[i].nodeName + "\n";
14:       alert(strMsg);
```

```
15:     }
16: }
17: function deleteChild(objParent, objNode) {
18:    var strMsg = "刪除標籤 = " + objNode.nodeName + "\n";
19:    strMsg += "刪除標籤的子節點數  = " + objNode.children.length + "\n";
20:    objParent.removeChild(objNode);
21:    alert(strMsg);
22: }
23: </script>
24: </head>
25: <body id="myBody">
26: <h2>刪除 DOM 節點樹的節點</h2>
27: <hr/>
28: <div id="myDiv">
29: <p><span>段落一</span></p>
30: <p id="myP2"><span>段落二</span></p>
31: <p id="myP3"><span>段落三</span></p>
32: </div>
33: <form>
34: <script>
35: var d = document.getElementById("myDiv");
36: var p2 = document.getElementById("myP2");
37: var p3 = document.getElementById("myP3");
38: </script>
39: <input type="button" value="顯示子節點" onclick="printChilds(d);">
40: <input type="button" value="刪除元素 1" onclick="deleteChild(d, p2);">
41: <input type="button" value="刪除元素 2" onclick="deleteChild(d, p3);">
42: </form>
43: </body>
44: </html>
```

程式說明

第 7~16 列：printChilds()函數可以顯示指定節點的所有子元素清單。

第 17~22 列： deleteChild()函數可以刪除指定子節點，和顯示刪除節點的資料。

第 29~31 列： 共有 3 個<p>標籤，在第 30 列的 id 屬性為 myP2，第 31 列是 myP3。

第 34~38 列： 取得 id 屬性值 myDiv、myP2 和 myP3 的節點物件。

第 39~41 列： 3 個按鈕分別使用 onclick 事件呼叫上述 3 個函數。

CHAPTER

7

CSS 層級式樣式表

7-1 CSS 層級式樣式表

「CSS」（Cascading Style Sheets）層級式樣式表是一種樣式表語言，可以用來描述標示語言的顯示外觀和格式，例如：網頁的 HTML 或 XHTML 語言，它也可以使用在 XML 文件的 SVG 或 XUL。

7-1-1 CSS 的基礎

對於網頁設計來說，CSS 能夠重新定義 HTML 標籤的顯示效果，因為 HTML 標籤擁有預設樣式，例如：<p>標籤是段落、<ul>為清單項目，CSS 能夠重新定義標籤的顯示樣式，以便符合網頁設計者的需求。

在 1996 年 12 月公佈 CSS Level 1 規格，Internet Explorer 3.0 或以上的版本都支援此規格，接著 1998 年 5 月推出 Level 2 規格，Level 3 早在 1999 年就已經開始制訂，直到 2011 年 6 月 7 日才成為 W3C 的建議規格，在 CSS 3 增加不少選擇器和功能，例如：border-radius、text-shadow、transform 和 transition 等。

簡單的說，CSS 的目的是定義 HTML 標籤的顯示樣式，例如：HTML 標籤<p>是文字段落，預設使用瀏覽器的字體與字型大小，如果使用 CSS，我們可以重新定義標籤<p>的顯示樣式，如下所示：

```
<style type="text/css">
p  { font-size: 10pt;
     color: red; }
</style>
```

上述程式碼定義標籤<p>使用尺寸 10pt 的文字，色彩為紅色，換句話說，只要網頁使用<p>標籤的段落，都是套用此字型尺寸和色彩來顯示。

7-1-2 CSS 的基本語法

HTML 標籤配合 CSS 樣式能夠針對指定標籤定義全新的顯示樣式，我們只需選擇需要重新定義的 HTML 標籤，就可以定義所需的顯示樣式。CSS 的基本語法，如下所示：

```
Selector {property1: value1; property2: value2}
```

上述 CSS 語法分成兩大部分，在大括號前是選擇器（Selector），可以選擇套用樣式的標籤，在括號之中是重新定義顯示樣式的樣式組。

選擇器

選擇器可以定義哪些 HTML 標籤需要套用樣式，在 CSS Level 1 提供基本選擇器：型態、巢狀和群組選擇器，CSS Level 2 提供更多選擇器，例如：屬性條件選擇；在 Level 3 更增加很多功能強大的選擇器，進一步說明請參閱第 7-2 節。

樣式組

在一個樣式組能夠擁有多個不同 CSS 樣式屬性，如下所示：

```
property1: value1; property2: value2
```

上述樣式組是很多樣式屬性組成的集合，在各樣式之間使用「;」符號分隔，其中空白字元並不重要，在「:」符號後是屬性值；之前是樣式屬性名稱，例如：上一節定義<p>標籤的 CSS 樣式，如下所示：

```
p { font-size: 10pt;
    color: red; }
```

上述選擇器選擇<p>標籤，表示 HTML 網頁所有<p>標籤都套用之後樣式組的樣式，font-size 和 color 是樣式屬性名稱；10pt 和 red 是屬性值，基於閱讀上的便利性，樣式組的樣式都會自成一列。

7-1-3 在 HTML 網頁套用 CSS

在 HTML 網頁套用 CSS 樣式編排網頁內容時，我們有三種方式來套用 CSS 樣式。在實作上，讀者可以考量樣式的影響範圍來決定使用方法。例如：整個網站一致外觀的樣式，就可以建立外部樣式表；如果只針對幾頁 HTML 網頁，就使用內建網頁 CSS；如果是單獨 HTML 標籤，就使用局部套用 CSS。

局部套用的 CSS（In-Line Style Sheets）

使用標籤的 style 屬性定義顯示樣式，其影響範圍僅限於哪個標籤所套用的文字或圖片，通常是使用在<div>和<span>物件標籤，如下所示：

```
<div style="position:absolute; top:50px; width:130px; height:130px">
…
</div>
```

上述 style 屬性定義物件顯示方式是絕對位置，即指定標籤的顯示位置，CSS 能夠在網頁上進行圖形、文字和表格等元素的定位和重疊顯示，輕鬆編排漂亮的網頁內容。

內建網頁的 CSS（Embedded Style Sheet）

在網頁<body>標籤前，使用<style>標籤定義 CSS 樣式，其影響範圍是整頁網頁內容，我們可以重新定義 HTML 標籤，或自訂 Classes 樣式類別，如下所示：

```
<style type="text/css">
p  { font-size: 10pt;
     color: red; }
</style>
```

外部連接的 CSS（External Style Sheet）

如果是針對整個網站的網頁，我們可以使用<link>標籤連接外部樣式表檔案，換句話說，只需建立樣式表檔案，就可以套用在網站所有網頁，輕鬆建立一致顯示風格的網站內容。

外部連結 CSS 是一個外部檔案，所有樣式並不是放在 HTML 網頁之中，而是自成獨立檔案，其副檔名為【.css】。在建立外部樣式表檔案後，我們就可以套用到現有 HTML 網頁，這是在<head>區塊使用<link>標籤來連接外部樣式表檔案，其基本語法如下所示：

```
<link rel="stylesheet" href="css_file" type="text/css">
```

- rel 屬性：連接的檔案類型，stylesheet 就是 css。
- href 屬性：連接的樣式檔案，可以是網站檔案或其他 URL 網址的樣式表檔案。
- type 屬性：連接類型，css 是 text/css。

7-2 CSS 的選擇器

選擇器（Selector）可以定義哪些 HTML 標籤需要套用樣式，CSS Level 1 擁有基本選擇器，CSS Level 2 提供更多種選擇器，例如：屬性條件的選擇；當然，在 Level 3 新增更多種功能強大的選擇器。

7-2-1 使用型態選擇器

型態選擇器（Type Selectors）只需單純選擇 HTML 標籤後，就可以定義大括號括起的樣式組，此樣式組可以重新定義標籤樣式，例如：<p>標籤的新樣式，如下所示：

```
p {  font-size: 14pt;
     color: yellow;
     background-color: blue;
}
```

上述樣式選擇器選擇<p>標籤，表示在 HTML 網頁中的所有<p>標籤都套用後面的樣式組。

HTML 網頁：Ch7_2_1.html

在 HTML 網頁使用 CSS 重新定義<p>段落標籤的樣式，然後在段落套用 CSS 樣式，如右圖所示：

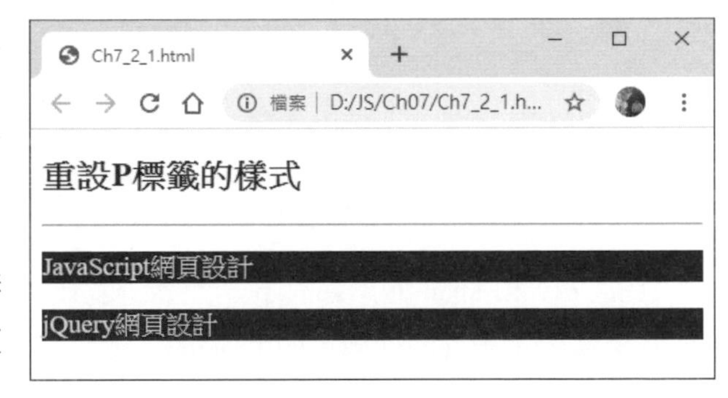

右述藍底黃字是<p>標籤套用樣式顯示的內容，其他標籤使用的是瀏覽器的預設編排。

程式內容

```
01: <!DOCTYPE html>
02: <html>
03: <head>
04: <meta charset="utf-8"/>
05: <title>Ch7_2_1.html</title>
06: <style type="text/css">
07: p { font-size: 14pt;
08:     color: yellow;
09:     background-color: blue;
10: }
11: </style>
12: </head>
```

```
13: <body>
14: <h2>重設 P 標籤的樣式</h2>
15: <hr/>
16: <p>JavaScript 網頁設計</p>
17: <p>jQuery 網頁設計</p>
18: </body>
19: </html>
```

程式說明

第 7~10 列： 定義<p>標籤的 CSS 樣式，此樣式是「使用 14 點字的黃色字，背景為藍色來顯示段落文字」。

7-2-2 使用巢狀選擇器

巢狀選擇器（Descendant Selectors）是當 HTML 元素擁有子孫元素時，為了避免與其他元素同名的子孫元素產生衝突，我們可以使用巢狀選擇器指明樣式套用的元素，例如：在<div>和<span>標籤都有 p 子元素，如下所示：

```
<div>
  <p>內容介紹</p>
</div>
<span><p>本書特色</p></span>
```

上述 div 和 span 元素都有 p 子元素，我們可以指明元素的父子關係來套用 2 個<p>標籤顯示不同的樣式，如下所示：

```
div p { font-size: 12pt;
    color: blue;
    background-color: yellow;
    font-weight: bold;
}
span p { font-size: 14pt;
    color: yellow;
    background-color: blue;
}
```

上述 CSS 選擇器選擇 div 的子元素 p 和 span 的子元素 p（巢狀選擇器選擇的是後代元素，子元素、孫元素、曾孫元素等都符合條件），只需使用空白分隔，就可以指明元素之間的父子階層關係，將 CSS 樣式套用到正確的 HTML 元素。

HTML 網頁：Ch7_2_2.html

在 HTML 網頁使用巢狀選擇器，重新定義<p>段落標籤的 CSS 樣式，而且是替不同 p 子元素套用不同的樣式，如右圖所示：

右述黃底藍字是 div 的 p 子元素；藍底黃字是 span 的 p 子元素。

程式內容

```
01: <!DOCTYPE html>
02: <html>
03: <head>
04: <meta charset="utf-8"/>
05: <title>Ch7_2_2.html</title>
06: <style type="text/css">
07: div p { font-size: 12pt;
08:     color: blue;
09:     background-color: yellow;
10:     font-weight: bold;
11: }
12: span p { font-size: 14pt;
13:     color: yellow;
14:     background-color: blue;
15: }
16: </style>
17: </head>
18: <body>
19: <h2>使用巢狀選擇器</h2>
20: <hr/>
21: <div>
22:   <p>內容介紹</p>
23: </div>
24: <span><p>本書特色</p></span>
25: </body>
26: </html>
```

程式說明

第 7~15 列：使用巢狀選擇器定義 2 個<p>標籤的不同 CSS 樣式。

第 21~24 列：在 div 和 span 都擁有相同的 p 子元素。

7-2-3 使用群組選擇器

如果有很多不同 HTML 元素是使用相同的 CSS 樣式，我們可以使用群組選擇器（Grouping Selectors）來指定這些元素的樣式，例如：div 和 p 元素使用相同的樣式，此時的 CSS 語法，如下所示：

```
div, p { text-align: center;
    color: green;
    margin-left: 20pt;
    font-size: 12pt;
}
```

上述選擇器使用「,」分隔各標籤名稱，表示選擇<div>和<p>標籤的群組，可以套用同一組 CSS 樣式。

HTML 網頁：Ch7_2_3.html

在 HTML 網頁使用群組選擇器來重新定義<div>和<p>標籤的樣式，而且其顯示樣式是相同，如右圖所示：

右述綠色字的樣式套用在 div 和 p 元素，最後的 span 元素並沒有套用 CSS 樣式。

程式內容

```
01: <!DOCTYPE html>
02: <html>
03: <head>
04: <meta charset="utf-8"/>
05: <title>Ch7_2_3.html</title>
```

```
06: <style type="text/css">
07: div, p { text-align: center;
08:     color: green;
09:     margin-left: 20pt;
10:     font-size: 12pt;
11: }
12: </style>
13: </head>
14: <body>
15: <h2>使用群組選擇器</h2>
16: <hr/>
17: <div>JavaScript 網頁設計</div>
18: <p>jQuery 網頁設計</p>
19: <br/>
20: <span>本書特色</span>
21: </body>
22: </html>
```

程式說明

第 7~11 列：使用群組選擇器定義<div>和<p>標籤顯示的 CSS 樣式。

第 17~18 列：div 和 p 元素。

7-2-4 使用樣式類別的選擇器

CSS 允許在網頁定義個人風格的樣式類別（Class），也就是一組樣式屬性，在<style>標籤是使用「.」句點開始的名稱，如下所示：

```
.littlered   {color: red; font-size: 9pt}
.littlegreen {color: green; font-size: 9pt}
```

上述 CSS 樣式碼定義 littlered 和 littegreen 兩種全新的樣式類別，只需在 HTML 標籤的 class 屬性指定類別名稱，就可以在標籤套用定義的 CSS 樣式，如下所示：

```
<p class="littlered">自訂樣式名稱 Class</p>
```

上述<p>標籤使用 littlered 樣式類別，也就是使用小一號的紅色字型來顯示段落文字。

HTML 網頁：Ch7_2_4.html

在 HTML 網頁使用自訂的 CSS 樣式類別，並且將它套用在 HTML 標籤<div>、<span>和<p>，如右圖所示：

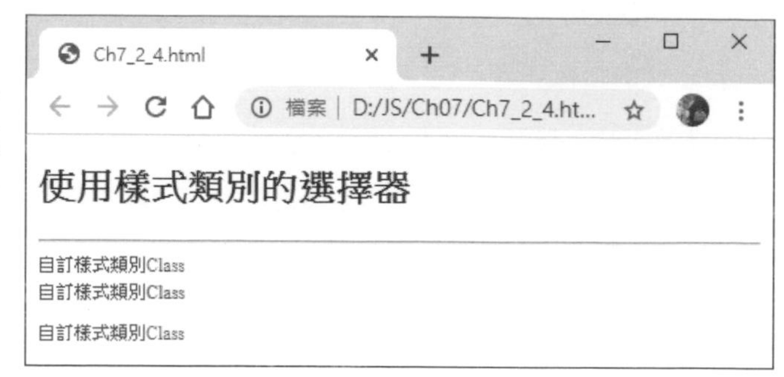

上述圖例顯示 3 個文字段落，第 1 和第 3 列是套用 littlered，中間是套用 littlegreen 樣式類別。

程式內容

```
01: <!DOCTYPE html>
02: <html>
03: <head>
04: <meta charset="utf-8"/>
05: <title>Ch7_2_4.html</title>
06: <style type="text/css">
07: .littlered   {color: red; font-size: 9pt}
08: .littlegreen {color: green; font-size: 9pt}
09: </style>
10: </head>
11: <body>
12: <h2>使用樣式類別的選擇器</h2>
13: <hr/>
14: <div class="littlered">自訂樣式類別 Class</div>
15: <span class="littlegreen">自訂樣式類別 Class</span>
16: <p class="littlered">自訂樣式類別 Class</p>
17: </body>
18: </html>
```

程式說明

第 7~8 列：定義 2 個全新的樣式類別。

第 14~16 列：HTML 標籤擁有 class 屬性，它就是對應 Class 樣式類別來套用 CSS 樣式。

7-2-5 使用 id 屬性的選擇器

如果 HTML 標籤使用 id 屬性指定標籤物件的名稱，如下所示：

```
<div id="bodycolor">動態樣式的字型與色彩</div>
```

上述 HTML 標籤是名為 bodycolor 的標籤物件，id 屬性不只可以使用在<div>和<span>標籤，其他段落、表格、框架、超連結和圖片等 HTML 標籤都可以使用。

接著我們就可以使用「#」開頭的樣式名稱來定義物件套用的 CSS 樣式，如下所示：

```
#bodycolor { font-size: 12pt; color: red; }
```

上述樣式替標籤物件 bodycolor 設定 font-size 和 color 的樣式屬性。

HTML 網頁：Ch7_2_5.html

在 HTML 網頁使用 id 屬性選擇器，將 CSS 樣式套用在 HTML 標籤<div>，如右圖所示：

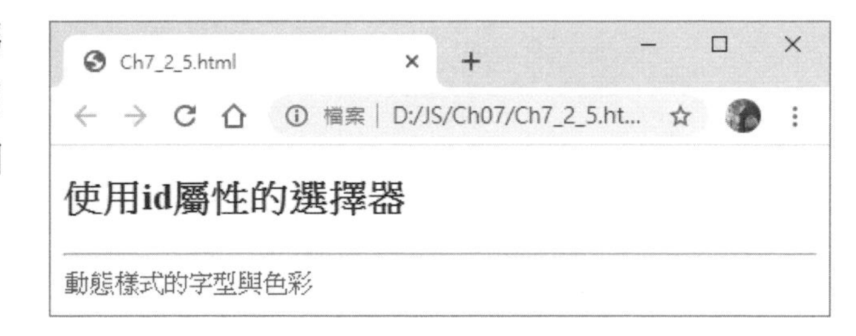

程式內容

```
01: <!DOCTYPE html>
02: <html>
03: <head>
04: <meta charset="utf-8"/>
05: <title>Ch7_2_5.html</title>
06: <style type="text/css">
07: #bodycolor { font-size: 12pt; color: red; }
08: </style>
09: </head>
10: <body>
11: <h2>使用 id 屬性的選擇器</h2>
12: <hr/>
13: <div id="bodycolor">動態樣式的字型與色彩</div>
14: </body>
15: </html>
```

程式說明

第 7 列：使用 id 屬性的選擇器來定義 CSS 樣式。

第 13 列：HTML 標籤<div>使用 id 屬性來套用定義的 CSS 樣式。

7-2-6 更多的 CSS 選擇器

CSS選擇器簡單的說就是一個範本，可以用來比對需要套用CSS樣式的HTML元素，CSS Level 1、2 和 3 各版本提供多種 CSS 選擇器。

CSS Level 1 的選擇器

CSS Level 1 選擇器的語法、範例和說明，如下表所示：

CSS Level 1 選擇器	範例	範例說明
.class	.test	選擇所有 class="test"的元素
#id	#name	選擇 id="name"的元素
element	p	選擇所有 p 元素
element,element	div,p	選擇所有 div 元素和所有 p 元素
element element	div p	選擇所有是 div 後代子孫元素的 p 元素
:first-letter	p:first-letter	選擇所有 p 元素的第 1 個字母
:first-line	p:first-line	選擇所有 p 元素的第 1 行
:link	a:link	選擇所有沒有拜訪過的超連結
:visited	a:visited	選擇所有拜訪過的超連結
:active	a:active	選擇所有可用的超連結
:hover	a:hover	選擇所有滑鼠在其上的超連結

CSS Level 2 的選擇器

CSS Level 2 選擇器的語法、範例和說明，如下表所示：

CSS Level 2 選擇器	範例	範例說明
*	*	選擇所有元素
element>element	div>p	選擇所有父元素是 div 元素的 p 子元素

CSS Level 2 選擇器	範例	範例說明
element+element	div+p	選擇所有緊接著 div 元素之後的 p 兄弟元素
[attribute]	[count]	選擇所有擁有 count 屬性的元素
[attribute=value]	[target=_blank]	選擇所有擁有 target="_blank"屬性的元素
[attribute~=value]	[title~=flower]	選擇所有元素擁有 title 屬性且包含"flower"
[attribute|=value]	[lang|=en]	選擇所有元素擁有 lang 屬性，且屬性值是"en"開頭
:focus	input:focus	選擇取得焦點的 input 元素
:first-child	p:first-child	選擇所有是第 1 個子元素的 p 元素
:before	p:before	插入在每一個 p 元素之前的擬元素（Pseudo-elements），這是一個沒有實際名稱或原來並不存在的元素，可以將它視為是一個新元素
:after	p:after	插入在每一個 p 元素之後的擬元素
:lang(value)	p:lang(it)	選擇所有 p 元素擁有 lang 屬性，且屬性值是"it"開頭

CSS Level 3 的選擇器

CSS Level 3 選擇器的語法、範例和說明，如下表所示：

CSS Level 3 選擇器	範例	範例說明
element1~element2	p~ul	選擇所有之前是 p 元素的 ul 元素
[attribute^=value]	a[src^="https"]	選擇所有 a 元素的 src 屬性值是"https"開頭
[attribute$=value]	a[src$=".txt"]	選擇所有 a 元素的 src 屬性值是".txt"結尾
[attribute*=value]	a[src*="hinet"]	選擇所有 a 元素的 src 屬性值包含"hinet"子字串
:first-of-type	p:first-of-type	選擇所有是第 1 個 p 子元素的 p 元素
:last-of-type	p:last-of-type	選擇所有是最後 1 個 p 子元素的 p 元素
:only-of-type	p:only-of-type	選擇所有是唯一 p 子元素的 p 元素
:only-child	p:only-child	選擇所有是唯一子元素的 p 元素
:nth-child(n)	p:nth-child(2)	選擇所有是第 2 個子元素的 p 元素

CSS Level 3 選擇器	範例	範例說明
:nth-last-child(n)	p:nth-last-child(2)	選擇所有反過來數是第 2 個子元素的 p 元素
:nth-of-type(n)	p:nth-of-type(2)	選擇所有是第 2 個 p 子元素的 p 元素
:nth-last-of-type(n)	p:nth-last-of-type(2)	選擇所有反過來數是第 2 個 p 子元素的 p 元素
:last-child	p:last-child	選擇所有是最後 1 個 p 子元素的 p 元素
:root	:root	選擇 HTML 網頁的根元素
:empty	p:empty	選擇所有沒有子元素的 p 元素，包含文字節點
:enabled	input:enabled	選擇所有作用中的 input 元素
:disabled	input:disabled	選擇所有非作用中的 input 元素
:checked	input:checked	選擇所有已選擇的 input 元素
:not(selector)	:not(p)	選擇所有不是 p 元素的元素
::selection	::selection	選擇哪些使用者選擇的元素

7-3 常用的 CSS 樣式屬性

當 CSS 選擇器選出需要定義的 HTML 元素後，我們就可以使用 CSS 樣式屬性來建立樣式組的樣式規則，以便重新定義 HTML 標籤的字型、色彩、對齊方式和邊界等顯示外觀。一般來說，CSS 樣式屬性可以分成兩大類，如下所示：

- 版面配置的樣式屬性（Layout Properties）：這些樣式屬性是用來定義網頁元素的位置，例如：邊界、填充和對齊方式等。
- 格式的樣式屬性（Formatting Properties）：這些樣式屬性是用來定義網頁元素的顯示外觀，例如：字型種類、尺寸和色彩等。

版面配置的樣式屬性

版面配置的樣式屬性是用來定義網頁元素是如何顯示，最主要的屬性是 display 屬性，其屬性值有 5 種，如下所示：

- block：顯示效果類似 HTML 的<div>標籤，表示元素是一個段落區塊，其文字內容是使用新列來顯示，如下所示：

```
display: block;
```

- inline：顯示效果類似 HTML 的<span>標籤，表示元素是現有區塊的一部分，如果是文字內容，就和前面文字內容位在同一列，如下所示：

```
display: inline;
```

- list-item：顯示效果是 HTML 的項目符號，只是在元素前顯示圓形的項目符號，如下所示：

```
display: list-item;
```

- table：顯示效果是 HTML 表格、列或儲存格，如下所示：

```
display: table;         // 顯示成 table 樣式
display: table-row;     // 顯示成 tr 樣式
display: table-cel;             // 顯示成 td 樣式
```

- none：可以用來隱藏元素，如果是不需要顯示的元素，display 屬性可以設為 none，如下所示：

```
display: none;
```

字型的樣式屬性

對於文字內容的標籤，字型效果的常用屬性，如下表所示：

樣式屬性	說明
font-size	設定字型尺寸，直接指定點數 pt
font-family	設定使用的字型，例如：標楷體
font-style	設定字型為 normal、italic 或 oblique
font-weight	設定字型的粗細，可以為 normal、bold、bolder、lighter 或 100~900 值

CSS 長度單位有很多種（預設是 pt），如下表所示：

單位	說明
px	Pixels，螢幕上的 1 個點
em	1em 是目前預設字型尺寸，2em 是兩倍大，以此類推
ex	約目前字型尺寸的一半高度
%	百分比（Percentage）
in	吋（Inch）
cm	公分（Centimeter）
mm	公厘（Millimeter）
pt	Points，1pt=1/72 吋
pc	Pica，1pc=12pt

色彩和背景的樣式屬性

標籤內容的前景和背景色彩屬性，常用屬性如下表所示：

樣式屬性	說明
color	設定前景色彩，可以是色彩名稱或十六進位值
background-color	設定背景色彩，可以是色彩名稱或十六進位值
background-image	設定背景圖片
background-position	背景尺寸，可以是百分比、點數、top、center、bottom、left 和 right

文字顯示的樣式屬性

文字內容的顯示屬性包含對齊、行距、邊界、填充（即留白）、文繞圖和縮排等屬性，常用屬性如下表所示：

樣式屬性	說明
line-height	設定網頁的行距
margin-left	設定網頁的左邊界
margin-right	設定網頁的右邊界

樣式屬性	說明
margin-top	設定網頁的上邊界
margin-bottom	設定網頁的下邊界，直接指定像數 px 即可
text-decoration	是否在文字上加上底線，加上底線為 underline，不加為 none
text-transform	設定文字轉換，uppercase 是大寫，capitalize 字首大寫
text-align	文字內容的水平對齊方式，可以為 left、right、center 和 justify
vertical-align	文字內容的垂直對齊方式，可以是 baseline、sub、super、top、text-top、middle、bottom 或 text-bottom
text-indent	文字段落的縮排，點數或百分比
float	使用文繞圖來顯示文字內容，可以是 left、right 或 none
clear	清除 float 屬性的文繞圖，值 left 是消除左邊；right 是消除右邊；both 是消除左右兩邊；none 是不消除任何一邊的文繞圖
padding-top	上方留白填充的距離，可以是長度、百分比或 auto
padding-bottom	下方留白填充的距離，可以是長度、百分比或 auto
padding-right	右邊留白填充的距離，可以是長度、百分比或 auto
padding-left	左邊留白填充的距離，可以是長度、百分比或 auto

框線的樣式屬性

文字內容顯示區塊的邊線、間隔和框線樣式屬性，常用屬性如下表所示：

樣式屬性	說明
border-color	框線色彩
border-style	框線樣式，可以是 none、dotted、dashed、solid、double、groove、ridge、inset 或 outset
border-top-width	設定區塊上方的間隔，可以為 think、thin 和 medium 或點數
border-right-width	設定區塊右方的間隔，可以為 think、thin 或 medium 或點數
border-bottom-width	設定區塊下方的間隔，可以為 think、thin 或 medium 或點數
border-left-width	設定區塊左方的間隔，可以為 think、thin 或 medium 或點數

7-4 動態 CSS 樣式

CSS 樣式可以重新定義 HTML 標籤的預設編排，而且 CSS 樣式屬性可以對應 Style 物件的屬性，換句話說，我們可以使用 JavaScript 程式碼來存取 Style 物件的樣式屬性，輕鬆建立動態的顯示效果。

7-4-1 Style 物件的屬性

HTML 標籤支援 Style 物件，當取得標籤物件 objEle 後，就可以存取 Style 物件的屬性，如下所示：

```
objEle.style.color;
```

上述程式碼存取 Style 物件屬性 color，透過這些屬性我們可以直接變更標籤的顯示外觀，輕鬆建立動態網頁內容。常用 Style 物件屬性，即 CSS 樣式屬性，如下表所示：

CSS 樣式屬性	Style 物件屬性
color	color
font-size	fontSize
font-family	fontFamily
background-color	backgroundColor
background-image	backgroundImage
display	display

上表 display 樣式屬性在 CSS 能夠設定標籤的顯示方式為段落、表格或項目清單標籤。

Style 物件的 display 屬性可以隱藏或顯示標籤，none 為隱藏，空字串可以顯示標籤，事實上，CSS 樣式屬性和 Style 物件屬性的差異只有中間的「-」符號，在刪除後，再將後面的英文字頭改為大寫即可。

7-4-2 動態樣式的字型與色彩

動態 CSS 樣式是使用 JavaScript 程式碼修改 Style 物件的屬性，在取得標籤物件 bodycolor 後，即可存取標籤屬性，如下所示：

```
var b = document.getElementById("bodycolor");
b.style.color= "green";
b.style.fontSize = "9pt";
```

上述程式碼指定 Style 物件的 color 和 fontSize 屬性，只需配合 JavaScript 事件處理，就可以建立動態網頁效果，在本節和下一節是使用 onmouseover 事件在滑鼠移到標籤物件時，和 onmouseout 事件在滑鼠移開物件時，執行指定的事件處理函數。

如果需要更改標籤套用的 Class 樣式類別，請直接使用 className 屬性來更改，如下所示：

```
this.className='bigred';
```

上述程式碼更改 Class 樣式類別為 bigred，Style 物件的 display 屬性可以用來隱藏標籤物件，如下所示：

```
var h = document.getElementById("myH2");
if (h.style.display == "none")
   h.style.display = "";
else
   h.style.display = "none";
```

上述 if 條件檢查 display 屬性值，以便切換隱藏或顯示標籤物件，空字串為顯示；none 為隱藏。

JavaScript 程式：Ch7_4_2.html

在 JavaScript 程式使用 Style 物件屬性建立動態 CSS 的顯示效果，如下圖所示：

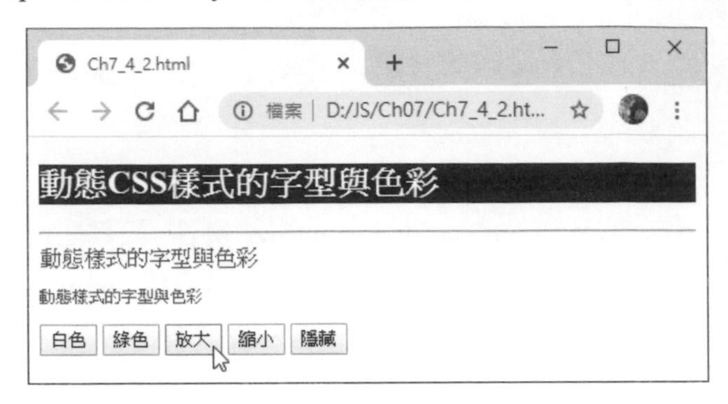

按下方按鈕可以分別更改字型色彩為白色、綠色、放大字型、縮小字型和隱藏標籤物件。如果移動滑鼠到第二個段落，可以看到色彩變化，按一下第 2 個段落文字可以更改套用的 Class 樣式類別。

程式內容

```
01: <!DOCTYPE html>
02: <html>
03: <head>
04: <meta charset="utf-8"/>
05: <title>Ch7_4_2.html</title>
06: <style type="text/css">
07: #bodycolor    { font-size: 12pt;
08:                 color: red; }
09: .littlered    { color: red;
10:                 font-size: 9pt}
11: .bigred       { color: red;
12:                 font-size: 14pt}
13: h2 { font-size: 16pt;
14:      color: yellow;
15:      background-color: blue;}
16: </style>
17: <script>
18: function setWhite() {
19:   var objEle = document.getElementsByTagName("H2");
20:   objEle[0].style.color= "white";
21: }
22: function setGreen() {
```

```
23:   var b = document.getElementById("bodycolor");
24:   b.style.color= "green";
25: }
26: function setLarge() {
27:   var h = document.getElementById("myH2");
28:   h.style.fontSize = "18pt";
29: }
30: function setSmall() {
31:   var b = document.getElementById("bodycolor");
32:   b.style.fontSize = "10pt";
33: }
34: function hideElement() {
35:   var h = document.getElementById("myH2");
36:   if (h.style.display == "none")
37:      h.style.display = "";
38:   else
39:      h.style.display = "none";
40: }
41: </script>
42: </head>
43: <body>
44: <h2 id="myH2">動態 CSS 樣式的字型與色彩</h2>
45: <hr/>
46: <div id="bodycolor">動態樣式的字型與色彩</div>
47: <p class="littlered" onmouseover="this.style.color='blue';"
48:                      onmouseout="this.style.color='red';"
49:                      onclick="this.className='bigred';"
50: >動態樣式的字型與色彩</p>
51: <form>
52: <input type="button" onclick="setWhite()" value="白色">
53: <input type="button" onclick="setGreen()" value="綠色">
54: <input type="button" onclick="setLarge()" value="放大">
55: <input type="button" onclick="setSmall()" value="縮小">
56: <input type="button" onclick="hideElement()" value="隱藏">
57: </form>
58: </body>
59: </html>
```

程式說明

第 6~16 列：定義 CSS 樣式#bodycolor、.littlered 和.bigred。

第 17~41 列： 在<script>程式區塊有 5 個函數，setWhite()函數可以更改第 44 列標籤色彩為白色，setGreen()函數更改第 46 列標籤色彩為綠色，setLarge()和 setSmall()函數使用 fontSize 屬性更改字型尺寸，最後 hideElement()函數使用 display 屬性切換標籤物件的顯示或隱藏。

第 44~46 列： HTML 網頁的測試標籤，第 44 列的 id 屬性為 myH2，第 46 列的 id 屬性為 bodycolor，套用#bodycolor 樣式。

第 47~50 列： <p>標籤套用 littlered 樣式名稱，使用 onmouseover 和 onmouseout 事件更改 color 屬性，第 49 列的 onclick 事件重新設定 Class 樣式類別為 bigred。

第 52~56 列： 5 個按鈕使用 onclick 事件呼叫上述 5 個函數。

7-5 絕對位置的樣式屬性

CSS 的絕對位置樣式可以定義標籤物件使用絕對位置來編排，可以顯示在瀏覽器視窗的特定位置，同樣的，這些 CSS 樣式屬性也都是 Style 物件的屬性，可以使用 JavaScript 程式碼來建立動態效果。

7-5-1 絕對位置的樣式屬性

CSS 絕對位置樣式也都是 Style 物件的屬性，常用樣式屬性說明，如下表所示：

樣式屬性	屬性值	說明
position	absolute/relative/static	設定標籤物件的定位方式為絕對、相對和靜態
left	pt/cm/百分比/auto	設定離左邊邊界的距離，可以使用像素、公分、百分比或自動等
top	pt/cm/百分比/auto	設定離上方邊界的距離，可以使用像素、公分、百分比或自動等
width	pt/cm/百分比/auto	設定顯示的寬度，可以使用像素、公分、百分比或自動等
height	pt/cm/百分比/auto	設定顯示的高度，可以使用像素、公分、百分比或自動等
z-index	auto/整數	當元素重疊時顯示的順序編號
visibility	visible/hidden	是否顯示元素，hidden 隱藏元素

上表 left、top、width 和 height 屬性，也可以使用 pixelLeft、pixelTop、pixelWidth 和 pixelHeight 屬性，這些屬性值的單位為像素。

HTML 網頁：Ch7_5_1.html

在 HTML 網頁使用 CSS 絕對位置的樣式屬性，在指定位置編排標題文字標籤<h2>，如右圖所示：

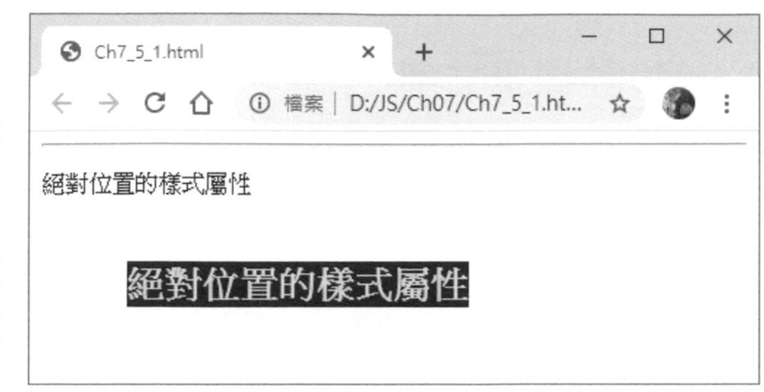

右述圖例可以看到標題文字為絕對位置，所以標題文字顯示在本文的下方。

程式內容

```
01: <!DOCTYPE html>
02: <html>
03: <head>
04: <meta charset="utf-8"/>
05: <title>Ch7_5_1.html</title>
06: <style type="text/css">
07: .title { position: absolute;
08:          top:  50pt;
09:          left: 50pt;
10:          visibility: visible;
11:          z-index: 1;
12:          background-color: blue;
13:          color: yellow;
14:          font-size: 19pt}
15: </style>
16: </head>
17: <body>
18: <h2 class="title">絕對位置的樣式屬性</h2>
19: <hr/>
20: <p>絕對位置的樣式屬性</p>
21: </body>
22: </html>
```

程式說明

第 7~14 列： 定義.title 樣式類別的樣式屬性，內含絕對位置的定位屬性 position、top、left 和 visibility 等，使用絕對位置在上方 50 像素和左邊 50 像素的位置顯示藍底黃字的標題文字。

7-5-2 移動標題文字

在 JavaScript 程式碼只需使用 onmouseover 和 onmouseout 事件配合更改 position 和 left 屬性值，就可以移動 HTML 標籤的位置，如下所示：

```
var h = document.getElementById("myH2");
h.style.position = "absolute";
h.style.left = 0;
```

上述程式碼更改 position 樣式屬性值為"absolute"，因為 left 屬性值改為 0，所以可以將元素往左移。恢復原始位置只需將 position 屬性改為"relative"，如下所示：

```
h.style.position = "relative";
```

JavaScript 程式：Ch7_5_2.html

在 JavaScript 程式使用 Style 物件來更改絕對位置的樣式屬性，可以建立移動標題文字<h2>標籤的動態效果，如右圖所示：

當游標移至標題文字之中，可以看到位置向左下角位移，離開標題文字，可以看到位置恢復成原來位置，如右圖所示：

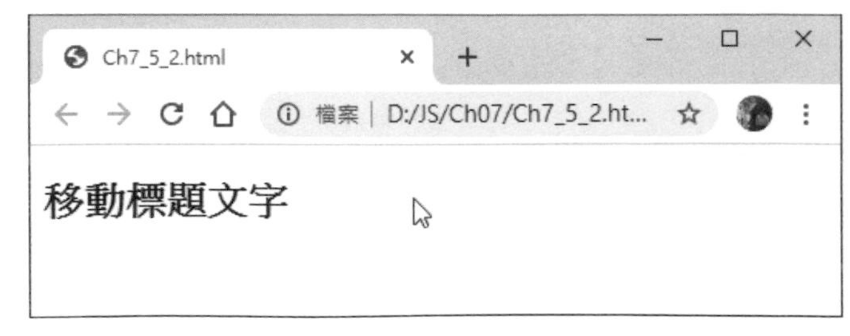

程式內容

```
01: <!DOCTYPE html>
02: <html>
03: <head>
04: <meta charset="utf-8"/>
05: <title>Ch7_5_2.html</title>
06: <script>
07: function moveleft(){
08:   var h = document.getElementById("myH2");
09:   h.style.position = "absolute";
10:   h.style.left = 0;
11: }
12: function moveback(){
13:   var h = document.getElementById("myH2");
14:   h.style.position = "relative";
15: }
16: </script>
17: </head>
18: <body>
19: <h2 id="myH2"
20: onmouseover="moveleft()"
21: onmouseout="moveback()">移動標題文字</h2>
22: </body>
23: </html>
```

程式說明

第 6~16 列： 在<script>程式區塊有 2 個函數，moveleft()函數可以更改第 19~21 列標籤的位置，moveback()函數可以恢復成原來位置。

第 19~21 列： HTML 標籤<h2>使用 onmouseover 和 onmouseout 事件處理來建立動態效果，其函數分別是 moveleft()和 moveback()。

CHAPTER

8

jQuery 基礎與 Chrome 開發人員工具

8-1 jQuery 的基礎

jQuery 是一個著名且全功能的 JavaScript 函式庫，可以讓我們輕鬆存取網頁元素、變更網頁外觀與內容、顯示動畫和回應使用者的輸入，可以讓網頁設計師使用另一種方式來思考如何設計與建立客戶端動態網頁。

請注意！在使用 jQuery 函式庫前，讀者需要對 JavaScript 語言和 DOM（Document Object Model）有一定的認識，DOM 是 HTML 標籤碼所實際呈現的網頁內容，可以使用樹狀結構表示 HTML 元素，即節點。

認識 jQuery

jQuery 是在 2006 年 1 月由 John Resig 在 BarCamp NYC 發表的網頁技術，這是一種高效率和簡潔的 JavaScript 函式庫，目前是 MIT 和 GPL 授權的免費軟體，可供個人或商業專案使用。

jQuery 強調 JavaScript 與 HTML 之間的交互作用，可以使用簡潔程式碼來處理 DOM，走訪網頁元素來更改外觀、新增特效、事件處理、動畫和支援 AJAX 來加速 Web 應用程式開發。

當然 jQuery 的功能不只如此，其基本設計精神就是以更彈性方式寫出最少程式碼來建立動態網頁。簡單的說，jQuery 是在 JavaScript 和 HTML 之上新增一層程式介面，可以讓程式開發者使用簡潔程式碼來處理 DOM，例如：事件處理、顯示與隱藏 HTML 元素、更改元素屬性、新增 CSS 樣式、加上動態效果或更改色彩。

為什麼使用 jQuery

對於 JavaScript 可能需要數十行程式碼才能完成的工作，在 jQuery 只需幾行程式碼就可以完成相同的工作，例如：建立 HTML 表格的斑馬紋效果，也就是間隔每一列使用不同色彩來顯示，JavaScript 語言需要至少 10 幾列程式碼來建立此效果；jQuery 只需一列程式碼就可以建立表格的斑馬紋效果，如下所示：

```
$('table tr:nth-child(even)').addClass('zebra');
```

上述 jQuery 程式碼只有一列，就可以替 HTML 表格加上斑馬紋效果，即 jQuery 程式：Ch8_1.html，如下圖所示：

JavaScript	Dynamic HTML	Ajax
JSP	PHP	Java Applete
VBScript	ASP	Java Servlet
ASP.NET	ActionScript	Flash

8-2 jQuery 的下載與使用

jQuery 函式庫只是一個副檔名為.js 的 JavaScript 程式檔案，我們可以在 jQuery 官方網站下載最新且穩定版本的 jQuery 程式檔案。

8-2-1 下載 jQuery

在 jQuery 官方網站可以免費下載 jQuery 函式庫，其網址為：http://jquery.com/download/，進入網頁可以看到下載最新版本的超連結，如下圖所示：

jQuery

For help when upgrading jQuery, please see the upgrade guide most relevant to your version. We also recommend using the jQuery Migrate plugin.

Download the compressed, production jQuery 3.5.1

Download the uncompressed, development jQuery 3.5.1

Download the map file for jQuery 3.5.1

You can also use the slim build, which excludes the ajax and effects modules:

Download the compressed, production jQuery 3.5.1 slim build

Download the uncompressed, development jQuery 3.5.1 slim build

Download the map file for the jQuery 3.5.1 slim build

jQuery 3.5.1 release notes

上述超連結可以下載兩種版本（在下方是精簡 slim 版的超連結），如下所示：

版本	說明
Compressed Production	壓縮版本提供最小檔案尺寸，適合使用在實際運作的 Web 應用程式或網站
Uncompressed Development	沒有壓縮版本，主要是用來除錯，和讓有興趣的使用者了解 jQuery 程式碼是如何完成這些神奇功能

請點選【Download the compressed production jQuey 3.?.?】超連結下載 jQuery 程式碼檔案，本書使用的版本是 3.5.1 版，JavaScript 下載檔案名稱已經改為：jquery.min.js。

8-2-2 在 JavaScript 程式使用 jQuery

在 JavaScript 程式使用 jQuery 有兩種方式，一是下載檔案至 JavaScript 程式的同一目錄，或使用 CDN（Content Delivery Network）。

使用下載的 jQuery 程式碼檔案

jQuery 下載檔案是副檔名.js 的 JavaScript 程式碼檔案，我們只需將檔案置於 HTML 網頁的同一資料夾，就可以在 HTML 網頁<head>標籤的<script>子標籤含括外部 JavaScript 程式碼檔案的 jQuery 函式庫（jQuery 程式：Ch8_1.html），如下所示：

```
<script src="jquery.min.js"></script>
<script>
......
</script>
```

上述標籤碼的第 1 個<script>標籤含括 jQuery 的 JavaScript 函式庫，我們是在第 2 個<script>標籤撰寫 jQuery 程式碼來建立 HTML 網頁的動態效果。

使用 CDN

CDN 是將資料存放在網路系統的多個電腦節點，以加速資料存取，以 Internet 來說，資料是儲存在全球多個不同位置的伺服器，當存取資料時，就會從最近的伺服器來取得資料，以加速資料存取。

例如：在 JavaScript 程式含括 Google CDN 的 jQuery 函式庫（支援至 3.4.1 版），我們一樣是在 HTML 網頁<head>標籤的<script>子標籤含括 CDN 的 jQuery 函式庫（jQuery 程式：Ch8_2_2.html），如下所示：

```
<script src="https://ajax.googleapis.com/ajax/libs/jquery/3.4.1/jquery.min.js">
</script>
<script>
......
</script>
```

8-3 建立 jQuery 程式

如同第 1-5-3 節使用外部 JavaScript 程式檔案，我們是在 JavaScript 程式含括外部 jQuery 函式庫，為了區分傳統 JavaScript 程式，在本書稱為 jQuery 程式。

8-3-1 建立第一個 jQuery 程式

現在，我們可以建立第一個 jQuery 程式，使用 jQuery 程式碼指定 HTML 元素套用的 CSS 樣式。

jQuery 程式：Ch8_3_1.html

在 jQuery 程式指定 HTML 元素 ol 和 li 套用的 CSS 樣式，如右圖所示：

項目編號<ol>是套用.red 樣式類別的紅色，只有最後 1 個項目<li>是套用.blue 樣式類別。

程式內容

```
01: <!DOCTYPE html>
02: <html>
03: <head>
04: <meta charset="utf-8"/>
05: <title>Ch8_3_1.html</title>
06: <style type="text/css">
07: .blue { color: blue; }
08: .red { color: red; }
09: </style>
10: <script src="jquery.min.js"></script>
11: <script>
12: $(document).ready(function() {
13:    $('#list').addClass('red');
14:    $('#list li:last').addClass('blue');
15: });
16: </script>
17: </head>
18: <body>
19: <h2>建立第一個 jQuery 程式</h2>
20: <ol id="list">
21:   <li>HTML</li>
22:   <li>CSS</li>
23:   <li>JavaScript</li>
24:   <li>DOM</li>
25: </ol>
26: </body>
27: </html>
```

程式說明

第 6~9 列：CSS 樣式類別 red 和 blue。

第 10 列：在 JavaScript 程式含括外部 jQuery 函式庫。

第 11~16 列： jQuery 程式碼是位在此<script>標籤，在第 12~15 列註冊 ready 事件，第 13~14 列使用選擇器指定 HTML 元素的 CSS 樣式類別。

第 20~25 列： 測試 jQuery 程式碼的<ol>和<li>標籤。

8-3-2 jQuery 程式結構

jQuery 需要瀏覽器載入和建立 HTML 網頁的 DOM 後才能執行，因為 jQuery 是直接存取 DOM 元素，所以需要等到 DOM 元素都已經建立後，才能執行 jQuery 程式碼。

jQuery 基本程式結構

在 HTML 網頁的 jQuery 程式碼是使用內建 ready()方法註冊 ready 事件，以便瀏覽器完成 DOM 建立後執行此事件的處理函數，如下所示：

```
$(document).ready(function() {
   …
});
```

上述程式碼的「$」符號是 jQuery 物件的別名，它是 JavaScript 一種特殊的變數名稱，$()函數是呼叫建構函數建立 jQuery 物件，也就是 jQuery()函數，參數 document 是 HTML 網頁本身，然後註冊 ready 事件，在括號中是事件處理程式碼，使用的是匿名函數（Anonymous Function），如下所示：

```
jQuery(document).ready(function() {
   ……
});
```

上述 jQuery 沒有使用$符號的別名，function() {}是匿名函數，因為沒有替此事件處理函數命名，換一種寫法，我們可以建立 ready 事件的處理函數（jQuery 程式：Ch8_3_2.html），如下所示：

```
function addColorClass() {
    $('#list').addClass('red');
    $('#list li:last').addClass('blue');
}
jQuery(document).ready(addColorClass);
```

上述 addColorClass()函數是 ready 事件的處理函數，在下方使用 ready()方法註冊事件處理函數，參數就是函數名稱 addColorClass。

jQuery 程式敘述的基本語法

jQuery 程式敘述的基本語法是呼叫 jQuery()函數，或別名$()函數開始，如下所示：

```
$(選擇器字串).method(參數列);
```

或

```
jQuery(選擇器字串).method(參數列);
```

上述語法是呼叫$()函數，以參數的選擇器字串取出符合條件的 DOM 物件，然後呼叫之後的方法進行處理，例如：將取出的 DOM 物件套用 CSS 樣式類別.red，如下所示：

```
$('#list').addClass('red');
```

上述'#list'是選擇器字串，需要使用單引號或雙引號括起，$('#list')函數可以取得 class 屬性值 list 的<ol>元素，然後呼叫 addClass()方法在此元素套用樣式類別，參數是樣式類別 red。

jQuery 程式敘述主要可以分成三大部分，如下表所示：

選擇器	動作	參數列
$('#list')	.addClass	('red');
jQuery('#list')	.addClass	('red');

上表是從 HTML 網頁的 DOM 中找出符合選擇器條件的元素後，使用動作的方法來替元素套用樣式、註冊事件或建立動畫等，最後的參數列是執行動作所需的參數。

jQuery 串聯呼叫（Chaining）

因為 jQuery 方法的傳回值是 jQuery 物件本身，所以可以使用串聯（Chaining）來依序呼叫多個方法，如下所示：

```
$('#list li:last').addClass('blue').prev().removeClass('red');
```

上述程式碼依序呼叫 addClass()、prev()和 removeClass()共三個方法，如同一串項鍊，稱為串聯。透過串聯，只需一列 jQuery 程式碼就可以依序套用樣式、走訪 DOM 節點和移除樣式。當然，我們也可以不使用串聯，如下所示：

```
$('#list li:last').addClass('blue');
$('#list li:last').prev().removeClass('red');
```

上述程式碼沒有使用串聯，可以看出程式碼比較複雜，因為善用串聯可以寫出更簡潔的 jQuery 程式碼，讓你寫的更少，做的更多。

jQuery 回撥函數

一般來說，JavaScript 程式碼是一列接著一列依序的執行，所以，下一列程式碼一定需要等到前一列程式碼執行後，才能執行。但是，對於一些需要長時間執行的操作，例如：動畫效果，我們並不希望在動畫結束後，才執行下一列指令，此時，jQuery 可以使用「回撥函數」（Callback Functions），或稱為回呼函數來解決此問題。

回撥函數是等到目前操作結束後自動呼叫的函數，例如：在動畫效果結束後，就呼叫此函數。jQuery 動畫效果都是使用這種程式結構，其基本語法如下所示：

```
$(選擇器字串).動畫方法(播放速度, 回撥函數);
```

上述語法可以替選擇元素套用動畫方法的動畫，第 2 個參數是回撥函數，關於動畫方法的進一步說明，請參閱第 11 章。例如：在<p>標籤套用 hide()方法的隱藏動畫，如下所示：

```
$("p").hide("slow",function() {
    document.write("已經隱藏這一段文字內容…<br/>");
});
document.write("準備隱藏這一段文字內容…<br/>");
```

上述方法的第 2 個參數是匿名回撥函數，當完成動畫效果後，就會顯示一個訊息文字，因為使用回撥函數，所以並不會影響第 2 個 document.write()方法的執行。如果沒有使用回撥函數，程式需要等到動畫完成後，才能執行之後的 2 個 document.write()方法，如下所示：

```
$("p").hide("1000");
document.write("已經隱藏這一段文字內容...<br/>");
document.write("準備隱藏這一段文字內容...<br/>");
```

8-4 Google Chrome 的開發人員工具

Google Chrome 瀏覽器內建功能強大的開發人員工具，可以幫助我們執行程式除錯，即時檢視和編輯 HTML 元素與屬性，或套用 CSS 樣式規則。

在瀏覽器切換顯示開發人員工具

請啟動 Chrome 瀏覽器載入 HTML 網頁 Ch8_4_1.html 後，按 F12 鍵切換顯示開發人員工具，如下圖所示：

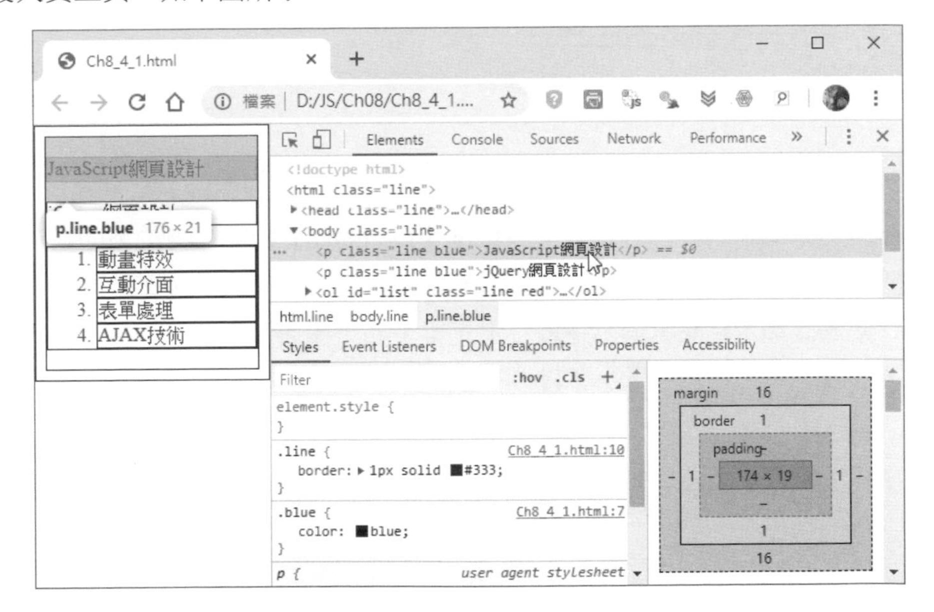

在【Elements】標籤選取 HTML 標籤<p>，可以左邊顯示選取的 HTML 元素，位在下方的【Styles】標籤顯示此元素套用的樣式清單（如果視窗夠寬，【Styles】標籤會顯示在右邊）。

8-4-1 檢視 HTML 元素

Google Chrome 瀏覽器的開發人員工具提供多種方式來幫助我們檢視 HTML 元素。

Elements 標籤頁

在開發人員工具選【Elements】標籤頁，可以顯示 HTML 元素的 HTML 標籤，我們可以在此標籤檢視 HTML 元素，如下圖所示：

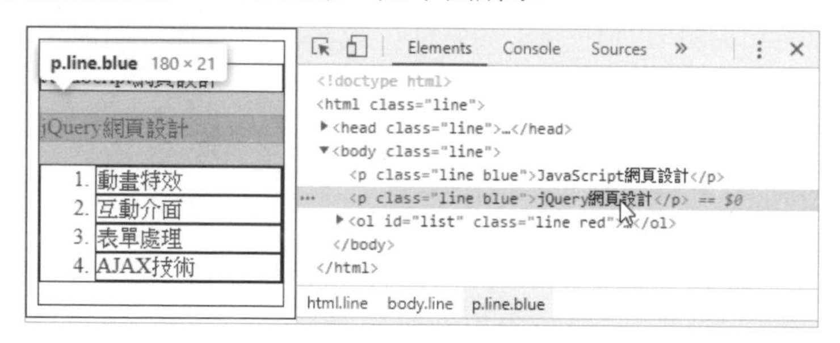

選取 HTML 元素

開發者人員工具提供多種方法來選取 HTML 網頁中的元素，如下所示：

- 使用游標在網頁內容選取：請點選【Elements】標籤前方的箭頭鈕，就可以在網頁內容選取元素，當使用滑鼠移至欲選取元素的範圍時，就會在元素周圍顯示藍底，表示選取特定元素，如下圖所示：

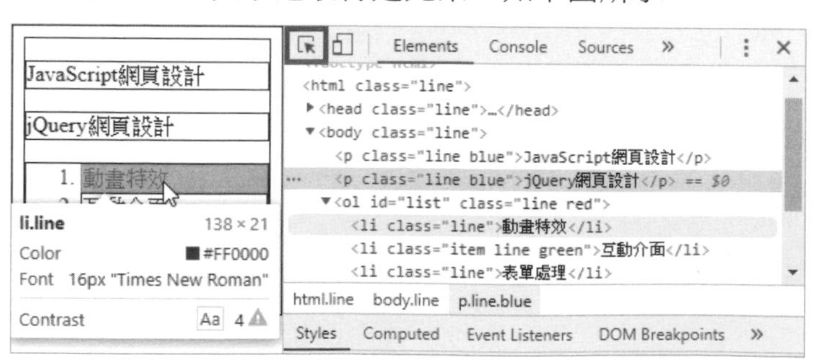

- 在 Elements 標籤選取：我們可以直接展開 HTML 標籤的節點來選取指定的 HTML 元素，如下圖所示：

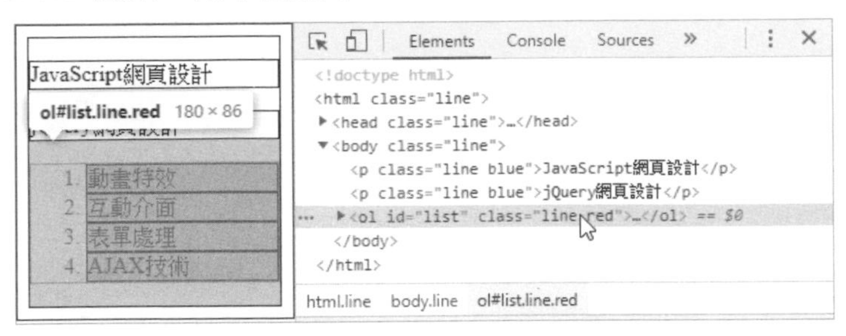

更改 HTML 元素內容

當選取 HTML 元素後，我們不只可以檢視標籤、屬性和其內容，還可以直接更改元素內容的文字節點，如右圖所示：

按二下選取的文字節點，可以馬上更改文字節點的內容，而且同時變更網頁顯示的內容，不過，這只會更改目前 DOM 樹的內容，並不會影響原始程式碼。在標籤上按滑鼠【右】鍵，可以看到快顯功能表編輯功能的相關指令，如下圖所示：

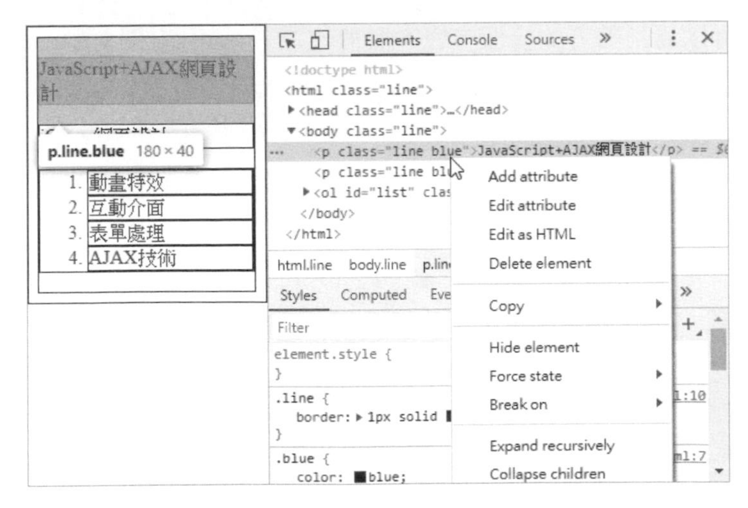

上述【Edit text】命令是編輯文字內容；【Edit as HTML】命令是編輯 HTML 標籤，在下方指令可以隱藏（Hide element）和刪除元素（Delete element）。

更改 HTML 屬性

在選取 HTML 元素後，只需按二下屬性，可以馬上更改標籤屬性，包含屬性名稱和屬性值（同樣不會影響原始程式碼），例如：更改 class 屬性值，可以馬上看到清單項目成為綠色，如右圖所示：

8-4-2 檢視 CSS 樣式

在 Google Chrome 開發人員工具選取 HTML 元素後，就可以在【Styles】標籤頁檢視樣式屬性，在此標籤頁可以顯示有哪些 CSS 樣式規則套用在選取的 HTML 元素，如果瀏覽器視窗夠寬，標籤是位在右邊；否則顯示在下方。

Styles 標籤頁

在 Styles 標籤頁可以檢視<li>標籤套用的樣式規則清單，只需選取 HTML 元素，就可以在下方看到套用樣式，樣式上如果有刪除線，表示樣式已經被覆寫，當移至樣式可以看到前方的核取方塊，取消勾選，即可關閉樣式（這些操作也不會影響原始程式碼），如下圖所示：

檢視繼承的樣式規則

在【Styles】標籤頁捲動至下方，可以看到樣式套用繼承的上層元素樣式規則（Inherited from），幫助我們了解為什麼 CSS 樣式沒有作用，例如：<li>元素的色彩是綠色，而不是紅色，因為上一層<ol>元素的樣式被覆寫，如右圖所示：

元素樣式的方框模型（Box Model）

在 Styles 標籤的最後或左邊可以看到視覺化顯示元素尺寸的方框模型，包含邊界、填充和尺寸等資訊，如右圖所示：

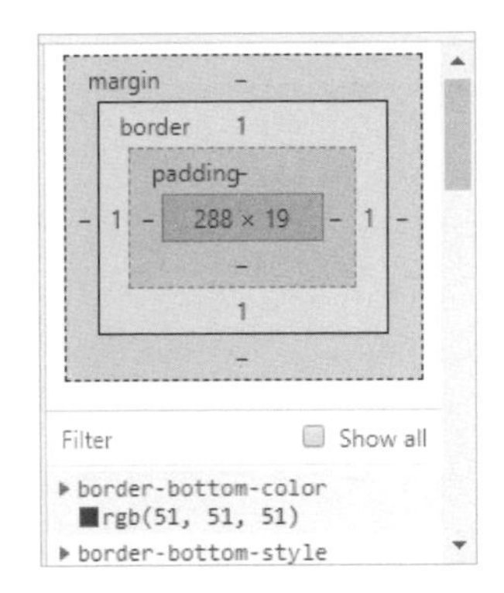

新增樣式規則（New Style Rule）

我們可以按左上方【+】鈕新增元素的樣式規則來測試 HTML 標籤的顯示效果（同樣不會影響原始程式碼），如下圖所示：

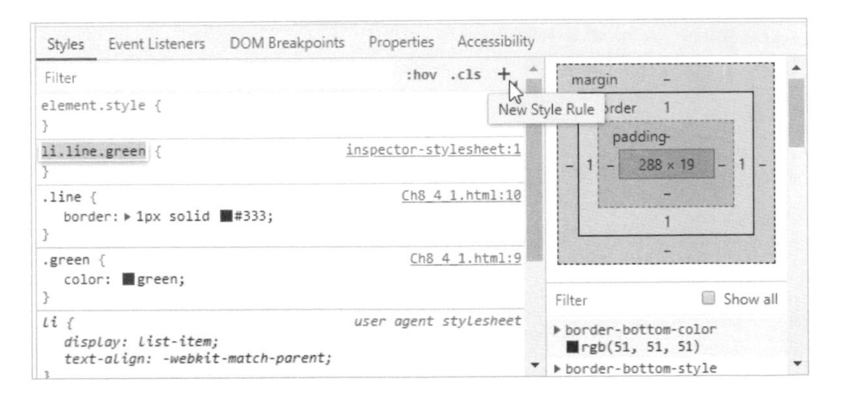

8-4-3 主控台標籤頁

在 JavaScript 程式可以使用 console.log APIs 的相關方法來新增除錯資訊，其新增的除錯資訊是顯示在【Console】標籤頁，如下所示：

```
console.log()
console.error()
console.warn()
console.info()
console.assert()
```

上述方法可以在【Console】標籤頁顯示不同分類的訊息和圖示，方便我們進行程式偵錯，例如：Ch8_4_3.html，如下圖所示：

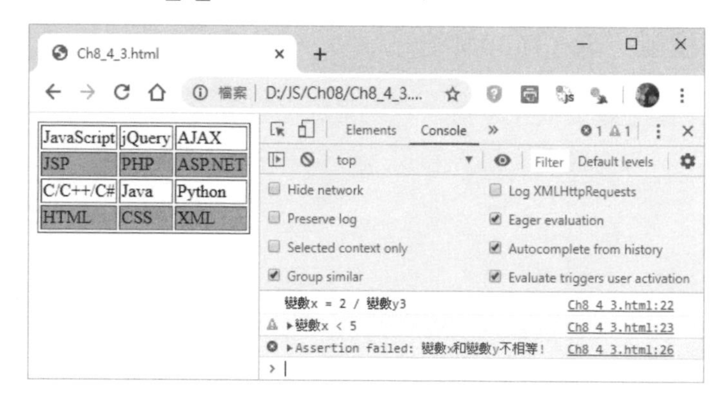

上述訊息分別是使用 console.log()、console.warn()和 console.assert()方法顯示的除錯訊息，如下所示：

```
var x = 2;
var y = 3;
console.log("變數x = " + x + " / 變數y" + y);
console.warn("變數x < 5");
console.assert(x != y, "變數x和變數y不相等!");
y = 2;
console.assert(x != y, "變數x和變數y不相等!");
```

上述 console.log() 和 console.warn() 方法的參數是顯示的訊息文字，console.assert()方法有 2 個參數，第 1 個參數是判斷條件，如果條件成立，才會顯示之後的訊息文字。

在主控台標籤頁也可以顯示 JavaScript 或 jQuery 程式碼的錯誤，例如：載入 Ch8_4_3error.html，如下圖所示：

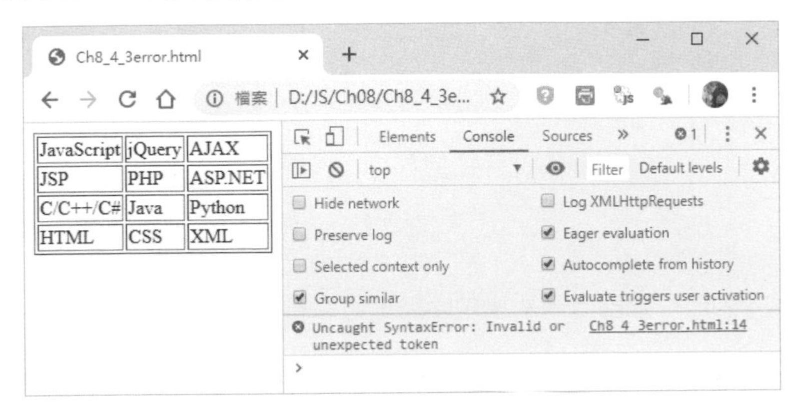

在上述圖例在【Console】標籤顯示錯誤訊息，指出第 14 列有不合法的字元。

8-4-4 JavaScript 程式碼的偵錯

Google Chrome 的開發人員工具提供偵錯功能，可以讓我們在程式碼新增中斷點（Break Point）來執行 JavaScript 程式碼偵錯。

步驟一：在 JavaScript 程式碼新增中斷點

筆者準備使用一個 JavaScript 程式實例來說明開發人員工具的偵錯功能，其步驟如下所示：

1. 請啟動 Google Chrome 載入 Ch8_4_4.html 後，按 F12 鍵切換顯示開發人員工具。

2 選【Sources】標籤切換至原始碼標籤頁，如果沒有看到程式碼，請按 Ctrl + P 鍵選擇檔案後，載入 HTML+JavaScript 程式碼，如右圖所示：

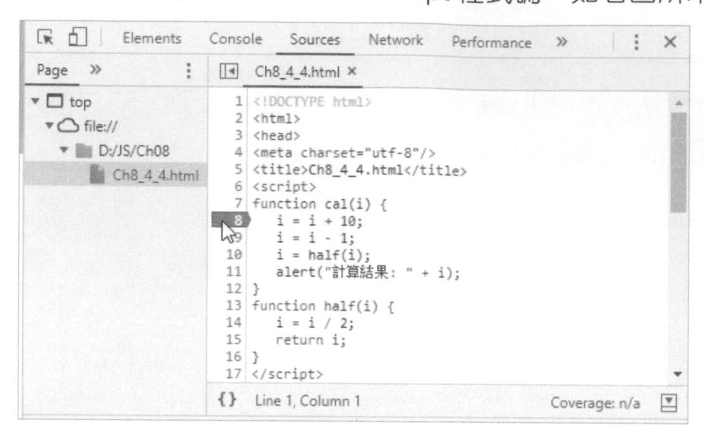

3 點選第 8 列的行號前方來新增中斷點，可以看到前方的藍色箭頭。

如果需要，我們可以使用上述步驟在 JavaScript 程式碼同時新增多個中斷點。

步驟二：執行 JavaScript 程式碼偵錯

在 JavaScript 程式碼新增中斷點後，我們就可以使用開發人員工具進行程式偵錯，請繼續上面步驟，如下所示：

1 在 Google Chrome 瀏覽器按上方工具列的【重新載入這個網頁】鈕重新載入網頁內容，且在網頁按【計算】鈕，可以執行 JavaScript 程式碼呼叫 cal()函數，參數值為 1，因為有指定中斷點，所以執行程式是停止在中斷點的第 8 列，如下圖所示：

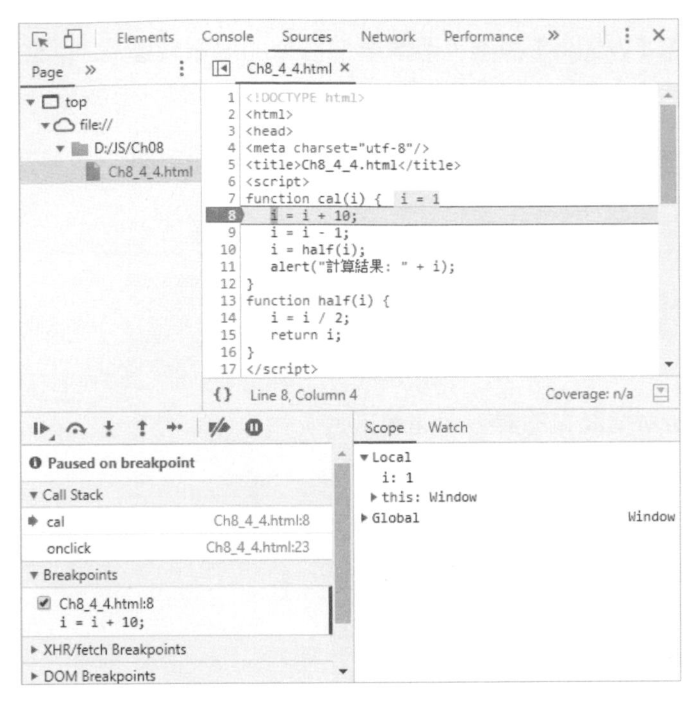

2 在右下方【Scope】標籤顯示 local 區域變數 i 的值是 1（變數 i 是 cal()函數的參數）。

3 按 F11 鍵執行下一步至第 9 列，可以看到變數 i 的值成為 11（因為 i +）。

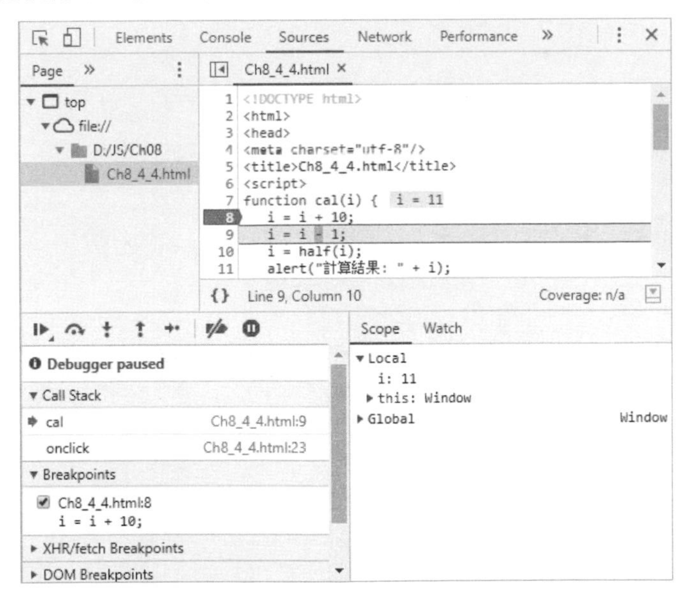

4. 在右下方選【Watch】標籤，可以新增監看的變數或運算式，位在其左邊上方是偵錯工具列的相關按鈕。

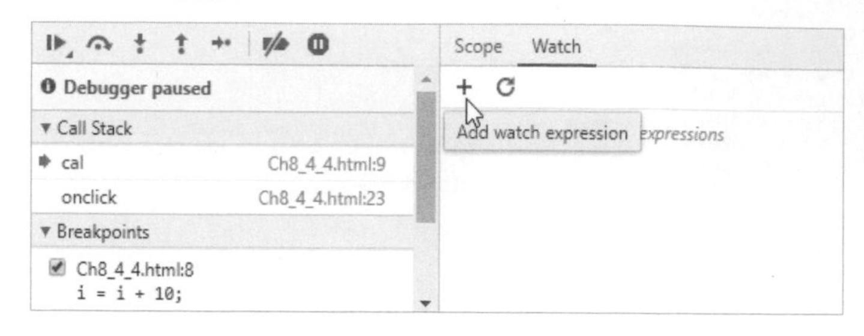

5. 按【＋】鈕新增監看的變數或運算式。

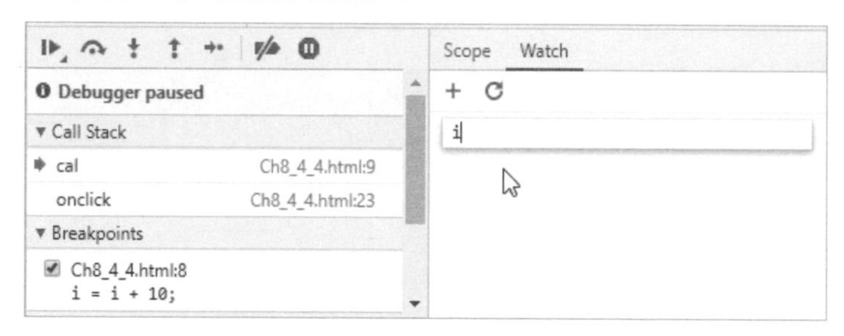

6. 請輸入變數【i】，按 Enter 鍵，可以看到新增的監看變數 i 和目前值。

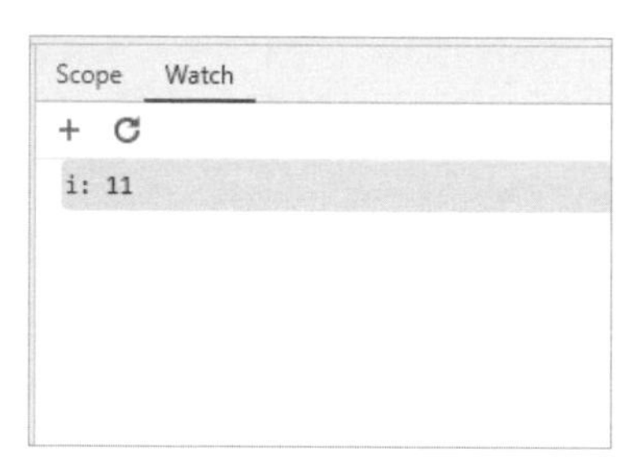

7. 在左邊 Call Stack（呼叫堆疊），可以看到呼叫 cal()函數。

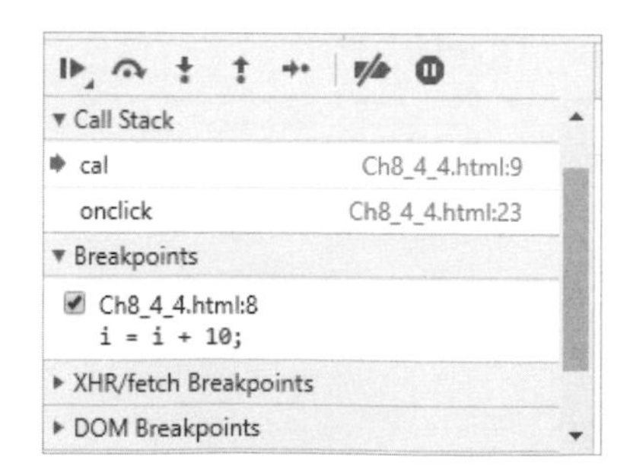

❽ 按 2 次 F11 鍵執行第 10 列的函數呼叫，就會進入 half()函數的第 14 列。

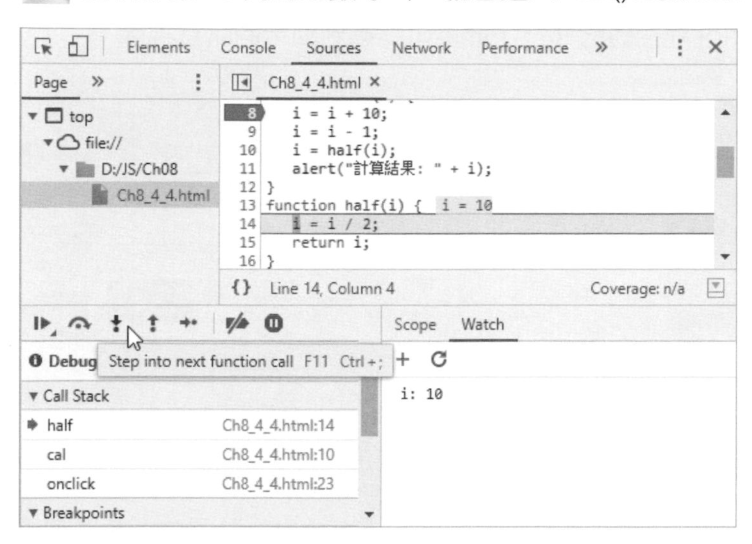

❾ 在左邊 Call Stack 標籤，可以看到 cal()函數再呼叫 half()函數的函數呼叫過程，點選【cal】，可以看到反白顯示呼叫 half()函數的哪一列。

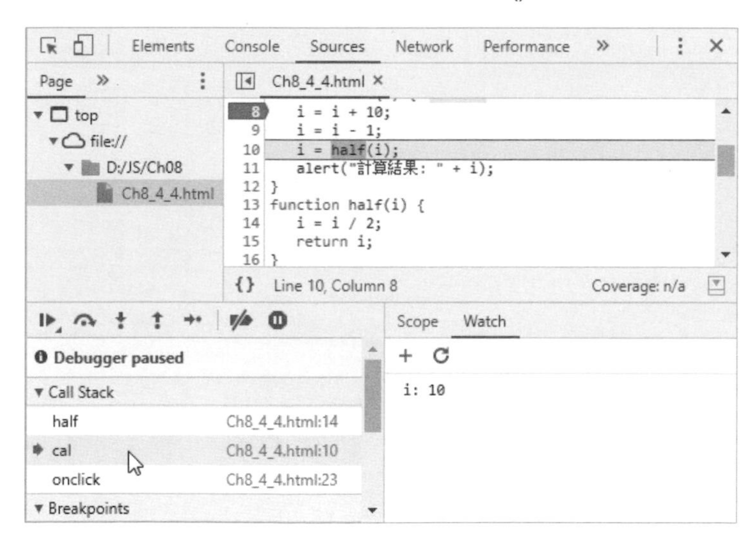

10 請繼續按 F11 鍵執行下一列，可以逐步檢視或監看變數值，直到完成整個 JavaScript 程式碼的執行，最後可以看到顯示的訊息視窗。

我們只需在 Google Chrome 開發人員工具再次點選中斷點，就可以取消中斷點，也就是結束 JavaScript 程式碼偵錯。另一種方式，是直接關閉瀏覽器視窗來結束偵錯。

CHAPTER

9

jQuery 選擇器與 CSS 和 DOM

9-1 jQuery 選擇器與包裝者

「包裝者」（Wrapper）就是一個物件包裝其他物件來擴充其功能，「jQuery 包裝者」（jQuery Wrapper）是使用選擇器來附加 DOM 元素，以便讓我們執行 jQuery 包裝者的方法來擴充 DOM 的功能。

jQuery 選擇器（Selector）是 jQuery 技術的核心，因為我們需要先選擇需要處理的 DOM 元素（讓 jQuery 物件包裝），然後才能進一步替 DOM 元素套用樣式、註冊事件、建立動畫或進行其他處理。

9-1-1 jQuery 包裝者

jQuery 函式庫不同於其他 JavaScript 函式庫大都是建立新物件或擴充內建 JavaScript 物件的功能，例如：Prototype 的 JavaScript 函式庫。jQuery 使用的是不同方式，它提供一個名為 jQuery 的物件，即包裝者物件，可以包裝其他物件來提供這些物件擴充方法的新功能。

基本上，包裝者物件（Wrapper Object）是一種物件導向設計樣式，其目的是讓包裝者物件提供全新介面，這是一些不同於被包裝物件的介面。對於 jQuery 來說，所有操作都是使用 jQuery 包裝者的方法，而不是被包裝物件的方法，換句話說，它就是呼叫包裝者方法來處理被它包裝的物件。

新增 DOM 元素

jQuery 物件可以包裝各種不同類型的物件，至於 jQuery 物件可以作什麼需視其包裝的物件而定，例如：包裝一個 HTML 標籤的片段，如下所示：

```
$('<p>建立 DOM 元素</p>')
```

上述程式碼使用 HTML 標籤片段建立一個 DOM 元素，然後我們可以使用 jQuery 方法來處理此 DOM 元素，例如：新增至 HTML 網頁的最後，如下所示：

```
$('<p>建立 DOM 元素</p>').appendTo('body');
```

上述程式碼使用 jQuery 的 appendTo()方法將此 DOM 元素新增至 body 元素的最後一個子元素。

更改存在的 DOM 元素

一般來說，除了在 HTML 網頁新增 DOM 元素外，我們常常需要處理存在的 DOM 元素，jQuery 包裝者允許我們包裝存在的網頁元素，使用的是$()函數參數的選擇器，例如：基本 CSS 選擇器，如下所示：

```
$('p').addClass('blue');
```

上述選擇器可以包裝網頁所有<p>元素，並且套用.blue 類別的 CSS 樣式。當然，我們也可以包裝指定 id 屬性值的元素，如下所示：

```
$('#list').addClass('red');
```

上述選擇器是包裝 id 屬性值為 list 的 DOM 元素（即下方<ol>元素），並且套用 red 的 CSS 樣式類別，如下所示：

```
<ol id="list">
  <li>HTML</li>
  <li class='item'>CSS</li>
  <li>JavaScript</li>
```

```
  <li class='item'>DOM</li>
</ol>
```

同樣的，我們也可以包裝指定 class 屬性值的元素，如下所示：

```
$('.item').addClass('blue');
```

上述選擇器是包裝 class 屬性值為 item 的 DOM 元素（即上述第 2 個和第 4 個<li>元素），並且套用 blue 的 CSS 樣式類別。完整 jQuery 程式範例為：Ch9_1_1.html。

9-1-2 jQuery 選擇器

$()函數作為包裝存在 DOM 元素的包裝者物件時，其參數只有一種，就是選擇器語法的字串，此時的函數如同是一座工廠，可以傳回一個新的 jQuery 物件包裝著符合條件的網頁元素，然後我們可以針對取得的網頁元素呼叫 jQuery 方法來進行相關處理。

jQuery 選擇器的基本組成元素

基本上，jQuery 選擇器主要有三種基本組成元素：標籤名稱（Tag Name）、id 屬性和 class 屬性，可以讓我們任意組合這些元素來建立選擇器，選擇器與 CSS 之間的關係說明，如下表所示：

選擇器	CSS	jQuery	說明
標籤名稱	p { }	$('p')	選擇所有 p 元素
id 屬性	#list { }	$('#list')	選擇 id 屬性為 list 的元素
class 屬性	.item { }	$('.item')	選擇 class 屬性為 item 的元素

jQuery 選擇器的種類

jQuery 支援 CSS Level 1~3 和 XPath 語法的選擇器，基本上，我們可以將眾多選擇器分成三大類，如下所示：

- 基本 CSS 選擇器（Basic CSS Selectors）：這種選擇器也稱為找尋選擇器（Find Selectors），可以讓我們在 HTML 網頁的 DOM 之中，找出所需的 DOM 元素。
- 位置選擇器（Positional Selectors）：這種選擇器是基於元素之間位置關係的選擇器，可以新增至基本 CSS 選擇器來依據位置進行元素篩選。
- jQuery 選擇器（Custom jQuery Selectors）：jQuery 本身提供的選擇器，如同位置選擇器，它也是新增至基本 CSS 選擇器來進行元素篩選。

上述位置選擇器和 jQuery 選擇器也稱為篩選選擇器（Filter Selectors），可以讓我們在 HTML 網頁的 DOM 之中，篩選出所需的 DOM 元素集合。

9-2 基本 CSS 選擇器

當瀏覽器載入網頁建立 DOM 後，我們可以使用基本 CSS 選擇器從 HTML 網頁找出 jQuery 程式碼所需處理的 DOM 元素，即網頁元素。

9-2-1 使用 CSS 選擇器選擇元素

jQuery 支援基本 CSS 語法的選擇器來選擇 HTML 元素，即第 7-2 節說明的 CSS 選擇器。

選擇所有元素

如果你需要選擇所有 DOM 元素，就可以使用「*」星號選擇器，如下所示：

```
$('*').addClass('line');
```

上述程式碼在選擇所有元素後，呼叫 addClass()方法替選擇元素加上 CSS 樣式類別 line。

使用 HTML 標籤名稱選擇元素

在 HTML 網頁可以使用 HTML 標籤名稱來選擇 DOM 元素，例如：p、div、span、a 和 h2 等，如下所示：

```
$('p').addClass('blue');
```

上述程式碼使用<p>標籤名稱'p'，可以選擇網頁中所有 HTML 標籤名稱為<p>的 DOM 元素，相當於執行 JavaScript 的 getElementsByTagName()方法，如下所示：

```
document.getElementsByTagName('p');
```

使用 id 屬性選擇元素

對於擁有 id 屬性的 HTML 標籤來說，我們可以使用 id 屬性選擇元素，即「#」選擇器加上屬性值，如下所示：

```
$('#list').addClass('red');
```

上述程式碼選擇 id 屬性值為 list 的 DOM 元素，相當於是執行 JavaScript 的 getElementById()方法，如下所示：

```
document.getElementById('list');
```

使用 class 屬性選擇元素

對於擁有 class 屬性的 HTML 標籤來說，我們可以使用 class 屬性選擇元素，即「.」選擇器加上屬性值，如下所示：

```
$('.item').addClass('green');
```

上述程式碼選擇 class 屬性值為 item 的 DOM 元素，相當於是執行 JavaScript 的 getElementsByClassName()方法，如下所示：

```
document.getElementsByClassName('item');
```

jQuery 程式：Ch9_2_1.html

在 jQuery 程式使用 CSS 選擇器分別選擇全部元素、<p>標籤、id 屬性值為 list 和 class 屬性值為 item 的 DOM 元素後，套用不同的 CSS 樣式類別，如下圖所示：

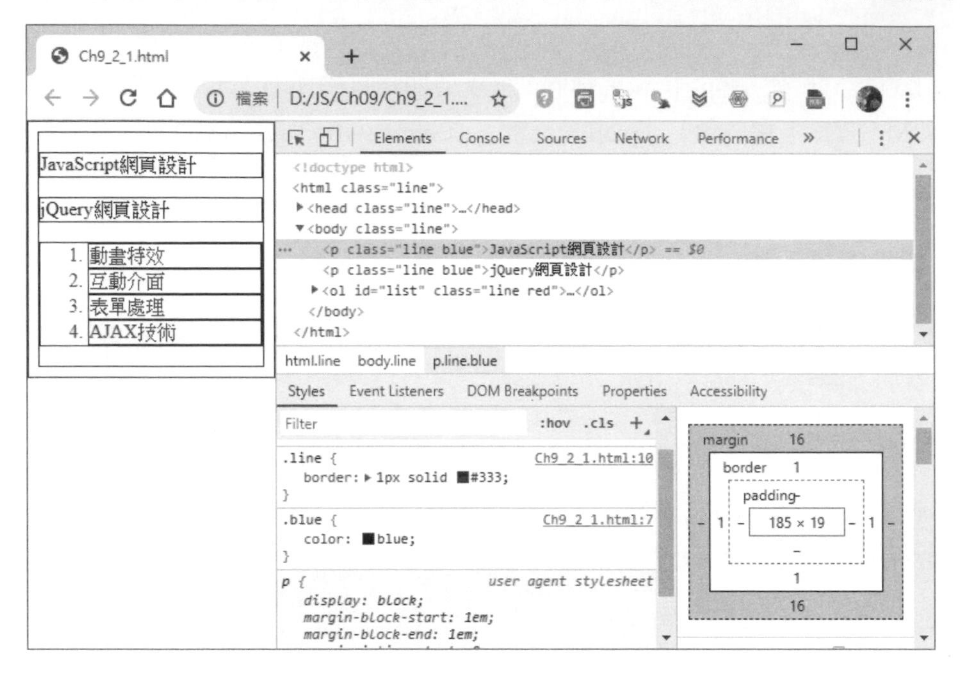

上述整個網頁元素套用 line，所以加上框線，2 個<p>標籤是 blue 樣式類別的藍色，項目編號<ol>是套用 red 樣式類別的紅色（包含之下的<li>），其中第 2 和第 4 個項目<li>是套用 green 樣式類別的綠色。

展開標籤架構，選<p>標籤，可以看到 class 屬性套用 line 和 blue 兩種 CSS 樣式類別。

程式內容

```
01: <!DOCTYPE html>
02: <html>
03: <head>
04: <meta charset="utf-8"/>
05: <title>Ch9_2_1.html</title>
06: <style type="text/css">
07: .blue { color: blue; }
```

```
08: .red { color: red; }
09: .green { color: green; }
10: .line { border: 1px solid #333; }
11: </style>
12: <script src="jquery.min.js"></script>
13: <script>
14: $(document).ready(function() {
15:    $('*').addClass('line');
16:    $('p').addClass('blue');
17:    $('#list').addClass('red');
18:    $('.item').addClass('green');
19: });
20: </script>
21: </head>
22: <body>
23: <p>JavaScript 網頁設計</p>
24: <p>jQuery 網頁設計</p>
25: <ol id="list">
26:   <li>動畫特效</li>
27:   <li class='item'>互動介面</li>
28:   <li>表單處理</li>
29:   <li class='item'>AJAX 技術</li>
30: </ol>
31: </body>
32: </html>
```

程式說明

第 6~11 列：CSS 樣式類別 red、blue、green 和 line。

第 12 列：在 JavaScript 程式含括外部 jQuery 函式庫。

第 13~20 列： jQuery 程式碼是位在此<script>標籤，在第 14~19 列註冊 ready 事件，第 15~18 列使用各種 CSS 選擇器來在指定 HTML 元素套用的 CSS 樣式類別。

第 23~30 列：測試 jQuery 程式碼的<p>、<ol>和<li>標籤。

9-2-2 使用多個類別名稱來選擇元素

同一個 HTML 標籤的 class 屬性可以套用多個類別名稱，當我們使用 class 屬性選擇元素時，一樣可以同時使用多個類別名稱，如下所示：

```
$('.item.inactive').addClass('hide');
```

上述選擇器需要符合 class 屬性值有 item 和 inactive 時才符合條件。

jQuery 程式：Ch9_2_2.html

在 jQuery 程式使用多個類別名稱來選擇元素，可以隱藏項目符號中不需要顯示的項目，如下圖所示：

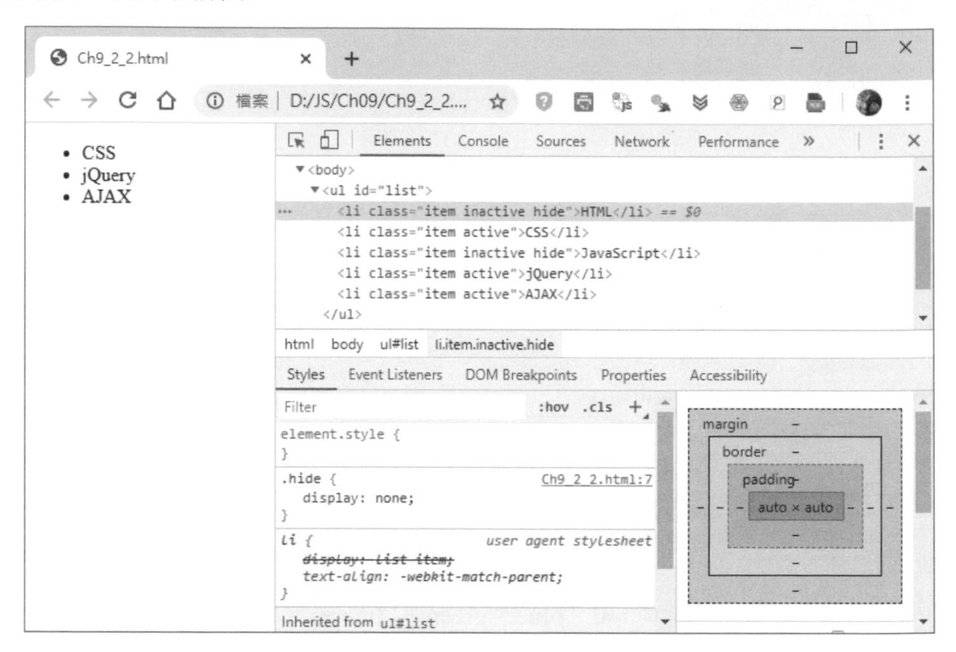

上述項目符號只顯示 5 個之中的 3 個，在<li>標籤中，第 1 和 3 個的 class 屬性再加上 hide 來隱藏此項目。

程式內容

```
01: <!DOCTYPE html>
02: <html>
03: <head>
04: <meta charset="utf-8"/>
05: <title>Ch9_2_2.html</title>
06: <style type="text/css">
07: .hide { display: none; }
08: </style>
09: <script src="jquery.min.js"></script>
10: <script>
11: $(document).ready(function() {
```

```
12:     $('.item.inactive').addClass('hide');
13: });
14: </script>
15: </head>
16: <body>
17: <ul id="list">
18:   <li class='item inactive'>HTML</li>
19:   <li class='item active'>CSS</li>
20:   <li class='item inactive'>JavaScript</li>
21:   <li class='item active'>jQuery</li>
22:   <li class='item active'>AJAX</li>
23: </ul>
24: </body>
25: </html>
```

程式說明

第 7 列：CSS 樣式類別 hide。

第 12 列：使用 item 和 inactive 類別名稱來選擇<li>元素。

第 17~23 列：測試 jQuery 程式碼的<ul>和<li>標籤。

9-2-3 父子關係選擇器

父子關係選擇器就是第 7 章的 CSS 巢狀選擇器，可以選擇 HTML 標籤之下的特定 HTML 元素，如下表所示：

父子關係選擇器	jQuery 範例	範例說明
element element	$('div p')	選擇所有父元素是 div 元素，p 是其子孫元素
element>element	$('div > p')	選擇所有父元素是 div 元素的 p 子元素
element+element	$('div + span')	選擇所有緊接著 div 元素之後的 p 兄弟元素

jQuery 程式：Ch9_2_3.html

在 jQuery 程式使用父子關係選擇器來分別指定不同 HTML 元素的色彩，如右圖所示：

上述第 1 個$('div p')選擇器可以將 JavaScript、ASP、PHP 和 JSP 指定成藍色，第 2 個$('div > p')選擇器將 JavaScript 和 ASP.NET 指定成紅色，第 3 個$('div + span')選擇器將 jQuery 指定成綠色，三個選擇器並不會選到 Bootstrap。

程式內容

```
01: <!DOCTYPE html>
02: <html>
03: <head>
04: <meta charset="utf-8"/>
05: <title>Ch9_2_3.html</title>
06: <style type="text/css">
07: .blue { color: blue; }
08: .red { color: red; }
09: .green { color: green; }
10: </style>
11: <script src="jquery.min.js"></script>
12: <script>
13: $(document).ready(function() {
14:    $('div p').addClass('blue');
15:    $('div > p').addClass('red');
16:    $('div + span').addClass('green');
17: });
18: </script>
19: </head>
20: <body>
```

```
21: <div>
22:     <p>JavaScript</p>
23: </div>
24: <span><p>jQuery</p></span>
25: <span><p>Bootstrap</p></span>
26: <div>
27:     <p>ASP.NET</p>
28:     <b><p>ASP</p></b>
29:     <span><p>PHP</p></span>
30:     <span><p>JSP</p></span>
31: </div>
32: </body>
33: </html>
```

程式說明

第 14~16 列：三種父子關係選擇器。

第 21~31 列：測試 jQuery 程式碼的 HTML 標籤。

9-2-4 同時選擇多種不同類型的元素

如果需要同時選擇多種不同類型的元素，我們可以同時使用標籤名稱、id 屬性、class 屬性等多個不同的選擇器，如下所示：

```
$('.item-3, .item-5, #book6, p').addClass('blue');
```

上述程式碼使用多種選擇器，只需使用「,」逗號分隔就可以選擇多種不同種類的元素。

如果 HTML 標籤擁有 id 或 class 屬性，我們可以組合標籤名稱、id 屬性、class 屬性來選擇特定的 DOM 元素，如下所示：

```
$('li#book1').addClass('red');
$('li.item-2').addClass('green');
```

上述選擇器是選擇 id 屬性值為 book1 的 li 元素；class 屬性值為 item-2 的 li 元素。

jQuery 程式：Ch9_2_4.html

在 jQuery 程式使用選擇器來同時選擇多種不同的元素，並且指定不同 HTML 元素的色彩，如下圖所示：

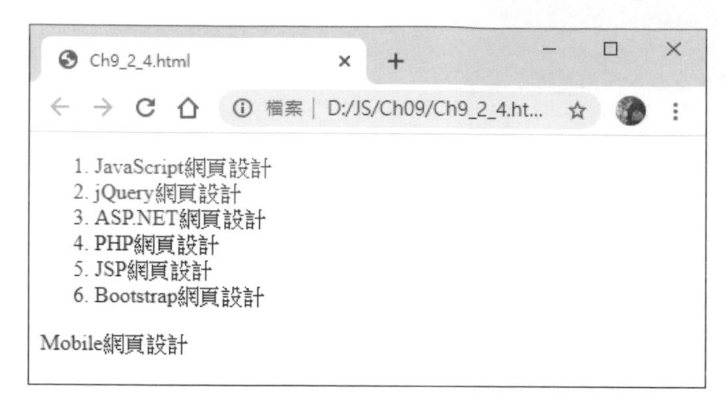

上述第 1 個$('.item-3, .item-5, #book6, p')選擇器可以將項目編號 3、5 和 6，加上最後的 p 元素指定成藍色，第 2 個$('li#book1')選擇器將項目編號 1 指定成紅色，第 3 個$('li.item-2').addClass('green');選擇器將項目編號 2 指定成綠色。

程式內容

```
01: <!DOCTYPE html>
02: <html>
03: <head>
04: <meta charset="utf-8"/>
05: <title>Ch9_2_4.html</title>
06: <style type="text/css">
07: .blue { color: blue; }
08: .red { color: red; }
09: .green { color: green; }
10: </style>
11: <script src="jquery.min.js"></script>
12: <script>
13: $(document).ready(function() {
14:    $('.item-3, .item-5, #book6, p').addClass('blue');
15:    $('li#book1').addClass('red');
16:    $('li.item-2').addClass('green');
17: });
18: </script>
19: </head>
20: <body>
```

```
21: <ol id="list">
22:   <li id="book1" class="item-1">JavaScript 網頁設計</li>
23:   <li id="book2" class="item-2">jQuery 網頁設計</li>
24:   <li id="book3" class="item-3">ASP.NET 網頁設計</li>
25:   <li id="book4" class="item-4">PHP 網頁設計</li>
26:   <li id="book5" class="item-5">JSP 網頁設計</li>
27:   <li id="book6" class="item-6">Bootstrap 網頁設計</li>
28: </ol>
29: <p>Mobile 網頁設計</p>
30: </body>
31: </html>
```

程式說明

第 14~16 列：選擇多種不同類型元素的選擇器。

第 21~29 列：測試 jQuery 程式碼的 HTML 標籤。

9-3 篩選選擇器

篩選（Filter）可以讓我們進一步過濾選取的 DOM 元素，jQuery 提供數十種篩選，包含 CSS 2 和 3 的篩選屬性（詳見第 7-2 節），其基本語法如下所示：

```
E:filter
```

上述 E 是我們選擇的元素，在「:」符號之後就是篩選屬性。

9-3-1 使用 EVEN 和 ODD 篩選選擇器

EVEN 和 ODD 篩選屬性可以幫助我們替 HTML 表格加上斑馬紋效果，可以替奇數或偶數列套用不同的樣式，如下所示：

```
$('tr:even').addClass('even');
$('tr:odd').addClass('odd');
```

上述程式碼使用:even 替偶數的 tr 元素套用 even 樣式類別；:odd 是替奇數的 tr 元素套用 odd 樣式類別。

jQuery 程式：Ch9_3_1.html

在 jQuery 程式使用 EVEN 和 ODD 篩選選擇器，替 HTML 表格加上斑馬紋效果，如右圖所示：

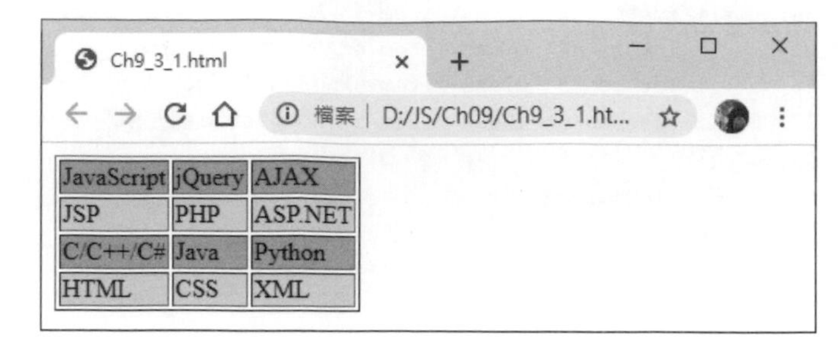

程式內容

```
01: <!DOCTYPE html>
02: <html>
03: <head>
04: <meta charset="utf-8"/>
05: <title>Ch9_3_1.html</title>
06: <style type="text/css">
07: .even { background-color: #CCBB66; }
08: .odd { background-color: #DEDEDE; }
09: </style>
10: <script src="jquery.min.js"></script>
11: <script>
12: $(document).ready(function() {
13:    $('tr:even').addClass('even');
14:    $('tr:odd').addClass('odd');
15: });
16: </script>
17: </head>
18: <body>
19: <table border="1">
20: <tr>
21:    <td>JavaScript</td>
22:    <td>jQuery</td>
23:    <td>AJAX</td>
24: </tr>
25: <tr>
26:    <td>JSP</td>
27:    <td>PHP</td>
28:    <td>ASP.NET</td>
29: </tr>
30: <tr>
31:    <td>C/C++/C#</td>
32:    <td>Java</td>
```

```
33:     <td>Python</td>
34: </tr>
35: <tr>
36:     <td>HTML</td>
37:     <td>CSS</td>
38:     <td>XML</td>
39: </tr>
40: </table>
41: </body>
42: </html>
```

程式說明

第 13 列：使用:even 篩選表格的偶數列。

第 14 列：使用:odd 篩選表格的奇數列。

第 19~40 列：測試 jQuery 程式碼的 HTML 表格標籤。

9-3-2 使用 FIRST 和 LAST 篩選選擇器

FIRST 和 LAST 篩選選擇器可以從選擇的 DOM 元素集合中，取出:first 的第 1 個元素，和:last 取出最後 1 個元素，篩選只會傳回 1 個元素，如下所示：

```
$('ol li:first').addClass('line');
$('ol li:last').addClass('line');
```

上述程式碼使用:first 取得第 1 個 li 元素；:last 取得最後 1 個 li 元素。

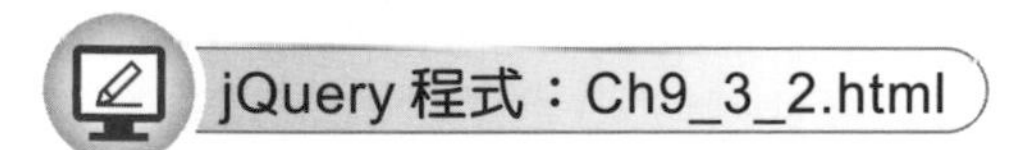

在 jQuery 程式使用 FIRST 和 LAST 篩選選擇器，替項目編號的第 1 個和最後 1 個項目加上框線，如下圖所示：

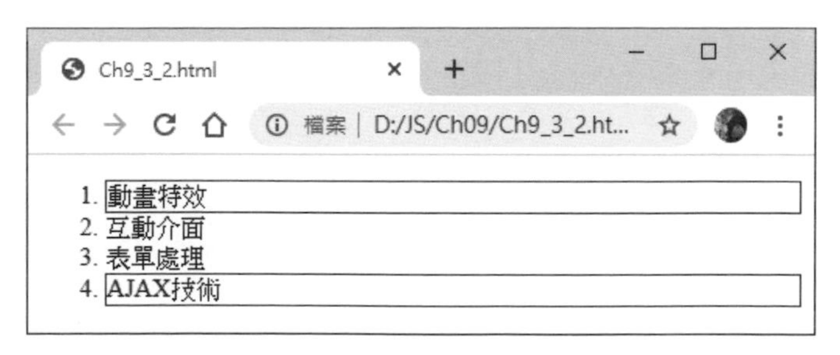

程式內容

```
01: <!DOCTYPE html>
02: <html>
03: <head>
04: <meta charset="utf-8"/>
05: <title>Ch9_3_2.html</title>
06: <style type="text/css">
07: .line { border: 1px solid #333; }
08: </style>
09: <script src="jquery.min.js"></script>
10: <script>
11: $(document).ready(function() {
12:    $('ol li:first').addClass('line');
13:    $('ol li:last').addClass('line');
14: });
15: </script>
16: </head>
17: <body>
18: <ol id="list">
19:   <li>動畫特效</li>
20:   <li class='item'>互動介面</li>
21:   <li>表單處理</li>
22:   <li class='item'>AJAX 技術</li>
23: </ol>
24: </body>
25: </html>
```

程式說明

第 12 列：使用:first 篩選出第 1 個項目。

第 13 列：使用:last 篩選出最後 1 個項目。

第 18~23 列：測試 jQuery 程式碼的 HTML 項目編號標籤。

9-3-3 篩選空元素和特定元素

如果需要篩選出元素之中擁有特定元素時，我們可以使用 has()篩選，如下所示：

```
$('.header:has(p)').addClass('line');
```

上述程式碼可以篩選出 class 屬性值為 header，而且之中擁有 p 元素，只需擁有即可，不一定需要是直接子元素。另一種情況是篩選空元素，即元素沒有子元素或文字內容，如下所示：

```
$('.error:empty)').addClass('hide');
```

上述程式碼使用:empty 篩選，可以篩選出 class 屬性值為 error 且沒有內容的空元素。

jQuery 程式：Ch9_3_3.html

在 jQuery 程式篩選擁有 p 元素的元素加上框線，並且隱藏沒有內容的空元素，如下圖所示：

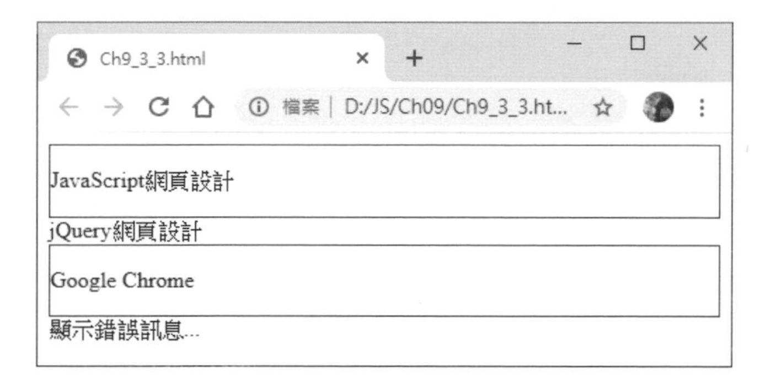

上述「JavaScript 網頁設計」是 div 元素的 p 直接子元素；「Google Chrome」並不是直接子元素，「jQuery 網頁設計」沒有框線，因為它是 span 元素，而不是 p 元素。

最後的「顯示錯誤訊息...」因為 div 元素不是空元素，其前 1 個 div 元素是空元素，所以隱藏顯示此元素。

程式內容

```
01: <!DOCTYPE html>
02: <html>
03: <head>
04: <meta charset="utf-8"/>
05: <title>Ch9_3_3.html</title>
06: <style type="text/css">
```

```
07: .hide { display: none; }
08: .line { border: 1px solid #333; }
09: </style>
10: <script src="jquery.min.js"></script>
11: <script>
12: $(document).ready(function() {
13:    $('.header:has(p)').addClass('line');
14:    $('.error:empty)').addClass('hide');
15: });
16: </script>
17: </head>
18: <body>
19: <div>
20:   <div class="header">
21:     <p>JavaScript 網頁設計</p>
22:   </div>
23:   <div class="header">
24:     <span>jQuery 網頁設計</span>
25:   </div>
26:   <div class="header">
27:     <span><p>Google Chrome<p></span>
28:   </div>
29:   <div class="error"></div>
30:   <div class="error">顯示錯誤訊息...</div>
31: </div>
32: </body>
33: </html>
```

程式說明

第 13 列：使用 has()篩選擁有參數子元素的元素。

第 14 列：使用:empty 篩選空元素。

第 19~31 列：測試 jQuery 程式碼的 HTML 標籤，包含 3 個 class 屬性值為 header 的 div 元素，2 個 error 的 div 元素。

9-3-4 篩選包含特定內容的元素

如果需要篩選包含特定內容的元素，我們可以使用 contains()篩選，如下所示：

```
$("li:contains('P')").addClass('line');
```

上述程式碼可以篩選出 li 元素包含'P'字串內容。

jQuery 程式：Ch9_3_4.html

在 jQuery 程式使用 contains()篩選包含'P'字串內容的項目，然後替項目加上框線，如右圖所示：

程式內容

```
01: <!DOCTYPE html>
02: <html>
03: <head>
04: <meta charset="utf-8"/>
05: <title>Ch9_3_4.html</title>
06: <style type="text/css">
07: .line { border: 1px solid #333; }
08: </style>
09: <script src="jquery.min.js"></script>
10: <script>
11: $(document).ready(function() {
12:    $("li:contains('P')").addClass('line');
13: });
14: </script>
15: </head>
16: <body>
17: <ol id="list">
18:   <li>JavaScript 網頁設計</li>
19:   <li>jQuery 網頁設計</li>
20:   <li>ASP.NET 網頁設計</li>
21:   <li>PHP 網頁設計</li>
22:   <li>JSP 網頁設計</li>
23:   <li>Bootstrap 網頁設計</li>
24: </ol>
25: </body>
26: </html>
```

程式說明

第 12 列：使用 contains()篩選來篩選包含 P 內容的 li 元素。

第 17~24 列：測試 jQuery 程式碼的 HTML 項目編號標籤。

9-4 屬性選擇器

「屬性選擇器」（Attribute Selectors）屬於基本 CSS 選擇器的子集，可以讓我們除了 HTML 元素外，進一步指定屬性條件，例如：a 元素的 href 屬性等，使用的是第 7-2-6 節 CSS Level 2 和 3 的屬性選擇器，在本節筆者準備說明一些屬性選擇器的實際應用。

「表單選擇器」（Form Selectors）是一種篩選選擇器，可以幫助我們在 HTML 網頁中找出表單的相關元素。

9-4-1 選擇包含指定網址的超連結

屬性選擇器是使用正規表達式（Regular Expressions）的符號來表示包含字串（*）、開頭字串（^）和結尾字串（$）等。在本節是使用「*」屬性選擇器在 HTML 元素的屬性值中找出包含特定內容。

例如：台灣網址最後有".tw"，我們可以使用「*」屬性選擇器找出超連結是台灣的 URL 網址，如下所示：

```
$('ol li a[href*=".tw"]').addClass('line');
```

上述[href*=".tw"]的屬性選擇器是使用*=，表示 href 屬性值只需包含等號之後的值就符合條件的 HTML 元素。

jQuery 程式：Ch9_4_1.html

在 jQuery 程式使用「*」屬性選擇器，找出是台灣網址有".tw"的超連結，並且將它加上紅色框線，如右圖所示：

程式內容

```
01: <!DOCTYPE html>
02: <html>
03: <head>
04: <meta charset="utf-8"/>
05: <title>Ch9_4_1.html</title>
06: <style type="text/css">
07: .line { border: 1px solid #333; border-color: red }
08: </style>
09: <script src="jquery.min.js"></script>
10: <script>
11: $(document).ready(function() {
12:    $('ol li a[href*=".tw"]').addClass('line');
13: });
14: </script>
15: </head>
16: <body>
17: <ol id="list">
18:   <li><a href="http://www.gotop.com.tw">碁峰資訊</a></li>
19:   <li><a href="http://www.hinet.net">中華電信</a></li>
20:   <li><a href="http://www.yahoo.com.tw">Yahoo!奇摩</a></li>
21: </ol>
22: </body>
23: </html>
```

程式說明

第 12 列：使用「*」屬性選擇器找出台灣網址的超連結 a 元素。

第 17~21 列：測試 jQuery 程式碼的 HTML 項目編號標籤。

9-4-2 選擇 id 屬性值是特定開頭或結尾的元素

我們可以使用「^」和「$」屬性選擇器，找出屬性值是使用特定值開頭或結束：

```
$('div[id^="red"]').addClass('line');
$('div[id$="bird"]').addClass('blue');
```

上述[id^="red"]的屬性選擇器是使用^=，表示 id 屬性值只需是等號之後的"red"開頭就符合條件，例如：red-pen、red-bird 和 red-book 等。屬性選擇器「$=」是指 id 屬性值是"bird"結尾，例如：red-bird 和 blue-bird 等。

jQuery 程式：Ch9_4_2.html

在 jQuery 程式使用「^」和「$」屬性選擇器，可以替 id 屬性值是"bird"結尾套用黃色背景；"red"開頭加上紅色框線，如右圖所示：

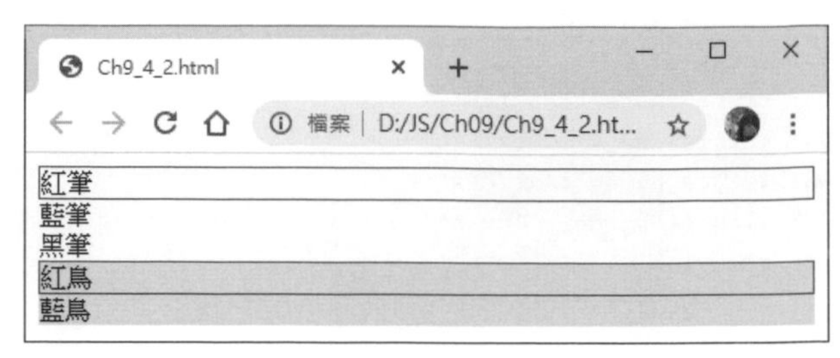

上述紅筆和紅鳥是"red"開頭；紅鳥和藍鳥是"bird"結尾。

程式內容

```
01: <!DOCTYPE html>
02: <html>
03: <head>
04: <meta charset="utf-8"/>
05: <title>Ch9_4_2.html</title>
06: <style type="text/css">
07: .blue { background-color: yellow; }
08: .line { border: 1px solid #333; border-color: red }
09: </style>
10: <script src="jquery.min.js"></script>
11: <script>
12: $(document).ready(function() {
13:    $('div[id^="red"]').addClass('line');
14:    $('div[id$="bird"]').addClass('blue');
15: });
16: </script>
17: </head>
18: <body>
19: <div id="red-pen">紅筆</div>
20: <div id="blue-pen">藍筆</div>
21: <div id="black-pen">黑筆</div>
22: <div id="red-bird">紅鳥</div>
23: <div id="blue-bird">藍鳥</div>
24: </body>
25: </html>
```

程式說明

第 13 列：使用「^」屬性選擇器找出屬性值是特定值開頭。

第 14 列：使用「$」屬性選擇器找出屬性值是特定值結束。

第 19~23 列：測試 jQuery 程式碼的 HTML 標籤<div>，都擁有 id 屬性。

9-5 jQuery 與 CSS

jQuery 是 CSS 的最佳拍擋，可以幫助我們裝飾 HTML 網頁的元素，或移除元素套用的樣式。在這一節筆者準備說明 jQuery 關於 CSS 相關操作的方法，包含新增或刪除樣式和樣式類別等。

9-5-1 存取 CSS

在選取 HTML 元素後，我們就可以使用 css()方法存取元素套用的 CSS 樣式，如下表所示：

方法	說明
css()	在任何元素套用或取出 CSS 樣式屬性

讀取 CSS 樣式屬性

我們可以使用 css()方法取出指定元素的樣式屬性值，如下所示：

```
var fonSize;
fontSize = $('p.title').css('font-size');
alert(fontSize);
```

上述程式碼使用 css()方法取得 p 元素的字型尺寸，參數 font-size 是 CSS 樣式屬性名稱，然後呼叫 JavaScript 函數 alert()顯示取得的字型尺寸。

設定 CSS 樣式屬性

設定 CSS 樣式屬性也是使用 css()方法，如下所示：

```
$('h2').css('background-color', 'red');
```

上述程式碼是使用 css()方法設定 h2 元素的樣式，第 1 個參數是樣式屬性名稱，第 2 個是屬性值。如果需要同時設定多個樣式屬性，此時我們就需要使用 JavaScript 的「物件文字值」（Object Literal），如下所示：

```
$('div').css({
   'background-color': '#dddddd',
   'color' : '#666666',
   'font-size' : '12pt',
   'line-height' : '2.5em'
});
```

上述程式碼的 css()方法參數是一個大括號包圍的成對屬性名稱和屬性值，如下所示：

```
{
   'background-color': '#dddddd',
   'color' : '#666666',
   'font-size' : '12pt',
   'line-height' : '2.5em'
}
```

上述程式碼的每一個 CSS 樣式屬性是使用「,」逗號分隔，在樣式名稱和屬性值之間使用「:」符號分隔，共指定 4 種 CSS 樣式屬性。

jQuery 程式：Ch9_5_1.html

在 jQuery 程式使用 css()方法存取 p 元素的 font-size 樣式屬性值，並且使用 css()方法在 h2 元素套用背景色彩，和指定 div 元素的多個樣式。載入網頁首先看到顯示字型尺寸的訊息視窗。

這個網頁顯示
18.6667px
確定

上述視窗顯示字型尺寸為 18.6667px，按【確定】鈕，可以看到上方 h2 和下方 div 元素使用 css()方法套用的 CSS 樣式，如右圖所示：

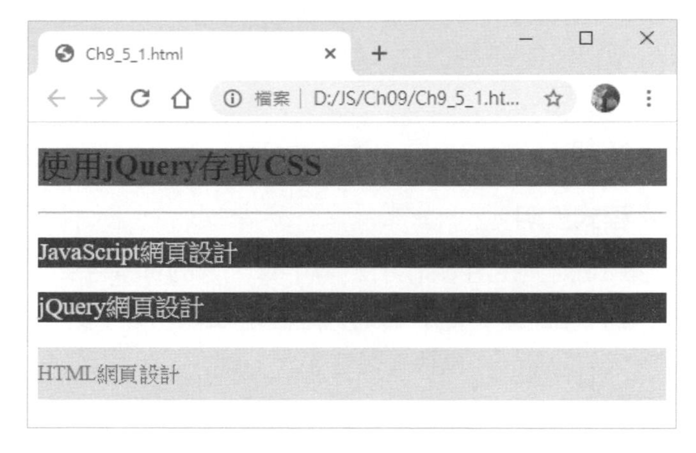

程式內容

```
01: <!DOCTYPE html>
02: <html>
03: <head>
04: <meta charset="utf-8"/>
05: <title>Ch9_5_1.html</title>
06: <style type="text/css">
07: p { font-size: 14pt;
08:     color: yellow;
09:     background-color: blue;
10: }
11: </style>
12: <script src="jquery.min.js"></script>
13: <script>
14: $(document).ready(function() {
15:    var fonSize;
16:    $('h2').css('background-color', 'red');
17:    $('div').css({
18:       'background-color': '#dddddd',
19:       'color' : '#666666',
20:       'font-size' : '12pt',
21:       'line-height' : '2.5em'
22:    });
23:    fontSize = $('p.title').css('font-size');
24:    alert(fontSize);
25: });
26: </script>
27: </head>
28: <body>
29: <h2>使用 jQuery 存取 CSS</h2>
30: <hr/>
```

```
31: <p class="title">JavaScript 網頁設計</p>
32: <p>jQuery 網頁設計</p>
33: <div>HTML 網頁設計</div>
34: </body>
35: </html>
```

程式說明

第 16 列：使用 css()方法套用 h2 元素的背景色彩。

第 17~22 列：使用 css()方法套用 div 元素的樣式，使用的是物件文字值來指定 4 個樣式屬性。

第 23~24 列：使用 css()方法取得 p 元素的 font-size 屬性值，然後在第 24 列顯示 alert()函數的訊息視窗。

9-5-2 存取 CSS 樣式類別

在選取 HTML 元素後，我們可以使用多種方法來存取 CSS 樣式類別，相關方法如下表所示：

方法	說明
addClass()	在任何元素套用 CSS 樣式類別
hasClass()	檢查元素是否有樣式類別
removeClass()	移除元素的樣式類別
toggleClass()	如果元素沒有樣式類別就新增；反之就移除

在元素新增 CSS 樣式類別

在選擇元素可以使用 addClass()方法新增樣式類別，事實上，在本節前的程式範例，我們已經使用過此方法，如下所示：

```
$('h2').addClass('littlered');
```

上述程式碼是在 h2 元素新增 CSS 樣式類別 littlered。

移除元素的樣式類別

對於 HTML 元素已經套用的 CSS 樣式類別，可能有很多個，我們可以使用 removeClass()方法來移除元素的樣式類別，如下所示：

```
$('div').removeClass();
```

上述程式碼的方法沒有參數，表示移除 div 元素的所有樣式類別，如果只是移除特定的樣式類別，請使用參數來指明，如下所示：

```
$('div').removeClass('littlered');
```

上述程式碼指明移除 div 元素的 littlered 樣式類別。當然，我們也可以同時移除多個樣式類別，如下所示：

```
$('div').removeClass('littlered product red');
```

上述程式碼共移除 div 元素的 littlered、product 和 red 三個樣式類別，只需使用空白字元分隔即可。

新增或刪除元素的樣式屬性

在建立動態網頁內容時，我們可能需要切換元素的樣式類別，此時就可以使用 toggleClass()方法，如下所示：

```
$('p').toggleClass('littlegreen');
```

上述程式碼是當 p 元素沒有套用樣式類別，就套用，反之，如果有，就移除。

jQuery 程式：Ch9_5_2.html

在 jQuery 程式使用存取 CSS 樣式類別的方法，依序新增、移除和切換新增或移除指定元素的樣式類別，如右圖所示：

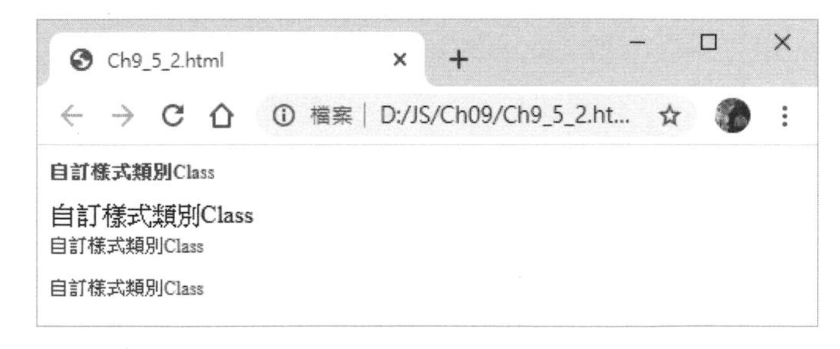

上述圖例的第 1 行是新增樣式類別，第 2 行是移除樣式類別，最後 1 行是切換新增或移除樣式類別，因為原來沒有，所以是新增。

程式內容

```
01: <!DOCTYPE html>
02: <html>
03: <head>
04: <meta charset="utf-8"/>
05: <title>Ch9_5_2.html</title>
06: <style type="text/css">
07: .littlered   {color: red; font-size: 9pt}
08: .littlegreen {color: green; font-size: 9pt}
09: </style>
10: <script src="jquery.min.js"></script>
11: <script>
12: $(document).ready(function() {
13:    $('h2').addClass('littlered');
14:    $('div').removeClass();
15:    $('p').toggleClass('littlegreen');
16: });
17: </script>
18: </head>
19: <body>
20: <h2>自訂樣式類別 Class</h2>
21: <div class="littlered">自訂樣式類別 Class</div>
22: <span class="littlegreen">自訂樣式類別 Class</span>
23: <p>自訂樣式類別 Class</p>
24: </body>
25: </html>
```

程式說明

第 13 列：使用 addClass()方法新增 h2 元素的樣式類別。

第 14 列：使用 removeClass()方法移除 div 元素的樣式類別。

第 15 列：使用 toggleClass()方法新增或移除 p 元素的樣式類別，因為第 23 列並沒有樣式類別，所以是新增樣式類別。

9-6 jQuery 與 DOM 處理

基本上，學習 jQuery 的第一步是從 HTML 網頁選出需處理的 DOM 元素，然後進行處理，除了套用 CSS 樣式來格式化元素外觀外，我們也可以執行 DOM 處理來建立動態的 Web 網頁內容。

9-6-1 在網頁新增和刪除 DOM 元素

在網頁新增和刪除 DOM 元素的相關方法說明，如下表所示：

方法	說明
html()	即 JavaScript 的 innerHTML 屬性，可以將參數的 HTML 標籤取代 DOM 元素的內容
text()	即 JavaScript 的 innerText 屬性，可以將參數的文字內容取代 DOM 元素的內容
prepend()	將參數的 HTML 標籤新增成為其第 1 個子元素
append()	將參數的 HTML 標籤新增成為其最後 1 個子元素
before()	將參數的 HTML 標籤插入至元素之前
after()	將參數的 HTML 標籤插入至元素之後
remove()	從 DOM 之中刪除此元素

將 HTML 標籤和文字新增至 DOM 元素

對於選取的 DOM 元素，我們可以使用 html()和 text()方法取代其內容，html()方法是取代成另一個 HTML 子元素；text()方法是取代文字內容，如下所示：

```
$('.content1').html('<div class="main">jQuery 網頁設計</div>');
$('.content2').text('HTML 網頁設計');
```

上述程式碼是將 class 屬性值 content1 的內容取代成參數的 div 元素；content2 的內容取代成參數的文字內容。

新增第 1 個或最後 1 個子元素

如果不是取代子元素或文字內容，我們可以使用 prepend()或 append()方法來新增第 1 個或最後 1 個子元素，如下所示：

```
$('.content2').append('<p>PHP 網頁設計</p>');
```

上述程式碼是在 class 屬性值 content2 的元素中，新增成為最後一個 p 子元素；如果使用 prepend()方法就是新增成為第 1 個 p 子元素。

在元素之前或之後插入 DOM 元素

當然，我們也可以使用 before()和 after()方法在選取 DOM 元素之前或之後來插入新元素，如下所示：

```
$('.content2').after('<p>JSP 網頁設計</p>');
```

上述程式碼是在 class 屬性值 content2 的元素之後插入 p 兄弟元素；如果使用 before()方法就是在之前插入 p 兄弟元素。

刪除 DOM 元素

對於不需要的 DOM 元素，我們可以在選取後，使用 remove()方法來刪除 DOM 元素，如下所示：

```
$('.content3').remove();
```

上述程式碼是刪除 class 屬性值 content3 的元素。

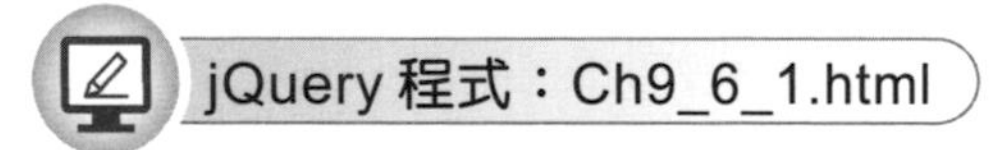

在 jQuery 程式使用相關方法來處理 DOM 元素，我們可以取代元素內容、新增子元素、插入兄弟元素和刪除 DOM 元素，如右圖所示：

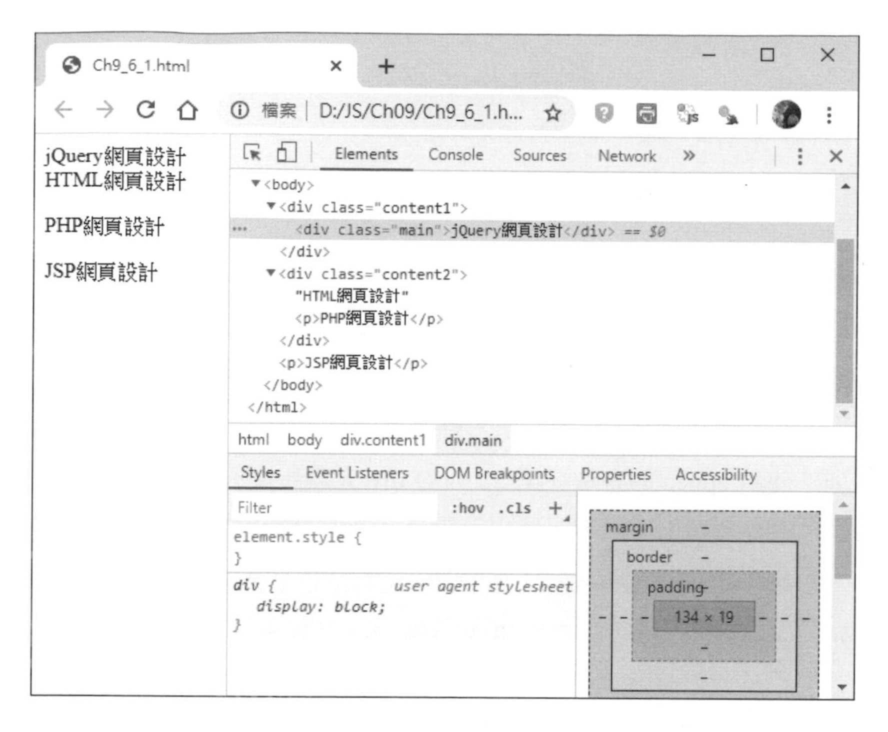

上述圖例可以看到我們取代了前 2 個 div 元素內容，在第 2 個 div 元素新增最後一個 p 子元素，並且在之後插入一個 p 兄弟元素。

程式內容

```
01: <!DOCTYPE html>
02: <html>
03: <head>
04: <meta charset="utf-8"/>
05: <title>Ch9_6_1.html</title>
06: <script src="jquery.min.js"></script>
07: <script>
08: $(document).ready(function() {
09:     $('.content1').html('<div class="main">jQuery 網頁設計</div>');
10:     $('.content2').text('HTML 網頁設計');
11:     $('.content2').append('<p>PHP 網頁設計</p>');
12:     $('.content2').after('<p>JSP 網頁設計</p>');
13:     $('.content3').remove();
14: });
15: </script>
16: </head>
17: <body>
18: <div class="content1">
```

```
19:     <p>JavaScript 網頁設計</p>
20: </div>
21: <div class='content2'></div>
22: <div class='content3'>ASP.NET 網頁設計</div>
23: </body>
24: </html>
```

程式說明

第 9 列：使用 html()方法取代第 18~20 列 div 元素的內容，從 p 元素改為 div 元素。

第 10 列：使用 text()方法取代第 21 列 div 元素的文字內容，因為原來是空元素，換句話說，就是新增元素內容。

第 11 列：使用 append()方法在第 21 列的 div 元素新增一個 p 子元素，因為在第 10 列新增文字內容，所以元素是在此文字節點之後。

第 12 列：使用 after()方法在第 21 列的 div 元素之後插入一個 p 元素的兄弟節點。

第 13 列：使用 remove()方法刪除第 22 列的 div 元素。

9-6-2 取得 jQuery 包裝類別的 DOM 元素

jQuery 選擇器可以傳回 jQuery 包裝類別的物件，其內容是選出的 DOM 元素，如果需要，我們可以直接存取被其包裝的 DOM 元素。

取得 DOM 元素數

jQuery 物件可以使用 length 屬性取得包裝的 DOM 元素數，如下所示：

```
var length;
length = $("li:contains('ASP')").length;
```

上述程式碼使用 length 屬性取得共有多少個 DOM 元素被包裝在 jQuery 物件。

直接存取 DOM 元素

對於取回的 jQuery 物件，因為被包裝的 DOM 元素可能不只一個，我們可以使用 get()方法來取出指定的 DOM 元素，如下所示：

```
var myTag1 = $('#list').get(0).tagName;
```

上述程式碼取得第 1 個元素，即參數值 0（索引值是從 0 開始），然後就可以使用 tagName 屬性取得此 DOM 元素的標籤名稱。

為了方便取得 DOM 元素，jQuery 提供縮寫寫法，可以使用類似陣列索引方式來取得 DOM 元素，如下所示：

```
var myTag2 = $('ol, p')[1].tagName;
```

上述程式碼的方括號是索引值，1 表示是第 2 個 DOM 元素。

jQuery 程式：Ch9_6_2.html

在 jQuery 程式取得 jQuery 包裝類別的元素數，然後使用 2 種方法來存取其包裝的 DOM 元素，如右圖所示：

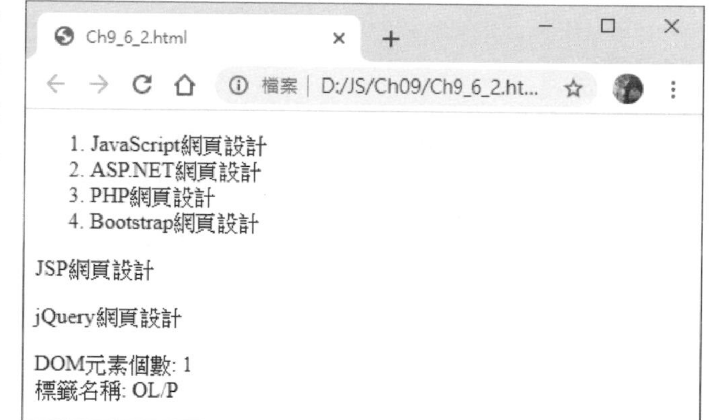

右述圖例的最後顯示元素數是 2 個，DOM 元素的標籤名稱分別為 OL 和 P。

程式內容

```
01: <!DOCTYPE html>
02: <html>
03: <head>
04: <meta charset="utf-8"/>
05: <title>Ch9_6_2.html</title>
06: <script src="jquery.min.js"></script>
07: <script>
08: $(document).ready(function() {
09:    var length;
10:    length = $("li:contains('ASP')").length;
11:    $('#output1').text("DOM 元素個數: " + length);
12:    var myTag1 = $('#list').get(0).tagName;
13:    var myTag2 = $('ol, p')[1].tagName;
14:    $('#output2').text("標籤名稱: " + myTag1 +
15:                         "/" + myTag2);
```

```
16: });
17: </script>
18: </head>
19: <body>
20: <ol id="list">
21:   <li>JavaScript 網頁設計</li>
22:   <li>ASP.NET 網頁設計</li>
23:   <li>PHP 網頁設計</li>
24:   <li>Bootstrap 網頁設計</li>
25: </ol>
26: <p>JSP 網頁設計</p>
27: <p>jQuery 網頁設計</p>
28: <div id="output1"></div>
29: <div id="output2"></div>
30: </body>
31: </html>
```

程式說明

第 10~11 列： 使用 length 屬性取得元素個數後，在 div 元素顯示。

第 12~13 列： 在分別取得 jQuery 物件的第 1 個和第 2 個 DOM 元素後，使用 tagName 屬性取得標籤名稱。

CHAPTER

10

jQuery 事件處理

10-1 事件處理的基礎

事件處理（Event Handlers）是 jQuery 程式十分重要的功能，事件可以擴充標籤功能，提供我們另一種處理標籤的時機，用來回應使用者的互動和建立特效與動畫效果。

10-1-1 事件與事件處理

JavaScript 內建事件處理機制，可以幫助我們與使用者建立互動、網頁特效和動畫效果，jQuery 擴充 JavaScript 的事件處理機制，提供更簡單的語法，並且讓其功能更強大。

事件

「事件」（Event）是使用者在瀏覽器檢視網頁時，與網頁互動時產生的動作，例如：按一下滑鼠左鍵、按下鍵盤按鍵或載入網頁時觸發的一些動作，當事件發生時，稱為「觸發」（Fired），我們可以撰寫程式碼來回應事件，簡單的說，就是抓到觸發事件來進行處理。

日常生活中的事件也常常可見，例如：一輛公共汽車依照行車路線在馬路上行駛，事件是在行駛過程中發生的一些動作，如下所示：

- 看到馬路上的紅綠燈。
- 乘客上車、投幣和下車。

上述動作的發生會觸發對應事件，當事件產生後，就可以針對事件作一些處理，例如：當看到站牌旁有乘客招手時，表示觸發乘客上車事件，司機知道需要路邊停車和開啟車門，在公車範例傳達一個基本觀念，不論搭乘哪一路公車，雖然公車的行駛路線不同，搭載不同的乘客，但是上述動作在每一路公車都一樣會發生。

事件處理

事件處理（Event Handlers）就是指處理事件的函數名稱，例如：使用 JavaScript 在按鈕 HTML 標籤新增 click 事件處理，如下所示：

```
<input type="button" id="btn" onclick="showElements()"
                    value="網頁的元素">
```

上述標籤屬性 onclick 的值是事件處理函數，click 是事件；處理此事件的函數為 showElements()，即事件處理。jQuery 在<input>標籤註冊事件的程式碼（不需使用 onclick 屬性），如下所示：

```
$('#btn').bind(click, showElements);
```

上述程式碼使用 bind()方法註冊事件，第 1 個參數是事件名稱，第 2 個參數就是事件處理的函數名稱，其語法和存取 CSS 和 DOM 處理並沒有什麼不同。

10-1-2 jQuery 的事件處理過程

當網頁發生事件，網頁的整個 DOM 架構都有機會來處理觸發的事件，不同瀏覽器擁有不同的事件處理模型，擁有不同的事件處理過程，因為它將會影響 HTML 元素處理事件的順序。

事件處理模型的種類

筆者準備使用一個 HTML 片段來說明事件處理模型，如下所示：

```
<div class="first">
   <p class="second">
       <a href="http://www.hinet.net">
       中華電信公司
       </a>
   </p>
   <span class="third">
     JavaScript 網頁設計
   </span>
</div>
```

上述 HTML 片段可以轉換成 DOM 元素的階層架構，如下圖所示：

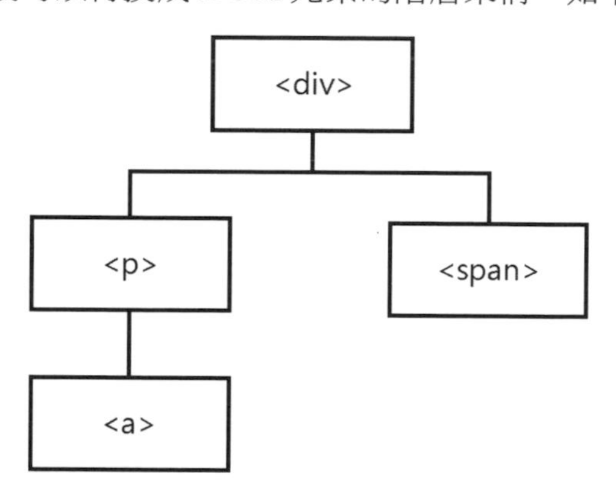

在上述架構中的多個 HTML 元素都可以回應事件，例如：點選超連結 a 元素，因為滑鼠游標目前止在此元素之上，所以 div、p 和 a 元素都有機會回應此事件，不過，span 元素並沒有機會回應此事件。

這些元素回應事件的事件處理過程，需視使用的事件處理模型而定，瀏覽器主要支援的事件處理模型有兩種，如下所示：

- 事件補抓（Event Capturing）：當事件觸發後，首先是最大範圍的元素有機會回應此事件，然後是之中的元素，最後才是觸發事件的元素，以前述 HTML 片段，首先是 div 元素可以回應事件，然後是 p，最後是 a 元素，如下圖所示：

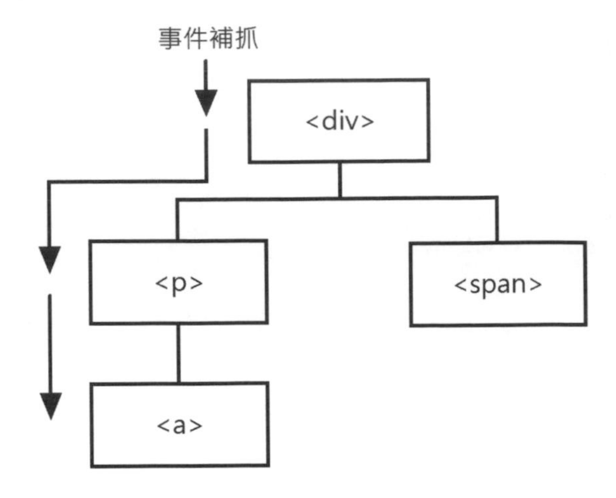

- 氣泡事件（Event Bubbling）：和事件補抓相反的事件模型是氣泡事件，首先是觸發事件的元素有機會回應此事件，然後向上浮起至更大範圍的元素，換句話說，氣泡事件可以直接在最上層建立事件處理，此時下層各元素觸發的事件都可以使用此事件處理來處理。以前述 HTML 片段，首先是 a 元素可以回應事件，然後是 p，最後是 div，如下圖所示：

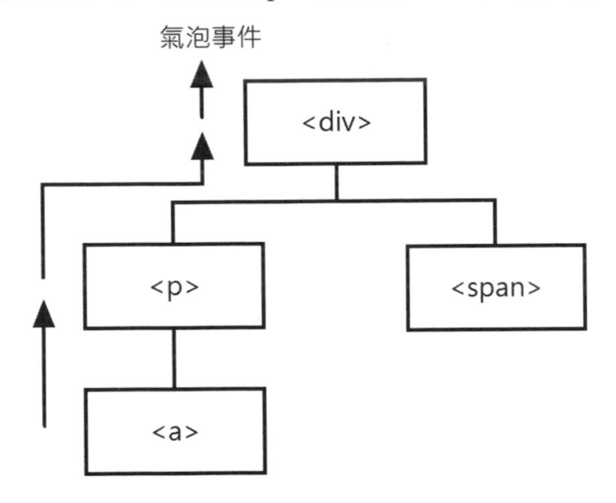

jQuery 使用的事件處理模型

目前瀏覽器的事件處理過程有上述兩種，而且各有支援。DOM 標準是同時支援兩種事件處理模型，事件首先是被大範圍的元素補抓，然後逐步縮小至觸發元素，接著，使用氣泡事件模型反過來從 DOM 樹的觸發節點浮向最上層節點，換句話說，我們可以分別在這兩個事件傳遞過程註冊事件處理。

為了跨瀏覽器支援，jQuery 都是在氣泡事件階段註冊事件處理，換句話說，觸發事件的元素就是第 1 個可以註冊事件處理的元素。

10-2 建立 jQuery 的事件處理

基本上，在 jQuery 建立事件處理和存取 CSS 與 DOM 元素處理十分相似，jQuery 支援所有 JavaScript 原生事件，並且提供更容易的方法將它整合至你的 Web 網站和應用程式。

10-2-1 使用 bind()方法建立事件處理

當我們使用 jQuery 選擇器選擇指定元素後，就可以使用 bind()方法註冊元素擁有的事件，和使用哪一個函數來處理，如下所示：

```
$('#large').bind('click', setLarge);
```

上述程式碼選擇 id 屬性值為 large 的 span 元素後，使用 bind()方法註冊元素擁有第 1 個參數的 click 事件，其處理函數名稱為 setLarge（此為函數名稱的參考，不用括號），然後就可以建立 setLarge()事件處理函數，如下所示：

```
function setLarge() {
   $('p').addClass('large');
}
```

上述函數是 span 元素的事件處理函數，當我們在網頁按一下此元素，就是呼叫此函數來處理。另一種簡化方法是使用匿名函數建立事件處理，如下所示：

```
$('#default').bind('click', function() {
   $('p').removeClass('large');
});
```

上述程式碼直接在第 2 個參數建立函數，所以不用替函數命名，此匿名函數就是註冊元素的事件處理函數。

jQuery 程式：Ch10_2_1.html

在 jQuery 程式替 span 元素註冊 click 事件來模擬按鈕功能，可以選擇文字段落的字型尺寸，如下圖所示：

按一下【放大】，可以看到下方文字的字型放大；按【標準】，就會恢復成預設字型尺寸。

程式內容

```
01: <!DOCTYPE html>
02: <html>
03: <head>
04: <meta charset="utf-8"/>
05: <title>Ch10_2_1.html</title>
06: <style type="text/css">
07: .large { font-size: 15pt; }
08: .line { border: 1px solid #333; cursor: pointer; }
09: </style>
10: <script src="jquery.min.js"></script>
11: <script>
12: $(document).ready(function() {
13:    $('span').addClass('line');
14:    $('#large').bind('click', setLarge);
15:    function setLarge() {
16:       $('p').addClass('large');
17:    }
18:    $('#default').bind('click', function() {
19:       $('p').removeClass('large');
20:    });
21: });
22: </script>
23: </head>
24: <body>
25: <div id="switcher">
26: <span id="default">標準</span>
```

```
27: <span id="large">放大</span>
28: </div>
29: <p>jQuery 事件處理</p>
30: </body>
31: </html>
```

程式說明

第 13 列： 替第 26~27 列的 2 個 span 元素套用 line 樣式類別，可以顯示外框線，而且游標成為手形。

第 14 列： 使用 bind()方法替第 27 列的 span 元素註冊 click 事件，事件處理函數名稱為 setLarge。

第 15~17 列： 事件處理函數 setLarge()的程式碼，在第 16 列替 p 元素套用較大字型尺寸的 large 樣式類別。

第 18~20 列： 使用匿名函數和 bind()方法，替第 26 列的 span 元素註冊 click 事件，使用匿名函數在第 19 列移除 p 元素套用的 large 樣式類別。

10-2-2 使用縮寫事件方法建立事件處理

基本上，因為我們常常會在 jQuery 選擇元素註冊事件，所以 jQuery 提供縮寫方式來註冊事件，並且可以讓我們直接使用 this 關鍵字來參考註冊事件的元素。

縮寫事件方法的事件處理

對於所有標準 DOM 事件：blur、change、click、dblclick、error、focus、keydown、keypress、keyup、load、mousedown、mousemove、mouseout、mouseover、mouseup、resize、scroll、select、submit 和 unload，jQuery 都提供有縮寫事件方法（Shorthand Event Methods），即與事件名稱同名的方法。

例如：click 事件可以使用 click()方法取代 bind()方法，如下所示：

```
$('#small').click(function() {
   $('p').removeClass('large');
   $('p').addClass('small');
   $('#switcher span').removeClass('selected');
   $(this).addClass('selected');
});
```

上述程式碼一樣是註冊元素的 click 事件，只是改為 click()方法，其參數是事件處理函數名稱，或使用匿名函數建立的事件處理程式碼。

使用 this 關鍵字參考註冊事件的元素

在事件處理函數中，如果我們需要參考註冊事件的元素，除了使用 jQuery 選擇器外，另一種方式是使用 this 關鍵字，例如：在前述匿名函數有處理使用者選擇的元素，替它套用 selected 樣式類別，如下所示：

```
$(this).addClass('selected');
```

上述程式碼是替註冊事件的元素套用樣式，選擇器是選擇 this，就是 id 屬性值為 small 的 span 元素，換句話說，如果使用者按一下此元素，就會顯示 selected 樣式類別的背景色彩來標示使用者選擇此元素。

jQuery 程式：Ch10_2_2.html

在 jQuery 程式新增一個文字內容是縮小的 span 元素，它是使用 click()縮寫事件方法來註冊 click 事件，並且使用 this 關鍵字標示使用者選擇此元素，如下圖所示：

按一下【縮小】，可以看到下方文字字型縮小，而且背景色彩改為灰色。

程式內容

```
01: <!DOCTYPE html>
02: <html>
03: <head>
04: <meta charset="utf-8"/>
05: <title>Ch10_2_2.html</title>
06: <style type="text/css">
07: .large { font-size: 15pt; }
08: .small { font-size: 10pt; }
```

```
09: .line { border: 1px solid #333; cursor: pointer; }
10: .selected { font-weight: bold; background-color: gray; }
11: </style>
12: <script src="jquery.min.js"></script>
13: <script>
14: $(document).ready(function() {
15:    $('span').addClass('line');
16:    $('#default').bind('click', function() {
17:       $('p').removeClass('large');
18:       $('p').removeClass('small');
19:       $('#switcher span').removeClass('selected');
20:       $(this).addClass('selected');
21:    });
22:    $('#large').bind('click', setLarge);
23:    function setLarge() {
24:       $('p').addClass('large');
25:       $('p').removeClass('small');
26:       $('#switcher span').removeClass('selected');
27:       $(this).addClass('selected');
28:    }
29:    $('#small').click(function() {
30:       $('p').removeClass('large');
31:       $('p').addClass('small');
32:       $('#switcher span').removeClass('selected');
33:       $(this).addClass('selected');
34:    });
35: });
36: </script>
37: </head>
38: <body>
39: <div id="switcher">
40: <span id="default">標準</span>
41: <span id="large">放大</span>
42: <span id="small">縮小</span>
43: </div>
44: <p>jQuery 事件處理</p>
45: </body>
46: </html>
```

程式說明

第 19、26 和 32 列：使用 removeClass()方法移除 span 元素套用的 selected 樣式類別。

第 20、27 和 33 列：使用 this 關鍵字替選擇的 span 元素套用 selected 樣式類別。

第 29~34 列： 使用 click()縮寫事件方法和匿名函數，替第 42 列的 span 元素註冊 click 事件，在第 30 列移除 p 元素套用的 large 樣式類別，第 31 列套用 small 樣式類別。

10-2-3 事件物件

事件物件（Event Object）可以提供事件的相關資訊，當觸發事件執行事件處理函數時，可以將 event 事件物件的參數傳入函數，如下所示：

```
$('#switcher').click(function(event) {
   …
});
```

上述程式碼是在上一層 div 元素註冊事件（並不是 span 元素），使用同一個函數就可以處理下一層 3 個 span 元素按一下的事件處理。

event.target 屬性與 is()方法

在事件處理函數可以使用 event.target 屬性取得觸發事件的元素，即事件來源，然後使用 is()方法判斷是否是事件來源元素，如下所示：

```
if ($(event.target).is('span')) {
   …
}
```

上述 if 條件判斷事件來源物件是否為下一層 span 元素，如果是，表示是正確的事件來源，可以進行事件處理。首先取出 id 屬性值，即 event.target.id，如下所示：

```
var className = event.target.id;
$('p').removeClass().addClass(className);
```

上述程式碼因為樣式類別名稱和 id 屬性值相同，所以使用串聯呼叫 removeClass()方法先移除樣式類別，再使用 addClass()方法套用同名的樣式類別。最後使用 event.target 屬性套用選擇元素的樣式類別，如下所示：

```
$('#switcher span').removeClass('selected');
$(event.target).addClass('selected');
```

上述程式碼替選擇元素套用 selected 樣式類別。

stopPropagation()方法

因為 jQuery 是使用氣泡事件處理模型，觸發事件會往上層元素傳遞，如果事件已經處理完成，event 事件物件可以呼叫 stopPropagation()方法停止將事件傳遞至 DOM 樹的上一層元素，避免上一層元素註冊的事件處理函數重複處理事件，如下所示：

```
event.stopPropagation();
```

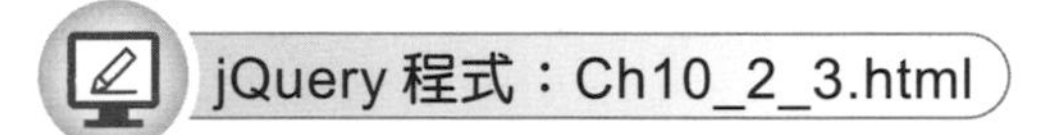

這個 jQuery 程式是修改上一節的程式，改在 3 個 span 元素的上一層 div 元素註冊 click 事件來模擬按鈕功能，此時只需一個事件處理函數即可，其執行結果和上一節完全相同，如下圖所示：

程式內容

```
01: <!DOCTYPE html>
02: <html>
03: <head>
04: <meta charset="utf-8"/>
05: <title>Ch10_2_3.html</title>
06: <style type="text/css">
07: .large { font-size: 15pt; }
08: .small { font-size: 10pt; }
09: .line { border: 1px solid #333; cursor: pointer; }
10: .selected { font-weight: bold; background-color: gray; }
11: </style>
12: <script src="jquery.min.js"></script>
13: <script>
14: $(document).ready(function() {
15:    $('span').addClass('line');
```

```
16:    $('#switcher').click(function(event) {
17:       if ($(event.target).is('span')) {
18:          var className = event.target.id;
19:          $('p').removeClass().addClass(className);
20:          $('#switcher span').removeClass('selected');
21:          $(event.target).addClass('selected');
22:          event.stopPropagation();
23:       }
24:    });
25: });
26: </script>
27: </head>
28: <body>
29: <div id="switcher">
30: <span id="default">標準</span>
31: <span id="large">放大</span>
32: <span id="small">縮小</span>
33: </div>
34: <p>jQuery 事件處理</p>
35: </body>
36: </html>
```

程式說明

第 16~24 列： 使用匿名函數和 click()方法，替第 29~33 列的 div 元素註冊 click 事件，並且傳入事件物件參數 event。

第 17~23 列： if 條件檢查是否是按一下 span 元素，如果是，在第 18 列取得樣式類別名稱後，第 19 列套用樣式類別。

第 20~21 列： 替事件來源的 span 元素套用 selected 樣式類別，可以顯示外框線，而且游標成為手形。

第 22 列： 呼叫 stopPropagation()方法停止氣泡事件將事件傳遞至上層元素，表示觸發的事件已經由目前事件處理函數處理完畢。

10-2-4 使用 unbind()方法移除事件處理

對於已經註冊事件的元素，我們可以使用 unbind()方法移除事件處理，如下所示：

```
$('#large').unbind('click');
```

上述程式碼可以移除 id 屬性值 large 的 span 元素所註冊的 click 事件，參數是事件名稱。

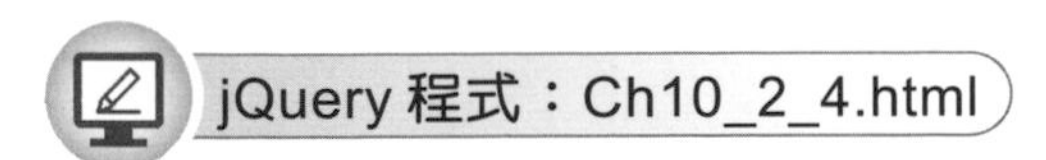

在 jQuery 程式新增一個 span 元素註冊 click 事件，可以移除放大功能的事件處理，讓文字段落顯示固定的字型尺寸，如下圖所示：

按一下【固定標準】，可以看到中間【放大】的框線已經刪除，而且按一下並沒有作用，因為已經移除放大功能的事件處理。

程式內容

```
01: <!DOCTYPE html>
02: <html>
03: <head>
04: <meta charset="utf-8"/>
05: <title>Ch10_2_4.html</title>
06: <style type="text/css">
07: .large { font-size: 15pt; }
08: .line { border: 1px solid #333; cursor: pointer; }
09: </style>
10: <script src="jquery.min.js"></script>
11: <script>
12: $(document).ready(function() {
13:    $('span').addClass('line');
14:    $('#default').click(function() {
15:       $('p').removeClass('large');
16:    });
17:    $('#large').click(function() {
18:       $('p').addClass('large');
19:    });
20:    $('#remove').click(function() {
```

```
21:         $('p').removeClass('large');
22:         $('#large').removeClass('line');
23:         $('#large').unbind('click');
24:     });
25: });
26: </script>
27: </head>
28: <body>
29: <div id="switcher">
30: <span id="default">標準</span>
31: <span id="large">放大</span>
32: <span id="remove">固定標準</span>
33: </div>
34: <p>jQuery 事件處理</p>
35: </body>
36: </html>
```

程式說明

第 20~24 列： 使用匿名函數和 click()方法，替第 32 列的 span 元素註冊 click 事件，在第 21 列移除 p 元素套用的 large 樣式類別，第 22 列移除放大 span 元素的外框，第 23 列使用 unbind()方法移除事件處理。

10-2-5 元素的預設行為

一般來說，HTML 元素本身擁有預設行為，例如：超連結 a 元素就算註冊 click 事件，其預設行為仍然是開啟新網頁。如果不想元素執行預設行為，呼叫前述的 stopPropagation()方法並沒有用，我們需要使用 preventDefault()方法，如下所示：

```
$("a").click(function(event) {
    event.preventDefault();
    $('#log').text('預設事件行為: ' +
                event.type + ' 被阻擋');
});
```

上述 a 元素註冊 click 事件，事件處理函數呼叫 preventDefault()方法讓預設行為沒有作用，不會被觸發，此時執行的是你的事件處理程式碼，即在 div 元素顯示內容，event.type 屬性是事件名稱。

請注意！事件處理模型的事件傳遞和預設行為屬於獨立機制，就算停止一種；另一種仍然會發生，如果想同時停止兩種機制，可以在事件處理函數的最後傳回 false，這種寫法相當於是同時呼叫 stopPropagation()和 preventDefault()方法。

jQuery 程式：Ch10_2_5.html

在 jQuery 程式呼叫 preventDefault()方法來停止超連結 a 元素的預設行為，換句話說，就是讓超連結沒有作用，如下圖所示：

按一下上方的超連結，可以看到並沒有開啟新網頁，而是在下方顯示紅色的訊息文字，換句話說，預設行為 click 已經被阻擋。

程式內容

```
01: <!DOCTYPE html>
02: <html>
03: <head>
04: <meta charset="utf-8"/>
05: <title>Ch10_2_5.html</title>
06: <style type="text/css">
07: .red { color: red; }
08: </style>
09: <script src="jquery.min.js"></script>
10: <script>
11: $(document).ready(function() {
12:    $('#log').addClass('red');
13:    $("a").click(function(event) {
14:       event.preventDefault();
15:       $('#log').text('預設事件行為: ' +
16:                  event.type + ' 被阻擋');
17:    });
18: });
19: </script>
20: </head>
```

```
21: <body>
22: <a href="http://www.hinet.net">沒有作用的超連結</a>
23: <hr/>
24: <div id="log"></div>
25: </body>
26: </html>
```

程式說明

第 13~17 列：使用匿名函數和 click()方法，替第 22 列的 a 元素註冊 click 事件，在第 14 列呼叫參數 event 的 preventDefault()方法讓預設行為沒有作用，第 15~16 列選取第 24 列的 div 元素後，使用 text()方法指定標籤內容。

10-3 滑鼠事件

滑鼠事件是指滑鼠在瀏覽器瀏覽網頁進行相關操作時觸發的事件，相關 jQuery 滑鼠事件的說明，如下表所示：

事件名稱	說明
mousedown	當按下滑鼠按鍵，不論是左鍵或右鍵時觸發
mousemove	當移動滑鼠時觸發
mouseout	當滑鼠游標離開指定 HTML 標籤和父元素時觸發
mouseover	當滑鼠游標進入指定 HTML 標籤和父元素時觸發
mouseenter	當滑鼠游標進入指定 HTML 標籤時觸發
mouseleave	當滑鼠游標離開指定 HTML 標籤時觸發
mousedown	當按下滑鼠按鍵時觸發
mouseup	當放開滑鼠按鍵時觸發
click	當按一下滑鼠左鍵時觸發
dblclick	當按二下滑鼠左鍵時觸發

10-3-1 再談 click 事件

在第 10-2 節已經說明過如何在 HTML 元素註冊 click 事件，這一節筆者準備活用 click 事件，建立切換顯示 HTML 元素的功能。首先宣告變數 isHidden 記錄目前的狀態，如下所示：

```
var isHidden = false;
```

上述變數值 false，表示預設是顯示元素，然後在 h3 元素註冊 click 事件可以切換顯示 3 個 span 元素，如下所示：

```
$('#switcher h3').click(function() {
    if (isHidden) {
        $('#switcher span').removeClass('hidden');
        isHidden = false;
    }
    else {
        $('#switcher span').addClass('hidden');
        isHidden = true;
    }
});
```

上述 if/else 條件判斷變數 isHidden，如果是隱藏，就移除 hidden 樣式類別來顯示元素；若為顯示，就套用 hidden 樣式類別來隱藏元素，並且更新目前 isHidden 變數的狀態。

jQuery 程式：Ch10_3_1.html

這個 jQuery 程式是修改第 10-2-3 節的程式範例，新增 h3 元素且註冊 click 事件，按一下可以切換顯示之下的 3 個 span 元素，如下圖所示：

按一下上方標題的【選擇字型尺寸】，可以隱藏下方 3 個 span 元素的選單。

再按一次，就可以顯示這 3 個 span 元素。

程式內容

```
01: <!DOCTYPE html>
02: <html>
03: <head>
04: <meta charset="utf-8"/>
05: <title>Ch10_3_1.html</title>
06: <style type="text/css">
07: .large { font-size: 15pt; }
08: .small { font-size: 10pt; }
09: .line { border: 1px solid #333; cursor: pointer; }
10: .selected { font-weight: bold; background-color: gray; }
11: .hidden { display: none; }
12: </style>
13: <script src="jquery.min.js"></script>
14: <script>
15: $(document).ready(function() {
16:    $('span').addClass('line');
17:    $('#switcher').click(function(event) {
18:       if ($(event.target).is('span')) {
19:          var className = event.target.id;
20:          $('p').removeClass().addClass(className);
21:          $('#switcher span').removeClass('selected');
22:          $(event.target).addClass('selected');
23:          event.stopPropagation();
24:       }
25:    });
26:    var isHidden = false;
27:    $('#switcher h3').click(function() {
28:       if (isHidden) {
29:          $('#switcher span').removeClass('hidden');
30:          isHidden = false;
31:       }
32:       else {
```

```
33:             $('#switcher span').addClass('hidden');
34:             isHidden = true;
35:         }
36:     });
37: });
38: </script>
39: </head>
40: <body>
41: <div id="switcher">
42: <h3>選擇字型尺寸</h3>
43: <span id="default">標準</span>
44: <span id="large">放大</span>
45: <span id="small">縮小</span>
46: </div>
47: <p>jQuery 事件處理</p>
48: </body>
49: </html>
```

程式說明

第 26 列：宣告變數 isHidden 記錄目前的顯示狀態。

第 27~36 列：使用匿名函數和 click()方法，替第 42 列的 h3 元素註冊 click 事件，在第 28~35 列的 if 條件判斷目前是顯示或隱藏，如果隱藏就執行第 29~30 列移除 hidden 樣式類別來顯示元素，和更新 isHidden 變數為 false；顯示就執行第 33~34 列套用 hidden 樣式類別來隱藏元素，和更新 isHidden 變數為 true。

10-3-2 使用 mouseenter 與 mouseleave 事件

在 jQuery 可以使用 mouseenter 與 mouseleave 事件建立基本的動畫效果，當滑鼠移至元素中，就變換背景色彩；移出元素恢復原來色彩，如下所示：

```
$('p').mouseenter(function() {
   $(this).addClass("yellow");
}).mouseleave(function() {
   $(this).removeClass("yellow");
});
```

上述程式碼選擇 p 元素後，使用串聯呼叫方法註冊 mouseenter 與 mouseleave 事件，可以分別套用 yellow 和移除 yellow 樣式類別來變換元素的背景色彩。

jQuery 程式：Ch10_3_2.html

在 jQuery 程式使用 mouseenter 與 mouseleave 事件建立基本動畫效果，當滑鼠移至 p 元素中，可以看到背景色彩改為黃色，移出元素恢復原來背景色彩。

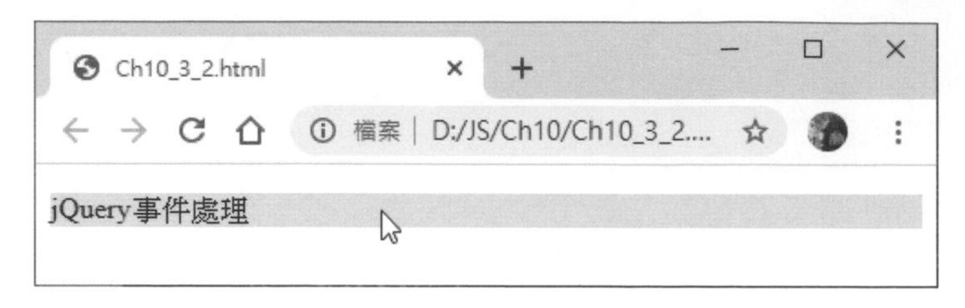

程式內容

```
01: <!DOCTYPE html>
02: <html>
03: <head>
04: <meta charset="utf-8"/>
05: <title>Ch10_3_2.html</title>
06: <style type="text/css">
07: .yellow { background-color : yellow; }
08: </style>
09: <script src="jquery.min.js"></script>
10: <script>
11: $(document).ready(function() {
12:    $('p').mouseenter(function() {
13:       $(this).addClass("yellow");
14:    }).mouseleave(function() {
15:       $(this).removeClass("yellow");
16:    });
17: });
18: </script>
19: </head>
20: <body>
21: <p>jQuery 事件處理</p>
22: </body>
23: </html>
```

程式說明

第 12~16 列：使用匿名函數和串聯 mouseenter()與 mouseleave()方法，替第 21 列的 p 元素註冊 mouseenter 和 mouseleave 事件，在第 13 列套用 p 元素的 yellow 樣式類別，第 15 列移除套用的 yellow 樣式類別。

10-3-3 使用 mouseup 和 mousedown 事件

滑鼠事件 mouseup 和 mousedown 是當按下和放開滑鼠按鍵時觸發，按一下滑鼠左鍵就會依序觸發前述 2 種滑鼠事件，換句話說，我們可以使用這 2 種事件取代 click 事件，建立不同的按一下操作。

例如：購物車通常是按下按鈕（click 事件），才將商品加入購物車，換一種方式，我們可以使用滑鼠事件 mouseup 在按下時標示選擇商品，然後在 mousedown 放開時才將商品加入購物車，如下所示：

```
$('.product').mousedown(function() {
   $(this).addClass("highline");
}).mouseup(function() {
   $('.cart').append('Android 平板電腦已經放入購物車<br/>');
   $('.cart h3').text('購物車有 1 件商品');
   $(this).addClass('hidden');
   $('.cart').removeClass('hidden');
});
```

上述程式碼註冊 2 種滑鼠事件 mousedown 和 mouseup，在 mousedown 事件處理函數替元素套用 highline 樣式類別標示商品，mouseup 事件處理函數建立購物車內容的 DOM 元素後，隱藏商品元素，即套用 hidden 樣式類別後，顯示購物車（即移除 hidden 樣式類別）。

jQuery 程式：Ch10_3_3.html

在 jQuery 程式使用 mouseup 和 mousedown 事件建立簡單的購物車功能，按一下，就可以將選購商品加入購物車，如右圖所示：

在商品上按一下，可以看到紅色的邊框，然後可以看到商品加入購物車，購物車目前有 1 件商品，如下圖所示：

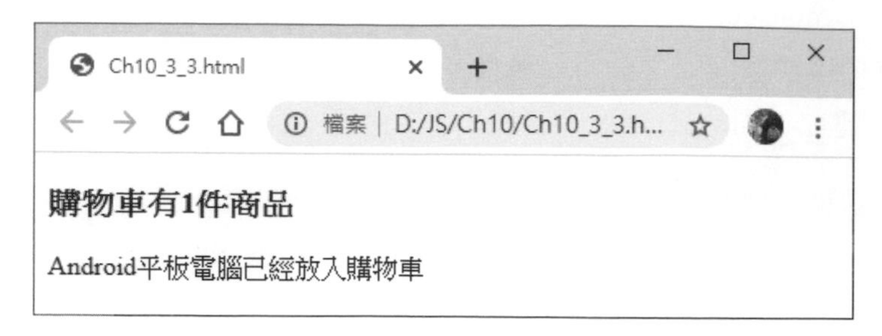

程式內容

```
01: <!DOCTYPE html>
02: <html>
03: <head>
04: <meta charset="utf-8"/>
05: <title>Ch10_3_3.html</title>
06: <style type="text/css">
07: .highline { border : 3px solid red; }
08: .hidden { display: none; }
09: </style>
10: <script src="jquery.min.js"></script>
11: <script>
12: $(document).ready(function() {
13:    $('.cart').addClass('hidden');
14:    $('.product').mousedown(function() {
15:       $(this).addClass("highline");
16:    }).mouseup(function() {
17:       $('.cart').append('Android 平板電腦已經放入購物車<br/>');
18:       $('.cart h3').text('購物車有 1 件商品');
19:       $(this).addClass('hidden');
20:       $('.cart').removeClass('hidden');
21:    });
22: });
23: </script>
24: </head>
25: <body>
26: <div class="product">
27: <h3>Android 平板電腦</h3>
28: <div><img src="images/table.png" title="Android" alt="table"></div>
29: <p>第一台 NVIDIA _Tegra_2 雙核心,
30: 第一台支援高解析影音媒體,
31: 支援 1080p 高解析影片與串流高畫質 Flash,
32: 影音擴充多元又便利
```

```
33: </p>
34: <p>現金價: $8999</p>
35: <div>請點選商品加入購物車</div>
36: </div>
37: <div class="cart"><h3></h3></div>
38: </body>
39: </html>
```

程式說明

第 13 列：隱藏第 37 列購物車的 div 元素。

第 14~21 列：使用匿名函數和串聯 mousedown()與 mouseup()方法，替第 26~36 列的 div 元素註冊 mousedown 和 mouseup 事件，在第 15 列套用 highline 樣式類別，第 17~18 列建立購物車內容，第 19 列隱藏商品元素，第 20 列顯示購物車。

第 26~36 列：顯示商品名稱、圖片、描述和價格的 div 元素。

第 37 列：購物車的 div 元素。

10-4 組合事件

雖然大部分 jQuery 事件是源於 DOM 原生事件，不過，jQuery 提供自訂事件 hover，稱為組合事件處理（Compound Event Handlers），因為這個事件是組合使用者的動作，我們需要同時建立多個處理函數來回應事件。

jQuery 程式碼可以使用 hover()方法註冊 hover 事件，此方法需要 2 個處理函數的參數，當滑鼠游標進入選擇元素，就執行第 1 個參數的函數；當游標離開選擇元素，就執行第 2 個參數的函數，如下所示：

```
$('#switcher h3').hover(function() {
   $(this).addClass('hover');
}, function() {
   $(this).removeClass('hover');
});
```

上述程式碼是選擇 h3 元素來註冊 hover 事件，當滑鼠游標進入 h3 元素就套用 hover 樣式類別；當游標離開 h3 元素，就移除 hover 樣式類別，hover 樣式類別是將游標改為手形；背景色彩是黃色。

在 jQuery 程式建立類似第 10-3-3 節程式範例的效果，當移至可點選元素，就顯示手形游標，且將背景改為黃色，如下圖所示：

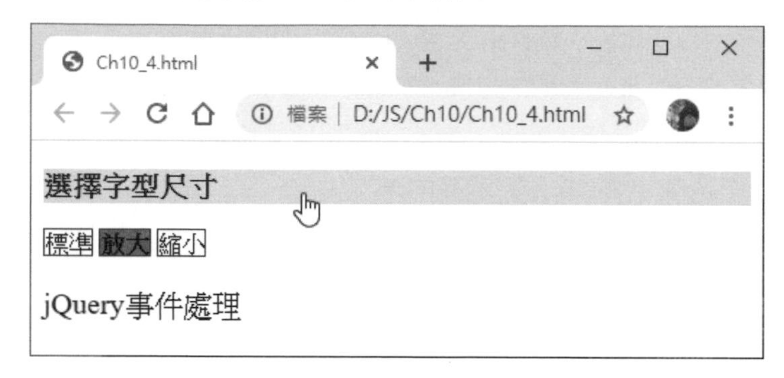

當滑鼠游標進入【選擇字型尺寸】的範圍，可以看到游標成為手形；背景改為黃色，游標離開，樣式恢復原狀。

程式內容

```
01: <!DOCTYPE html>
02: <html>
03: <head>
04: <meta charset="utf-8"/>
05: <title>Ch10_4.html</title>
06: <style type="text/css">
07: .large { font-size: 15pt; }
08: .small { font-size: 10pt; }
09: .line { border: 1px solid #333; cursor: pointer; }
10: .selected { font-weight: bold; background-color: gray; }
11: .hidden { display: none; }
12: .hover {
13:    cursor : pointer;
14:    background-color : yellow;
15: }
16: </style>
17: <script src="jquery.min.js"></script>
18: <script>
```

```
19: $(document).ready(function() {
20:    $('span').addClass('line');
21:    $('#switcher').click(function(event) {
22:       if ($(event.target).is('span')) {
23:          var className = event.target.id;
24:          $('p').removeClass().addClass(className);
25:          $('#switcher span').removeClass('selected');
26:          $(event.target).addClass('selected');
27:          event.stopPropagation();
28:       }
29:    });
30:    $('#switcher h3').hover(function() {
31:       $(this).addClass('hover');
32:    }, function() {
33:       $(this).removeClass('hover');
34:    });
35: });
36: </script>
37: </head>
38: <body>
39: <div id="switcher">
40: <h3>選擇字型尺寸</h3>
41: <span id="default">標準</span>
42: <span id="large">放大</span>
43: <span id="small">縮小</span>
44: </div>
45: <p>jQuery 事件處理</p>
46: </body>
47: </html>
```

程式說明

第 30~34 列： 使用 2 個匿名函數和 hover()方法，替第 40 列的 h3 元素註冊 hover 事件，在第 31 列套用 hover 樣式類別，第 33 列移除 hover 樣式類別。

10-5 鍵盤事件

鍵盤是另一種使用者輸入資料的電腦周邊裝置，當我們按下鍵盤按鍵時，就會觸發對應的鍵盤事件，一般來說，鍵盤事件都是使用在網頁遊戲控制或表單驗證。相關 jQuery 鍵盤事件的說明，如下表所示：

事件名稱	說明
keydown	當按下鍵盤按鍵時觸發
keypress	在 keydown 到 keyup 之間觸發的事件，也就是在按下按鍵到放開按鍵期間觸發
keyup	當放開鍵盤按鍵時觸發

例如：我們可以使用 keydown 鍵盤事件計算使用者在表單欄位輸入多少個中文字和英文字元，如下所示：

```
$('#memo').keydown(function(event) {
   var msg = $(this).val();
   var numChar = msg.length;
   var charRemain = maxChar - numChar;
```

上述程式碼在 textarea 元素註冊 keydown 事件，變數 msg 是輸入的訊息文字，val()方法可以取得選擇元素集合中，第 1 個元素的值，因為是字串，所以在取得字串長度後，計算還剩幾個中文字和字元。

在下方 if/else 條件判斷字數是否超過，沒有超過就更新顯示目前剩餘的字數，如下所示：

```
   if (numChar <= maxChar) {
      $('#counter').text(charRemain);
   }
   else {
      event.preventDefault();
   }
});
```

上述 else 是超過最大字數，此時就呼叫 event.preventDefault()方法讓預設行為沒有作用，即不允許再輸入文字內容。

jQuery 程式：Ch10_5.html

在 jQuery 程式新增 textarea 元素註冊 keydown 事件，可以計算使用者在多行文字方塊欄位還可以輸入多少個中文字和英文字元（目前還有 84 個），如下：

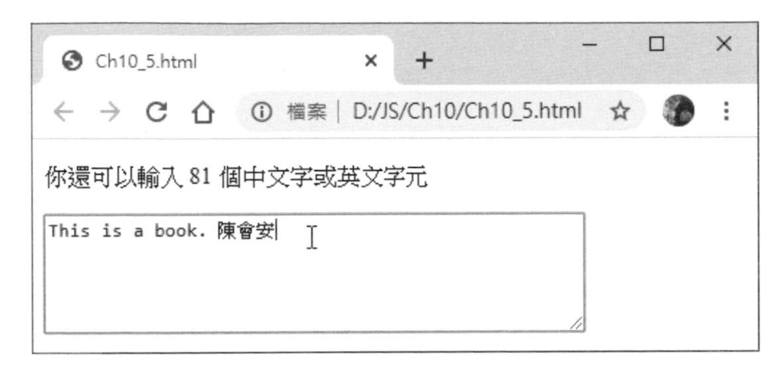

程式內容

```
01: <!DOCTYPE html>
02: <html>
03: <head>
04: <meta charset="utf-8"/>
05: <title>Ch10_5.html</title>
06: <script src="jquery.min.js"></script>
07: <script>
08: var maxChar = 100;
09: $(document).ready(function() {
10:    $('#counter').text(maxChar);
11:    $('#memo').keydown(function(event) {
12:       var msg = $(this).val();
13:       var numChar = msg.length;
14:       var charRemain = maxChar - numChar;
15:       if (numChar <= maxChar) {
16:          $('#counter').text(charRemain);
17:       }
18:       else {
19:          event.preventDefault();
20:       }
21:    });
22: });
23: </script>
24: </head>
25: <body>
```

```
26: <p>你還可以輸入
27: <span id="counter"></span> 個中文字或英文字元</p>
28: <textarea id="memo" cols="50" rows="5"></textarea>
29: </body>
30: </html>
```

程式說明

第 8 列：變數 maxChar 是允許輸入的最大字數。

第 10 列：在第 27 列的 span 元素顯示剩餘字數。

第 11~21 列：使用匿名函數和 keydown()方法，替第 28 列的 textarea 元素註冊 keydown 事件，在第 12~14 列使用字串長度來計算剩餘字數，第 15~20 列的 if/else 條件判斷字數是否超過，沒有超過就更新剩餘字數；超過就停止元素的預設行為，即不允許再輸入文字。

第 27 列：顯示剩餘字數的 span 元素，id 屬性值為 counter。

第 28 列：輸入文字內容的 textarea 元素，id 屬性值為 memo。

10-6 表單事件

jQuery 支援 JavaScript 原生的表單事件，相關 jQuery 表單事件的說明，如下表所示：

事件名稱	說明
change	當使用者更改欄位內容時觸發
focus	當使用者取得選擇或文字欄位焦點時觸發
blur	當使用者失去選擇或文字欄位焦點時觸發
submit	當使用者送出表單欄位時觸發
reset	當使用者重設表單欄位內容時觸發
select	當使用者選擇網頁元素的文字內容時觸發

例如：使用上表 focus 和 blur 事件，就可以在表單欄位取得和失去焦點時，顯示不同的欄位外觀，如下所示：

```
$('#name').focus(function() {
   $(this).addClass('highline');
}).blur(function() {
   $(this).removeClass('highline');
});
```

上述程式碼是當欄位取得焦點時，套用 highline 樣式類別；失取焦點移除 highline 樣式類別。

jQuery 程式：Ch10_6.html

在 jQuery 程式新增文字方塊欄位的 input 和 textarea 元素，分別註冊 focus 和 blur 事件，當文字方塊取得焦點就顯示紅色外框，反之取消顯示外框；當多行文字方塊失去焦點，就在下方顯示輸入的字元數，如下圖所示：

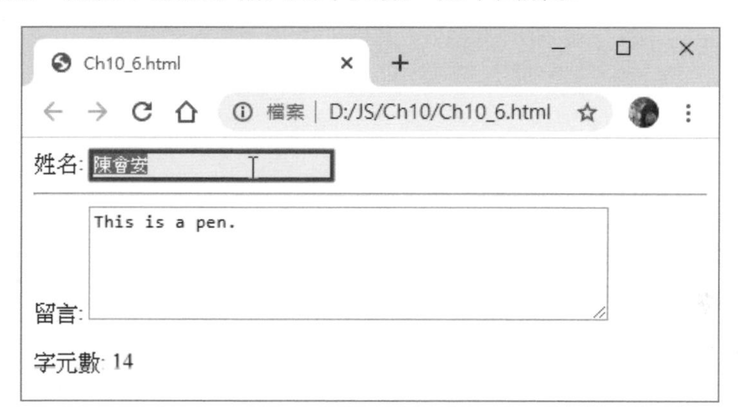

程式內容

```
01: <!DOCTYPE html>
02: <html>
03: <head>
04: <meta charset="utf-8"/>
05: <title>Ch10_6.html</title>
06: <style type="text/css">
07: .highline { border : 3px solid red; }
08: .hidden { display: none; }
09: </style>
10: <script src="jquery.min.js"></script>
```

```
11: <script>
12: $(document).ready(function() {
13:    $('p').addClass('hidden');
14:    $('#name').focus(function() {
15:       $(this).addClass('highline');
16:    }).blur(function() {
17:       $(this).removeClass('highline');
18:    });
19:    $('#memo').focus(function() {
20:       $('p').addClass('hidden');
21:    }).blur(function() {
22:       var msg = $(this).val();
23:       var numChar = msg.length;
24:       $('#counter').text(numChar);
25:       $('p').removeClass('hidden');
26:    });
27: });
28: </script>
29: </head>
30: <body>
31: 姓名: <input type="text" id="name"/><hr/>
32: 留言:
33: <textarea id="memo" cols="50" rows="5"></textarea>
34: <p>字元數: <span id="counter"></span></p>
35: </body>
36: </html>
```

程式說明

第 13 列：隱藏第 34 列 span 元素顯示的字數。

第 14~18 列： 替第 31 列的 input 元素註冊 focus 和 blur 事件，在第 15 列套用紅色外框的 highline 樣式類別；第 17 列移除紅色外框的 highline 樣式類別。

第 19~26 列： 替第 33 列的 textarea 元素註冊 focus 和 blur 事件，在第 20 列隱藏 p 元素，第 22~23 列使用字串長度計算字數，第 24~25 列顯示和更新 span 元素顯示的字數。

第 31~33 列： 表單欄位的 input 和 textarea 元素。

CHAPTER

11

jQuery 動畫、特效與表單處理

11-1 動畫與特效的基礎

動畫與特效是建立 Web 介面使用者經驗的最佳工具，jQuery 提供多種方法可以在 Web 網頁新增各種特效與動畫。

認識動畫與特效

在說明 jQuery 的動畫與特效前，我們需要先了解什麼是動畫與特效，如下所示：

- 動畫（Animation）：當快速顯示一序列圖片時，因為每一張圖片都有少許的位置或色彩差異，在視覺暫留情況下所產生的動態效果。
- 特效（Effect）：特效是指一些事情的結果或改變，基本上，這是某些事情發生之後所呈現的結果，例如：當行走在灑了一地油的地板時，就會打滑和跌倒，跌倒就是一種特效。

一般來說，因為動畫擁有時間軸，是持續一段時間的動態效果，當使用 jQuery 方法建立特效，同時在方法加上持續時間，這就是動畫。

為什麼需要動畫與特效

基本上，網頁設計和 JavaScript 程式設計師的主要工作是建立網站的 Web 使用介面，在 Web 網頁製作動畫與特效的目的是建立更佳和愉悅的使用介面，因為沒有訪客希望看到枯燥無味的網頁內容，他們需要立即的滿足和喜悅，而非單純重複的等待一頁接著一頁的網頁載入。

事實上，目前很多成功的社群網站都提供令人印象深刻、有趣和互動的使用介面，這也是吸引眾多網友一再重複造訪網站的原因之一，例如：Google 和 Facebook 很多功能的使用介面都是使用客戶端 JavaScript 技術建立的動畫與特效，在操作過程中，不時會出現動畫與特效來增加使用介面的親和度，以便讓使用者獲得更佳的使用者經驗。

jQuery 的特效方法

jQuery 提供顯示、隱藏、滑動和淡入/淡出的特效，可以透過在選擇元素執行指定的特效方法來建立動畫與特效，如下表所示：

分類	特效名稱	說明
基本	show()	顯示元素
	hide()	隱藏元素
	toggle()	按一下可以切換顯示或隱藏元素
滑動	slideDown()	元素向下滑動
	slideUp()	元素向上滑動
	slideToggle()	切換元素向上和向下滑動
淡入/淡出	fadeIn()	淡入元素，即慢慢變成不透明
	fadeOut()	淡出元素，即慢慢變成透明
	fadeToggle()	切換淡入與淡出元素
	fadeTo()	元素慢慢變成指定的透明度

上表 jQuery 特效方法都擁有相同的參數，其基本語法如下所示：

```
$(選擇器).特效方法(持續時間, 回撥函數);
```

上述特效方法的參數有 2 個，其說明如下所示：

- 持續時間（Duration）：動畫持續的時間，可以是關鍵字 fast（相當是 200 毫秒）、normal（400 毫秒）和 slow（600 毫秒），或指定毫秒（例如：100、250 和 500 等值）。
- 回撥函數（Callback）：當特效結束後會自動呼叫此函數。

11-2 建立 jQuery 特效

當 jQuery 選擇元素後，我們可以執行多種方法在 Web 網頁建立顯示與隱藏特效、滑動特效和淡入/淡出特效。

11-2-1 顯示與隱藏元素

jQuery 提供 show()、hide()和 toggle()三種方法來建立顯示與隱藏特效。

沒有參數的 show()和 hide()方法

jQuery 的 show()和 hide()方法如果沒有參數，相當於是呼叫 css('display', 'inline')和 css('display', 'none')方法的縮寫寫法，只能顯示和隱藏元素，並沒有任何動畫效果，如下所示：

```
$('p.more').show();
$('a.more2').hide();
```

上述程式碼選擇套用元素後，使用 show()方法顯示元素；hide()方法隱藏元素，通常我們會搭配 click 事件，按一下就顯示或隱藏元素。

指定持續時間的 show()和 hide()方法

在 show()和 hide()方法如果指定持續時間（Duration）參數，就可以將顯示和隱藏的過程建立成動畫，如下所示：

```
$('p.more').show('slow');
$('p.more').hide('500');
```

上述 show()和 hide()方法的參數可以使用 slow、normal 和 fast，分別代表 600、400 和 200 毫秒，或直接指定時間的毫秒數，參數值可以使用「'」括起，也可以不使用，例如：hide(500)。

當 hide('slow')方法指定參數的持續時間，表示在此時間內同步縮小元素的寬、高和透明度直到看不見為止；show('slow')方法是在參數的時間內，從上而下增加元素的高；從左至右增加元素的寬，和將透明度從 0 增至 1，直到完成元素的顯示為止。

使用 toggle()方法切換顯示與隱藏元素

jQuery 可以使用 toggle()方法切換顯示特定元素，換句話說，我們是使用 toggle()方法取代 show()和 hide()兩個方法的功能（jQuery 程式：Ch11_2_1a.html），如下所示：

```
var p = $('p.more');
p.hide();
$('a.more').click(function() {
   p.toggle('slow');
   // 更改超連結的標題文字
   return false;
});
```

上述變數 p 是第 2 個段落，首先使用 hide()方法隱藏此段落，然後在 click 事件處理使用 toggle()方法來切換顯示，如果元素隱藏就顯示；反之，就隱藏。因為只有使用一個超連結，所以使用 if/else 條件切換超連結的標題文字，如下所示：

```
if ($(this).text() == '更多內容')
   $(this).text('隱藏內容');
else
   $(this).text('更多內容');
```

上述 if/else 條件是比較目前超連結的標題文字，如果是「更多內容」就改為「隱藏內容」；反之，就改為「更多內容」。

jQuery 程式：Ch11_2_1.html

在 jQuery 程式新增 2 個超連結，按一下可以顯示更多的文字段落，如右圖所示：

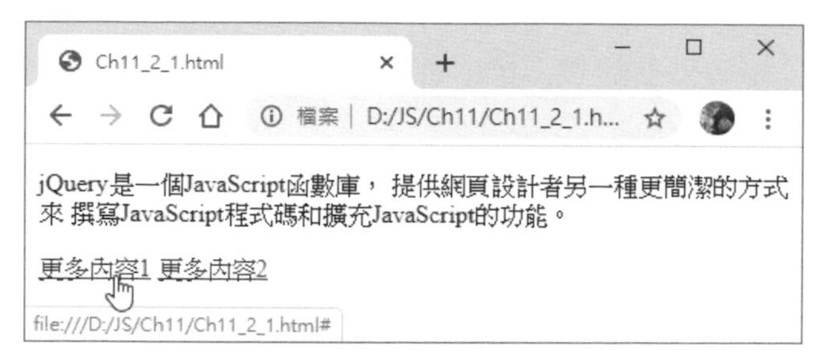

上述【更多內容 1】是沒有參數；【更多內容 2】是有持續時間參數，按一下，可以顯示動畫效果來顯示下一段文字內容，如下圖所示：

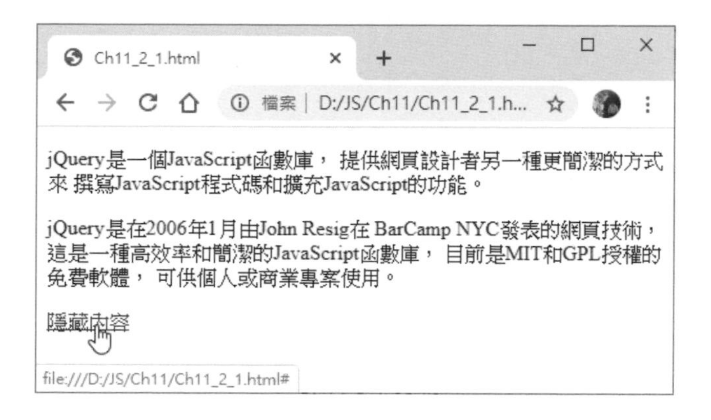

當顯示第 2 個段落時，就會自動隱藏下方 2 個「更多內容」超連結，只顯示【隱藏內容】超連結，按一下此超連結，就會以動畫方式來隱藏第 2 個段落文字。

程式內容

```
01: <!DOCTYPE html>
02: <html>
03: <head>
04: <title>Ch11_2_1.html</title>
05: <script src="jquery.min.js"></script>
06: <script>
07: $(document).ready(function() {
08:    $('p.more').hide();
09:    $('a.short').hide();
10:    $('a.more1').click(function() {
11:       $('p.more').show();
12:       $(this).hide();
```

```
13:         $('a.more2').hide();
14:         $('a.short').show();
15:         return false;
16:     });
17:     $('a.more2').click(function() {
18:         $('p.more').show('slow');
19:         $(this).hide();
20:         $('a.more1').hide();
21:         $('a.short').show();
22:         return false;
23:     });
24:     $('a.short').click(function() {
25:         $('p.more').hide('500');
26:         $('a').show();
27:         $(this).hide();
28:         return false;
29:     });
30: });
31: </script>
32: </head>
33: <body>
34: <div>
35: <p>jQuery 是一個 JavaScript 函數庫，
36:     提供網頁設計者另一種更簡潔的方式來
37:     撰寫 JavaScript 程式碼和擴充 JavaScript 的功能。</p>
38: <p class="more">jQuery 是在 2006 年 1 月由 John Resig 在
39:     BarCamp NYC 發表的網頁技術，
40:     這是一種高效率和簡潔的 JavaScript 函數庫，
41:     目前是 MIT 和 GPL 授權的免費軟體，
42:     可供個人或商業專案使用。</p>
43: <a href="#" class="more1">更多內容 1</a>
44: <a href="#" class="more2">更多內容 2</a>
45: <a href="#" class="short">隱藏內容</a>
46: </div>
47: </body>
48: </html>
```

程式說明

第 8~9 列：使用 hide()方法隱藏第 38~42 列的 p 元素，和第 45 列的 a 元素。

第 10~16 列：第 43 列 a 元素的 click 事件處理，在第 11 列使用沒有參數的 show()方法顯示第 2 個段落 p，第 12~13 列隱藏第 43~44 列的 a 元素，第 14 列顯示第 45 列的 a 元素，最後傳回 false，表示停止超連結的預設行為。

第 17~23 列：第 44 列 a 元素的 click 事件處理，在第 18 列使用參數 show()方法來動畫顯示第 2 個段落 p，第 19~20 列隱藏第 43~44 列的 a 元素，第 21 列顯示第 45 列的 a 元素，最後傳回 false，表示停止超連結的預設行為。

第 24~29 列：第 45 列 a 元素的 click 事件處理，在第 25 列使用參數 hide()方法來動畫隱藏第 2 個段落 p，第 26 列顯示第 43~44 列的 a 元素，第 27 列隱藏第 45 列的 a 元素，最後傳回 false，表示停止超連結的預設行為。

11-2-2 建立滑動特效

jQuery 提供 slideDown()、slideUp()和 slideToggle()三種方法來建立滑動特效。

使用 slideDown()和 slideUp()方法滑動顯示搜尋選項

jQuery 的 slideDown()和 slideUp()方法是針對元素的高，可以在垂直方向如同打開抽屜一般，由上而下滑動顯示元素，或由下而上隱藏元素。例如：在搜尋欄位旁，按一下旁邊的超連結，可以滑動顯示進階的搜尋選項，再按一次隱藏選項，如下所示：

```
$('a.more-options').click(function() {
   if ($('div.more').is(':hidden'))
      $('div.more').slideDown('slow');
   else
      $('div.more').slideUp('slow');
   return false;
});
```

上述程式碼註冊 a 元素的 click 事件，匿名處理函數使用 if/else 條件判斷進階搜尋選項是否顯示，is(':hidden')方法檢查選取的元素集合是否有參數的選擇器、元素或 jQuery 物件，如果有，就傳回 true。以此例是檢查元素是否隱藏，如果是，使用 slideDown('slow')方法向下滑動顯示元素（打開抽屜），反之，就使用 slideUp('slow')方法向上滑動隱藏元素（關閉抽屜）。

使用 slideToggle()方法滑動顯示登入表單

jQuery 的 slideDown()和 slideUp()方法也可以使用 slideToggle()方法來取代，例如：建立滑動顯示登入表單的動畫效果（jQuery 程式：Ch11_2_2a.html），如下所示：

```
$('#open').click(function() {
   $('#login form').slideToggle('300');
});
```

上述程式碼使用 slideToggle()方法來滑動顯示與隱藏登入表單，如右圖所示：

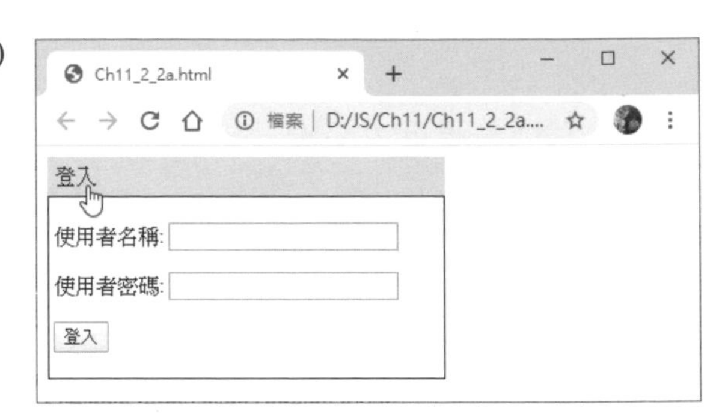

jQuery 程式：Ch11_2_2.html

在 jQuery 程式使用滑動特效顯示更多搜尋選項的表單，這是如同打開和關閉抽屜的動畫效果，如下圖所示：

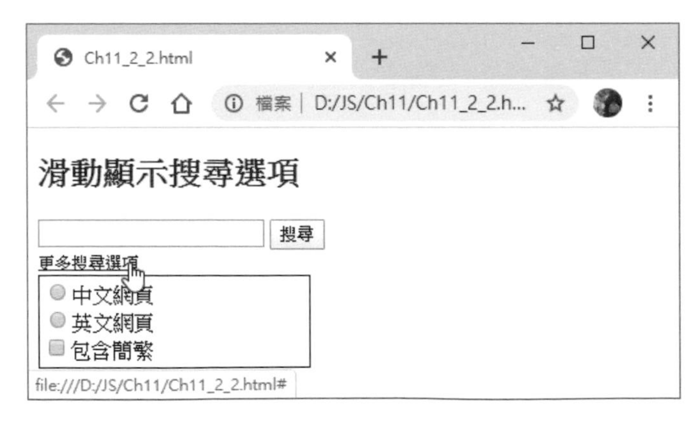

按一下【更多搜尋選項】，可以看到從上而下滑動顯示表單，再按一下，就可以從下而上滑動隱藏表單。

程式內容

```
01: <!DOCTYPE html>
02: <html>
03: <head>
04: <title>Ch11_2_2.html</title>
05: <style type="text/css">
06: .more {
07:    padding : 3px;
08:    border   : 1px solid black;
09:    width    : 200px;
10: }
11: .more-options { font-size : 10pt; }
12: </style>
13: <script src="jquery.min.js"></script>
14: <script>
15: $(document).ready(function() {
16:    $('div.more').hide();
17:    $('a.more-options').click(function() {
18:       if ($('div.more').is(':hidden'))
19:          $('div.more').slideDown('slow');
20:       else
21:          $('div.more').slideUp('slow');
22:       return false;
23:    });
24: });
25: </script>
26: </head>
27: <body>
28: <div id="search">
29:   <h2>滑動顯示搜尋選項</h2>
30:   <input type="text" width="50"/>
31:   <input type="submit" value="搜尋"/><br/>
32:   <a href="#" class="more-options">更多搜尋選項</a>
33:   <div class="more">
34:      <input type="radio" name="category"/>中文網頁<br/>
35:      <input type="radio" name="category"/>英文網頁<br/>
36:      <input type="checkbox" name="language"/>包含簡繁<br/>
37:   </div>
38: </div>
39: </body>
40: </html>
```

程式說明

第 5~12 列：搜尋選項表單，和超連結字型大小的 CSS 樣式。

第 16 列：隱藏第 33~37 列的 div 元素。

第 17~23 列： 第 32 列 a 元素的 click 事件處理，在第 18~21 列使用 if/else 條件判斷表單是否隱藏，如果是，在第 19 列使用 slideDown()方法從上而下滑動顯示表單，不是，就是在第 21 列從下而上滑動隱藏表單。

11-2-3 建立淡入 / 淡出特效

淡入/淡出特效可以建立更豐富的網頁效果，其效果是在一段時間內更改元素的透明度來呈現顯示或隱藏效果。在 jQuery 提供 fadeIn()、fadeOut()和 fadeToggle()三種方法來建立淡入/淡出特效。

fadeIn()和 fadeOut()方法

jQuery 的 fadeIn()方法可以建立選取元素的透明度動畫，首先出現元素佔用的空間，然後元素逐漸變成不透明的呈現出來，如果元素已經可見，就不會顯示任何特效，如下所示：

```
$('a.more').click(function() {
   $('p.more').fadeIn('1500');
   $(this).hide();
   $('a.short').show();
   return false;
});
```

上述程式碼是超連結 a 的事件處理，當點選超連結，就使用 fadeIn()方法建立淡入特效，如果是使用 fadeOut()方法，可以將元素逐漸變成不可見，讓元素如同鬼魂一般，如果元素已經隱藏，就不會顯示任何特效。

fadeToggle()方法

同樣的，fadeToggle()方法可以結合淡入/淡出特效，如果元素是隱藏，就逐漸變成可見；如果是可見，就逐漸變成隱藏，如下所示：

```
$('a.toggle').click(function() {
   $('p.more').fadeToggle('1500');
   return false;
});
```

上述程式碼是超連結 a 的事件處理，當點選超連結，就使用 fadeToggle()方法建立淡入/淡出特效。

jQuery 程式：Ch11_2_3.html

這個 jQuery 程式是修改第 11-2-1 節的程式範例，只是改為淡入/淡出特效來顯示更多的文字段落，如右圖所示：

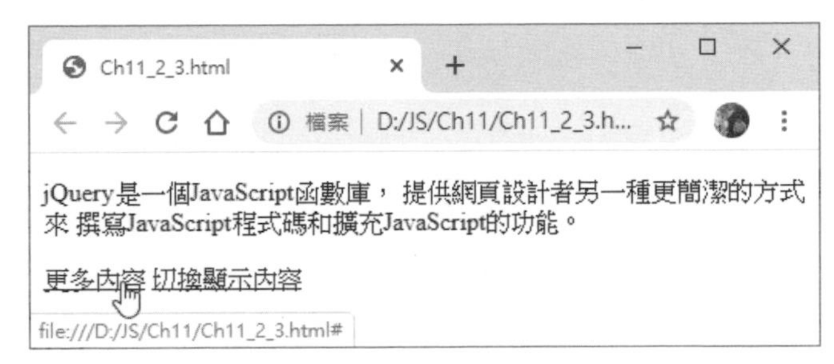

按一下【更多內容】，可以看到下方文字段落逐漸從透明變成可見，如下圖所示：

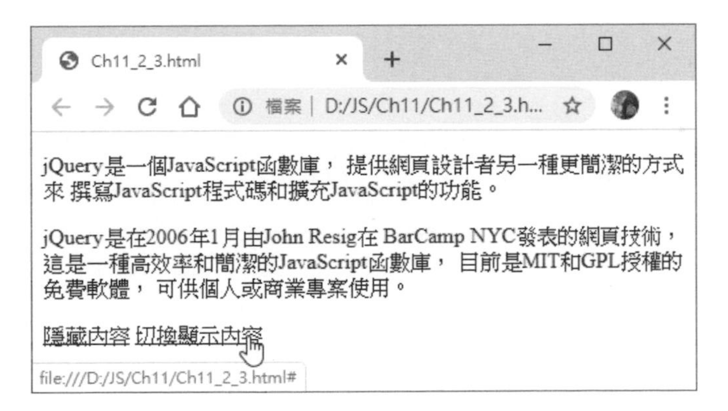

按一下【隱藏內容】，可以看到文字段落從可見逐漸變成透明，按一下【切換顯示內容】可以切換顯示淡入/淡出特效。

程式內容

```
01: <!DOCTYPE html>
02: <html>
03: <head>
```

```
04: <title>Ch11_2_3.html</title>
05: <script src="jquery.min.js"></script>
06: <script>
07: $(document).ready(function() {
08:    $('p.more').hide();
09:    $('a.short').hide();
10:    $('a.more').click(function() {
11:       $('p.more').fadeIn('1500');
12:       $(this).hide();
13:       $('a.short').show();
14:       return false;
15:    });
16:    $('a.short').click(function() {
17:       $('p.more').fadeOut('1500');
18:       $('a.more').show();
19:       $(this).hide();
20:       return false;
21:    });
22:    $('a.toggle').click(function() {
23:       $('p.more').fadeToggle('1500');
24:       return false;
25:    });
26: });
27: </script>
28: </head>
29: <body>
30: <div>
31: <p>jQuery 是一個 JavaScript 函數庫，
32:    提供網頁設計者另一種更簡潔的方式來
33:    撰寫 JavaScript 程式碼和擴充 JavaScript 的功能。</p>
34: <p class="more">jQuery 是在 2006 年 1 月由 John Resig 在
35:    BarCamp NYC 發表的網頁技術，
36:    這是一種高效率和簡潔的 JavaScript 函數庫，
37:    目前是 MIT 和 GPL 授權的免費軟體，
38:    可供個人或商業專案使用。</p>
39: <a href="#" class="more">更多內容</a>
40: <a href="#" class="short">隱藏內容</a>
41: <a href="#" class="toggle">切換顯示內容</a>
42: </div>
43: </body>
44: </html>
```

程式說明

第 8~9 列：隱藏第 34~38 列的 p 元素，和第 40 列的 a 元素。

第 10~15 列：第 39 列 a 元素的 click 事件處理，在第 11 列使用 fadeIn()方法建立淡入特效，第 12~13 列隱藏第 39 列；顯示第 40 列的 a 元素。

第 16~21 列：第 40 列 a 元素的 click 事件處理，在第 17 列使用 fadeOut()方法建立淡出特效，第 18~19 列顯示第 39 列；隱藏第 40 列的 a 元素。

第 22~25 列：第 41 列 a 元素的 click 事件處理，在第 23 列使用 fadeTaggle()方法建立淡入/淡出特效。

11-3 使用 animate()方法建立動畫

雖然 jQuery 提供多種特效方法，但使用上仍然有不少限制，animate()方法可以直接調整多種 CSS 屬性值來建立客製化動畫，例如：建立文字尺寸變化、網頁元素位置移動、邊線寬度和透明度等動畫。

animate()方法的基本語法

jQuery 的 animate()方法是一個功能強大的動畫方法，其基本語法如下所示：

```
animate( 屬性值 [,持續時間] [, 變速] [, 回撥函數] );
```

上述方法只有第 1 個參數是必須參數，其他都是選項，其簡單說明，如下所示：

- 屬性值（Properties）：物件文字值的 CSS 屬性值，這是用來建立動畫效果的 CSS 屬性。
- 持續時間（Duration）：指定動畫執行的持續時間，可以是字串或數值的毫秒數。
- 變速（Easing）：指定在持續時間使用哪一種方式來控制執行速度，預設值有 linear 和 swing。
- 回撥函數：這是完成動畫後自動執行的函數。

CSS 屬性的物件文字值

在 animate()方法第 1 個參數是 CSS 屬性值，這是一個物件文字值（Object Literal），其內容是 CSS 屬性值清單，例如：建立元素從目前值的最左邊移至 200px、放大字型至 20px 和調整透明度至 50%，如下所示：

```
{
   left: '200px',
   fontSize: '20px',
   opacity: .5
}
```

上述屬性值如果只有數字，不需引號括起（加上也可以），例如：.5，如果屬性值有單位 px、em 或%，就一定需要使用引號括起，例如：'200px'。請注意！JavaScript 不支援 CSS 屬性名稱的連字符號，所有屬性名稱需要刪除連字符號，和將第 2 個名稱的字首大寫。一些 CSS 屬性範例，如下表所示：

CSS 屬性名稱	animate()方法的 CSS 屬性名稱
font-size	fontSize
border-left-width	borderLeftWidth
margin-left	marginLeft
background-color	backgroundColor

現在，我們可以替選擇元素使用 animate()方法來建立動畫，如下所示：

```
$('p').animate({
   left: '200px',
   fontSize: '20px',
   opacity: .5
}, 2000);
```

上述方法的第 1 個參數是之前 CSS 屬性的物件文字值，第 2 個參數是持續時間，2000 就是 2 秒。在屬性值也可以加上「+=」或「-=」的遞增或遞減目前的屬性值，如下所示：

```
$('div').click(function() {
  $(this).animate({
     left: '+=50px'
```

```
    }, 1000);
});
```

上述程式碼替 div 元素註冊 click 事件，每按一次，就增加 50px 的 left 屬性值，換句話說，就是向右移動。

Memo

當更改元素的 left、right、top 和 bottom 來移動元素位置時，選取的元素需要套用 CSS 的 position 屬性，而且屬性值只能是 absolute 或 relative。

jQuery 程式：Ch11_3.html

在 jQuery 程式的 div 元素和 2 個 p 文字段落使用 animate()方法建立動畫，如右圖所示：

按一下上方【按我】可以看到往右移動，每按一下移動一次。下方有 2 個段落，第 1 個只有放大字型和成為半透明，因為沒有套用 CSS 的 position 屬性，第 2 個段落有套用，所以不只放大字型和成為半透明，而且還會往右移動。

程式內容

```
01: <!DOCTYPE html>
02: <html>
03: <head>
04: <title>Ch11_3.html</title>
05: <style type="text/css">
06: .more { position: absolute; }
07: .moveIt { position: relative;
08:           border: 1px solid #333;
09:           cursor: pointer; }
```

```
10: </style>
11: <script src="jquery.min.js"></script>
12: <script>
13: $(document).ready(function() {
14:    $('p').animate({
15:      left: '200px',
16:      fontSize: '20px',
17:      opacity: .5
18:    }, 2000);
19:    $('div').click(function() {
20:      $(this).animate({
21:         left: '+=50px'
22:      }, 1000);
23:    });
24: });
25: </script>
26: </head>
27: <body>
28: <div class="moveIt">按我</div>
29: <p>jQuery 是一個 JavaScript 函數庫，
30:    提供網頁設計者另一種更簡潔的方式來
31:    撰寫 JavaScript 程式碼和擴充 JavaScript 的功能。</p>
32: <p class="more">jQuery 是在 2006 年 1 月由 John Resig 在
33:    BarCamp NYC 發表的網頁技術，
34:    這是一種高效率和簡潔的 JavaScript 函數庫，
35:    目前是 MIT 和 GPL 授權的免費軟體，
36:    可供個人或商業專案使用。</p>
37: </body>
38: </html>
```

程式說明

第 5~10 列： 套用第 28 列 div 元素，和第 32~36 列的 p 元素的 CSS 樣式，不過，並沒有套用第 29~31 列的 p 元素。

第 14~18 列： 在第 29~36 列的 2 個 p 元素套用 animate()方法的動畫。

第 19~23 列： 第 28 列 div 元素的 click 事件處理，在事件處理函數使用 animate()方法來顯示動畫。

11-4 HTML 表單處理

HTML 表單是與使用者互動的 Web 使用介面，提供文字、密碼、選項按鈕、下拉式清單、核取方塊、多行文字方塊和按鈕等欄位來建立使用者可以輸入資料或選擇的使用介面。

11-4-1 HTML 表單標籤

HTML 表單的根標籤是<form>標籤，內含輸入資料或選項的欄位標籤，HTML 表單標籤的簡單說明，如下表所示：

標籤	說明
<form> … </form>	表單標籤
<input type=…>	表單輸入或選擇功能的欄位，包含按鈕和文字方塊欄位，不同 type 屬性是不同的欄位
<select> … </select>	表單的選單欄位，擁有<option>標籤的選項
<option> … </option>	選單欄位的選項
<textarea> … </textarea>	多行文字方塊，可以用來建立備註欄位
<label>	搭配指定欄位的標題文字，使用 for 屬性指定
<button type=…>	按鈕欄位，type 屬性值可以是 button、submit 和 reset，不同於<input>標籤的按鈕，<button>標籤可以建立圖片按鈕

HTML 表單是上表各種標籤的組合，其基本結構如下所示：

```
<form id="name" name="name" method="post | get"
                   action="URL" enctype="MIME">
    <input type=…>
    <textarea> … </textarea>
    <select>
      <option> … </option>
    </select>
    <input type="submit" …>
</form>
```

上述<form>標籤中有<input>、<textarea>和<select>欄位標籤的表單，<select>標籤有<option>子標籤的選項。<form>標籤的相關屬性說明，如下所示：

- id/name 屬性：表單名稱。
- method 屬性：指定資料傳送到伺服端的方法，值 get 是使用 URL 網址的參數來傳遞；post 是使用 HTTP 通訊協定的標頭資料傳遞。
- action 屬性：指定伺服端表單處理程式，例如：CGI、ASP、ASP.NET、PHP 或 JSP 等程式檔案路徑。
- enctype 屬性：指定表單資料傳送的 MIME 型態，預設 application/x-www-form-urlencoded，如果 action 屬性值是電子郵件地址，表示使用電子郵件送出表單欄位內容，此時的 enctype 屬性是 text/plain，表示是一般文字內容，如下所示：

```
<form action="mailto:hueyan@ms2.hinet.net" enctype="text/plain">
   …
</form>
```

11-4-2 取得與指定表單欄位值

HTML 表單處理的第一步是使用 jQuery 選擇器選擇表單元素來取得和指定欄位值。

取得和指定文字方塊的欄位值

jQuery 是使用 val()方法取得和指定表單欄位值，如下所示：

```
var price = $('#price').val();
var quantity = $('#quantity').val();
```

上述程式碼使用 val()方法取得 id 屬性值 price 和 quantity 欄位的值，請注意！此時的 val()方法並沒有任何參數。指定表單欄位值同樣是使用 val()方法，如下所示：

```
var amount = price * quantity;
$('#amount').val(amount);
```

上述 val()方法的參數就是指定的欄位值，以此例是指定 id 屬性值 amount 的欄位值。

取得核取方塊的欄位值

HTML 表單的核取方塊欄位是使用 checked 屬性值來判斷使用者是否有勾選，如下所示：

```
<input type="checkbox" id="discount" checked>
```

jQuery 可以使用 attr()方法替標籤加上 checked 屬性，第 1 個參數是屬性名稱，第 2 個參數是屬性值，如下所示：

```
$('#discount').attr('checked', true);
```

上述程式碼勾選 id 屬性值為 discount 的核取方塊。檢查核取方塊是否有勾選也是使用 attr()方法，只是沒有第 2 個參數的值，如下所示：

```
if ($('#discount').attr('checked')) {
   amount = (price * quantity) * 0.9;
   amount = amount.toFixed(2);
}
else {
   amount = price * quantity;
}
```

上述 if/else 條件判斷是否勾選 id 屬性值 discount 的核取方塊，如果是，就打 9 折，總價有使用 toFixed()方法來四捨五入，只取出參數的小數點下 2 位。

jQuery 程式：Ch11_4_2.html

在 jQuery 程式建立計算總價的表單，當輸入數量和單價，和勾選是否打 9 折的核取方塊後，按下方超連結，可以在等號後欄位顯示計算的總價，如右圖所示：

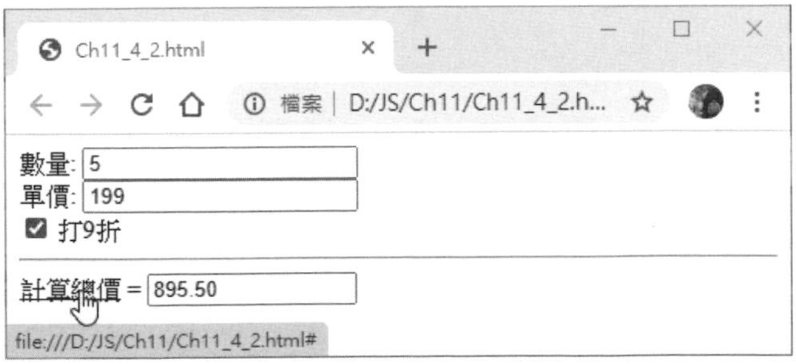

上述表單因為勾選打 9 折，所以最後計算總價是 895.50，顯示到小數點下 2 位。

程式內容

```
01: <!DOCTYPE html>
02: <html>
03: <head>
04: <meta charset="utf-8"/>
05: <title>Ch11_4_2.html</title>
06: <script src="jquery.min.js"></script>
07: <script>
08: $(document).ready(function() {
09:    $('#price').val(199);
10:    $('#discount').attr('checked', true);
11:    $('a.cal').click(function() {
12:       var price = $('#price').val();
13:       var quantity = $('#quantity').val();
14:       var amount;
15:       if ($('#discount').attr('checked')) {
16:          amount = (price * quantity) * 0.9;
17:          amount = amount.toFixed(2);
18:       }
19:       else {
20:          amount = price * quantity;
21:       }
22:       $('#amount').val(amount);
23:       return false;
24:    });
25: });
26: </script>
27: </head>
28: <body>
29: <div class="content">
30:   <form method="post" id="calculate">
31:      <div>
32:        <label for="quantity" class="label">數量:</label>
33:        <input type="text" id="quantity" size="20">
34:      </div>
35:      <div>
36:        <label for="price" class="label">單價: </label>
37:        <input type="text" id="price" size="20">
38:      </div>
39:      <input type="checkbox" id="discount">
```

```
40:       <label for="discount">打 9 折</label><hr/>
41:       <a href="#" class="cal">計算總價</a> =
42:       <input type="text" id="amount" size="14">
43:    </form>
44: </div>
45: </body>
46: </html>
```

程式說明

第 9 列：指定第 37 列文字方塊的欄位初值。

第 10 列：使用 attr()方法指定第 39 列核取方塊為預設勾選。

第 11~24 列：第 41 列 a 元素的 click 事件處理，在第 12~13 列取得輸入的數量和總價，第 15~21 列的 if/else 條件檢查是否勾選核取方塊，如果有，在第 16 列打 9 折，沒有，執行第 20 列計算總價，在第 22 列指定第 42 列文字方塊的欄位值，即顯示總價。

第 30~43 列：HTML 表單擁有 3 個文字方塊的 input 和 label 元素，在第 39 列是核取方塊。

11-5 jQuery 的 HTML 表單驗證

表單驗證（Form Validation）是驗證使用者在表單欄位輸入的資料是否正確，因為使用者常常輸錯資料，例如：忘了輸入、資料範圍錯誤或格式不正確，錯誤資料重者有可能影響整個 Web 應用程式的執行。

11-5-1 click 事件的表單驗證

表單欄位驗證可以註冊<input type="submit">標籤的 click 事件處理來執行使用者輸入資料的驗證，如下所示：

```
$(':submit').click(function(event) {
   $(':text').each(function() {
      if($(this).val().length == 0) {
         $(this).addClass('error');
      }
```

```
    });
    event.preventDefault();
});
```

上述程式碼使用:submit 選擇<input type="submit">標籤後，註冊 click 事件處理，然後找出所有<input type="text">標籤的文字方塊欄位。

然後使用 each()方法一一檢查文字方塊欄位輸入的資料，if 條件判斷欄位是否有輸入資料，沒有，即字串長度 length 屬性值是 0，就使用 addClass()方法在欄位顯示紅色框線，表示欄位沒有輸入資料。

jQuery 程式：Ch11_5_1.html

在 jQuery 程式的 HTML 表單新增 click 事件的表單驗證，可以檢查文字方塊欄位是否忘了輸入資料，當按【送出】鈕，如果有空欄位，就在文字方塊顯示紅色框線，如右圖所示：

程式內容

```
01: <!DOCTYPE html>
02: <html>
03: <head>
04: <meta charset="utf-8"/>
05: <title>Ch11_5_1.html</title>
06: <style type="text/css">
07: .error { border: 2px solid red; }
08: </style>
09: <script src="jquery.min.js"></script>
10: <script>
11: $(document).ready(function() {
12:    $(':submit').click(function(event) {
13:       $(':text').each(function() {
14:          if($(this).val().length == 0) {
15:             $(this).addClass('error');
16:          }
```

```
17:         });
18:         event.preventDefault();
19:      });
20:      $(':input').focus(function() {
21:         $(this).removeClass('error');
22:      });
23: });
24: </script>
25: </head>
26: <body>
27: <div class="content">
28:   <form action="">
29:      姓名: <input type="text" id="name"/><br/>
30:      電郵: <input type="text" id="email"/><br/>
31:      <textarea rows="5" cols="25" id="comment">
32:      </textarea><br/>
33:      <input type="submit" value="送出"/>
34:   </form>
35: </div>
36: </body>
37: </html>
```

程式說明

第 12~19 列： 第 33 列的<input type="submit">標籤註冊 click 事件處理，第 13~17 列選出所有文字方塊後，使用 each()方法一一取出文字方塊來呼叫匿名函數，在第 14~16 列的 if 條件判斷文字方塊是否有輸入資料，如果沒有，第 15 列套用 error 樣式類別，也就是在文字方塊外顯示紅色框線。

第 20~22 列： 使用:input 選擇輸入元素來註冊 focus 事件處理，在第 21 列移除 error 樣式類別。

11-5-2 即時驗證欄位資料

在第 11-5-1 節的表單驗證需要按下送出鈕後，才能執行表單驗證，如果需要即時驗證欄位資料，我們可以在 blur 事件處理執行欄位資料的檢查，如下所示：

```
$(':input').blur(function() {
   if($(this).val().length == 0) {
      $(this).addClass('error')
```

```
        .after('<span class="error">不可是空的!</span>');
    }
});
```

上述程式碼使用:input 選擇輸入元素來註冊 blur 事件處理，當欄位失去焦點時，馬上使用 if 條件判斷是否有輸入資料，如果沒有，就在之後新增紅色錯誤訊息的 span 元素。

jQuery 程式：Ch11_5_2.html

在 jQuery 程式的 HTML 表單新增 blur 事件的表單驗證，當欄位失去焦點就檢查文字方塊欄位是否忘了輸入資料，如右圖所示：

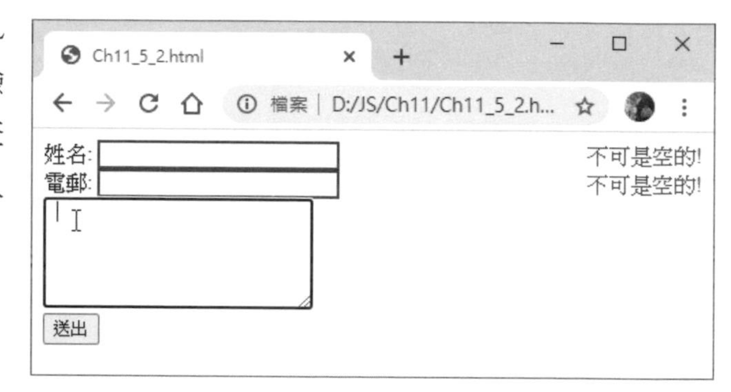

上述圖例在選擇第 1~2 個欄位取得焦點後，再按第 3 個欄位，可以讓前 2 個欄位因為沒有輸入資料，所以在後方顯示紅色的錯誤訊息。

程式內容

```
01: <!DOCTYPE html>
02: <html>
03: <head>
04: <meta charset="utf-8"/>
05: <title>Ch11_5_2.html</title>
06: <style type="text/css">
07: span.error { float: right; color : red; }
08: input.error { border: 2px solid red; }
09: </style>
10: <script src="jquery.min.js"></script>
11: <script>
12: $(document).ready(function() {
13:    $(':input').blur(function() {
14:       if($(this).val().length == 0) {
15:          $(this).addClass('error')
16:          .after('<span class="error">不可是空的!</span>');
```

```
17:         }
18:     });
19:     $(':input').focus(function() {
20:        $(this).removeClass('error')
21:        .next('span').remove();
22:     });
23: });
24: </script>
25: </head>
26: <body>
27: <div class="content">
28:   <form action="">
29:      姓名: <input type="text" id="name"/><br/>
30:      電郵: <input type="text" id="email"/><br/>
31:      <textarea rows="5" cols="25" id="comment">
32:      </textarea><br/>
33:      <input type="submit" value="送出"/>
34:   </form>
35: </div>
36: </body>
37: </html>
```

程式說明

第 13~18 列： 使用:input 選擇輸入元素來註冊 blur 事件處理，在第 14~17 列的 if 條件判斷文字方塊是否有輸入資料，如果沒有，第 15 列套用 error 樣式類別的紅色框線，和在第 16 列新增 span 元素的錯誤訊息文字。

第 19~22 列： 使用:input 選擇輸入元素來註冊 focus 事件處理，在第 20 列移除 error 樣式類別，第 21 列刪除 span 元素。

CHAPTER

12

JavaScript ES 規格的新標準

12-1 ES 基本語法的新標準

ECMAScript（簡稱 ES）是 Ecma International 製定的腳本語言標準，即 JavaScript 語言的標準規格書，在本章之前說明的是 ES5 版的 JavaScript 語法，從 ES6 開始，JavaScript 語法有了大幅度變動，在本章準備詳細說明 ES6 之後 JavaScript 語法的新標準。

12-1-1 區塊變數與常數宣告

在 ES5 使用 var 宣告的變數會自動提昇成函數最上方或全域變數，ES6 支援使用 let 關鍵字宣告區塊變數；const 宣告常數（也是區塊範圍）。

宣告區塊變數：Ch12_1_1.html

ES6 可以使用 let 關鍵字宣告區塊變數，例如：宣告變數 x 的區塊變數，因為是位在 if 條件敘述的程式區塊，如下所示：

```
if (true) {
    let x = 100;
    var y = 200;
    document.write("x=" + x + "<br/>");
```

```
    document.write("y=" + y + "<br/>");
}
// document.write(x);
document.write(y);
```

上述變數 y 使用 var 宣告，所以自動提昇至程式區塊之外的函數最上方或成為全域變數，所以，位在程式區塊之外的程式碼也可以存取變數 y，但不能存取變數 x，因為這是 let 宣告的區塊變數。

在 for 迴圈使用區塊變數：Ch12_1_1a~b.html

在 Ch12_1_1a.html 的 for 迴圈是 ES5 寫法，使用 var 宣告計數器變數 i，如下所示：

```
for (var i = 0; i < 5; i++) {
    setTimeout(function () {
        document.write("計數: " + i + " ");
    }, 100);
}
```

上述 setTimeout()函數是延遲時間函數，可以延遲第 2 個參數的毫秒數後（1000 毫秒是 1 秒），才執行第 1 個參數的匿名函數。以此例是延遲 100 毫秒後，顯示計數器變數 i 的值，因為 var 宣告的變數會提昇成全域變數，執行完 5 次迴圈後，變數 i 的值是 5，在延遲後才顯示變數 i 的值，所以執行結果是顯示 5 個 5，如下圖所示：

計數: 5 計數: 5 計數: 5 計數: 5 計數: 5

在 Ch12_1_1b.html 的 for 迴圈是使用 ES6 的 let 宣告計數器變數 i，如下所示：

```
for (let i = 0; i < 5; i++) {
    setTimeout(function () {
        document.write("計數: " + i + " ");
    }, 100);
}
```

上述程式碼宣告的變數 i 是區塊變數，所以可以正確顯示計數變數的值從 0~4，如下圖所示：

計數: 0 計數: 1 計數: 2 計數: 3 計數: 4

常數宣告：Ch12_1_1c.html

ES6 支援使用 const 宣告區塊範圍的常數，const 和 let 的最大差異是不允許更改，例如：宣告常數 PI，如下所示：

```
const PI = 3.1415926;
```

上述常數 PI 在宣告且指定初值後，就不允許更改 PI 的值。如果是宣告物件常數 student，student 本身不能更改，但成員的 name 和 grade 屬性值是可以更改的，如下所示：

```
const student = {
    name: "陳會安",
    id: 10
};
// student = {}
student.name = "江小魚";
student.grade = 83;
```

12-1-2 解構指定敘述

解構指定敘述（Destructuring Assignment）是一種 JavaScript 運算式，可以將陣列、字串和物件中的成員資料解構成獨立的變數，在這一節說明陣列和字串的解構指定敘述，第 12-3-1 節是物件。

陣列的解構指定敘述：Ch12_1_2.html

陣列的解構指定敘述可以使用變數的陣列來取出對應的陣列元素值，變數 x 是對應第 1 個陣列元素；y 是對應第 2 個元素，如下所示：

```
let [x, y] = [1, 2];
document.write(x + " " + y + "<br/>");
```

如果在陣列中沒有對應的元素，例如：變數 c，其值是 undefined，如下所示：

```
let [a, b, c] = [1, 2];
document.write(a + " " + b + " " + c + "<br/>");
```

在實務上，只需活用陣列的解構指定敘述，就可以交換 2 個變數值，以此例是交換變數 x 和 y 的值，如下所示：

```
[x, y] = [y, x];     // 交換 2 個變數
document.write(x + " " + y + "<br/>");
```

當在陣列沒有對應值時，我們可以在變數的陣列使用「=」等號指定變數的預設值，以此例，變數 b 的預設值是"b"；變數 c 是"c"，如下所示：

```
[a , b="b", c="c"] = [3, 4];
document.write(a + " " + b + " " + c + "<br/>");
```

上述陣列因為有 2 個元素，所以變數 a 是 3；b 是 4，因為沒有第 3 個元素，所以變數 c 是"c"。

字串的解構指定敘述：Ch12_1_2a.html

解構指定敘述也可以使用在字串，使用變數的陣列來取出對應的字元，如下所示：

```
let [a, b] = 'World';
document.write(a + " " + b + "<br/>");
[, a , , , b] = 'World';
document.write(a + " " + b + "<br/>");
```

上述程式碼首先使用變數 a 和 b 取出前 2 個字元，然後取出指定位置的字元，例如：取出第 2 個和第 5 個字元（「,」分隔的變數如果是空的，就會跳過此位置不取出此位置的字元），如右圖所示：

W o
o d

12-1-3 for/of 迴圈

在 ES5 的 for/in 迴圈可以取出陣列的索引或物件的屬性名稱；ES6 的 for/of 迴圈則是取出陣列值和物件的屬性值。

在陣列使用 for/of 迴圈：Ch12_1_3.html

在陣列使用 for/of 迴圈取出陣列值。首先使用 ES5 的 for/in 迴圈，如下所示：

```
let names = ['John', 'Tom', 'Jane', 'Mary'];
for (let key in names) {
    document.write(key + " ");
}
```

上述 for/in 迴圈取出陣列索引值：0 1 2 3。for/of 迴圈是取出陣列值，如下所示：

```
for (let value of names) {
    document.write(value + " ");
}
```

上述程式碼的執行結果可以取出陣列值：John Tom Jane Mary。如果需要同時取出陣列元素的索引和值，請使用 entries()方法，如下所示：

```
for (let [key, value] of names.entries()) {
    document.write(key + " " + value + "<br/>");
}
```

上述 for/of 迴圈可以一一取出陣列元素的索引和值，如右圖所示：

0 John
1 Tom
2 Jane
3 Mary

在字串使用 for/of 迴圈：Ch12_1_3a.html

在字串使用 for/of 迴圈是取出每一個字元值，如下所示：

```
let str = "Hello";
for (let value of str) {
    document.write(value + " ");
}
```

上述程式碼的執行結果是顯示空白分隔的字元：H e l l o。

12-1-4 樣板字面值與多行字串

樣板字面值（Template Literals）可以在字串之中直接嵌入運算式或變數，然後將運算結果和變數值插入字串中，即字串內插（String Interpolation）功能。

樣板字面值：Ch12_1_4.html

請注意！樣板字面值的字串是使用反引號（位在 TAB 鍵上方的按鍵）括起，然後使用「${ }」嵌入變數或運算式。首先嵌入變數，如下所示：

```
let name = "陳會安";
let time = "today";
document.write(`Hi ${name}, how are you ${time}?<br/>`);
```

上述程式碼在字串中嵌入 name 和 time 變數。同理，我們可以嵌入運算式和方法呼叫，如下所示：

```
let today = new Date();
let str = `現在的日期/時間: ${today.toLocaleString()}`;
document.write(str);
```

上述程式碼在字串中嵌入日期/時間的方法呼叫，其執行結果如下圖所示：

Hi 陳會安, how are you today?
現在的日期/時間: 2020/6/10 上午10:19:40

多行字串：Ch12_1_4a.html

樣板字面值的字串是使用反引號括起，反引號括起的字串可以建立跨多行的多行字串，如下所示：

```
let name = "陳會安";
let time = "today";
document.write(`Hi ${name},
     how are you ${time}?<br/>`);
```

12-1-5 擴展運算子

ES6 的擴展運算子（Spread Operator）是使用 3 個點「...」，可以展開陣列元素、字串的字元和物件文字值的屬性。

在陣列使用擴展運算子：Ch12_1_5.html

在陣列使用擴展運算子可以展開陣列元素，例如：陣列 arr1 和 arr2，如下：

```
let arr1 = [1, 2, 3];
let arr2 = ['a', 'b'];
document.write(...arr1 + "<br/>");
document.write(...arr2 + "<br/>")
```

上述程式碼顯示展開後的陣列元素清單（使用「,」號分隔），如右圖所示：

1,2,3
a,b

擴展運算子可以在陣列中插入其他展開的陣列，例如：陣列 arr3 是在第 2 個元素的位置插入陣列 arr2，如下所示：

```
let arr3 = ['c', ...arr2, "d", "e"]
document.write(...arr3 + "<br/>");
```

上述程式碼的執行結果是：c,a,b,d,e。我們也可以使用擴展運算子來複製陣列，如下所示：

```
let arr4 = [...arr1];
document.write(...arr4 + "<br/>");
```

上述程式碼複製陣列 arr1 成為 arr4。擴展運算子還可以用來合併陣列，例如：合併陣列 arr1 和 arr2 成為 arr5，如下所示：

```
let arr5 = [...arr1, ...arr2];
document.write(...arr5 + "<br/>");
```

在字串使用擴展運算子：Ch12_1_5a.html

在字串使用擴展運算子，可以將字串的每一個字元建立成陣列，如下所示：

```
let str = "World";
let arr = [...str];
document.write(...arr + "<br/>");
```

上述程式碼將字串 str 的每一個字元展開成陣列，其執行結果的陣列內容是：W,o,r,l,d。

12-1-6 指數和陣列的成員運算

ES7 新增指數運算子「**」，和陣列成員運算的 includes()方法，可以判斷元素是否屬於陣列的成員。

指數運算：Ch12_1_6.html

我們可以使用「**」運算子執行指數運算，例如：10^2，如下所示：

```
let x = 10;
let y = x**2;
document.write("x= " + x + "<br/>");
document.write("y= " + y + "<br/>");
```

陣列的成員運算：Ch12_1_6a.html

ES5 的陣列可以使用 indexOf()方法搜尋陣列元素，如果不是-1，就表示陣列擁有此元素，如下所示：

```
let names = ['John', 'Tom', 'Jane', 'Mary'];
if (names.indexOf("John") != -1) {
   document.write("John 存在!<br/>");
}
```

在 ES7 提供 includes()方法檢查陣列是否包含此成員，傳回值 true 表示存在；反之 false 不存在，如下所示：

```
if (names.includes("John")) {
   document.write("John 存在!<br/>");
}
```

12-2 ES 函數語法的新標準

在 ES 函數語法部分，可以使用解構指定敘述和擴展運算子來呼叫函數和取得回傳值，函數參數支援預設值和不定參數列，最重要的是支援函數的新寫法：「箭頭函數」（Arrow Functions）。

12-2-1 在函數呼叫使用解構指定敘述和擴展運算子

JavaScript 的函數呼叫可以使用擴展運算子展開陣列作為參數值，或是使用解構指定敘述來取得函數的多個回傳值。

在函數呼叫使用擴展運算子：Ch12_2_1.html

我們可以使用擴展運算子將陣列展開成函數的參數列，例如：函數 sum()共有 4 個參數，如下所示：

```
function sum(a, b, c, d) {
  return a + b + c + d;
}
let arr = [1, 2, 3, 4];
let result = sum(...arr);
document.write("總和= " + result + "<br/>");
```

上述 sum()函數呼叫的參數是陣列 arr 的每一個元素，我們可以直接使用擴展運算子來進行函數呼叫。

使用解構指定敘述取得函數的多個回傳值：Ch12_2_1a.html

JavaScript 函數預設只能使用 return 關鍵字回傳單一值，如果需要回傳多個值，可以回傳陣列，因為是回傳陣列，我們可以使用解構指定敘述取出函數回傳的陣列值，如下所示：

```
function getData() {
  return [1, 2, 3, 4, 5, 6];
}
let [x, ,y] = getData();
document.write(x + " " + y + "<br/>");
```

上述 getData()函數可以回傳 6 個元素的陣列，在函數呼叫的解構指定敘述取得回傳的第 1 個和第 3 個值，其執行結果顯示這 2 個元素值：1 3。

在解構指定敘述也可以使用擴展運算子取出剩下的陣列回傳值，以此例，a 是第 1 個；b 是第 3 個；...other 是剩下的回傳值（即下一節的剩餘運算子），如下所示：

```
let [a, ,b, ...other] = getData();
document.write(a + " " + b + "<br/>");
document.write(...other + "<br/>");
```

上述程式碼的執行結果首先顯示第 1 個和第 3 個回傳陣列元素的值，...other 是陣列最後的 3 個元素，如右圖所示：

1 3
4,5,6

12-2-2 函數參數的預設值與不定參數列

ES6 的函數參數支援預設值，剩餘運算子（Rest Operator）可以將剩下值轉換成陣列，建立函數的不定參數列。

函數參數的預設值：Ch12_2_2.html

函數參數的預設值不只可以是字面值，也可以是變數或之前參數的運算式，請注意！擁有預設值的參數一定是位在沒有預設值的參數之後。例如：volume() 函數的第 2 個參數是前 1 個參數 2 倍，第 3 個參數擁有預設值，如下所示：

```
function volume(height, width=height*2, depth=50) {
  return height * width * depth;
}
let result = volume(10, 10, 10);
document.write("體積= " + result + "<br/>");
result = volume(10, 10);
document.write("體積= " + result + "<br/>");
result = volume(10);
document.write("體積= " + result + "<br/>");
```

上述程式碼依序使用 3 個、2 個和 1 個參數來呼叫 volume()函數，缺少的參數就是使用預設值，其執行結果如右圖所示：

體積= 1000
體積= 5000
體積= 10000

函數的不定參數列：Ch12_2_2a.html

剩餘運算子（Rest Operator）可以將剩下值轉換成陣列，在函數可以使用剩餘運算子建立剩餘參數（Rest Parameter），即建立不定參數列的函數，函數並沒有定義參數的數量。

例如：sum()函數的第 1 個參數是 a，剩下不論有多少個參數都是轉換成 rest 陣列，如下所示：

```
function sum(a, ...rest) {
  let r = a;
  for (let i = 0; i < rest.length; i++) {
    r = r + rest[i];
  }
  return r;
}
```

上述 for 迴圈一一取出 rest 陣列儲存的參數來進行加總。同樣的，我們可以使用擴展運算子呼叫 sum()函數，如下所示：

```
let arr = [10, 1, 2, 3, 4, 5];
let result = sum(...arr);
document.write("總和= " + result + "<br/>");
```

上述程式碼的執行結果計算 arr 陣列的元素和：25。

12-2-3 箭頭函數

ES6 的箭頭函數（Arrow Function）是函數的新寫法，可以使用「=>」符號定義函數，讓程式碼更加簡潔，其基本語法如下所示：

```
函數參數 => 函數回傳值
```

上述語法的「=>」符號前是函數參數；之後是函數回傳值。

建立箭頭函數：Ch12_2_3.html

箭頭函數如果沒有參數，需要使用()空括號開始，如下所示：

```
let sayHi = () => document.write("大家好!<br/>");
sayHi();
```

上述程式碼呼叫 sayHi()函數顯示一段文字內容。單一參數不需括號，只需參數名稱 r，例如：計算圓面積的 area()函數，如下所示：

```
const PI = 3.1415926;
let area = r => r * r * PI;
```

```
let result = area(10);
document.write("圓面積= " + result + "<br/>");
```

上述程式碼計算半徑 10 的圓面積：314.15926。如果有多個參數，參數之間是使用逗號分隔，而且需要使用括號括起，如下所示：

```
let add = (opd1, opd2) => opd1 + opd2;
result = add(10, 10);
document.write("相加= " + result + "<br/>");
```

上述 add()函數有 2 個參數，可以回傳參數相加的結果。如果回傳值不只一列程式碼，其寫法和一般函數相同，需要使用大括號括起。例如：getDate()函數可以回傳今天的日期，如下所示：

```
let getDate = () => {
   let date = new Date();
   return date.toDateString();
}
document.write("今天= " + getDate() + "<br/>");
```

將回撥函數改寫成箭頭函數：Ch12_2_3a.html

箭頭函數可以建立回撥函數，首先是 ES5 寫法，我們是使用匿名函數建立 setTimeout()函數的回撥函數，如下所示：

```
setTimeout(function(){
   document.write("大家好!<br/>")
}.bind(this), 1000);
```

然後是箭頭函數的新寫法，可以看到程式碼更加簡潔，如下所示：

```
setTimeout(()=>{
   document.write("大家更好!<br/>")
}, 1000)
```

箭頭函數與 this 關鍵字：Ch12_2_3b.html

JavaScript 的 this 關鍵字是指向擁有他的物件，其值是可變動的。例如：在 Timer()建構函數呼叫 3 次 setInterval()函數（此函數會以間隔時間周期執行第 1 個參數的回撥函數，第 2 個參數是間隔時間），前 2 個回撥函數是匿名函數，最後 1 個是箭頭函數，如下所示：

```
function Timer() {
    this.d1 = 10;
    this.d2 = 10;
    this.d3 = 10;
    setInterval(function () {
        this.d1++;
    }, 100);
    setInterval(function(){
        this.d2++;
    }.bind(this), 100);
    setInterval(() => this.d3++, 100);
}
```

上述第 1 個 setInterval()函數的回撥函數是一般函數，其中的 this 是指向執行中的 Timer()建構函數，第 2 個有用 bind()方法捆定 this，所以和箭頭函數一樣是捆定外層定義的物件，以此例就是全域。

然後，我們建立 Timer 物件後，使用 setTimeout()函數延遲 300 毫秒來顯示 d1、d2 和 d3 的值，所以 setInterval()函數的回撥函數會執行 3 次，如下所示：

```
const timer = new Timer();
setTimeout(() => document.write("d1=" + timer.d1+"<br/>"), 300);
setTimeout(() => document.write("d2=" + timer.d2+"<br/>"), 300);
setTimeout(() => document.write("d3=" + timer.d3), 300);
```

上述程式碼的執行結果，如下圖所示：

d1=10
d2=13
d3=13

上述第 1 個因為沒有捆定 this，所以 d1 是執行 Timer()建構函數時的值 10，後 2 個有捆定 this，所以變數值會遞增至 13。

12-3 ES 類別與物件語法的新標準

ES6 支援其他物件導向程式語言的類別宣告語法，和簡化物件文字值的寫法，而且，在物件文字值一樣可以使用解構指定敘述和擴展運算子。

12-3-1 在物件文字值使用解構指定敘述和擴展運算子

物件文字值也可以使用解構指定敘述來取出屬性值，擴展運算子可以複製和合併物件文字值。

在物件文字值使用解構指定敘述：Ch12_3_1.html

當使用物件文字值建立 student 物件後，我們可以使用解構指定敘述 {name, age} 取出物件的 name 和 age 屬性值，如下所示：

```
const student = {
   name: '陳會安',
   age: 30
};
const {name, age} = student;
document.write("學生姓名= " + name + "<br/>");
document.write("學生年齡= " + age + "<br/>");
```

上述程式碼取出和顯示學生物件的姓名和年齡屬性值，其執行結果如右圖所示：

學生姓名= 陳會安
學生年齡= 30

在物件文字值使用剩餘運算子：Ch12_3_1a.html

物件文字值也可以如同函數，使用剩餘運算子（Rest Operator）將剩下的屬性值轉換成陣列，如下所示：

```
const student = {
   name: '陳會安',
   gender: "男",
   age: 30,
   grade: 98
};
const {name, ...rest} = student;
document.write("學生姓名= " + name + "<br/>");
```

上述程式碼建立 student 物件後，使用解構指定敘述取出 name 屬性值，剩下的屬性值建立 rest 陣列，然後使用 for/in 迴圈取出所有 rest 陣列的屬性值，如下：

```
let output = '';
for (let property in rest) {
  output += property + ': ' + rest[property] + ',';
}
document.write("學生= " + output + "<br/>");
```

上述程式碼的執行結果可以顯示學生姓名，和之後所有的屬性名稱與屬性值，如下圖所示：

學生姓名= 陳會安
學生= gender: 男,age: 30,grade: 98,

使用擴展運算子複製和合併物件文字值：Ch12_3_1b.html

ES6 可以使用擴展運算子複製和合併物件文字值。首先建立可以顯示物件屬性清單的 displayObj()函數，如下所示：

```
function displayObj(obj) {
  let output = '';
  for (let property in obj) {
    output += property + ': ' + obj[property] + ',';
  }
  return output;
}
```

上述函數使用 for/in 迴圈顯示物件的所有屬性名稱和屬性值。然後，使用物件文字值建立 obj1 和 obj2 物件，如下所示：

```
const obj1 = {
   name: '陳會安',
   gender: "男"
}
const obj2 = {
   name: "江小魚",
   age: 30,
   grade: 98
};
let obj3 = { ...obj1 };
document.write("obj3= " + displayObj(obj3) + "<br/>");
```

上述程式碼使用擴展運算子複製 obj1 物件成為 obj3 物件，然後合併 obj1 和 obj2 物件，如下所示：

```
let obj4 = { ...obj1, ...obj2 };
document.write("obj4= " + displayObj(obj4) + "<br/>");
```

上述程式碼的執行結果，可以看到 obj3 和 obj4 的屬性清單，如下圖所示：

obj3= name: 陳會安,gender: 男,
obj4= name: 江小魚,gender: 男,age: 30,grade: 98,

上述執行結果可以看到合併物件會取代同名的 name 屬性值。

12-3-2 簡化物件文字值

ES6 簡化物件文字值的寫法，可以使用更簡潔的屬性和方法寫法來建立物件。

簡化物件文字值的屬性寫法：Ch12_3_2.html

ES6 簡化物件文字值的屬性寫法，例如：student1()和 student2()函數可以回傳物件。student1()函數是使用 ES5 寫法，如下所示：

```
function student1(name, age) {
   return {
      name: name,
      age: age
   };
}
```

上述物件文字值有 name 和 age 屬性，因為鍵名（屬性名稱）重名，所以 ES6 可以簡化屬性值的寫法，如下所示：

```
function student2(name, age) {
   return { name, age };
}
```

簡化物件文字值的方法寫法：Ch12_3_2a.html

ES6 也簡化了物件文字值的方法寫法，例如：student1 和 student2 物件都有 getName()方法。student1 物件是使用 ES5 寫法，如下所示：

```
const student1 = {
   name: "陳會安",
   getName: function() {
      document.write("學生姓名= " + this.name + "<br/>");
   }
};
```

上述方法需要使用 function()定義。ES6 只需使用方法名稱，如下所示：

```
const student2 = {
   name: "江小魚",
   getName() {
      document.write("學生姓名= " + this.name + "<br/>");
   }
};
```

12-3-3 類別宣告語法

ES6 支援其他物件導向程式語言的常見類別宣告語法，例如：使用 class 關鍵字宣告 Cat 類別，如下所示：

```
class Cat {
   constructor(name) {
      this.name = name;
   }
   speak() {
      document.write(this.name + "叫<br/>");
   }
}
```

上述 constructor()是建構子。繼承類別是使用 extends 關鍵字，例如：Lion 子類別繼承自 Cat 父類別，如下所示：

```
class Lion extends Cat {
   speak() {
      super.speak();
      document.write(this.name + "吼叫<br/>");
   }
}
```

上述程式碼的子類別覆寫父類別的 speak()同名方法，在方法可以使用 super 關鍵字呼叫父類別的方法。在建立類別宣告後，使用 new 運算子建立物件，如下所示：

```
let cat = new Cat("貓王");
cat.speak();
let lion = new Lion("獅子王");
lion.speak();
```

上述程式碼建立 Cat 物件 cat 和 Lion 物件 lion 後，呼叫 speak()方法，其執行結果如右圖所示：

```
貓王叫
獅子王叫
獅子王吼叫
```

上述執行結果因為子類別的 speak()方法使用 super 呼叫父類別的同名方法，所以先顯示「獅子王叫」；再顯示「獅子王吼叫」。

12-4 ES 的 Map、Set 和 Symbol 物件

ES6 新增全新的基本資料型態 Symbol，在資料結構部分，新增 Map 和 Set 物件，可以儲存鍵值對和集合資料。

12-4-1 Map 物件

Map 物件是儲存鍵值對（Key-value Pairs）的物件，鍵或值可以是物件和基本資料型態的值。在說明基本 Map 物件的使用前，首先建立名為 displayMap()函數來顯示 Map 物件的鍵值對（JavaScript 程式：Ch12_4_1.html），如下所示：

```
function displayMap(map) {
   for (let [key, value] of map) {
      document.write(key + "-" + value + " ");
   }
   document.write("<br/>");
}
```

上述函數使用 for/of 迴圈顯示參數 Map 物件的鍵值對。然後使用 Map()建立 Map 物件 map，如下所示：

```
let map = new Map([["name", "江小魚"], ["age", 25]]);
displayMap(map);
document.write("Map 尺寸: " + map.size + "<br/>");
```

上述 Map()如果沒有參數，就是建立空 Map 物件，因為是鍵值對，所以參數是巢狀陣列，每一個鍵值對是一個 2 個元素的陣列，第 1 個元素是鍵；第 2 個元素是值，size 屬性可以取得 Map 物件的鍵值對數。

Map 物件可以使用 set()方法新增鍵值對，第 1 個參數是鍵；第 2 個是值，如下所示：

```
map.set("grade", 98);
map.set("gender", "女");
displayMap(map);
```

上述程式碼新增 2 個鍵值對。我們可以使用 get()方法以參數的鍵來取出值，如下所示：

```
document.write("姓名: " + map.get("name") + "<br/>");
```

上述程式碼取出鍵"name"的值。在從 Map 物件取出值之前，可以先使用 has()方法檢查 Map 物件是否有參數的鍵，如下所示：

```
if (map.has("gender")) {
   document.write("性別: " + map.get("gender") + "<br/>");
}
```

上述 if 條件判斷是否有鍵"gender"，如果有，呼叫 get()方法取出此鍵的值。刪除鍵值對是使用 delete()方法，參數是欲刪除的鍵，如下所示：

```
map.delete("grade")
document.write("成績: " + map.get("grade") + "<br/>");
```

上述 delete()方法刪除鍵"grade"，所以 get()方法的回傳值是 undefined，已經沒有此鍵值對。

12-4-2 Set 物件

Set 物件是一個集合，可以儲存各種型態的唯一值。在說明基本 Set 物件的使用前，我們建立名為 displaySet()函數來顯示 Set 物件集合的項目（JavaScript 程式：Ch12_4_2.html），如下所示：

```
function displaySet(set) {
   for (let item of set) {
      document.write(item + " ");
   }
   document.write("<br/>");
}
```

上述函數使用 for/of 迴圈顯示參數 Set 物件的項目。然後使用 Set()建立 Set 物件 set，如下所示：

```
let set = new Set([1, 2, 3]);
displaySet(set);
document.write("Set 尺寸: " + set.size + "<br/>");
```

上述 Set()如果沒有參數，就是建立空 Set 物件，參數值是不重複元素值的陣列，size 屬性可以取得 Set 物件的項目數。

Set 物件可以使用 add()方法新增參數的集合項目，如下所示：

```
set.add(9);
set.add(15);
displaySet(set);
```

上述程式碼新增 2 個項目至 Set 集合物件。在 Set 物件新增項目前，可以先使用 has()方法檢查 Set 物件是否有參數的項目，如下所示：

```
if (set.has(15)) {
   document.write("集合有 15 <br/>");
}
```

上述 if 條件判斷是否有項目 15。刪除項目是使用 delete()方法，參數是欲刪除的項目，如下所示：

```
set.delete(9)
document.write("是否有 9: " + set.has(9) + "<br/>");
```

上述 delete()方法刪除 9，所以 has(9)方法的回傳值是 false。

12-4-3 Symbol 物件

ES6 的 Symbol 是一種全新的 JavaScript 基本資料型態(Primitive Data Types)，可以用來代表唯一值（Unique）。在 ES5 建立物件時，因為物件屬性名稱是字串，很容易產生同名問題，現在，ES6 可以使用字串或 Symbol 物件作為屬性名稱，如果使用 Symbol，表示屬性一定是唯一值，絕對不會發生重名的問題。

建立 Symbol 物件：Ch12_4_3.html

Symbol 物件是使用 Symbol()函數建立，這不是建構函數，並不能使用 new 運算子，如下所示：

```
let S = Symbol()
let S1 = Symbol("ERROR");
let S2 = Symbol("NOTICE");
let S3 = Symbol("ERROR");
```

上述 Symbol 函數的字串參數就是替 Symbol 物件命名，其主要目的是在轉換成字串型態時，可以區分是不同的 Symbol 物件。在建立 Symbol 物件後，可以比較這些 Symbol 物件，如下所示：

```
document.write("S1==S2: " + (S1 == S2) + "<br/>");
document.write("S1===S2: " + (S1 == S2) + "<br/>");
document.write("S1==S3: " + (S1 == S3) + "<br/>");
document.write("S1===S3: " + (S1 === S3) + "<br/>");
```

因為 Symbol 物件代表唯一值，所以不論使用嚴格相等或一般相等，其結果都是 false。

Memo

JavaScript 的一般相等「==」只需值相等即可，嚴格相等「===」不只值需相等，資料型態也需相等，如下所示：

```
let str1 = "10";
let num = 10;
document.write("num==str1: " + (num == str1) + "<br/>");
document.write("num===str1: " + (num === str1) + "<br/>");
```

上述 str1 是字串；num 是整數，一般相等是比值（會自動轉換型態後再比較），所以是 true；嚴格相等因為型態不同，所以是 false。

輸出 Symbol 物件和作為物件屬性：Ch12_4_3.html

Symbol 物件並不能直接輸出，我們需要使用 toString()方法來輸出 Symbol 物件，輸出內容就是建立時的參數字串，例如：建立 3 個 Symbol 物件 name、age 和 grade，如下所示：

```
let name = Symbol("name");
let age = Symbol("age");
let grade = Symbol("grade");

document.write(name.toString() + "<br/>");
document.write(age.toString() + "<br/>");
document.write(grade.toString() + "<br/>");
```

上述程式碼使用 toString()方法輸出這 3 個 Symbol 物件，其執行結果如右圖所示：

Symbol(name)
Symbol(age)
Symbol(grade)

然後，我們可以使用 Symbol 物件作為屬性名稱來建立物件，如下所示：

```
let student = { [name]: '阿忠', [age]: 18 };
```

上述程式碼是使用物件文字值來建立物件，Symbol 物件的屬性需要使用「[ ]」括起，我們也可以使用 Symbol 物件作為索引來新增屬性，如下所示：

```
student[grade] = 98;
```

現在，我們可以取出 Symbol 物件的屬性，請注意！不是使用「.」運算子，而是使用陣列索引「[]」，如下所示：

```
document.write("學生姓名: " + student[name] + "<br/>");
document.write("學生年齡: " + student[age] + "<br/>");
document.write("學生成績: " + student[grade] + "<br/>");
```

上述程式碼輸出物件 3 個 Symbol 物件建立的屬性值，其執行結果如右圖所示：

學生姓名: 阿忠
學生年齡: 18
學生成績: 98

12-5 ES 的陣列處理方法

JavaScript 程式碼常常需要處理陣列中的每一個項目，稱為迭代（Iteration），所以提供很多相關方法，在這一節我們準備說明常用的陣列處理方法。

在本節 JavaScript 程式範例使用的測試資料是 students 物件陣列，如下所示：

```
let students = [
  { name: '阿忠', age: 18 },
  { name: '志明', age: 24 },
  { name: '小美', age: 15 },
  { name: '小江', age: 20 } ];
```

Array.prototype.filter()方法：Ch12_5.html

filter()方法可以使用參數回撥函數的條件從原陣列中過濾建立出一個新陣列，如下所示：

```
let filter1 = students.filter(function(item, index, array){
    return item.age >= 20;
});
document.write(displayArray(filter1));
```

上述過濾條件是 age 大於等於 20（item 可以取得每一個陣列元素），換句話說，新陣列的元素 age 都大於等於 20，displayArray()函數可以顯示物件陣列的內容，其執行結果如下圖所示：

{name:志明,age:24,}{name:小江,age:20,}

在 filter()方法的回撥函數也可以使用索引作為過濾條件，只取出偶數索引的元素來建立新陣列，如下所示：

```
let filter2 = students.filter(function(item, index, array){
    return index %2 == 0;
});
document.write(displayArray(filter2));
```

上述過濾條件是 index % 2 運算結果是 0，其執行結果取出索引 0 和 2 的元素，如下圖所示：

{name:阿忠,age:18,}{name:小美,age:15,}

Array.prototype.find()方法：Ch12_5a.html

find()方法可以回傳陣列中第一個滿足回撥函數條件的元素，即搜尋第 1 個符合條件的元素，沒有找到回傳 undefined，如下所示：

```
let find1 = students.find(function(item, index, array){
    return item.age >= 20;
});
document.write(displayObj(find1));
```

上述搜尋條件是 age 大於等於 20（item 可以取得每一個陣列元素），可以回傳第 1 個符合的物件元素，displayObj()函數可以顯示物件內容，其執行結果如下圖所示：

name: 志明,age: 24,

在第 2 個 find()方法的回撥函數是使用 name 屬性來建立搜尋條件，如下所示：

```
let find2 = students.find(function(item, index, array){
    return item.name == "小美";
});
document.write(displayObj(find2));
```

上述條件是姓名等於"小美"，其執行結果如下圖所示：

name: 小美,age: 15,

Array.prototype.forEach()方法：Ch12_5b.html

forEach()方法是單純走訪陣列的每一個元素，即每一個元素都傳入回撥函數來執行一次，此方法沒有額外的回傳值，如下所示：

```
students.forEach(function(item, index, array){
    item.age += 1;
});
document.write(displayArray(students));
```

上述方法走訪每一個元素，將 age 值加 1，其執行結果如下圖所示：

{name:阿忠,age:19,}{name:志明,age:25,}
{name:小美,age:16,}{name:小江,age:21,}

Array.prototype.map()方法：Ch12_5c.html

map()方法會建立一個新陣列，其內容是原陣列的每一個元素經過回撥函數運算後回傳結果的集合，所以新陣列的長度和原陣列相同，如果沒有回傳值，其值是 undefined，如下所示：

```
const arr = [1, 4, 9, 16];
let map1 = arr.map(x => x * 2);
document.write(...map1 + "<br/>");
```

上述程式碼使用箭頭函數建立回撥函數，可以將陣列元素值乘以 2，然後使用擴展運算子顯示陣列內容：2,8,18,32。

在第 2 個 students.map()方法的回撥函數是條件判斷，回傳的是布林值，如下所示：

```
let map2 = students.map((item, index, array) => item.age > 18);
document.write(...map2 + "<br/>");
```

上述條件是年齡大於 18，其執行結果是：false,true,false,true。第 3 個 map()方法是將 students 物件陣列的 age 屬性值加 1，如下所示：

```
let map3 = students.map(function(item, index, array){
  item.age += 1
  return item;
});
document.write(displayArray(map3));
```

上述程式碼將陣列元素的 age 屬性值加 1，displayArray()函數可以顯示物件陣列的內容，其執行結果如下圖所示：

{name:阿忠,age:19,}{name:志明,age:25,}
{name:小美,age:16,}{name:小江,age:21,}

在第 4 個 map()方法重建 students 物件陣列成為一個新的物件陣列，屬性名稱更名為 user 和 nowAge，如下所示：

```
let map4 = students.map(item =>({
  user: item.name,
  nowAge: (item.age + 1)
}));
document.write(displayArray(map4));
```

上述程式碼不只建立新的物件陣列，更將 nowAge 屬性值指定成 age 屬性值加 1，其執行結果如下圖所示：

{user:阿忠,nowAge:20,}{user:志明,nowAge:26,}
{user:小美,nowAge:17,}{user:小江,nowAge:22,}

Array.prototype.every()方法：Ch12_5d.html

every()方法會測試陣列所有元素是否都通過回撥函數的條件，回傳值是布林值 true 或 false，如下所示：

```
let ans1 = students.every(function(item, index, array){
  return item.age < 24;
});
document.write(ans1 + "<br/>");
```

上述條件是 age 小於 24，因為有 age 等於 24，所以沒有全部通過，其執行結果是：false。

在第 2 個 every()方法的回撥函數條件是 age 大於 10，如下所示：

```
let ans2 = students.every(function(item, index, array){
  return item.age > 10;
});
document.write(ans2 + "<br/>");
```

上述條件因為所有元素都通過，所以執行結果是：true。

Array.prototype.some()方法：Ch12_5e.html

some()方法類似 every()方法，只是測試陣列中至少有一個元素通過回撥函數的測試即可，其回傳值是布林值，如下所示：

```
let ans1 = students.some(function(item, index, array){
  return item.age < 24;
});
document.write(ans1 + "<br/>");
```

上述條件是 age 小於 24，因為至少有 1 個通過，其執行結果是：true。

在第 2 個 some()方法的回撥函數條件是 age 小於 10，如下所示：

```
let ans2 = students.some(function(item, index, array){
  return item.age < 10;
});
document.write(ans2 + "<br/>");
```

上述條件因為所有元素沒有一個通過，所以執行結果是：false。

12-6 ES 的迭代器與生成器

JavaScript 走訪集合類型資料結構的每一個項目是一種常見的操作，例如：第 12-5 節的陣列處理方法。ES6 在 JavaScript 語言的核心導入迭代器與生成器的觀念，提供機制來客製化 for/of 等走訪操作。

12-6-1 迭代器

JavaScript 的 Array、Objcct、Map 和 Set 等集合類型 (Collection) 資料結構都提供一致的走訪元素或項目的機制，稱為「迭代」（Iteration）。因為這些資料結構已經實作迭代器（Iterator），所以定義了物件如何被走訪和成員的排列方式。

JavaScript 的迭代器（Iterators）是一個提供 next()方法的物件（JavaScript 程式：Ch12_6_1.html），如下所示：

```
function range(start=0, end=infinity, step=1) {
    let nextIndex = start;
    return {
       next: function() {
           if (nextIndex < end) {
               let r = {value: nextIndex, done: false};
```

```
                nextIndex += step;
                return r;
            }
        }
    };
}
```

上述 range()函數是一個迭代器，提供 next()方法產生從 start 至 end（不含 end）之間間隔 step 的數字序列（類似 Python 語言的 range()函數），變數 nextIndex 是下一個值。

然後，我們可以使用迭代器產生一序列數字，首先建立迭代器 iterator，範圍是 0~5（不含 6），間隔是 1，如下所示：

```
const iterator = range(0, 6);
result = iterator.next();
document.write(result.value + "<br/>");
result = iterator.next();
while ( !result.done ) {
    document.write(result.value + "<br/>");
    result = iterator.next();
}
```

上述程式碼呼叫 2 次 next()方法取出 2 個值 0 和 1 後，使用 while 迴圈取出剩下值 2、3、4、5，其執行結果如右圖所示：

0
1
2
3
4
5

12-6-2 生成器

JavaScript 的迭代器需要自行維護一個指標狀態來記錄如何輸出下一個值，ES6 的生成器（Generators）如同可以隨時暫停和恢復輸出的特殊函數，能夠更容易建立所需的迭代器。其基本語法如下所示：

```
function* generator() {
   yield 1;
   yield 2;
   …
}
```

上述函數使用 function*宣告，在函數中是使用 yield 關鍵字來維護內部的執行狀態（生成器也是函數，一樣可以使用 return 關鍵字來中斷執行），我們只需執行此函數，就可以產生生成器物件，如下所示：

```
let g = generator();
```

上述生成器的本質就是第 12-6-1 節的迭代器，每次執行 next()方法就會繼續執行 generator()函數，直到遇到 yield 關鍵字，所以第 1 次呼叫是回傳 1；第 2 次恢復執行是回傳 2，然後重複執行來產生回傳值，回傳值是一個物件，如下所示：

```
{value: <回傳值>, done: boolean}
```

建立生成器：Ch12_6_2.html

現在，我們準備使用生成器建立和第 12-6-1 節完成相同功能的迭代器，如下所示：

```
function* range(start=0, end=infinity, step=1) {
    for (let i = start; i < end; i += step) {
        yield i;
    }
}
```

上述 range()函數使用 for 迴圈產生數字，此時不是使用 return 關鍵字，而是改用 yield 關鍵字來回傳值。

然後，我們可以使用生成器產生一序列數字，首先建立生成器 generator，範圍是 0~5（不含 6），間隔是 1，如下所示：

```
const generator = range(0, 6);
result = generator.next();
document.write(result.value + "<br/>");
result = generator.next();
while ( !result.done ) {
    document.write(result.value + "<br/>");
    result = generator.next();
}
```

上述程式碼呼叫 2 次 next()方法取出 2 個值 0 和 1 後，使用 while 迴圈取出剩下值 2、3、4、5。

for/of 迴圈與生成器：Ch12_6_2a.html

JavaScript 可以使用 for/of 迴圈來一一取出生成器產生的值，如下所示：

```
const generator = range(1, 11);
for (let value of generator) {
    document.write(value + " ");
}
```

上述程式碼建立範圍 1~10 的生成器，然後使用 for/of 迴圈顯示生成器產生的值，這個迴圈的功能基本上和 for (let i = 1; i < 11; i++)迴圈相同，其執行結果如右圖所示：

1 2 3 4 5 6 7 8 9 10

將值傳入生成器：Ch12_6_2b.html

在生成器的函數除了使用 yield 關鍵字回傳值，我們也可以將值傳入生成器，其語法如下所示：

```
let reset = yield curr;
```

上述 reset 值就是 next()方法參數傳入生成器的值。例如：我們準備建立費式數列的生成器，可以傳入值來重設生成器中費式數列的初值。費氏數列的定義，如下所示：

```
F0 = 0
F1 = 1
Fn = Fn-1 + Fn-2
```

上述定義的前 2 個數字是 0 和 1，之後的數字是前 2 個數字的和。費式數列的 fib()生成器，如下所示：

```
function* fib() {
    let fn1 = 0;
    let fn2 = 1;
    while (true) {
        let curr = fn1;
        fn1 = fn2;
        fn2 = curr + fn1;
        let reset = yield curr;
        if (reset) {
            fn1 = 0;
```

```
            fn2 = 1;
        }
    }
}
```

上述 while 無窮迴圈使用 yield 關鍵字回傳目前的費式數，如果傳入值是 true，就在 if 條件重設前 2 個數值。

然後，我們建立 sequence 生成器來產生費式數，第 1 個 for 迴圈可以產生前 10 個費氏數，如下所示：

```
let sequence = fib();
for (let i = 1; i < 11; i++) {
    document.write(sequence.next().value + " ");
}
document.write("<br/>");
document.write(sequence.next(true).value + " ");
for (let i = 2; i < 11; i++) {
    document.write(sequence.next().value + " ");
}
document.write("<br/>");
```

上述程式碼呼叫 sequence.next(true).value 方法傳入 true，所以重設生成器，這次呼叫回傳 0，然後使用 for 迴圈產生之後的 9 個費氏數，可以看到 2 次取出的數列相同，其執行結果如右圖所示：

```
0 1 1 2 3 5 8 13 21 34
0 1 1 2 3 5 8 13 21 34
```

在生成器執行其他生成器：Ch12_6_2c.html

在 JavaScript 生成器可以使用 yield*在生成器中執行其他生成器，如下所示：

```
function* gen(obj) {
    yield* obj;
}
```

上述 gen()函數中使用 yield*執行參數的生成器，換句話說，我們只需傳入已經實作生成器或迭代器的集合物件，就可以配合 for/of 迴圈來走訪集合物件的值。首先是字串，如下所示：

```
for (let value of gen("This is a book.")) {
    document.write(value + " ");
}
document.write("<br/>");
```

上述程式碼可以一一走訪字串的每一個字元。然後是陣列，如下所示：

```
for (let value of gen([2, 4, 6, 8, 10])) {
    document.write(value + " ");
}
document.write("<br/>");
```

上述程式碼可以一一走訪陣列的元素值。然後是 Map 物件，如下所示：

```
for (let [key, value] of gen(new Map([["name", "江小魚"], ["age", 25]]))) {
    document.write(key + ":" + value + " ");
}
document.write("<br/>");
```

上述程式碼可以一一走訪 Map 物件的鍵值對。最後是 Set 物件，如下所示：

```
for (let value of gen(new Set([1, 2, 3, 4]))) {
    document.write(value + " ");
}
```

上述程式碼可以一一走訪 Set 物件的項目，其執行結果如下圖所示：

```
T h i s i s a b o o k .
2 4 6 8 10
name:江小魚 age:25
1 2 3 4
```

CHAPTER

13

非同步程式設計、Fetch API 與 AJAX

13-1 JavaScript 的非同步程式設計

非同步程式設計是每一位 JavaScript 程式設計者都一定會遇到的問題，例如：使用 AJAX 來非同步取得資料，在這一節筆者準備詳細說明 ES 各種非同步程式設計的語法。

13-1-1 認識 JavaScript 的非同步程式設計

ES5 是使用回撥函數建立非同步程式設計，在 ES6 新增 Promise 物件，從 ES7 開始新增基於 Promise 物件的 Async/Await 語法，可以讓我們更容易建立 JavaScript 非同步程式設計。

什麼是同步和非同步程式設計

同步（Synchronous）程式設計就是各任務會依序的執行，需要等待執行完前一個任務後，才能執行下一個任務，如下圖所示：

JavaScript 程式：Ch13_1_1.html 是同步程式設計，依序顯示 3 個字串（請注意！因為瀏覽器執行速度太快，好像一次就顯示 3 個字串，事實上，這是依序顯示 3 個字串，如果改成 alert()函數，可以更容易看出這是同步執行的 3 列程式碼），如下所示：

```
document.write("1: 猫<br/>");
document.write("2: 老虎<br/>");
document.write("3: 獅子<br/>");
```

1: 猫
2: 老虎
3: 獅子

非同步（Asynchronous）程式設計就是各任務之間並沒有前後關係，不用等待前面任務完成，就可執行其他任務，例如：任務 1、2 和 5 是非同步執行的任務，如右圖所示：

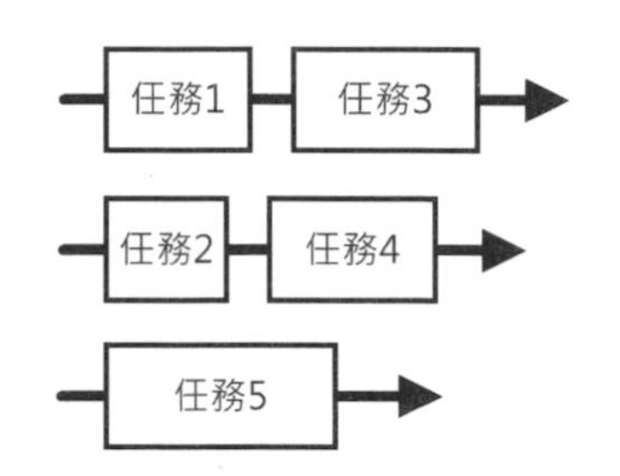

JavaScript 程式：Ch13_1_1a.html 是使用回撥函數建立非同步程式設計，一樣可以顯示 3 個字串，如下所示：

```
setTimeout(function() {
    document.write("1: 猫<br/>");
}, 1000);
setTimeout(function() {
    document.write("2: 老虎<br/>");
    }, 1000);
setTimeout(function() {
    document.write("3: 獅子<br/>");
}, 1000);
```

上述程式碼不是顯示 1 個字串後等 1 秒鐘，再顯示 1 個字串，然後再等 1 秒鐘，顯示最後 1 個字串。而是等待 1 秒鐘後，同時顯示 3 個字串。

回撥地獄（Callback Hell）

ES5 是使用回撥函數建立非同步程式設計，其缺點是當執行多個非同步操作時，需要建立多層巢狀回撥函數，例如：修改 Ch13_1_1a.html 成為 Ch13_1_1b.

html，使用 setTimeout()函數建立每等 1 秒鐘，顯示 1 個字串的非同步操作，如下所示：

```
setTimeout(function() {
    document.write("1: 猫<br/>");
    setTimeout(function() {
        document.write("2: 老虎<br/>");
           setTimeout(function() {
           document.write("3: 獅子<br/>");
        }, 1000);
    }, 1000);
}, 1000);
```

上述程式碼共有三層巢狀回撥函數，三層還好，如果有更多層時，就會造成程式碼結構的混亂，稱為「回撥地獄」（Callback Hell）。

13-1-2 Promise 物件

ES6 的 Promise 物件就是在解決 ES5 的回撥地獄(Callback Hell)問題。Promise 物件以字面來說，就是承諾，每一個任務如同是一個承諾，承諾你去執行此任務，等到執行完任務再告知任務是成功或失敗，因為每一個任務的承諾不一定有關係，所以是一種非同步程式設計。

Promise 物件的基本語法

在非同步 asyncFunc()函數可以回傳 Promise 物件來處理非同步的任務，其基本語法如下所示：

```
function asyncFunc(value) {
   return new Promise(function(resolve, reject) {
      if (value) {
         resolve(<成功執行>);
      }
      else {
         reject(<拒絕的理由>);
      }
   });
}
```

上述非同步函數 asyncFun()回傳 Promise 物件，如果成功就呼叫 resovle()函數；失敗呼叫 reject()函數，這 2 個函數都有一個參數，可以透過此參數將資料傳遞至下一個任務。

在呼叫 asyncFunc()非同步函數後，需要使用 then()方法處理承諾任務成功後的操作；catch()方法處理承諾任務失敗後的操作，其基本語法如下所示：

```
asyncFunc(true)
    .then(function(value) {
       // 處理承諾的任務成功
    })
    .catch(function(error) {
      // 處理承諾的任務失敗
    });
```

上述 then()方法的回撥函數參數 value，就是 Promise 物件的 resolve()函數的參數，事實上，resolve()函數就是呼叫 then()方法的回撥函數；catch()方法的回撥函數參數是 error，這就是 reject()函數的參數。

使用 Promise 物件建立同步延遲：Ch13_1_2.html

現在，我們準備使用 Promise 物件建立 delay()延遲函數，可以延 1 秒鐘顯示 1 個字串，函數是回傳 Promise 物件，和使用 setTimeout()函數延遲 1 秒鐘才處理承諾的任務成功。delay()函數的參數值是 true，表示承諾的任務成功；false 是失敗，如下所示：

```
function delay(value) {
   return new Promise(function(resolve, reject) {
      if (value) {
         setTimeout(function(value){
            resolve("成功延遲執行");
         }, 1000);
      }
      else {
         reject("結束延遲執行!");
      }
   });
}
```

上述 delay()函數回傳 Promise 物件，if/else 條件判斷承諾的任務是否成功，成功，就使用 setTimeout()函數延遲 1 秒鐘才呼叫 resolve()函數；反之，失敗是呼叫 reject()函數。

然後，我們可以呼叫 delay()函數和傳遞參數 true，如下所示：

```
delay(true)
    .then(function(value) {
      document.write(value + " 1: 貓<br/>");
      return delay(true);
    })
```

上述第 1 個 then()方法是繼續承諾任務成功後，執行的工作，回撥函數的 value 是 resolve()函數傳遞的字串，在延遲 1 秒鐘顯示第 1 個字串後，回傳值是呼叫 delay()函數再建立 Promise 物件，此時是讓接下來的第 2 個 then()方法來處理，如下所示：

```
    .then(function(value) {
      document.write(value + " 2: 老虎<br/>");
      return delay(true);
    })
```

上述第 2 個 then()方法是繼續第 1 個 then()方法回傳的 Promise 物件，在延遲 1 秒鐘顯示第 2 個字串後，回傳值也是呼叫 delay()函數建立 Promise 物件，此時是讓接下來的第 3 個 then()方法來處理，如下所示：

```
    .then(function(value) {
      document.write(value + " 3: 獅子<br/>");
      return delay(false);
    })
```

上述第 3 個 then()方法是繼續第 2 個 then()方法回傳的 Promise 物件，在延遲 1 秒鐘顯示第 3 個字串後，回傳值是呼叫 delay()函數建立的 Promise 物件，此時參數值是 false，所以接著是 catch()方法來接手處理，如下所示：

```
    .catch(function(error) {
      document.write(error + "<br/>");
    });
```

上述 catch()方法繼續第 3 個 then()方法回傳的 Promise 物件，因為是呼叫 reject()函數，所以此函數是顯示 reject()函數傳遞的資料。執行結果可以看到等 1 秒顯示 1 個訊息文字，直到最後顯示「結束延遲執行!」，如下圖所示：

```
成功延遲執行 1: 貓
成功延遲執行 2: 老虎
成功延遲執行 3: 獅子
結束延遲執行!
```

13-1-3 Async/Await 語法

從 ES7 開始的 Async/Await 語法是基於 Promise 物件的非同步程式設計，事實上，其本質就是 Promise 物件，只是將 Promise 物件包裝成更簡單好用的語法。

async/await 關鍵字的基本語法

async/await 關鍵字的基本語法，如下所示：

```
async function asyncFunc() {
   await a();
   await b();
   …
}
```

上述 asyncFunc()函數之前有 async 關鍵字，表示這是一個非同步函數，在函數中可以使用 await 關鍵字（只能位在 async 宣告的非同步函數之中）來呼叫函數，這是一些非同步操作，當確認 Promise 物件成功或失敗後，才會執行下一個 await 關鍵字呼叫的函數。

等到整個 asyncFunc()函數執行完畢後，就會回傳 1 個 Promise 物件，所以在呼叫後一樣可以使用 then()方法進行後續處理，如下所示：

```
asyncFunc();
或
asyncFunc().then(()=>{
   …
});
```

使用 Async/Await 語法建立同步延遲：Ch13_1_3.html

現在，我們準備建立和 Ch13_1_2.html 相同的同步延遲處理，在 async 關鍵字宣告的 delay()非同步函數中，可以看到使用 3 個 await 關鍵字呼叫的 3 個 setTimeout()函數，如下所示：

```
async function delay() {
   await setTimeout(( () => document.write("1: 猫<br/>") ), 1000);
   await setTimeout(( () => document.write("2: 老虎<br/>") ), 2000);
   await setTimeout(( () => document.write("3: 獅子<br/>") ), 3000);
}
delay();
```

上述 3 個 setTimeout()函數的回撥函數是 ES6 的箭頭函數，依序延遲 1 秒、2 秒和 3 秒鐘來顯示 3 個訊息文字，其執行結果就是間隔 1 秒鐘顯示 1 個字串，如右圖所示：

1: 猫
2: 老虎
3: 獅子

Async/Await+Promise 物件建立同步延遲：Ch13_1_3a.html

事實上，因為 await 關鍵字呼叫的函數是非同步函數，換句話說，我們一樣可以使用 Promise 物件來建立這些函數，例如：wait()函數回傳 Promise 物件，可以在延遲 1 秒鐘使用 resolve()函數回傳參數 data 的字串，如下所示：

```
function wait(data) {
   return new Promise((resolve, reject) => {
      setTimeout(v => resolve(data), 1000);
   })
}
```

上述程式碼只有呼叫 resolve()函數，沒有呼叫 reject()函數，表示任務一定成功。接著，使用 async 關鍵字宣告 delay()非同步函數，在函數中使用 await 關鍵字呼叫 3 次 wait()函數後，顯示回傳 Promise 物件的內容，如下所示：

```
async function delay() {
   let res = await wait("1: 猫<br/>");
   document.write(res);
   res = await wait("2: 老虎<br/>");
   document.write(res);
   res = await wait("3: 獅子<br/>");
   document.write(res);
```

```
}
delay();
```

上述程式碼呼叫 delay()非同步函數後，一樣是間隔 1 秒鐘顯示 1 個字串，其執行結果和 Ch13_1_3.html 相同，如右圖所示：

1: 貓
2: 老虎
3: 獅子

13-2 認識 AJAX 技術

AJAX 是 Asynchronous JavaScript And XML 的縮寫，即非同 JavaScript 和 XML 技術。AJAX 可以讓 Web 應用程式在瀏覽器建立出如同桌上型 Windows 應用程式一般的使用介面。

13-2-1 非同步 HTTP 請求

AJAX 技術的核心是非同步 HTTP 請求（Asynchronous HTTP Requests），此種 HTTP 請求可以不用等待伺服端回應，即可讓使用者執行其他互動操作，例如：更改購物車購買的商品數量後，不需等待重新載入整頁網頁，或自行按下按鈕來更新網頁內容，就可以接著輸入送貨的相關資訊。

同步 HTTP 請求

傳統 HTTP 請求的過程是同步 HTTP 請求（Synchronous HTTP Requests），當使用者在瀏覽器的網址欄輸入 URL 網址後，按【移至】鈕，就可以將 HTTP 請求送至 Web 伺服器，在處理後，將請求結果的 HTML 網頁傳回客戶端來顯示，如下圖所示：

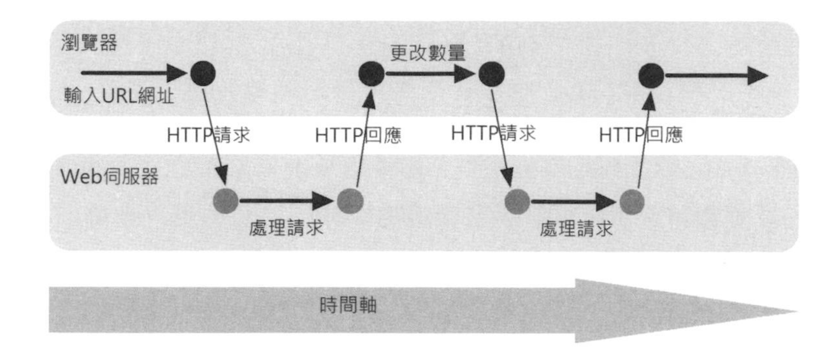

上述圖例在瀏覽器輸入網址後，將 HTTP 請求送至 Web 伺服器，在處理後，產生購物車網頁傳回瀏覽器顯示，如果數量不對，在更改後，再次送出 HTTP 請求，並且取得回應。

在同步 HTTP 請求的過程中，回應內容都是整頁網頁，所以在等待回應時，唯一能作的就是等待，整個過程依序是輸入資料、送出 HTTP 請求、等待、取得 HTTP 回應和顯示結果，完成整個流程後，才能進行下一次互動。

非同步 HTTP 請求

AJAX 技術是使用非同步 HTTP 請求，除了第 1 次載入網頁外，HTTP 請求是在背景使用 XMLHttpRequest 物件或 Fetch API 送出，在送出後，並不需要等待回應，所以不會影響使用者在瀏覽器上的互動，如下圖所示：

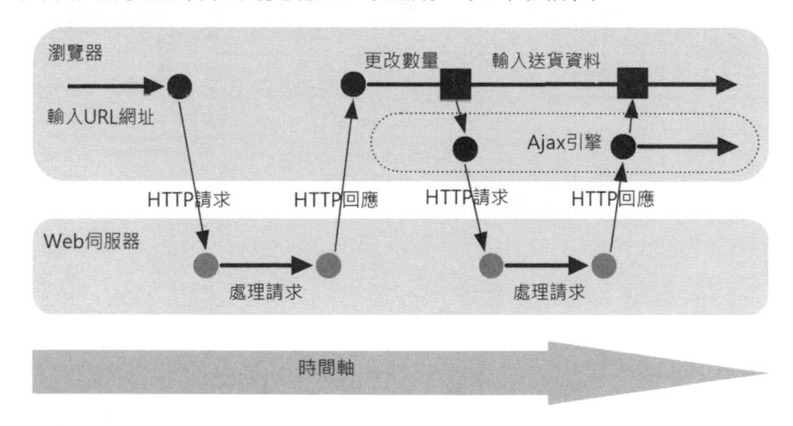

上述圖例在瀏覽器第 1 次輸入網址後，將 HTTP 請求送至 Web 伺服器，在處理後，產生購物車網頁傳回瀏覽器顯示，如果數量不對，在更改後，就是透過

JavaScript 建立的 AJAX 引擎（AJAX Engine）送出第 2 次的 HTTP 請求，因為是非同步，所以不用等到 HTTP 回應，使用者可以繼續輸入送貨資料。

當送出第 2 次 HTTP 請求在伺服器處理完畢後，AJAX 引擎可以取得回應的 XML 或 JSON 等資料，然後更新指定標籤物件的內容，即更改數量，而不用重新載入整頁網頁內容，使用者操作完全不因 HTTP 請求而中斷。

13-2-2 AJAX 應用程式架構

AJAX 技術的主要目的是改進 Web 應用程式的使用介面，這是一種客戶端網頁技術，在實務上，我們需要搭配伺服端網頁技術來建立 Web 應用程式，例如：PHP、ASP.NET、ASP 和 JSP 等。

AJAX 應用程式架構

AJAX 應用程式架構的客戶端是使用 JavaScript 的 AJAX 引擎來處理 HTTP 請求（ES6 支援使用 Fetch API 送出 AJAX 的 HTTP 請求），和取得伺服端的回應資料，例如：文字、HTML、XML 或 JSON 資料（這是使用伺服端網頁技術來產生，例如：PHP），如下圖所示：

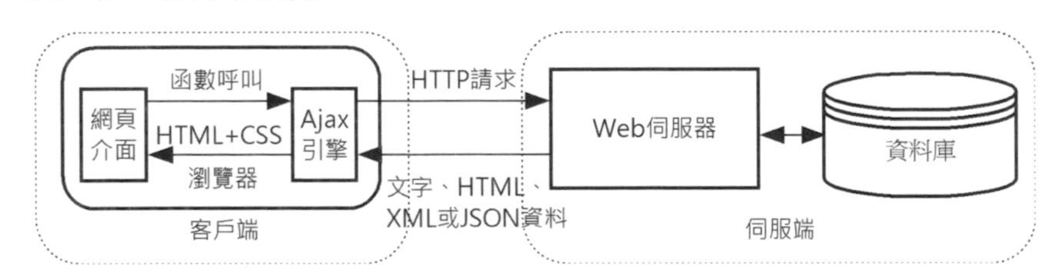

上述圖例的瀏覽器一旦顯示網頁介面後，所有使用者互動所需的 HTTP 請求都是透過 AJAX 引擎送出，並且在取得回應資料後，只會更新網頁使用介面的部分內容，而不用重新載入整頁網頁。

因為 HTTP 請求都是在背景處理，並不會影響網頁介面的顯示，使用者不再需要等待伺服端的回應，就可以進行相關互動，換句話說，AJAX 技術可以大幅改進使用介面，建立更快速回應、更佳和容易使用的 Web 使用介面。

Fetch API 與 jQuery 的 AJAX 方法

JavaScript ES6 可以使用 Fetch API 處理 AJAX 請求，建立 AJAX 應用程式，詳見第 13-5 節的說明，如下所示：

```
fetch('book.json')
.then(response => {
  return response.json();
}).then(result => {
  return result;
});
```

對於舊版瀏覽器，或為了建立跨瀏覽器相容的 AJAX 應用程式，我們可以使用 jQuery 函式庫送出 XHR 請求（即使用 XMLHttpRequest 物件），詳見第 13-4-2 節的說明，如下所示：

```
$.post('getDateTime.php',
  { name : nameVal,
    type : typeVal
  },
  function(data) {
     // 取出 XML 元素值
  }
);
```

jQuery 的 AJAX 相關方法說明，如下表所示：

方法	說明
load()	將伺服端的遠端文件使用 AJAX 方式載入
getScript()	使用 AJAX 方式執行伺服端 JavaScript 程式檔案
get()	使用 HTTP GET 方法送出 AJAX 請求和取得回應
post()	使用 HTTP POST 方法送出 AJAX 請求和取得回應
getJSON()	使用 HTTP GET 方法取得伺服端的 JSON 資料
ajax()	使用 XMLHttpRequest 物件送出 AJAX 請求

13-3 JSON 基礎

「JSON」的全名是（JavaScript Object Notation），這是一種 AJAX 技術常用的資料交換格式，類似 XML，事實上，JSON 就是一個 JavaScript 物件的文字表示法。

13-3-1 認識 JSON

JSON 是由 Douglas Crockford 創造的一種輕量化資料交換格式，因為比 XML 來的快速且簡單，再加上 JSON 資料結構就是一個 JavaScript 物件，對於 JavaScript 語言來說，可以直接解讀。

JSON 資料是使用大括號定義成對的鍵和值（Key-value Pairs），相當於物件的屬性和值，如下所示：

```
{
   "key1": "value1",
   "key2": "value2",
   "key3": "value3",
   …
}
```

JSON 資料如果是物件陣列，這是使用方括號來定義多個大括號定義的 JSON 物件，如下所示：

```
[
     {
     "title": "ASP.NET 網頁設計",
     "author": "陳會安",
     "category": "Web",
     "pubdate": "06/2015",
     "id": "W101"
     },
     {
     "title": "PHP 網頁設計",
     "author": "陳會安",
     "category": "Web",
     "pubdate": "07/2015",
     "id": "W102"
```

```
    },
    …
]
```

13-3-2 JSON 的語法

JSON 是使用 JavaScript 語法來描述資料物件，一種 JavaScript 語法的子集。

JSON 語法規則

JSON 語法沒有關鍵字，其基本語法規則，如下所示：

- 資料是成對的鍵和值（Key-value Pairs），使用「:」符號分隔。
- 資料之間是使用「,」符號分隔。
- 使用大括號定義物件。
- 使用方括號定義物件陣列。

JSON 檔案的副檔名為.json；MIME 型態為"application/json"。

JSON 的鍵和值

JSON 資料是成對的鍵和值（Key-value Pairs），首先是欄位名稱，接著「:」符號，最後是值，如下所示：

```
"author": "陳會安"
```

上述"author"是欄位名稱，"陳會安"是值，JSON 的欄位值可以是整數、浮點數、字串（使用「"」括起）、布林值（true 或 false）、陣列（使用方括號括起）和物件（使用大括號括起）。

JSON 物件

JSON 物件是使用大括號包圍的多個 JSON 鍵和值，如下所示：

```
{
  "title": "ASP.NET 網頁設計",
  "author": "陳會安",
  "category": "Web",
```

```
    "pubdate": "06/2015",
    "id": "W101"
}
```

JSON 物件陣列

JSON 物件陣列可以擁有多個 JSON 物件，例如："Employees"欄位值是一個物件陣列，擁有 3 個 JSON 物件，如下所示：

```
{
  "Boss": "陳會安",
  "Employees": [
    { "name" : "陳允傑", "tel" : "02-22222222" },
    { "name" : "江小魚", "tel" : "03-33333333" },
    { "name" : "陳允東", "tel" : "04-44444444" }
  ]
}
```

13-3-3 使用 JavaScript 處理 JSON 資料

在實務上，我們常常需要檢視 JSON 資料結構、將 JSON 字串轉換成 JavaScript 物件和將 JavaScript 物件轉換成 JSON 字串。

載入和檢視 JSON 資料結構

Google Chrome 瀏覽器可以直接載入「Ch13\book.json」的 JSON 檔，其 URL 網址是：「file:///D:/JS/Ch13/book.json」，可以看到 JSON 檔案內容的結構，如右圖所示：

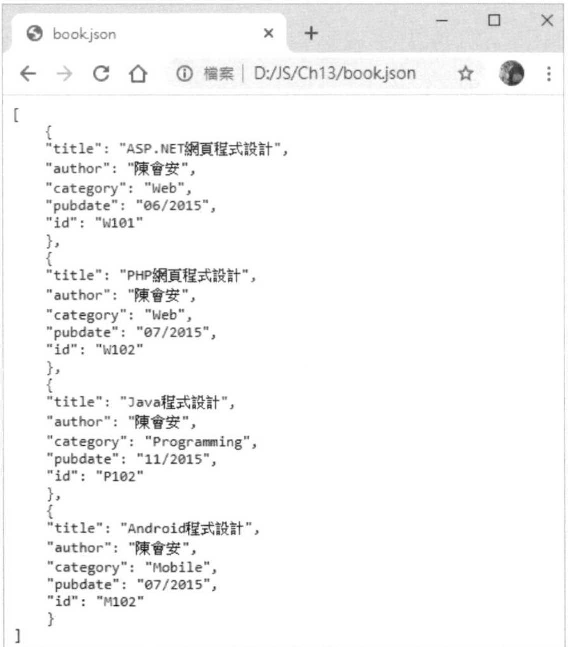

book.json

檔案 | D:/JS/Ch13/book.json

```
[
    {
    "title": "ASP.NET網頁程式設計",
    "author": "陳會安",
    "category": "Web",
    "pubdate": "06/2015",
    "id": "W101"
    },
    {
    "title": "PHP網頁程式設計",
    "author": "陳會安",
    "category": "Web",
    "pubdate": "07/2015",
    "id": "W102"
    },
    {
    "title": "Java程式設計",
    "author": "陳會安",
    "category": "Programming",
    "pubdate": "11/2015",
    "id": "P102"
    },
    {
    "title": "Android程式設計",
    "author": "陳會安",
    "category": "Mobile",
    "pubdate": "07/2015",
    "id": "M102"
    }
]
```

右述圖例顯示 JSON 資料結構，可以幫助我們撰寫 JavaScript 程式碼來取出指定的欄位值。

將 JSON 字串轉換成 JS 物件：Ch13_3_3.html

JavaScript 支援原生 JSON 剖析，可以將 JSON 資料的字串轉換成 JavaScript 物件，如下所示：

```
var jsontxt = '{ "Boss": "陳會安", ' +
  '"Employees": [' +
  '  { "name" : "陳允傑", "tel" : "02-22222222" },'+
  '  { "name" : "江小魚", "tel" : "03-33333333" },'+
  '  { "name" : "陳允東", "tel" : "04-44444444" }' +
  ']}';
var obj = JSON.parse(jsontxt);
```

上述 JavaScript 程式碼建立 JSON 字串 jsontxt 後，呼叫 JSON.parse()方法轉換成 JavaScript 物件 obj，即可使用 obj 物件取出屬性的欄位資料，如下所示：

```
<p>
姓名: <span id="name"></span><br/>
電話: <span id="tel"></span><br/>
</p>
<script>
document.getElementById("name").innerHTML = obj.Employees[1].name;
document.getElementById("tel").innerHTML = obj.Employees[1].tel;
</script>
```

上述 JavaScript 程式碼取出第 2 位 Employees[1]的姓名和電話，如右圖所示：

姓名: 江小魚
電話: 03-33333333

將 JS 物件轉換成 JSON 物件（一）：Ch13_3_3a.html

反過來，我們可以將 JavaScript 物件轉換成 JSON 物件的字串，如下所示：

```
var objStudent = {
   name : "陳允傑",
   age : 15
};
var str = JSON.stringify(objStudent);
document.write(str);
```

上述 JavaScript 程式碼建立 objStudent 物件後，呼叫 JSON.stringify()方法轉換成 JSON 字串來顯示，如右圖所示：

{"name":"陳允傑","age":15}

將 JS 物件轉換成 JSON 物件陣列：Ch13_3_3b.html

在 JavaScript 使用 NameCard()建構函數建立物件陣列後，轉換成 JSON 物件陣列的字串，如下所示：

```
objCard1 = new NameCard("陳會安", 42,
           "02-22222222","hueyan@ms2.hinet.net");
objCard2 = new NameCard("江小魚", 35,
           "03-33333333","hueyan@yahoo.com.tw");
var objCardList = new Object();
// 建立 JavaScript 物件陣列
objCardList.cards = new Array(objCard1, objCard2);
// 轉換成 JSON 字串
var str = JSON.stringify(objCardList);
document.write(str);
```

上述 JavaScript 程式碼建立 objCard1 和 objCard2 兩個物件後，建立物件陣列 objCardList，然後呼叫 JSON.stringify()方法轉換成 JSON 字串來顯示，如下圖所示：

{"cards":[{"name":"陳會安","age":42,"phone":"02-22222222","email":"hueyan@ms2.hinet.net"},{"name":"江小魚","age":35,"phone":"03-33333333","email":"hueyan@yahoo.com.tw"}]}

13-4 AJAX 與 PHP

PHP（PHP: Hypertext Preprocessor）是通用和開放原始碼（Open Source）的伺服端腳本語言，AJAX 與 PHP 的應用程式架構是使用 HTML 表單使用介面、JavaScript 程式碼的 jQuery 和伺服端 PHP 程式所組成。

13-4-1 建立 PHP 技術的 AJAX 測試網站

AJAX 技術需要 Web 伺服器才能執行，為了方便讀者建立 PHP 技術的測試環境，本書是使用 Viewer for PHP 工具來建立 AJAX 技術所需的 Web 伺服器。

Viewer for PHP 是 PHP+MySQL 整合套件，可以在 Windows 電腦輕鬆架設支援 PHP 伺服端網頁技術和 MySQL 資料庫的 Web 伺服器。

安裝 Viewer for PHP

Viewer for PHP 並沒有安裝程式，請將資料夾下所有檔案複製至硬碟資料夾即可，例如：「\JS\Viewer4PHP」資料夾，Ch13 子資料夾就是本章 HTML、JavaScript 和 jQuery 程式檔案的目錄。

啟動 Viewer for PHP

請按二下【viewer_for_php.exe】執行 Viewer for PHP，如果看到「Windows 安全性警訊」對話方塊，請按【允許存取】鈕，第 1 個是 MySQL 資料庫伺服器的安全性警訊，如下圖所示：

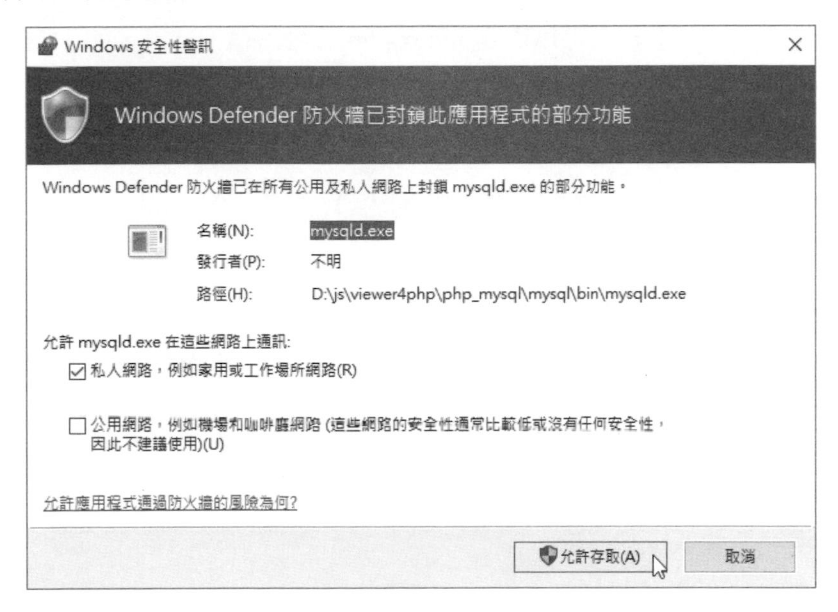

然後看到第 2 個才是 Viewer for PHP 本身的「Windows 安全性警訊」對話方塊。

請按【允許存取】鈕，可以看到 index.php 首頁的執行結果，如下圖所示：

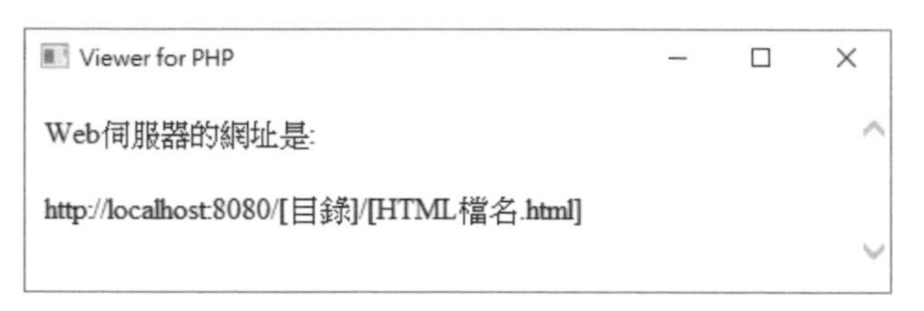

上述首頁說明 Web 伺服器 URL 網址格式，例如：Ch13_3_3.html 的檔案路徑是「\JS\Viewer4PHP\Ch13\Ch13_3_3.html」，執行 JavaScript 程式的 URL 網址，如下所示：

```
http://localhost:8080/Ch13/Ch13_3_3.html
```

請在瀏覽器輸入上述 URL 網址，埠號是 8080，按 Enter 鍵，可以執行 JavaScript 程式來瀏覽 HTML 網頁，如右圖所示：

結束 Viewer for PHP 只需關閉「Viewer for PHP」視窗，稍等一下，就會自動結束 Viewer for PHP。

13-4-2 使用 post()方法送出 HTTP POST 請求

HTML 表單如果使用 POST 方法，就是送出 HTTP POST 請求，其作法是將傳遞資料編碼後，透過 HTTP 通訊協定的標頭資料傳送到 Web 伺服器。jQuery 可以使用 post()方法送出 HTTP POST 請求。

送出 HTTP POST 請求：Ch13_4_2.html

現在，我們可以使用 post()方法送出 HTTP POST 請求，其目的地是 PHP 程式 getDateTime.php。Ch13_4_2.html 是使用 jQuery 的 HTML 表單處理，<form>標籤如下所示：

```
<form>
  <label>姓名: </label>
  <input type="text" id="name"/><br/>
  <select id="type">
    <option value="date" selected>日期</option>
    <option value="time">時間</option>
  </select>
  <input type="submit" value="送出">
</form>
```

上述 HTML 表單有 name 和 type 欄位，這些是需要送至伺服器的資料，可以使用 jQuery 取得這 2 個欄位值，如下所示：

```
var typeVal = $('#type').val();
var nameVal = $('#name').val();
```

上述程式碼使用 val()方法取得 HTML 表單欄位的輸入值後，使用 HTTP POST 方法送出 AJAX 請求，如下所示：

```
$.post('getDateTime.php',
  { name : nameVal,
    type : typeVal
  },
  function(data) {
     // 取出 JSON 資料
  }
);
```

上述方法的第 1 個參數是執行的 PHP 程式，第 2 個參數是物件文字值（Object Literal），即使用 POST 方法傳送至伺服端的資料，如下所示：

```
{
  name : nameVal,
  type : typeVal
}
```

在上述物件文字值的大括號中有 2 項資料 name 和 type，其值是之前取得的表單欄位值。最後是回撥函數，其參數是伺服端的回應資料，即 JSON 資料 data。

伺服端 PHP 程式：getDateTime.php

在伺服端是使用 PHP 程式 getDateTime.php 處理表單送回和產生回應的 JSON 資料，如下所示：

```
<?php
// 關閉錯誤訊息
error_reporting(0);
// 取得欄位值
$name = (isset($_POST["name"]) ) ? $_POST["name"] : $_GET["name"];
$type = (isset($_POST["type"]) ) ? $_POST["type"] : $_GET["type"];
```

上述 error_repoting()函數關閉錯誤訊息，然後取得傳遞的 name 和 type 資料，這是使用條件運算子判斷是哪一種方法，適用 HTTP POST 和 HTTP GET 方法的請求。

在下方 if/else 條件使用參數 type 判斷是傳回時間或日期資料，如下所示：

```
if ($type == "date")
   $dt = date("m/j/Y");
else
   $dt = date("h:i:s A");
header('Content-type: application/json');
$response = array();
$response[0] = array(
      'date' => $dt,
      'name'=> $name
);
echo json_encode($response);
?>
```

上述 header()函數指定回傳資料是 JSON，然後建立回傳的結合陣列，最後呼叫 json_encode()函數來產生 JSON 資料。在本節範例回應的 JSON 資料是物件陣列，如下所示：

```
[{"date":"06/15/2020","name":"陳會安"}]
```

處理回應的 JSON 資料

對於 HTTP POST 請求回應的 JSON 資料，因為回傳的是 JSON 物件陣列，我們可以直接取出所需的屬性值，如下所示：

```
function(data) {
   $('#result').html(data[0].date);
   alert("姓名: " + data[0].name);
}
```

上述程式碼使用 html()方法在 div 元素顯示 JSON 物件陣列第 1 個元素的 date 屬性值，然後使用 alert()函數顯示 name 屬性值。其執行結果如下圖所示：

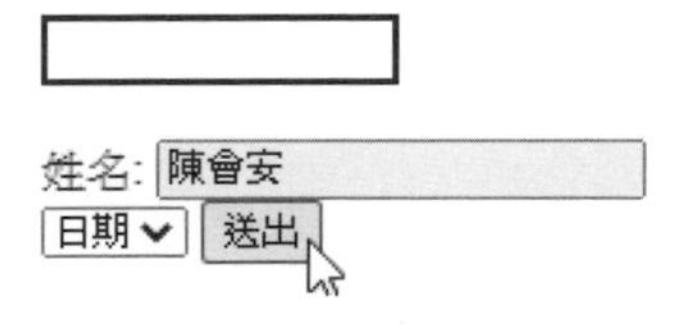

在輸入姓名和選擇取回日期後，按【送出】鈕，可以看到一個警告訊息視窗，顯示輸入的回應姓名，這是送出的姓名資料，如下圖所示：

按【確定】鈕，不用重新載入網頁，可以在上方藍色框顯示回應的日期資料，如右圖所示：

13-4-3 使用 get()方法送出 HTTP GET 請求

HTML 超連結和表單可以使用 GET 方法傳遞資料，即建立 HTTP GET 請求，在作法上是將傳遞資料進行編碼後，透過 URL 網址後的字串傳送到 Web 伺服器，這個字串位在 URL 網址的「?」號之後，如果參數不只一個，請使用「&」符號分隔，如下所示：

```
http://www.gotop.com.tw/book.php?fname1=value1&fname2=value2
```

jQuery 可以使用 get()方法送出 HTTP GET 請求，其參數和 post()方法相同。現在，我們準備使用 get()方法送出 HTTP GET 請求，目的地是 PHP 程式 getDateTime.php。首先取得表單欄位值來建立成 URL 參數，這是送出至伺服器的資料（jQuery 程式：Ch13_4_3.html），如下所示：

```
var formData = $('form').serialize();
```

上述程式碼使用 serialize()方法將取得的表單輸入資料轉換成 URL 參數，請注意！表單欄位需要有 name 屬性值，即 URL 的參數名稱，如下所示：

```
<input type="text" id="name" name="name"/><br/>
<select id="type" name="type">
  <option value="date" selected>日期</option>
  <option value="time">時間</option>
</select>
```

上述 name 屬性值分別是 name 和 type，可以建立 URL 參數字串，如下所示：

```
name=Joe&type=time
```

上述參數是使用「&」符號連接 2 個參數，然後使用 HTTP GET 方法送出 AJAX 請求，如下所示：

```
$.get('getDateTime.php', formData,
  function(data) {
     $('#result').html(data[0].date);
     alert("姓名: " + data[0].name);       }
);
```

上述方法的第 1 個參數是 PHP 程式，第 2 個參數是之前使用 serialize()方法建立的 URL 參數，最後的回撥函數參數是回應的 JSON 資料 data。其執行結果如下圖所示：

name=%E9%99%B3%E6%9C%83%E5%AE%89&type=time

01:51:29 AM

姓名: 陳會安

時間 送出

在輸入姓名和選擇取回時間後，按【送出】鈕，不用重新載入網頁，就可以在上方藍色框顯示回應的時間資料，在上方是 URL 參數字串，在訊息視窗顯示的是回應姓名，這是我們送出的姓名資料。

13-4-4 使用 getJSON()方法取得 JSON

「JSON」（JavaScript Object Notation）是 AJAX 應用程式常用的資料交換格式，目前已經取代 XML 文件成為最常用的資料交換格式。

使用 getJSON()方法送出 HTTP 請求：Ch13_4_4.html

jQuery 的 getJSON()方法可以送出 HTTP 請求來取得回應的 JSON 資料，如下所示：

```
$.getJSON('book.json', function(data) {
   // 處理 JSON 資料
});
```

上述方法的第 1 個參數是 URL，以此例是載入伺服端的 JSON 檔案 book.json，第 2 個參數是回撥函數，回撥函數的參數 data 是 JSON 格式的回應資料。

JSON 資料檔案：book.json

book.json 檔案是 4 本圖書的 JSON 格式資料，其鍵值依序是 title、author、category、pubdate 和 id，如下所示：

```
[
    {
    "title": "ASP.NET 網頁程式設計",
    "author": "陳會安",
    "category": "Web",
    "pubdate": "06/2015",
    "id": "W101"
    },
…
    {
    "title": "Android 程式設計",
    "author": "陳會安",
    "category": "Mobile",
    "pubdate": "07/2015",
    "id": "M102"
    }
]
```

處理回應的 JSON 資料

在回撥函數的參數可以取得伺服器回應的 JSON 格式資料 data，因為是 JavaScript 陣列，我們可以使用 each()方法取出每一個鍵和值，如下所示：

```
var html = '<ul>';
$.each(data, function(key, val) {
   html += '<li id="' + key + '">' + val.id + ':' + val.title + '</li>';
});
html += '</ul>';
$('#result').html(html);
```

上述程式碼使用 ul 和 li 元素來顯示取得的圖書資料，val.id 是書號；val.title 是書名。其執行結果可以顯示圖書清單，如右圖所示：

- W101:ASP.NET網頁程式設計
- W102:PHP網頁程式設計
- P102:Java程式設計
- M102:Android程式設計

13-4-5 低階 ajax()方法

在本節之前使用的 AJAX 方法，都是呼叫低階 ajax()方法來送出 HTTP 請求。

ajax()方法

ajax()方法是 jQuery 的 AJAX 技術核心，這是一個功能強大且能夠客製化的 AJAX 方法，其語法也最為複雜，如下所示：

```
$.ajax({
  type: 'GET',
  url:  'getDateTime.php',
  data: { name : nameVal,
          type : typeVal },
  success: function(data) {
     // 取出 JSON 資料
  }
});
```

上述方法的參數只有一個，即大括號包圍鍵和值的物件文字值，常用鍵的說明，如下表所示：

鍵名稱	說明
type	HTTP 請求的方式是 GET 或 POST
url	目標的 URL 網址
data	傳送至伺服器的資料
success	成功事件，當請求成功時執行的回撥函數
error	失敗事件，當請求失敗時執行的回撥函數
complete	完成事件，不論成功或失敗，請求完成時執行的回撥函數
beforeSend	送出之前事件，當送出 AJAX 的 HTTP 請求之前執行的回撥函數

區域事件（Local Events）

區域事件是在$.ajax()方法參數物件文字值中定義的 AJAX 事件，如下所示：

```
$.ajax({
  type: 'GET',
  url:  'postDateTime.php',
  error: function() {
     alert("載入網頁錯誤!");
  },
  success: function(data) {
```

```
        alert("載入網頁成功!");
    }
});
```

上述 ajax()方法參數中的 error 和 success 是區域事件，關於區域事件的說明，請參閱前述 ajax()方法參數說明表格。

jQuery 程式：Ch13_4_5.html 是修改 Ch13_4_3.html，改用 ajax()方法送出 HTTP GET 請求，可以取得伺服端回應的 JSON 資料，其內容是我們送出的姓名，和伺服器的日期或時間，如右圖所示：

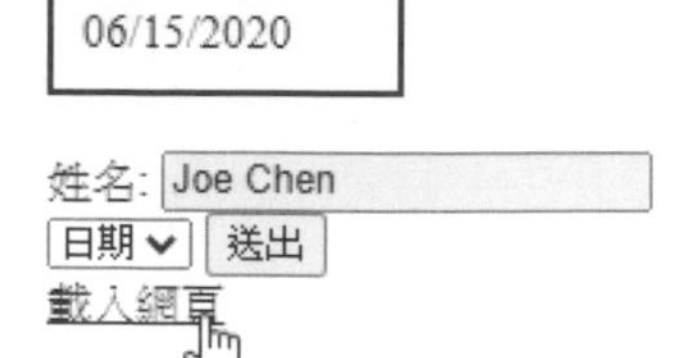

點選下方的【載入網頁】超連結，因為 PHP 程式不存在，可以看到訊息視窗顯示觸發區域事件的執行結果，如下圖所示：

13-5 Fetch API 與 AJAX

ES6 的 Fetch API 可以取代 jQuery 的 AJAX 方法，在 JavaScript 程式直接使用 ES6 語法來送出 HTTP 請求和取得網路資料。

13-5-1 Fetch API 的基本使用 – GET 方法

Fetch API 在使用上和 jQuery 的 ajax()方法有一些相似，其基本語法如下所示：

```
fetch("URL 網址")
.then(function(response) {
    // 處理 response
}).catch(function(err) {
    // 錯誤處理
});
```

上述 fetch()函數送出參數 URL 網址的 HTTP Request 請求，請求成功，回應的是 ES6 的 Promise 物件，我們可以使用 then()方法處理回傳資料；catch()方法是錯誤處理。fetch()函數和 ajax()方法的差異如下所示：

- fetch()函數是回應 Promise 物件，HTTP 狀態 404 和 500 仍然是呼叫 resolve()函數，不過會指定 Response 的 ok 屬性值從 true 改為 false；只有網路錯誤或中斷網路等情況下，才會呼叫 reject()函數。
- 回傳的 Response 物件是一種 ReadableStream 物件，需要呼叫下表方法來取得指定類型的資料。常用方法的說明如下表所示：

方法	說明
text()	回應文字字串
json()	回傳 JSON 物件
blob()	回傳二進位資料，例如：圖片

在 fetch()函數的第 1 個參數是 URL 網址，第 2 個選項參數是設定 Request 物件的屬性，如下所示：

```
fetch(url, {
  method: 'POST',
  headers: {
     'Content-Type': 'application/json'
  },
  body: JSON.stringify({
     name: nameVal,
     password: passVal
  })
}).
```

上述第 2 個參數 Request 物件的常用屬性說明，如下表所示：

屬性	說明
method	請求方法 GET（預設值）、POST、PUT、DELETE、HEAD
headers	HTTP 標頭資訊
body	新增至請求的資料（GET 和 HEAD 方法不適用）

回應 Response 物件的常用屬性說明，如下表所示：

屬性	說明
headers	取得回應資料的標頭資訊
ok	回應成功的值是 true；失敗是 false
status	回應的狀態碼，200 是請求成功
statusText	回應的狀態文字，成功是 ok

Fetch API 的 GET 方法：Ch15_5_1.html

在第 13-4-4 節的 jQuery 程式是使用 getJSON()方法載入 JSON 檔案 book.json，在下列 URL 網址可以取得相同的圖書資料，如下所示：

```
https://fchart.github.io/books.json
```

現在，我們準備改用 Fetch API 的 fetch()函數，送出上述網址的 HTTP 請求，可以取得和顯示 JSON 檔案的圖書資料，如下所示：

```
fetch('https://fchart.github.io/books.json')
  .then(function(response) {
    if (response.ok) {
      return response.json();
    }
    document.write("HTTP GET 請求錯誤!")
  })
  .then(function(data) {
    var html = '<ul>';
    data.forEach(function(item, index, array){
        html += '<li id="' + index + '">' + item.id + ':' + item.title + '</li>';
    });
    html += '</ul>';
    let div = document.getElementById("result")
    div.innerHTML = html;
  });
```

上述第 1 個 then()方法使用 if 條件判斷 ok 屬性值，可以判斷是否請求成功，若成功，就呼叫 json()方法回傳剖析的 JSON 物件陣列，然後在第 2 個 then()方法呼叫陣列的 forEach()方法建立 HTML 清單標籤<ul>和<li>，可以在藍色框顯示圖書清單，其執行結果如右圖所示：

- W101:ASP.NET網頁程式設計
- W102:PHP網頁程式設計
- P102:Java程式設計
- M102:Android程式設計

13-5-2 Fetch API 的 POST 方法與圖片下載

Fetch API 一樣可以送出 POST 方法的 HTTP 請求，即表單送回，不只如此，我們還可以下載圖檔後，在 HTML 的<img>標籤顯示圖片。

Fetch API 的 POST 方法：Ch13_5_2.html

在 JavaScript 程式可以使用 fetch()函數送出 HTTP POST 請求，其目的地是 http://httpbin.org/post，此網站可以幫助我們測試 HTTP 請求，將送出的 HTML 表單資料，使用 JSON 格式回傳給你，如下圖所示：

```
                                          Ch13_5_2.html:35
▼Object
  ▶args: {}
   data: "{"name":"陳會安","password":"123456"}"
  ▶files: {}
  ▶form: {}
  ▶headers: {Accept: "*/*", Accept-Encoding: "gzip, deflate", Acc…
  ▶json: {name: "陳會安", password: "123456"}
   origin: "111.241.15.171,10.100.18.113"
   url: "http://httpbin.org/post"
  ▶__proto__: Object
```

上述回傳物件的 data 屬性值是從 HTML 表單送出的資料，請注意！其值是一個 JSON 字串。同樣的，Ch13_5_2.html 是使用 jQuery 的 HTML 表單處理，<form>標籤如下所示：

```
<form>
  </p><label>名稱: </label>
  <input type="text" id="name"/><br/>
  <label>密碼: </label>
  <input type="password" id="pass"/><br/>
```

```
  <input type="submit" value="送出">
</form>
```

上述 HTML 表單有 name 和 password 欄位，可以使用 jQuery 取得這 2 個欄位值，如下所示：

```
var passVal = $('#pass').val();
var nameVal = $('#name').val();
```

上述程式碼使用 val()方法取得 HTML 表單的輸入值後，呼叫 fetch()函數使用 HTTP POST 方法送出 AJAX 請求，如下所示：

```
fetch(url, {
  method: 'POST',
  headers: {
    'Content-Type': 'application/json'
  },
  body: JSON.stringify({
    name: nameVal,
    password: passVal
  })
```

上述函數的第 2 個參數指定 Request 物件的屬性，method 方法是 POST，headers 指定回應是 JSON 資料，body 屬性就是使用 POST 方法傳送至伺服端的表單資料，這個物件文字值的大括號中有 2 項資料 name 和 password，其值是之前取得的表單欄位值。

在下方的 2 個 then()方法是處理回應資料，都是使用箭頭函數，第 1 個是回傳剖析的 JSON 物件，如下所示：

```
    }).then((response) => {
      return response.json();
    }).then((data) => {
      console.log(data);
      var obj = JSON.parse(data.data);
      let name = obj.name;
      let pass = obj.password;
      $('#result').html(name + "/" + pass);
    }).catch((err) => {
      $('#result').html('錯誤:' + err);
    })
```

上述第 2 個 then()方法首先使用 console.log(data)方法顯示回應資料（顯示在開發人員工具的【Console】標籤），因為 data 屬性是 JSON 字串，所以需要呼叫 JSON.parse()方法剖析成 JSON 物件後，才能使用屬性取出和顯示表單送出的名稱和密碼，其執行結果如右圖所示：

陳會安/123456

名稱: 陳會安
密碼: ••••••
送出

使用 Fetch API 下載圖片：Ch13_5_2a.html

Fetch API 的 fetch()函數一樣可以下載圖片，例如：蝴蝶圖片的 URL 網址，如下所示：

```
https://fchart.github.io/img/Butterfly.png
```

現在，我們準備使用 fetch()函數下載上述 URL 網址的圖片，然後在<img>標籤顯示圖片內容，如下所示：

```
let url = "https://fchart.github.io/img/Butterfly.png";
fetch(url)
  .then((response) => {
    return response.blob();
  })
  .then((imageBlob) => {
    let img = document.getElementById('result');
    img.src = URL.createObjectURL(imageBlob);
  })
```

上述第 1 個 then()方法改用 blob()方法回傳二進位資料，然後在第 2 個 then()方法取得<img>標籤物件後，指定 src 屬性值，這是呼叫 URL.createObjectURL()方法建立 blob 物件的 URL 網址。其執行結果可以看到網頁顯示的圖片（因為圖檔尺寸有些大，可能需等一下才能看到圖片），如右圖所示：

CHAPTER

14

TensorFlow.js 與機器學習基礎

14-1 人工智慧的基礎

人工智慧和機器學習是資訊科學界當紅的研究項目，基本上，人工智慧本身只是一個泛稱，所有能夠讓電腦有智慧的技術都可稱為「人工智慧」（Artificial Intelligence，AI）。

14-1-1 人工智慧簡介

人工智慧在資訊科技並不是新領域，早期因為電腦的運算效能不佳，受限於電腦運算能力，其實際應用非常侷限，直到 CPU 效能大幅提昇和繪圖 GPU 應用在人工智慧，再加上深度學習的重大突破，才讓人工智慧的夢想逐漸成真。

認識人工智慧

人工智慧（Artificial Intelligence，AI）也稱為人工智能，這是讓機器變的更聰明的一種科技，也就是讓機器具備和人類一樣的思考邏輯與行為模式。簡單的說，人工智慧就是讓機器展現出人類的智慧，像人類一樣的思考，基本上，人工智慧是一個讓電腦執行人類工作的廣義名詞術語，其衍生的應用和變化至今仍然沒有定論。

人工智慧基本上是計算機科學領域的範疇，其發展過程包括學習（大量讀取資訊和判斷何時與如何使用該資訊）、感知、推理（使用已知資訊來做出結論）、自我校正和操縱或移動物品等。

「知識工程」（Knowledge Engineering）是過往人工智慧主要研究的核心領域，能夠讓機器大量讀取資料後，就能夠自行判斷物件、進行歸類、分群和統整，並且找出規則來判斷資料之間的關聯性，進而建立知識，在知識工程的發展下，人工智慧可以讓機器具備專業知識。

事實上，我們現在開發的人工智慧系統都屬於「弱人工智慧」（Narrow AI）形式，機器擁有能力做一件或幾件事情，而且做這些事的智慧程度與人類相當，甚至可能超越人類（請注意！只限於這些事），例如：自駕車、人臉辨識、下棋和自然語言處理等，當然，我們在電腦遊戲中加入的人工智慧或機器學習，也都屬於弱人工智慧。

從原始資料轉換成智慧的過程

人工智慧是在研究如何從原始資料轉換成智慧的過程，這是需要經過多個不同層次的處理步驟，如右圖所示：

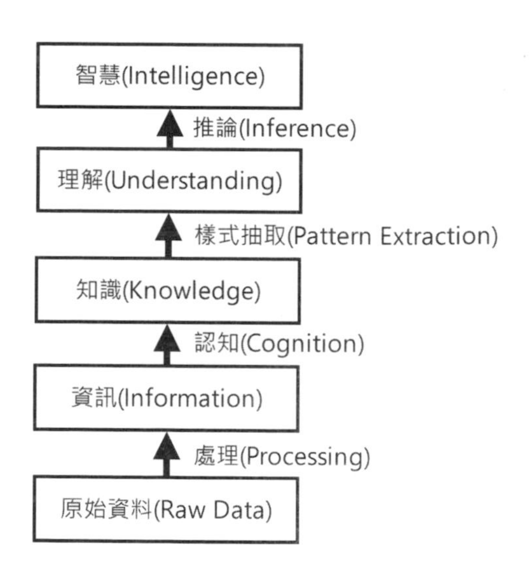

上述圖例可以看出原始資料經過處理後成為資訊；資訊在認知後成為知識，知識在樣式抽取後，即可理解，最後進行推論，就成為智慧。

圖靈測試

圖靈測試（Turing Test）是計算機科學和人工智慧之父-艾倫圖靈（Alan Turing）在 1950 年提出，一個定義機器是否擁有智慧的測試，能夠判斷機器是否能夠思考的著名試驗。

圖靈測試提出了人工智慧的概念，讓我們相信機器是有可能具備智慧的能力，簡單的說，圖靈測試是在測試機器是否能夠表現出與人類相同或無法區分的智慧表現，如下圖所示：

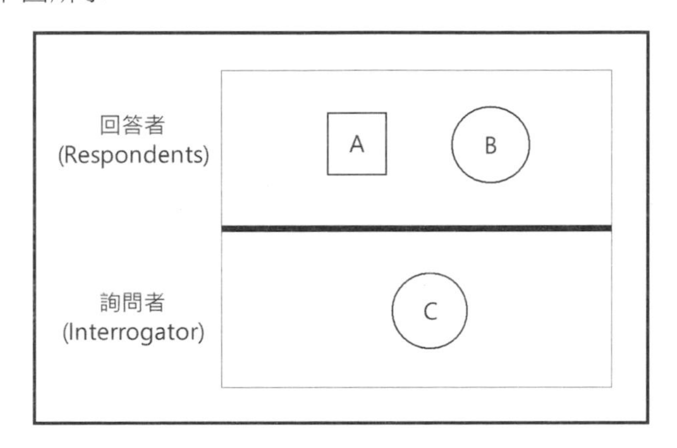

上述正方形 A 代表一台機器，圓形 B 代表人類，這兩位是回答者（Respondents），人類 C 是一位詢問者（Interrogator），展開與 A 和 B 的對話，對話是透過文字模式的鍵盤輸入和螢幕輸出來進行，如果 A 沒有被辨別出是一台機器的身份，就表示這台機器 A 具有智慧。

很明顯的！建造一台具備智慧的機器 A 並不是一件簡單的事，因為在整個對話的過程中會遇到很多情況，機器 A 至少需要擁有下列能力，如下所示：

- 自然語言處理（Natural Language Processing）：機器 A 因為需要和詢問者進行文字內容的對話，需要將輸入文字內容進行句子剖析、抽出內容進行分析，然後組成合適且正確的句子來回答詢問者。
- 知識表示法（Knowledge Representation）：機器 A 在進行對話前需要儲存大量知識，並且從對話過程中學習和追蹤資訊，讓程式能夠處理知識達到如同人類一般的回答問題。

14-1-2 人工智慧的應用領域

目前人工智慧在真實世界應用的領域有很多，一些比較普遍的應用領域，如下所示：

- 手寫辨識（Handwriting Recognition）：大家最常使用的人工智慧應用領域之一，想想看智慧型手機或平板電腦的手寫輸入法，這就是手寫辨識，系統可以辨識寫在紙上、或觸控螢幕上的筆跡，依據外形和筆劃等特徵來轉換成可編輯的文字內容。
- 語音識別（Speech Recognition）：能夠聽懂和了解語音說話內容的系統，還能分辨出人類口語的不同音調、口音、背景雜訊或感冒鼻音等，例如：Apple 公司智慧語音助理系統 Siri 等。
- 電腦視覺（Computer Vision）：處理多媒體圖片或影片的人工智慧系統，能夠依需求抽取特徵來了解這些圖片或影片的內容是什麼，例如：Google 搜尋相似圖片、人臉辨視犯罪預防或公司門禁管理等。
- 專家系統（Expert Systems）：使用人工智慧技術提供建議和做決策的系統，通常是使用資料庫儲存大量財務、行銷、醫療等不同領域的專業知識，以便依據這些資料來提供專業的建議。
- 自然語言處理（Natural Language Processing）：能夠了解自然語言（即人類語言）的文字內容，我們可以輸入自然語言的句子和系統直接對談，例如：Google 搜尋引擎。
- 電腦遊戲（Game）：人工智慧早已應用在電腦遊戲，只需是擁有電腦代理人（Agents）的各種棋類遊戲，都屬於人工智慧的應用，最著名的當然是 AlphaGo 人工智慧圍棋程式。
- 智慧機器人（Intelligent Robotics）：機器人基本上涉及多種領域的人工智慧，才足以完成不同任務，這是依賴安裝在機器人上的多種感測器來偵測外部環境，可以讓機器人模擬人類的行為或表情等。

14-1-3 人工智慧的研究領域

人工智慧的研究領域非常的廣泛，一些主要人工智慧的研究領域，如下所示：

- 機器學習和樣式識別（Machine Learning and Pattern Recognition）：目前人工智慧最主要和普遍的研究領域，可以設計和開發軟體來從資料學習，和建立出學習模型，然後使用此模型來預測未知的資料，其最大限制是資料量，機器學習需要大量資料來進行學習，如果資料量不大，相對的預測準確度就會大幅下降。
- 邏輯基礎的人工智慧（Logic-based Artificial Intelligence）：邏輯基礎的人工智慧程式是針對特別問題領域的一組邏輯格式的事實和規則描述，簡單的說，就是使用數學邏輯來執行電腦程式，特別適用在樣式比對（Pattern Matching）、語言剖析（Language Parsing）和語法分析（Semantic Analysis）等。
- 搜尋（Search）：搜尋技術也常常應用在人工智慧，可以在大量的可能結果中找出一條最佳路徑，例如：下棋程式找到最佳的下一步、最佳化網路資源配置和排程等。
- 知識表示法（Knowledge Representation，KR）：這個研究領域是在研究世界上圍繞我們的各種資訊和事實是如何來表示，以便電腦系統可以了解和看的懂，如果知識表示法有效率，機器將會變的聰明且有智慧來解決複雜的問題。例如：診斷疾病情況，或進行自然語言的對話。
- AI 規劃（AI Planning）：正式名稱是自動化規劃和排程（Automated Planning and Scheduling），規劃（Planning）是一個決定動作順序的過程來成功執行所需的工作；排程（Scheduling）是在特定日期時間限制下，組成充足的可用資源來完成規劃。自動化規劃和排程是專注在使用智慧代理人（Intelligent Agents）來最佳化動作順序，簡單的說，就是建立最小成本和最大回報的最佳化規劃。
- 啟發法（Heuristics）：啟發法是應用在快速反應，可以依據有限知識（不完整資料）在短時間內找出問題可用的解決方案，但不保證是最佳方案，例如：搜尋引擎和智慧型機器人。

- 基因程式設計（Genetic Programming，GP）：一種能夠找出最佳化結果的程式技術，使用基因組合、突變和自然選擇的進化方式，從輸入資料的可能組合，經過如同基因般的進化後，找出最佳的輸出結果。例如：超市找出最佳的商品上架排列方式，以便提昇超市的業績。

14-2 認識機器學習與深度學習

深度學習（Deep Learning）是機器學習的一個分支，其使用的演算法是模仿人類大腦功能的「類神經網路」（Artificial Neural Networks，ANNs），或稱為人工神經網路。

14-2-1 人工智慧、機器學習與深度學習的關係

人工智慧的概念最早可以溯及 1950 年代，到了 1980 年，機器學習開始受到歡迎，大約到了 2010 年，深度學習在弱人工智慧系統方面終於有了重大突破，在 2012 年 Toronto 大學 Geoffrey Hinton 主導的團隊提出基於深度學習的 AlexNet，一舉將 ImageNet 圖片資料集的識別準確率提高十幾個百分比，讓機器的影像識別率正式超越人類，其發展年代的關係，如下圖所示：

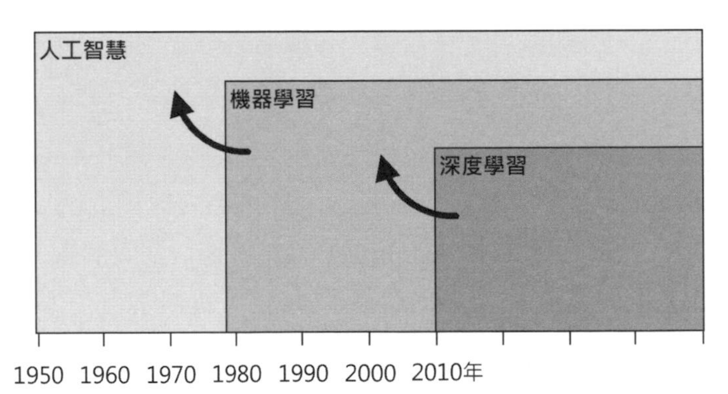

從上述圖例可以看出人工智慧包含機器學習；機器學習包含深度學習。人工智慧、機器學習和深度學習的關係（在最下層是各種演算法和神經網路簡稱），如下圖所示：

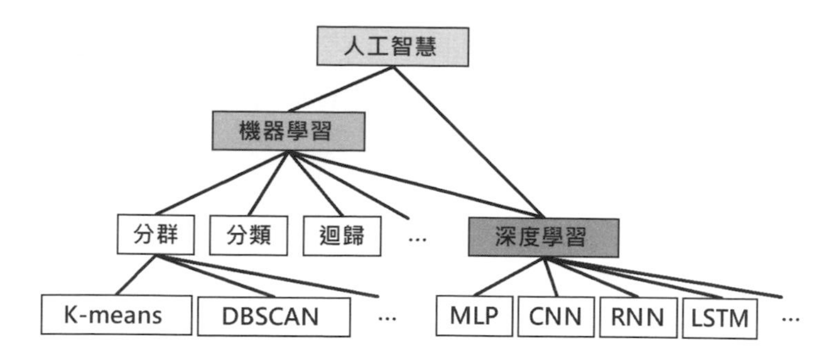

從上述圖例可以發現人工智慧、機器學習和深度學習三者彼此之間的關聯性，基本上，他們是彼此互為子集，簡單的說，深度學習驅動了機器學習的快速發展，最後幫助我們實現了人工智慧。

14-2-2 機器學習

機器學習可以讓電腦使用現有的資料進行訓練，來建立預測模型，當建立模型後，就可以使用模型來預測未來的行為、結果和趨勢。

認識機器學習

「機器學習」（Machine Learning）是一種人工智慧，其定義為：「從過往資料和經驗中自我學習並找出其運行的規則，以達到人工智慧的方法」。機器學習的主要目就是預測資料，其厲害之處在於可以自主學習，和自行找出資料之間的關係和規則，如下圖所示：

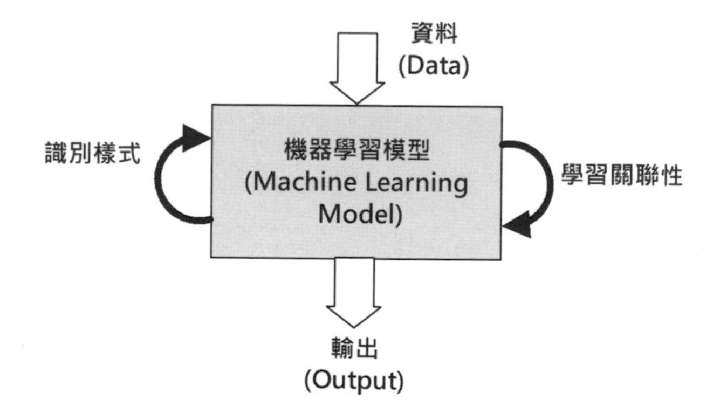

上述圖例當資料送入機器學習模型後，就可以自行找出資料之間的關聯性（Relationships）和識別樣式，其輸出結果是已經學會的預測模型。機器學習主要是透過下列方式來進行訓練，如下所示：

- 需要使用大量資料來訓練模型。
- 從資料中自行學習來找出關聯性，和識別出樣式（Pattern）。
- 根據自行學習和識別出樣式獲得的經驗，可以替未來的新資料進行分類、推測其行為、結果和趨勢。

機器學習演算法的種類

機器學習演算法是一種從資料中學習，完全不需要人類干預，就可以自行從資料中取得經驗，並且從經驗提昇能力的演算法，簡單的說，機器學習使用的演算法，稱為機器學習演算法，可以分成幾類，如下所示：

- 迴歸：預測連續的數值資料，可以預測商店的營業額、學生的身高和體重等。常用演算法有：線性迴歸、SVR 等。
- 分類：預測分類資料，這是一些有限集合，可以分類成男與女、成功與失敗、癌症分成第 1~4 期等。常用演算法有：Logistic 迴歸、決策樹、K 鄰近演算法、CART、樸素貝葉斯等。
- 關聯：找出各種現象同時出現的機率，也稱為購物籃分析（Market-basket Analysis），例如：當顧客購買米時，78%可能會同時購買雞蛋。常用演算法有：Apriori 演算法等。
- 分群：將樣本分成相似群組，即資料如何組成的問題，可以分群出喜歡同一類電影的觀眾。常用演算法有：K-means 演算法等。
- 降維：在減少資料中變數的個數後，仍然保留主要資訊而不失真，通常是使用特徵提取和選擇方法來實作。常用演算法有：主成分分析演算法等。

14-2-3 深度學習

深度學習可以處理所有感知問題（Perceptual Problems），例如：聽覺和視覺問題，很明顯的！這些技能對於人類來說，只不過是一些直覺和與生俱來的能力，但是這些看似簡單的技能，早已困擾傳統機器學習多年且無法解決。

認識深度學習

「深度學習」（Deep Learning）的定義很簡單：「一種實現機器學習的技術」，深度學習就是一種機器學習。請注意！深度學習是在訓練機器直覺的直覺訓練，並非知識學習，例如：訓練深度學習辨識一張貓的圖片，這是訓練機器知道這張圖片是貓，並不是訓練機器學習到貓有 4 隻腳、會叫或是一種哺乳類動物等關於貓的相關知識。

以人臉辨識的深度學習為例，為了進行深度學習，需要使用大量現成的人臉資料，想想看當送入機器訓練的資料比你一輩子看過的人臉還多很多時，深度學習訓練出來的機器當然經驗豐富，在人臉辨識的準確度上就會比你還強。

深度學習就是一種神經網路

深度學習是模仿人類大腦神經元（Neuron）傳輸的一種神經網路架構（Neural Network Architectures），如下圖所示：

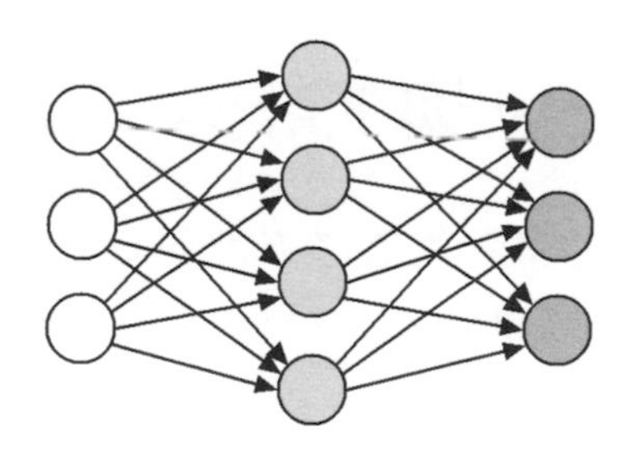

輸入層　　隱藏層　　輸出層

上述圖例是多層神經網路，每一個圓形的頂點是一個神經元，整個神經網路包含「輸入層」（Input Layer）、中間的「隱藏層」（Hidden Layers）和最後的「輸出層」（Output Layer）共 3 層。

深度學習使用的神經網路稱為「深度神經網路」（Deep Neural Networks，DNNs），其中間的隱藏層有很多層，意味著整個神經網路十分的深（Deep），可能高達 150 層隱藏層。基本上，神經網路只需擁有 2 層隱藏層，加上輸入層和輸出層共四層之上，就可以稱為深度神經網路，即所謂的深度學習，如下圖所示：

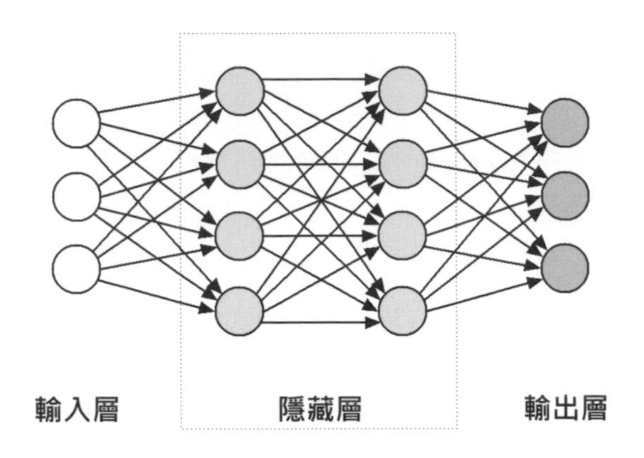

Memo

深度學習的深度神經網路是一種神經網路，早在 1950 年就已經出現，只是受限早期電腦的硬體效能和技術不純熟，傳統多層神經網路並沒有成功，為了擺脫之前失敗的經驗，所以重新包裝成一個新名稱：「深度學習」。

14-3 TensorFlow 與 Keras

TensorFlow 是 Google 開發的著名深度學習函式庫，Keras 則是架構在 TensorFlow 上的一個高階函式庫，可以讓我們更容易實作深度學習的神經網路。

14-3-1 Google 的 TensorFlow

TensorFlow 是一套開放原始碼和高效能的數值計算函式庫，一個建立機器學習的框架，事實上，TensorFlow 是一個完整機器學習的學習平台，提供大量工具和社群資源，可以幫助開發者加速機器學習的研究與開發，和輕鬆部署機器學習的大型應用程式。

TensorFlow 是 Google Brain Team 開發，在 2005 年底開放專案後，2017 年推出第一個正式版本，之所以稱為 TensorFlow，這是因為其輸入/輸出的運算資料是向量、矩陣等多維度的數值資料，稱為張量（Tensor），我們建立的機器學習模型需要使用流程圖來描述訓練過程的所有數值運算操作，稱為計算圖（Computational Graphs），這是一種低階運算描述的圖形，Tensor 張量就是經過這些流程 Flow 的數值運算來產生輸出結果，稱為「Tensor+Flow=TensorFlow」。

在實務上，我們可以使用 Python 或 JavaScript 語言搭配 TensorFlow（JavaScript 版的 TensorFlow 就是 TensorFlow.js）來開發機器學習專案，在硬體運算部分不只支援 CPU，也支援顯示卡 GPU 和 Google 客製化 TPU（TensorFlow Processing Unit）來加速機器學習的訓練（在瀏覽器是使用 WebGL，Node.js 才能用 GPU），如右圖所示：

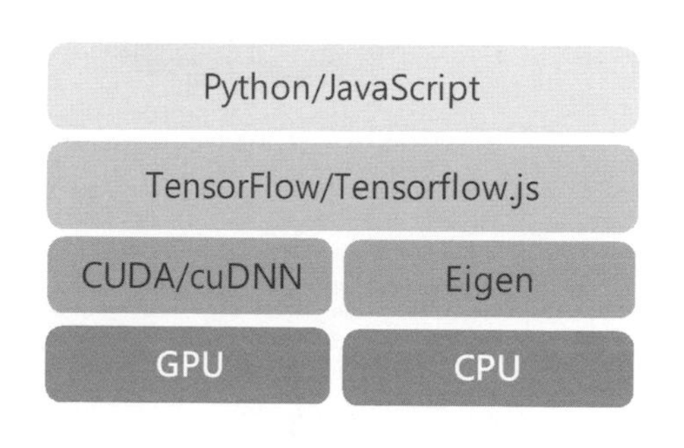

上述圖例的 TensorFlow 如果是在 CPU 執行，TensorFlow 是使用低階 Eigen 函式庫來執行張量運算，如果是 GPU，使用的是 NVIDA 開發的深度學習運算函式庫 cuDNN。

14-3-2 Keras

Keras 原是 Google 工程師 François Chollet 使用 Python 開發的一套開放原始碼的高階神經網路函式庫，其預設的後台引擎是 TensorFlow，TensorFlow.js 目前也一樣支援 Keras 函式庫，如果你已經熟悉 Python 的 Keras，很容易的就可以轉換成 TensorFlow.js 的 Keras 來實作神經網路。

基本上，Keras 的主要目的是讓初學者也能夠方便且快速建構和訓練各種深度學習模型，直接堆砌預建神經層來建構高階計算圖的各種神經網路結構，輕鬆建立深度學習所需的神經網路，其設計模式如同製作一個多層生日蛋糕，其每一層神經層是一層不同口味的蛋糕層，如下圖所示：

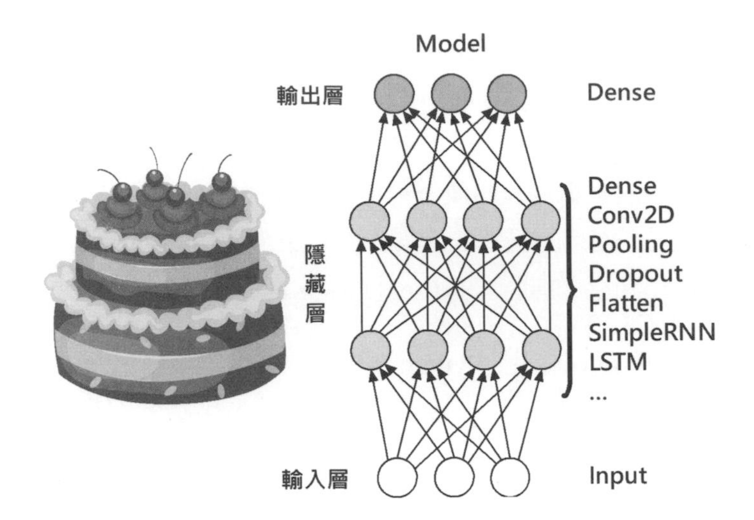

上述深度學習模型在 Keras 是一個 Model 模型，Model 如同是一個空的蛋糕架，我們可以將 Keras 預建神經層一層一層的依序放入蛋糕架中，即可建構出多層生日蛋糕的神經網路。

Keras 深度學習模型（Models）

模型（Models）是 Keras 函式庫的核心資料結構，而這就是我們準備建立的深度學習模型。Keras 支援兩種模型的簡單說明，如下所示：

- Sequential 模型（Sequential Models）：一種線性堆疊結構，神經層是單一輸入和單一輸出，每一層接著連接下一層神經層，並不允許跨層連接。當建立 Sequential 物件後，我們是呼叫 add()方法新增神經層，本書 TensorFlow.js 主要說明如何建立 Sequential 模型。
- Functional API：如果是複雜的多輸入和多輸出，或擁有共享神經層的深度學習模型，我們需要使用 Functional API 來建立 Model，而 Sequential 模型就是 Functional API 的一種特殊情況，其進一步說明請自行參閱線上說明文件。

Keras 預建神經層類型

Keras 的 Sequential 模型是一個容器，可以讓我們將各種 Keras 預建神經層類型（Predefined Layer Types）依序新增至模型中，如下所示：

- 多層感知器(MLP)：新增一至多個 Dense 全連接層來建立多層感知器，可以處理迴歸和分類問題，詳見第 15-1 節和 15-2 節。

Memo

Dense 全連接層主要是用來學習全域樣式，在神經網路的隱藏層就是一種全連接（Fully Connected）神經網路，每一神經元會完全連接下一層的神經元，如右圖所示：

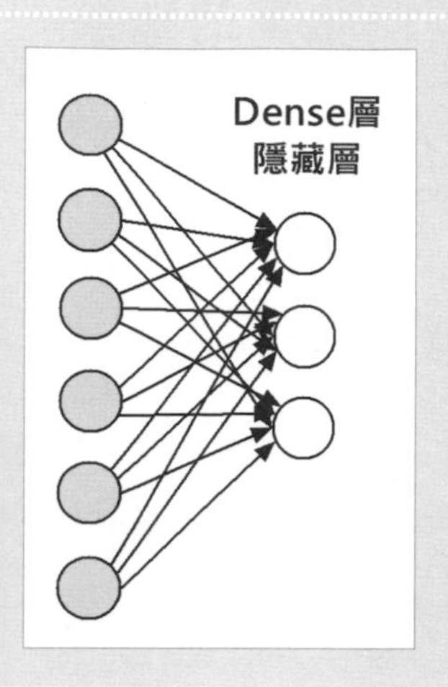

- 卷積神經網路(CNN)：在依序新增 1 至多組 Conv2D 和 Pooling 層後，即可新增 Dropout、Flatten 和 Dense 層來建立卷積神經網路，詳見第 15-3 節。
- 循環神經網路(RNN)：我們可以分別使用 SimpleRNN、LSTM 或 GRU 層來建立循環神經網路。

14-4 TensorFlow.js 的資料 － 張量

TensorFlow.js 建立的神經網路是一張說明如何執行運算（張量運算）的計算圖，當建構好計算圖後，我們需要將資料送進神經網路來進行學習，這是一種多維度的陣列資料，稱為「張量」（Tensors）。

在 HTML 網頁使用 TensorFlow.js，需要新增<script>標籤來插入外部 JavaScript 程式檔，如下所示：

```
<script src="https://cdn.jsdelivr.net/npm/@tensorflow/tfjs@latest"></script>
```

上述<script>標籤插入最新版 TensorFlow.js 函式庫，在 JavaScript 程式碼是使用全域變數 tf 物件來參考 TensorFlow.js 函式庫。

14-4-1 張量的種類

一般來說，所有機器學習（包含深度學習）都是使用張量（Tensors）作為基本資料結構，也就是我們送入機器學習進行學習的特徵資料。張量是一個資料容器，正確的說，張量是數值資料的容器，而數學的向量（Vector）就是 1D 張量；矩陣（Matrix）是 2D 張量。

以程式語言來說，張量就是不同大小維度（Dimension），也稱為軸（Axis）的多維陣列，其基本形狀（Shape）如下所示：

```
[樣本數, 特徵 1, 特徵 2....]
```

上述「,」逗號分隔的是維度，第 1 維是樣本數，即送入神經網路訓練的資料數，之後是資料特徵數的維度，視處理問題而不同，例如：圖片資料是 4D 張量，擁有 3 個特徵寬、高和色彩數，如下所示：

```
[樣本數, 寬, 高, 色彩數]
```

上述張量的維度數是 4，也稱為軸數，或稱為等級（Rank）。

0D 張量：Ch14_4_1.html

0D 張量就是純量值（Scalar），或稱為純量值張量（Scalar Tensor），即 float32 浮點數或 int32 整數的數值資料，如下所示：

```
const x = tf.scalar(10.5);
document.write("張量 x 值: " + x + "<br/>");
document.write("等級: " + x.rank + "<br/>");
document.write("形狀: [" + x.shape + "]<br/>");
document.write("型態: " + x.dtype + "<br/>");
```

上述程式碼使用 tf.saclar()方法建立值 10.5 的純量值，rank 屬性是等級；shape 是形狀；dtype 是資料型態，其執行結果可以看到值是一個 Tensor 張量 10.5，等級的軸數是 0，形狀是空的，預設資料型態是 float32，如下所示：

張量x值: Tensor 10.5
等級: 0
形狀: []
型態: float32

在建立張量時，可以在第 2 個參數指定資料型態，例如：int32 整數的數值資料，如下所示：

```
const y = tf.scalar(10, "int32");
document.write("張量 y 值: " + y + "<br/>");
document.write("型態: " + y.dtype + "<br/>");
```

上述程式碼使用 tf.scalar()方法建立值 10 的純量值，第 2 個參數指定型態是 int32，其執行結果如下所示：

張量y值: Tensor 10
型態: int32

1D 張量：Ch14_4_1a.html

1D 張量是向量（Vector），即一個維度的一維陣列，如下所示：

```
const x = tf.tensor1d([1.2, 5.5, 8.7, 10.5]);
document.write("張量 x 值: " + x + "<br/>");
document.write("等級: " + x.rank + "<br/>");
document.write("形狀: [" + x.shape + "]<br/>");
document.write("型態: " + x.dtype + "<br/>");
```

上述程式碼使用 tf.tensor1d()方法建立 1D 張量，參數是 4 個元素的一維陣列，其執行結果可以看到一維陣列的向量共有 4 個項目（浮點數有精確度的誤差），等級的軸數是 1，形狀是 4，如下所示：

張量x值: Tensor [1.2, 5.5, 8.6999998, 10.5]
等級: 1
形狀: [4]
型態: float32

2D 張量：Ch14_4_1b.html

2D 張量是矩陣（Matrix），即二個維度的二維陣列，有 2 個軸，如下所示：

```
const x = tf.tensor2d([[1, 5, 8, 6],
                       [2, 4, 7, 9],
```

```
                     [6, 7, 1, 3]]);
document.write("張量 x 值: " + x + "<br/>");
document.write("等級: " + x.rank + "<br/>");
document.write("形狀: [" + x.shape + "]<br/>");
document.write("型態: " + x.dtype + "<br/>");
```

上述程式碼使用 tf.tensor2d()方法建立 2D 張量，參數是二維陣列，其執行結果可以看到是二維陣列，等級的軸數是 2，最後顯示形狀[3,4]，如下所示：

```
張量x值: Tensor [[1, 5, 8, 6], [2, 4, 7, 9], [6, 7, 1, 3]]
等級: 2
形狀: [3,4]
型態: float32
```

上述執行結果的[3,4]是形狀 Rows X Columns，第 1 個是列（Rows），第 2 個是欄（Columns），簡單的說，此特徵資料共有 3 個樣本，每一個樣本是一個一維陣列，擁有 4 個特徵值。

我們也可以使用一維陣列來建立 2D 張量，只需指定第 2 個參數的形狀，如下所示：

```
const y = tf.tensor2d([1, 2, 3, 4, 5, 6], [2, 3]);
document.write("張量 y 值: " + y + "<br/>");
document.write("等級: " + y.rank + "<br/>");
document.write("形狀: [" + y.shape + "]<br/>");
```

上述 tf.tensor2d()方法的第 1 個參數是一維陣列，因為有指定第 2 個參數的形狀[2, 3]，其執行結果顯示的形狀就是[2,3]，如下所示：

```
張量y值: Tensor [[1, 2, 3], [4, 5, 6]]
等級: 2
形狀: [2,3]
```

簡單的說，2D 張量就是一個一維的向量陣列（每一列），第 1 個軸是樣本數，第 2 個軸是一維陣列向量的特徵值，也就是說，每一個樣本是一個向量。一些真實特徵資料的範例，如下所示：

- 全球跨國公司的員工資料，包含年齡、國碼和薪水，每一位員工的資料是一個 3 個元素的向量，如果公司有 10000 名員工，就是 2D 張量：[10000, 3]。

- 在學校的線上文件庫共有 500 篇文章，如果我們需要計算 5000 個常用字的出現頻率，每一篇文章可以編碼成 5000 個出現頻率值的向量，整個線上文件庫是 2D 張量：[500, 5000]。

3D 張量：Ch14_4_1c.html

3D 張量是三個維度的三維陣列，即一維的矩陣陣列，每一個元素是一個矩陣，共有 3 個軸，如下所示：

```
const x = tf.tensor3d([[[1, 5, 3],
                        [7, 8, 4]],
                       [[2, 3, 5],
                        [6, 9, 8]],
                       [[6, 7, 2],
                        [1, 3, 8]]]);
document.write("張量 x 值: " + x + "<br/>");
document.write("等級: " + x.rank + "<br/>");
document.write("形狀: [" + x.shape + "]<br/>");
document.write("型態: " + x.dtype + "<br/>");
```

上述程式碼使用 tf.tensor3d()方法建立 3D 張量，其參數是三維陣列，其執行結果可以看到等級的軸數是 3，最後顯示形狀[3,2,3]，如下所示：

```
張量x值: Tensor [[[1, 5, 3], [7, 8, 4]], [[2, 3, 5], [6, 9, 8]], [[6, 7, 2], [1, 3, 8]]]
等級: 3
形狀: [3,2,3]
型態: float32
```

3D 張量是一維的矩陣陣列，對於真實的特徵資料來說，通常是特徵資料擁有時間間距（Timesteps）和循序性，如下圖所示：

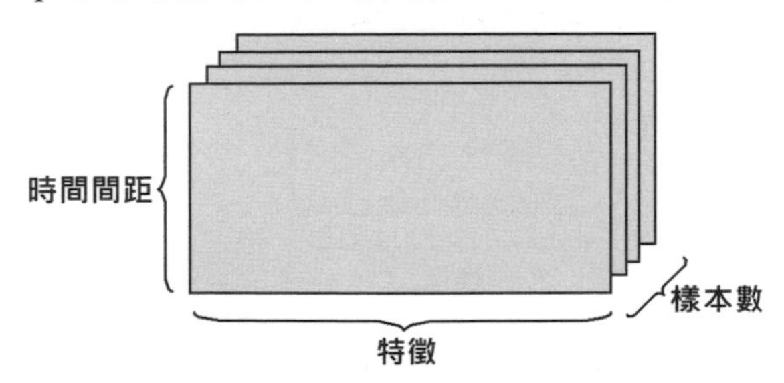

上述特徵資料的第 1 個軸是樣本數，第 2 個軸是時間間距，第 3 個軸是特徵值，例如：台積電的股價資料集，我們收集了前 1000 天的股價資訊，在每一個交易日

共有 240 分鐘，每一分鐘有 3 個價格，即目前價格、最高和最低價，所以，每一天是一個 2D 張量：[240, 3]，整個資料集是 3D 張量：[1000, 240, 3]。

4D 張量：Ch14_4_1d.html

4D 張量是四個維度的四維陣列，共有 4 個軸，如下所示：

```
const x = tf.tensor4d([[[[1, 5], [3, 4]],
                        [[7, 8], [4, 5]]],
                       [[[2, 3], [5, 6]],
                        [[6, 9], [8, 9]]],
                       [[[6, 7], [2, 3]],
                        [[1, 3], [8, 9]]]]);
document.write("張量x值: " + x + "<br/>");
document.write("等級: " + x.rank + "<br/>");
document.write("形狀: [" + x.shape + "]<br/>");
document.write("型態: " + x.dtype + "<br/>");
```

上述程式碼使用 tf.tensor4d()方法建立 4D 張量，其參數是四維陣列，其執行結果可以看到等級的軸數是 4，最後顯示形狀[3,2,2,2]，如下所示：

```
張量x值: Tensor [[[[1, 5], [3, 4]], [[7, 8], [4, 5]]], [[[2, 3], [5, 6]], [[6, 9], [8, 9]]], [[[6, 7], [2, 3]], [[1, 3], [8, 9]]]]
等級: 4
形狀: [3,2,2,2]
型態: float32
```

對於真實的特徵資料來說，圖片是一種 4D 張量，如下圖所示：

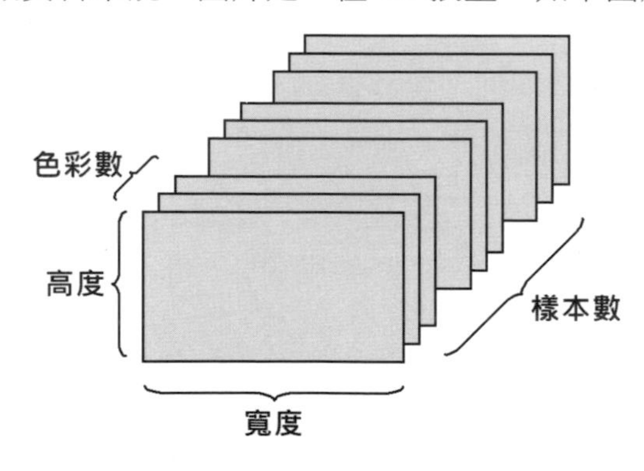

上述圖例每一張圖片是一個 3D 張量：[寬度, 高度, 色彩數]，寬度和高度特徵是用來定位每一個像素，整個圖片集是 4D 張量：[樣本數, 寬度, 高度, 色彩數]，例

如：100 張 256x256 尺寸的彩色圖片，每一個像素的色彩數是 RGB 三原色，4D 張量是：[100, 256, 256, 3]，如果是 128 階的灰階圖片，4D 張量是：[100, 256, 256, 1]。

5D 張量與更高維度的張量

同理，5D 張量是五個維度的五維陣列，共有 5 個軸，更高維度擁有更多軸，以 5D 張量來說，真實特徵資料的影片就是一種 5D 張量，比圖片多了一個軸，即每一秒有多少個畫面（Frames），如下所示：

```
[樣本數, 畫面數, 寬度, 高度, 色彩數]
```

例如：一部 256x144 的 YouTube 影片，每秒有 240 個畫面，現在有 10 部 YouTube 影片，其 5D 張量的形狀是：[10, 240, 256, 144, 3]。

14-4-2 建立特定值張量與更改張量形狀

TensorFlow.js 提供多種方法來建立值都是 0、1 或隨機值的張量，對於已經建立的張量，我們也可以更改其形狀。

建立特定值張量：Ch14_4_2.html

TensorFlow.js 提供 tf.zeros()和 tf.ones()方法建立都是 0 或 1 的張量，如下所示：

```
const x = tf.zeros([3, 2, 2]);
document.write("張量 x 值: " + x + "<br/>");
document.write("形狀: [" + x.shape + "]<br/>");
```

上述 tf.zeros()方法建立參數[3, 2, 2]形狀且值都是 0 的張量，如下圖所示：

張量x值: Tensor [[[0, 0], [0, 0]], [[0, 0], [0, 0]], [[0, 0], [0, 0]]]
形狀: [3,2,2]

tf.ones()方法可以建立參數[2, 3, 3]形狀且值都是 1 的張量，如下圖所示：

```
const y = tf.ones([2, 3, 3]);
document.write("張量 y 值: " + y + "<br/>");
document.write("形狀: [" + y.shape + "]<br/>");
```

張量y值: Tensor [[[1, 1, 1], [1, 1, 1], [1, 1, 1]], [[1, 1, 1], [1, 1, 1], [1, 1, 1]]]
形狀: [2,3,3]

tf.onesLike()方法是使用參數其他張量的形狀來建立值都是 1 的張量（zerosLike()方法是建立都是 0 的張量），如下所示：

```
const z = tf.onesLike(x);
document.write("張量z值: " + z + "<br/>");
document.write("形狀: [" + z.shape + "]<br/>");
```

上述程式碼建立和張量 x 形狀相同，值都是 1 的張量，如下圖所示：

張量z值: Tensor [[[1, 1], [1, 1]], [[1, 1], [1, 1]], [[1, 1], [1, 1]]]
形狀: [3,2,2]

建立隨機值的張量：Ch14_4_2a.html

TensorFlow.js 提供 tf.randomNormal()常態分布和 tf.randomUniform()連續型均勻分布方法來建立不同隨機值分佈的張量，如下所示：

```
const x = tf.randomNormal([2, 2]);
document.write("張量x值: " + x + "<br/>");
document.write("形狀: [" + x.shape + "]<br/>");
const y = tf.randomNormal([2, 2], 10, 0.6);
document.write("張量y值: " + y + "<br/>");
document.write("形狀: [" + y.shape + "]<br/>");
```

上述 tf.randomNormal()方法的第 1 個參數是形狀陣列、第 2 個是平均值（預設值 0）、第 3 個是標準差（預設值 1），其執行結果如下圖所示：

張量x值: Tensor [[1.5967021 , -0.5451129], [-0.7718611, 1.205242]]
形狀: [2,2]
張量y值: Tensor [[9.2098093, 9.6248188], [9.5509882, 10.3717842]]
形狀: [2,2]

tf.randomUniform()方法的語法和 tf.randomNormal()方法類似，第 2 和第 3 個參數是區間，即在此區間產生連續型均勻分布的亂數值，如下所示：

```
const x1 = tf.randomUniform([2, 2]);
document.write("張量x1值: " + x1 + "<br/>");
document.write("形狀: [" + x1.shape + "]<br/>");
const y1 = tf.randomUniform([2, 2], -5, 5);
document.write("張量y1值: " + y1 + "<br/>");
document.write("形狀: [" + y1.shape + "]<br/>");
```

上述第 1 個沒有指定後 2 個參數，其區間是 0~1，第 2 個是-5~5，其執行結果如下圖所示：

張量x1值: Tensor [[0.286276 , 0.6693681], [0.1116739, 0.0712762]]
形狀: [2,2]
張量y1值: Tensor [[3.1137292, 4.4126658], [3.6270645, -2.6950459]]
形狀: [2,2]

更改張量的形狀：Ch14_4_2b.html

TensorFlow.js 的張量可以使用 reshape()方法來更改形狀，如下所示：

```
const x = tf.tensor([[1, 2], [3, 4]]);
document.write("張量 x 值: " + x + "<br/>");
document.write("形狀: [" + x.shape + "]<br/>");
const y = x.reshape([4, 1])
document.write("張量 y 值: " + y + "<br/>");
document.write("形狀: [" + y.shape + "]<br/>");
```

上述程式碼建立形狀[2, 2]的張量後，呼叫 reshape()方法改成[4, 1]，其執行結果如下圖所示：

張量x值: Tensor [[1, 2], [3, 4]]
形狀: [2,2]
張量y值: Tensor [[1], [2], [3], [4]]
形狀: [4,1]

14-4-3 取得張量值

TensorFlow.js 建立張量後，可以使用 data()和 array()方法來取得張量值。

使用 data()方法取得張量值：Ch14-4-3.html

TensorFlow.js 張量的 data()方法可以取得張量的一維陣列值（以列為主），這是非同步方法，dataSync()方法是同步方法，如下所示：

```
const x = tf.tensor2d([[1, 2], [3, 4]]);
document.write("張量 x 值: " + x.dataSync() + "<br/>");
x.data().then(data => document.write("張量 x 值: " + data + "<br/>"));
```

上述程式碼建立張量 x 後，依序使用 dataSync()和 data()方法來取得張量的一維陣列值，其執行結果可以看到是一維陣列，這是以列為主（Row-major Order）平坦化成的一維陣列，如右圖所示：

```
張量x值: 1,2,3,4
張量x值: 1,2,3,4
```

我們也可以使用 async/await 非同步語法來取得張量值，如下所示：

```
async function readData() {
    arr = await x.data();
    document.write("陣列 arr 長度: " + arr.length + "<br/>");
    document.write("陣列 arr[0]: " + arr[0] + "<br/>");
}
readData();
```

上述 readData()函數是非同步函數，在之中使用 await 呼叫 data()方法，其執行結果如右圖所示：

```
陣列arr長度: 4
陣列arr[0]: 1
```

使用 array()方法取得張量值：

TensorFlow.js 張量的 array()方法可以取得張量的陣列（2D 張量取得二維陣列），這是非同步方法，arraySync()方法是同步方法，如下所示：

```
const x = tf.tensor2d([[1, 2, 3], [4, 5, 6]]);
document.write("張量 x 值: " + x.arraySync() + "<br/>");
x.array().then(array => {
    for (let i = 0; i < array.length; i++) {
        var inner_len = array[i].length;
        for (let j = 0; j < inner_len; j++) {
            document.write('[' + i + ',' + j + '] = ' + array[i][j]);
        }
        document.write("<br/>");
    }
});
```

上述程式碼建立張量 x 後，首先使用 arraySync()方法，然後是 array()非同步方法，因為是二維陣列，所以是使用巢狀 for 迴圈顯示二維陣列值，如右圖所示：

```
張量x值: 1,2,3,4,5,6
[0,0] = 1[0,1] = 2[0,2] = 3
[1,0] = 4[1,1] = 5[1,2] = 6
```

我們也可以使用 async/await 非同步語法來取得張量值，如下所示：

```
async function readArray() {
    arr = await x.array();
    document.write("陣列 arr 第 1 維: " + arr.length + "<br/>");
    document.write("陣列 arr 第 2 維: " + arr[0].length + "<br/>");
    document.write("陣列 arr[0]: " + arr[0] + "<br/>");
    document.write("陣列 arr[1]: " + arr[1] + "<br/>");
    document.write("陣列 arr[1][1]: " + arr[1][1] + "<br/>");
}
readArray();
```

上述 readArray()函數是非同步函數，在之中使用 await 呼叫 array()方法，其執行結果如右圖所示：

陣列arr第1維: 2
陣列arr第2維: 3
陣列arr[0]: 1,2,3
陣列arr[1]: 4,5,6
陣列arr[1][1]: 5

14-4-4 張量運算與記憶體管理

TensorFlow.js 神經網路就是一張計算圖，這是一張執行張量運算的計算圖，可以從輸入資料開始，一層神經層接著一層神經層來逐步計算出神經網路的輸出結果。

單元運算：Ch14_4_4.html

單元運算是一種逐元素運算（Element-wise Operations），可以執行參數張量的負值、平方、平均值、最大、最小和總和等運算，如下所示：

```
const x = tf.tensor([-1, 5, -7]);
document.write("張量 x 值: " + x + "<br/>");
z = tf.neg(x)
document.write("tf.neg(x)張量值: " + z + "<br/>");
z = x.neg()
document.write("x.neg()張量值: " + z + "<br/>");
const y = tf.tensor2d([[1, 2], [3, 4]]);
document.write("張量值: " + y + "<br/>");
document.write("平均值: " + tf.mean(y) + "<br/>");
document.write("平均值: " + y.mean() + "<br/>");
```

上述程式碼建立張量 x 和 y 後，呼叫下表方法來執行單元運算，運算有 2 種寫法，一是 tf.neg(x)，另一種是 x.neg()，如下表所示：

方法	說明
tf.neg()	將正值轉換成負值；負值變正值
tf.square()	平方值
tf.mean()	平均值
tf.sum()	總和
tf.norm()	範數
tf.min()、tf.max()	最小值、最大值
tf.transpose()	張量轉置，將欄變列；列變欄

上表最後的 tf.transpose()方法是轉置張量，可以將形狀[3, 2]轉置成[2, 3]，如下所示：

張量a形狀: [3,2]
轉置張量a形狀: [2,3]

```
const a = tf.tensor2d([[1, 2], [3, 4], [5, 6]]);
const b = tf.transpose(a);
document.write("張量 a 形狀: " + a.shape + "<br/>");
document.write("轉置張量 a 形狀: " + b.shape + "<br/>");
```

二元運算：Ch14_4_4a.html

二元運算需要 2 個張量的運算元，可以執行張量的加、減、乘和除四則運算。以 2D 張量（即矩陣）為例，我們準備使用 tf.add()加法的張量運算為例，例如：2D 張量 a 有 a1~a4 個元素，s 有 s1~s4，如下圖所示：

$$a = \begin{bmatrix} a1, a2 \\ a3, a4 \end{bmatrix} \qquad a = \begin{bmatrix} 1,2 \\ 3,4 \end{bmatrix}$$

$$s = \begin{bmatrix} s1, s2 \\ s3, s4 \end{bmatrix} \qquad s = \begin{bmatrix} 5,6 \\ 7,8 \end{bmatrix}$$

$$c = a + s = \begin{bmatrix} a1+s1, a2+s2 \\ a3+s3, a4+s4 \end{bmatrix} \qquad c = a + s = \begin{bmatrix} 1+5, 2+6 \\ 3+7, 4+8 \end{bmatrix}$$

上述加法運算過程產生張量 c，其元素是張量 a 的元素加上張量 s 的對應元素，如下所示：

```
const x = tf.tensor([[1,2],[3,4]]);
document.write("張量 x 值: " + x + "<br/>");
const s = tf.tensor([[5,6],[7,8]]);
document.write("張量 s 值: " + s + "<br/>");
c = tf.add(x, s)
document.write("張量 c 值: " + c + "<br/>");
```

上述變數 a 和 s 是 2D 張量，可以使用 tf.add()、tf.sub()和 tf.mul()方法進行 2D 張量的加、減和乘運算，其執行結果如下圖所示：

張量x值: Tensor [[1, 2], [3, 4]]
張量s值: Tensor [[5, 6], [7, 8]]
張量c值: Tensor [[6 , 8], [10, 12]]

點積運算：Ch14_4_4b.html

點積運算（Dot Product）是兩個張量對應元素的列和行的乘積和，例如：使用之前相同的 2 個 2D 張量來執行點積運算，如下圖所示：

$$a = \begin{bmatrix} a1, a2 \\ a3, a4 \end{bmatrix}$$

$$s = \begin{bmatrix} s1, s2 \\ s3, s4 \end{bmatrix}$$

$$c = a \bullet s = \begin{bmatrix} a1*s1+a2*s3, a1*s2+a2*s4 \\ a3*s1+a4*s3, a3*s2+a4*s4 \end{bmatrix}$$

上述 2D 張量 a 和 s 的點積運算結果是另一個 2D 張量，如下所示：

```
const x = tf.tensor([[1,2],[3,4]]);
document.write("張量 x 值: " + x + "<br/>");
const s = tf.tensor([[5,6],[7,8]]);
document.write("張量 s 值: " + s + "<br/>");
c = tf.matMul(x, s)
document.write("張量 c 值: " + c + "<br/>");
```

上述變數 a 和 s 是 2D 張量，點積運算是 tf.matMul()方法，其執行的運算式如下圖所示：

$$\begin{bmatrix} 1\times5+2\times7, 1\times6+2\times8 \\ 3\times5+4\times7, 3\times6+4\times8 \end{bmatrix}$$

上述運算結果的 2D 張量是點積運算結果，其執行結果如下圖所示：

張量x值: Tensor [[1, 2], [3, 4]]
張量s值: Tensor [[5, 6], [7, 8]]
張量c值: Tensor [[19, 22], [43, 50]]

記憶體管理：Ch14_4_4c.html

在瀏覽器執行 TensorFlow.js 是使用 WebGL 後端（Backend），瀏覽器的記憶體需要自行明確管理記憶體的使用，當張量不再需要時，就可以釋放佔用的記憶體空間。

在 TensorFlow.js 張量是使用 dispose()或 tf.dispose()方法來釋放佔用的記憶體，如下所示：

```
const x = tf.tensor([[1,2],[3,4]]);
document.write("張量 x 值: " + x + "<br/>");
x.dispose();
```

上述程式碼建立張量 x 後，當不再需要時，呼叫 x.dispose()方法釋放張量 x 佔用的記憶體。為了避免忘了釋放張量的記憶體，TensorFlow.js 提供 tidy()方法，可以自動清除沒有回傳的張量，如下所示：

```
const y = tf.tensor([[5,6],[7,8]]);
document.write("張量 y 值: " + y + "<br/>");
const z = tf.tidy(() => {
    const result = y.square().log().neg();
    return result
});
document.write("張量 z 值: " + z + "<br/>");
```

上述程式碼建立張量 y 後，使用 tf.tidy()方法執行所需的張量運算，square()和 log()方法運算結果的張量都會自動釋放記憶體空間，neg()是回傳結果的張量，所以不會釋放記憶體空間。

14-5 TensorFlow.js 的資料視覺化

TensorFlow.js 提供資料視覺化工具 tfjs-vis，可以幫助我們使用多種圖表來視覺化資料，請注意！tfjs-vis 是一個獨立函式庫，在 HTML 需要新增<script>標籤，如下所示：

```
<script src="https://cdn.jsdelivr.net/npm/@tensorflow/tfjs-vis@latest">
</script>
```

上述<script>標籤插入最新版 tfjs-vis，JavaScript 程式碼是使用全域變數 tfvis 物件來參考 tfjs-vis。基本上，tfjs-vis 工具是在網頁介面建立 Visor 面板物件（預設顯示在網頁右邊）後，在 Surface 物件顯示圖表。

14-5-1 繪製折線圖

折線圖（Line Chars）是一種最常使用的圖表，這是一序列資料點的標記，使用直線連接各標記所建立的圖表，一般來說，折線圖可以用來顯示以時間為 x 軸的趨勢（Trends）。

繪製每日攝氏溫度的折線圖：Ch14_5_1.html

在非同步 run()函數使用 x 和 y 軸資料的 JavaScript 物件陣列（即每一個資料點的陣列），來繪製每日攝氏溫度的折線圖，如下所示：

```
async function run() {
  let celsius = [{x: 1, y: 25.6}, {x: 3, y: 23.2}, {x: 5, y: 18.5}, {x: 7, y: 28.3},
             {x: 9, y: 26.5}, {x: 11,y: 30.5}, {x:13, y: 32.6}, {x:15, y: 33.1}];
  tfvis.render.linechart(
    { name: '住家氣溫', tab: "折線圖" },
    { values: [celsius], series: ['Home'] },
    { xLabel: '日數', yLabel: '攝氏溫度',
      height: 300, width: 400 }
  );
}
run();
```

上述 run 函數的 celsius 變數是 x 日數和 y 攝氏溫度的物件陣列，x 屬性是 x 軸；y 屬性是 y 軸，即資料點，然後呼叫 tfvis.render.linechart()方法繪出折線圖，其 3 個參數的說明，如下所示：

- 第 1 個參數：物件文字值是在 Visor 物件的面板新增 Surface 物件，name 屬性是名稱；tab 屬性是圖表所在的標籤名稱。
- 第 2 個參數：圖表資料的物件文字值，values 是資料陣列，其元素是每一條折線的物件陣列，series 是對應每一條折線的名稱。
- 第 3 個參數：物件文字值是用來設定圖表本身，xLabel 和 yLabel 分別是 x 軸和 y 軸的標籤文字；height 和 width 是圖表高度和寬度。

在執行 run()函數後，可以看到執行結果的折線圖，如下圖所示：

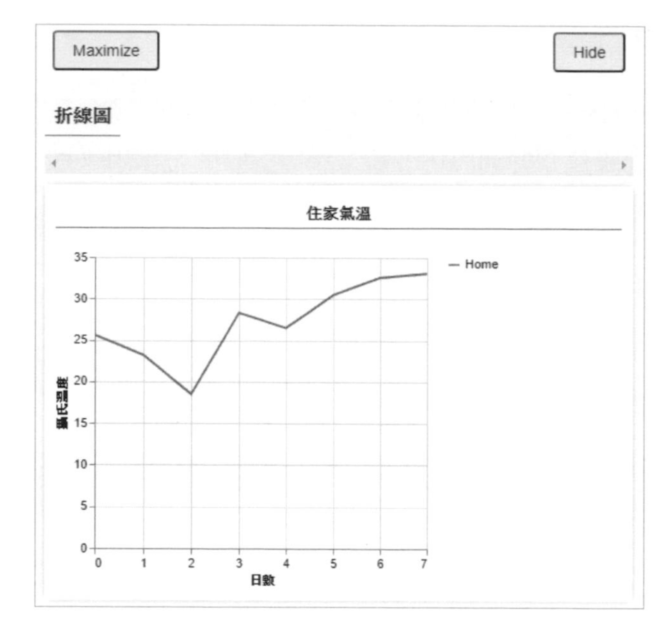

上述圖例上方是標籤頁名稱，在圖表上方是 Surface 物件名稱，圖例的 Home 是這條折線的 Series 名稱。在上方左邊按鈕可以切換最大（二倍）和最小尺寸來顯示圖表面板，按右邊按鈕隱藏面板。在 Visor 面板支援鍵盤按鍵的快速鍵，其說明如下所示：

- 「 ` 」反引號鍵：位在 Tab 鍵上方的按鍵可以切換顯示 Visor 面板。
- 「 Shift + ` 」鍵：按 Shift 鍵+反引號鍵可以切換最大（二倍）和最小尺寸來顯示圖表面板。

使用 2 組資料集繪製 2 條折線：Ch14_5_1a.html

在同一張折線圖表可以同時繪出多條折線，例如：繪出 2 條攝氏溫度的折線，如下所示：

```
let celsius1 = [{x: 1, y: 25.6}, {x: 3, y: 23.2}, {x: 5, y: 18.5}, {x: 7, y: 28.3},
               {x: 9, y: 26.5}, {x: 11,y: 30.5}, {x:13, y: 32.6}, {x:15, y: 33.1}];
let celsius2 = [{x: 1, y: 15.4}, {x: 3, y: 13.1}, {x: 5, y: 21.6}, {x: 7, y: 18.1},
               {x: 9, y: 16.4}, {x: 11,y: 20.5}, {x:13, y: 23.1}, {x:15, y: 13.2}];
tfvis.render.linechart(
  { name: '住家與辦公室氣溫', tab: "折線圖" },
  { values: [celsius1, celsius2], series: ['Home', 'Office'] },
  { xLabel: '日數', yLabel: '攝氏溫度',
    height: 300, width: 400 }
);
```

上述程式碼建立 2 組攝氏溫度的物件陣列，在 tfvis.render.linechart()方法第 2 個參數的物件文字值，values 值的陣列就是這二組折線的點物件陣列，series 值是對應的 2 條折線名稱，其執行結果如下圖所示：

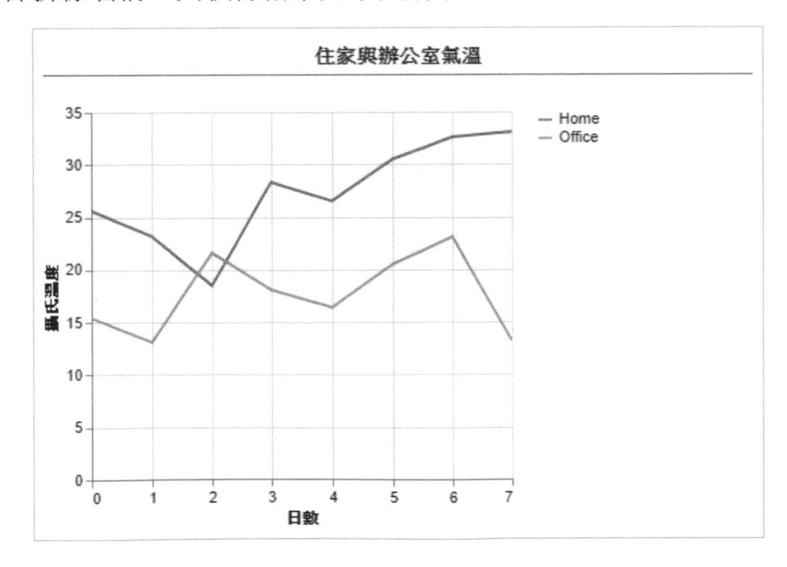

14-5-2 繪製散佈圖

「散佈圖」（Scatter Plots）是使用垂直 y 軸和水平 x 軸來繪出資料點，可以顯示一個變數受另一個變數的影響程度。例如：手機使用時數和工作效率的資料，如下表所示：

使用小時	0	0	0	1	1.3	1.5	2	2.2	2.6	3.2	4.1	4.4	4.4	5
工作效率	87	89	91	90	82	80	78	81	76	85	80	75	73	72

上表是手機使用的小時數和工作效率的分數（滿分 100 分），共有 2 個變數。JavaScript 程式：Ch14_5_2.html 建立非同步 run()函數來繪製散佈圖，首先需要將上表 2 組陣列資料轉換成 tfjs-vis 所需資料的物件陣列，如下所示：

```
let hours = [0,0,0,1,1.3,1.5,2,2.2,2.6,3.2,4.1,4.4,4.4,5]
let works = [87,89,91,90,82,80,78,81,76,85,80,75,73,72]
let data = [];
for (let i = 0; i < hours.length; i++) {
  let obj = {};
  obj.x = hours[i];
  obj.y = works[i];
  data.push(obj);
}
```

上述 hours 和 works 陣列就是上表的資料，for 迴圈將這 2 組資料轉換成物件陣列，x 是小時數；y 是工作效率的分數。然後呼叫 tfvis.render.scatterplot()方法繪製散佈圖，如下所示：

```
tfvis.render.scatterplot(
  { name: '手機使用時數和工作效率', tab: "散佈圖" },
  { values: [data], series: ["時數與效率"] },
  { xLabel: '時數', yLabel: '工作效率',
    xAxisDomain: [-1, 6], yAxisDomain: [70, 95],
    height: 300, width: 400 }
);
```

上述方法參數和 tfvis.render.linechart() 方法相同，xAxisDomain 和 yAxisDomain 可以指定 x 軸和 y 軸的範圍，其執行結果如下圖所示：

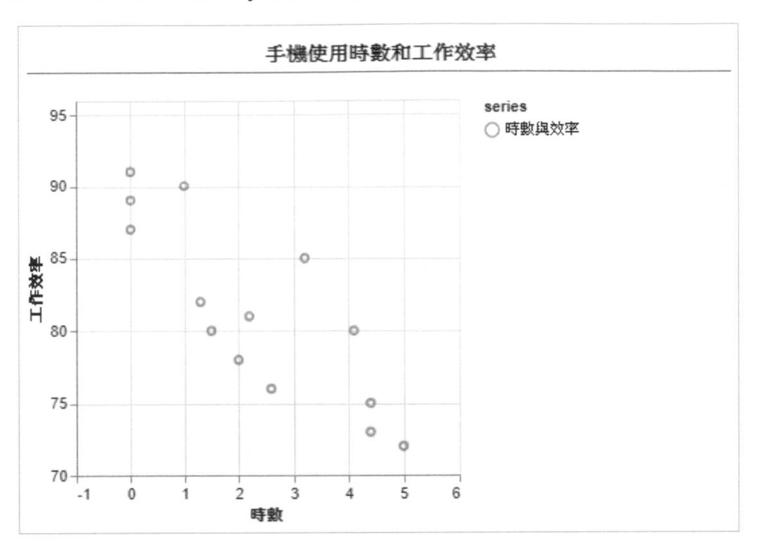

14-5-3 繪製長條圖

「長條圖」（Bar Plots）是使用長條型色彩區塊的高和長度來顯示分類資料，例如：繪出 TIOBE 常用程式語言使用率的長條圖（JavaScript 程式：Ch14_5_3.html），如下所示：

```
const data = [{index:"Python", value:5.16 }, {index:"C++", value:5.73 },
              {index:"Java", value:14.99 }, {index:"JS", value:3.17 },
              {index:"C", value:11.86 }, {index:"C#", value:4.45 }];
tfvis.render.barchart(
  { name: '程式語言的使用率', tab: "長條圖" },
  data,
  { yLabel: "使用率",
    height: 300, width: 400 }
);
```

上述變數 data 是資料，index 是分類，value 是值，然後呼叫 tfvis.render.barchart() 方法繪出長條圖，第 2 個參數 data 是資料，其執行結果如下圖所示：

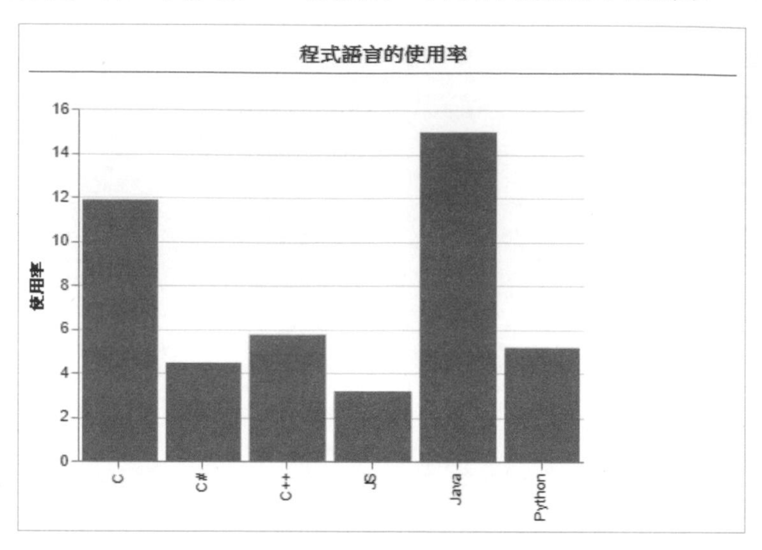

14-5-4 繪製直方圖

直方圖（Histograms）是用來顯示數值資料的分佈，一種次數分配表，可以使用長方形面積顯示變數出現的頻率，其寬度就是分割區間（JavaScript 程式：Ch14_5_4.html），如下所示：

```
let data = tf.randomNormal([1500]);
tfvis.render.histogram(
  { name: '使用 randomNormal()方法', tab: "直方圖" },
  data.dataSync(),
  { maxBins: 50,
    height: 300, width: 400 }
);
```

上述程式碼使用 tf.randomNormal()方法產生 1500 個常態分佈的亂數值，然後呼叫 tfvis.render.histogram()方法繪出直方圖，第 2 個參數是呼叫 data.dataSync() 同步方法取得張量的一維陣列值，第 3 個參數 maxBins 是分割的最大區間數，其執行結果如下圖所示：

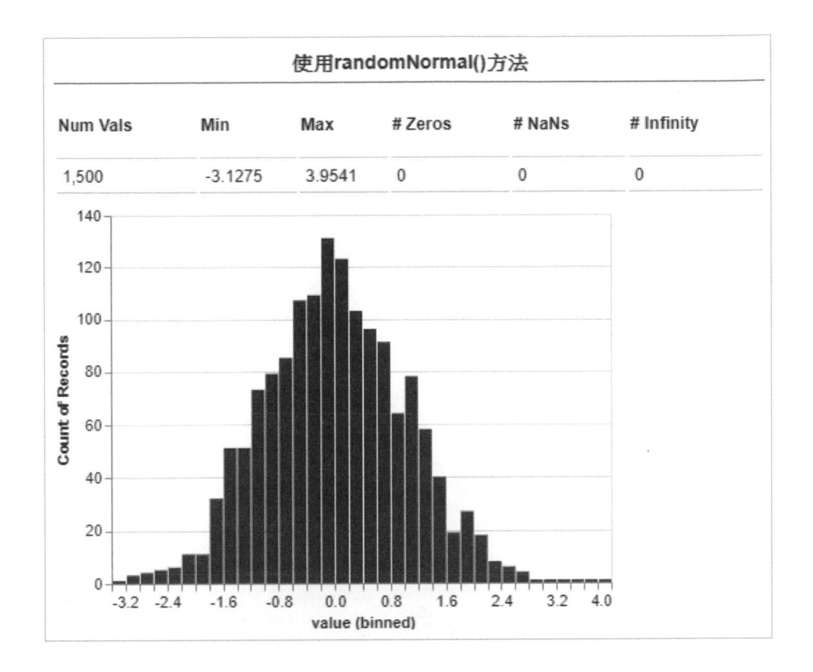

14-5-5 繪製熱地圖

熱地圖（Heat Map）是使用色塊深淺來表示資料之間多個特徵相互之間的相似程度。例如：使用熱地圖顯示三種水果圖片和真實水果之間的相似程度（JavaScript 程式：Ch14_5_5.html），如下所示：

```
let data = [[1,0,0],[0,0.3,0.6],[0,0.7,0.4]];
let labels = ['蘋果', '橘子', '柳丁']
tfvis.render.heatmap(
  { name: '水果圖片的相似度', tab: "熱地圖" },
  { values: data,
    xTickLabels: labels, yTickLabels: labels },
  { width: 500, height: 300,
    xLabel: '真實水果',
    yLabel: '水果圖片',
    colorMap: 'blues'
  });
```

上述程式碼的 data 變數是三種水果圖片和真實水果的相似程度，labels 是三種水果的名稱，然後呼叫 tfvis.render.heatmap()方法繪出熱地圖，第 2 個參數的 values

值是資料，xTickLabels 和 yTickLabels 是 x 和 y 軸刻度的標籤文字，第 3 個參數的 colormap 指定地圖使用的色彩，其執行結果如下圖所示：

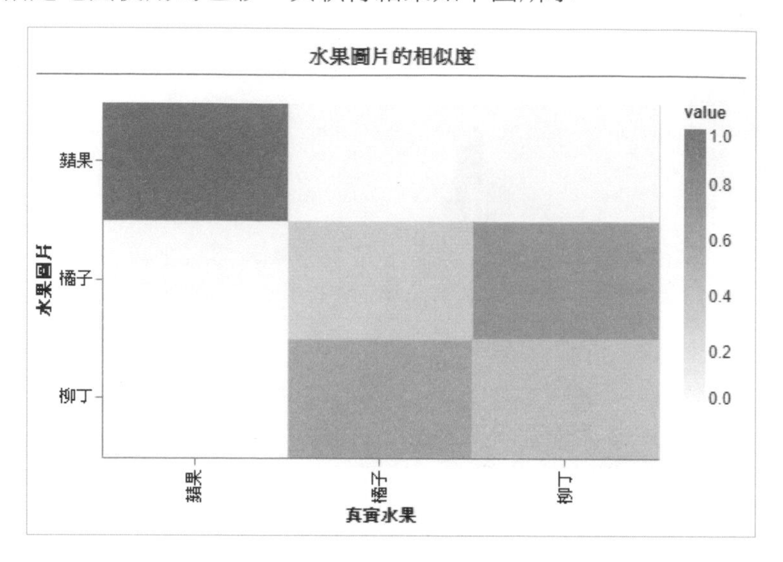

上述熱地圖可以看出蘋果圖片和真實水果相同，但柳丁圖片比較像橘子；橘子圖片比較像柳丁。

CHAPTER

15

機器學習的迴歸、分類與 CNN 圖片識別

15-1 機器學習的迴歸問題

統計學的迴歸分析（Regression Analysis）是透過某些已知訊息來預測未知變數，其中最簡單的就是「線性迴歸」（Linear Regression）。

15-1-1 認識線性迴歸

在說明線性迴歸之前，需要先認識什麼是迴歸線，基本上，當需要預測市場走向，例如：物價、股市、房市和車市等，都會使用散佈圖以圖形來呈現資料點，如下圖所示：

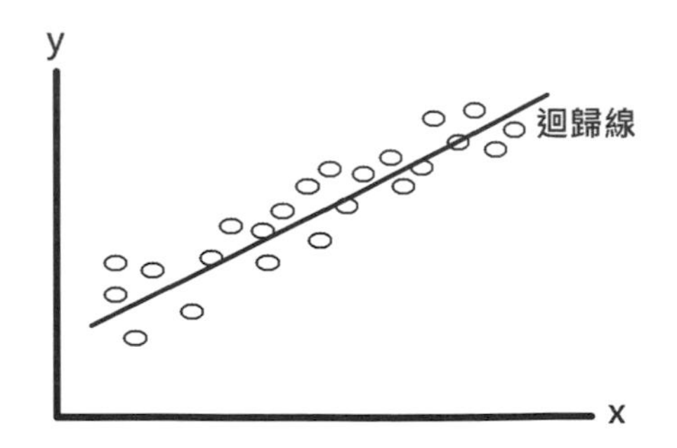

從上述圖例可以看出眾多點是分布在一條直線的周圍，這條線可以使用數學公式來表示和預測點的走向，稱為「迴歸線」（Regression Line）。因為迴歸線是一條直線，其方向會往右斜向上，或往右斜向下，其說明如下所示：

- 迴歸線的斜率是正值：迴歸線往右斜向上的斜率是正值，x 和 y 的關係是正相關，x 值增加；同時 y 值也會增加。
- 迴歸線的斜率是負值：迴歸線往右斜向下的斜率是負值，x 和 y 的關係是負相關，x 值減少；同時 y 值也會減少。

簡單線性迴歸（Simple Linear Regression）是最簡單的線性迴歸，只有 1 個變數，這條線可以使用數學的一次方程式來表示，也就是 2 個變數之間關係的數學公式，如下所示：

$$\text{迴歸方程式} y = a + bX$$

上述公式的變數 y 是反應變數（Response，或稱應變數），X 是解釋變數（Explanatory，或稱自變數），a 是截距（Intercept），b 是迴歸係數，當從訓練資料找出截距 a 和迴歸係數 b 的值後，就完成預測公式。只需使用新值 X，即可透過此公式來預測 y 值。

複迴歸（Multiple Regression）是簡單線性迴歸的擴充，在預測模型的線性方程式不只 1 個解釋變數 X，而是有多個解釋變數 X_1、X_2...等。

15-1-2 使用當日氣溫預測業績

在捷運站旁有一家飲料店，店長記錄 14 天不同氣溫時的日營業額（千元），如下表所示：

氣溫	29	28	34	31	25	29	32	31	24	33	25	31	26	30
營業額	7.7	6.2	9.3	8.4	5.9	6.4	8.0	7.5	5.8	9.1	5.1	7.3	6.5	8.4

我們準備建立簡單線性迴歸的預測模型，讓店長提供當日氣溫，即可預測出當日的營業額。

使用線性迴歸神經網路預測當日業績：Ch15_1_2.html

在 HTML 網頁使用 TensorFlow.js，需要新增<script>標籤來插入外部 JavaScript 程式檔，如下所示：

```
<script src="https://cdn.jsdelivr.net/npm/@tensorflow/tfjs@latest"></script>
```

上述<script>標籤插入最新版 TensorFlow.js 函式庫，在 JavaScript 程式碼是使用全域變數 tf 物件來參考 TensorFlow.js 函式庫。現在，我們可以使用神經網路來建立線性迴歸模型，規劃的神經網路有三層，如下圖所示：

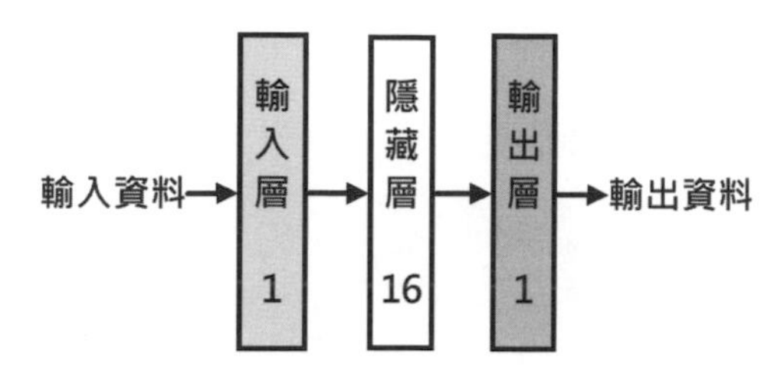

上述輸入層有 1 個特徵，隱藏層是 16 個神經元，因為是線性迴歸，輸出層是 1 個神經元。在 JavaScript 程式建立 Keras 神經網路模型，首先呼叫 tf.sequential() 方法建立 Sequential 物件 model，如下所示：

```
const model = tf.sequential();
model.add(tf.layers.dense({units: 16, inputShape: [1]}));
model.add(tf.layers.dense({units: 1}));
```

上述程式碼呼叫 2 次 add()方法新增 2 層 Dense 全連接層，其說明如下所示：

- 隱藏層：在參數物件文字值使用 units 指定隱藏層有 16 個神經元，使用 inputShape 指定輸入層是 1 個神經元。
- 輸出層：1 個神經元。

在定義好模型後，需要編譯模型來轉換成低階計算圖，如下所示：

```
model.compile({loss:"meanSquaredError", optimizer:"adam",
           metrics:["mse"]});
```

上述 compile()方法是編譯模型，損失函數 loss 是 meanSquaredError 均方誤差，optimizer 優化器是 adam（優化器有很多種，常用的有 sgd 和 adam 等），metrics 評估標準也是 mse 均方誤差。

接著，我們可以建立訓練資料的 2D 張量，xs 是訓練用的特徵資料，ys 是對應的標籤資料，形狀是[14,1]，如下所示：

```
const xs = tf.tensor2d([29,28,34,31,25,29,32,
                        31,24,33,25,31,26,30], [14,1]);
const ys = tf.tensor2d([7.7,6.2,9.3,8.4,5.9,6.4,8.0,
                        7.5,5.8,9.1,5.1,7.3,6.5,8.4], [14,1]);
```

然後，呼叫 fit()方法來訓練模型，如下所示：

```
model.fit(xs, ys, {epochs:300}).then(() => {
  alert("完成訓練...");
  document.getElementById("output").innerText = "預測中...";
  // 預測資料
  preds = model.predict(tf.tensor2d([26, 30], [2,1]));
  preds.array().then(array => {
    document.getElementById("output").innerText = array;
  });
});
```

上述 fit()方法的參數依序是特徵和標籤資料，第 3 個參數的物件文字值指定訓練方式，epochs 指定訓練週期是 300 次，在完成訓練後，呼叫 predict()方法預測營業額，如下所示：

```
preds = model.predict(tf.tensor2d([26, 30], [2,1]));
preds.array().then(array => {
   document.getElementById("output").innerText = array;
});
```

上述 predict()方法的參數是預測資料的 2D 張量，有 2 個溫度[26, 30]，形狀是[2,1]，其執行結果如下圖所示：

當日氣溫預測業績的線性迴歸預測結果:

6.489811420440674,7.513138771057129

顯示模型摘要和視覺化訓練過程：Ch15_1_2a.html

TensorFlow.js 提供資料視覺化工具 tfjs-vis，可以顯示模型摘要資訊和視覺化訓練過程，在 HTML 需要新增<script>標籤，如下所示：

```
<script src="https://cdn.jsdelivr.net/npm/@tensorflow/tfjs-vis@latest">
</script>
```

在建立和編譯模型後，我們可以呼叫 tfvis.show.modelSummary()方法來顯示模型摘要資訊，如下所示：

```
tfvis.show.modelSummary({name: "Model Summary"},model);
```

上述程式碼是在 name 名稱的 Surface 物件，顯示第 2 個參數模型的摘要資訊，其執行結果如下圖所示：

Model Summary

Layer Name	Output Shape	# Of Params	Trainable
dense_Dense1	[batch,16]	32	true
dense_Dense2	[batch,1]	17	true

上述摘要資訊顯示每一層輸入和輸出張量的形狀，與參數的個數。在 model.fit()方法第 3 個參數的物件文字值，可以加上 callbacks 的 tfvis.show.fitCallbacks()方法來顯示訓練過程的折線圖，如下所示：

```
model.fit(xs, ys, {epochs: 120,shuffle: true,
   callbacks: tfvis.show.fitCallbacks(
    {name: "Training Performance"},
    ["loss", "mse"],
    {height: 200, callbacks: ["onEpochEnd"]})
}).then(() => {
…
```

上述程式碼在 onEpochEnd 每一次訓練周期結束後，繪出損失 loss 和均方誤差 mse 的 2 個折線圖，可以看到值都是愈來愈小，其執行結果如右圖所示：

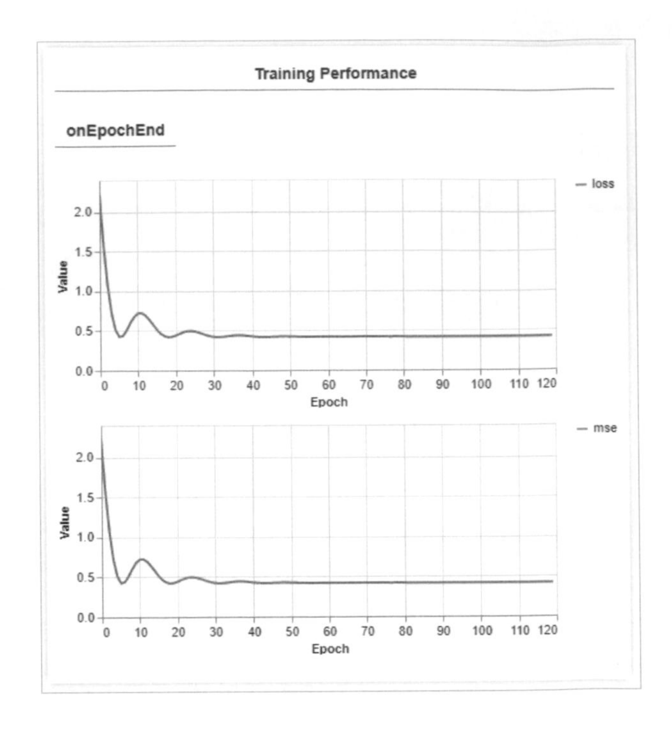

15-1-3 使用汽車馬力預測油耗

本節範例是修改自官方 Tensorflow.js 教學範例，可以使用馬力預測油耗，即每加侖可行駛的英哩數。汽車資料的 URL 網址如下所示：

- https://storage.googleapis.com/tfjs-tutorials/carsData.json

```
[
  {
    "Name": "chevrolet chevelle malibu",
    "Miles_per_Gallon": 18,
    "Cylinders": 8,
    "Displacement": 307,
    "Horsepower": 130,
    "Weight_in_lbs": 3504,
    "Acceleration": 12,
    "Year": "1970-01-01",
    "Origin": "USA"
  },
```

上述每一台汽車是一個 JSON 物件，主要的鍵有：Name（名稱）、Miles_per_Gallon（MPG，每加侖行駛的英哩數）、Cylinders（汽缸數）、Displacement（排氣量）、Horsepower（馬力）和 Weight_in_lbs（車重）等。

載入 JSON 資料和執行資料視覺化：Ch15_1_3~a.html

Ch15_1_3.html 是使用散佈圖來視覺化 MPG 和 Horsepower 之間的關係。首先呼叫 getData()非同步函數來載入 JSON 資料，如下所示：

```
let data_path="https://storage.googleapis.com/tfjs-tutorials/carsData.json";
async function getData() {
  const carsDataReq = await fetch(data_path);
  const carsData = await carsDataReq.json();
  const cleaned = carsData.map(car => ({
    mpg: car.Miles_per_Gallon,
    horsepower: car.Horsepower,
  })).filter(car => (car.mpg != null && car.horsepower != null));
  return cleaned;
}
```

上述 getData()函數載入 JSON 資料和執行資料清理，首先使用 fetch()函數下載資料後，呼叫 json()方法剖析 JSON 資料，即可使用 map()方法重建物件陣列的屬性成 mpg 和 horsepower，和使用 filter()方法過濾掉沒有值的資料，即可回傳清理後的資料 cleaned。

然後，在 visualization()非同步函數繪出馬力和 MPG 的散佈圖，如下所示：

```
async function visualization() {
  const values = (await getData()).map(d => ({
    x: d.horsepower,
    y: d.mpg,
  }));
  tfvis.render.scatterplot(
    { name: "Horsepower v MPG" },
    { values },
    { xLabel: "Horsepower", yLabel: "MPG",
      height: 300 }
  );
}
visualization();
```

上述 visualization()函數呼叫 getData()函數取得資料後，呼叫 map()方法重建 x 和 y 的物件陣列，然後呼叫 tfvis.render.scatterplot()方法繪出散佈圖，其執行結果如下圖所示：

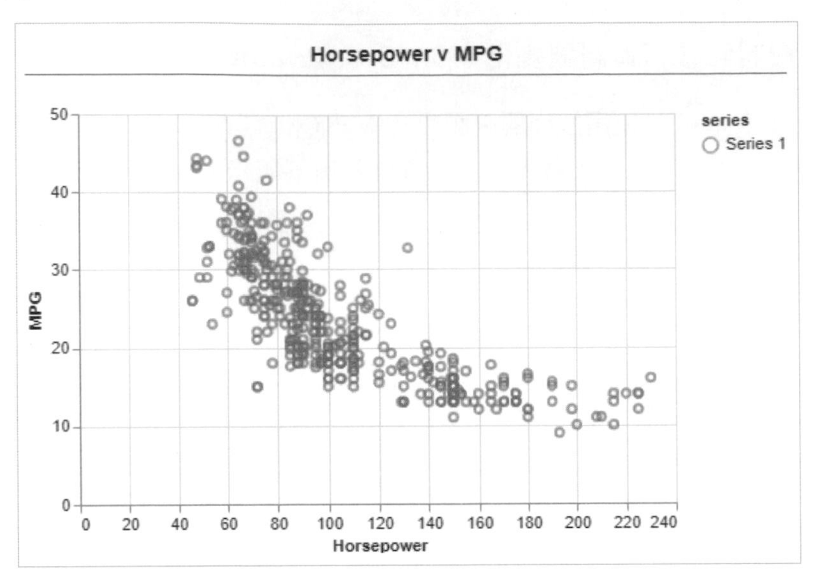

從上述圖例可以看出馬力和 MPG 是負相關。Ch15_1_3a.html 是車重和 MPG 的散佈圖，其執行結果也是負相關，如下圖所示：

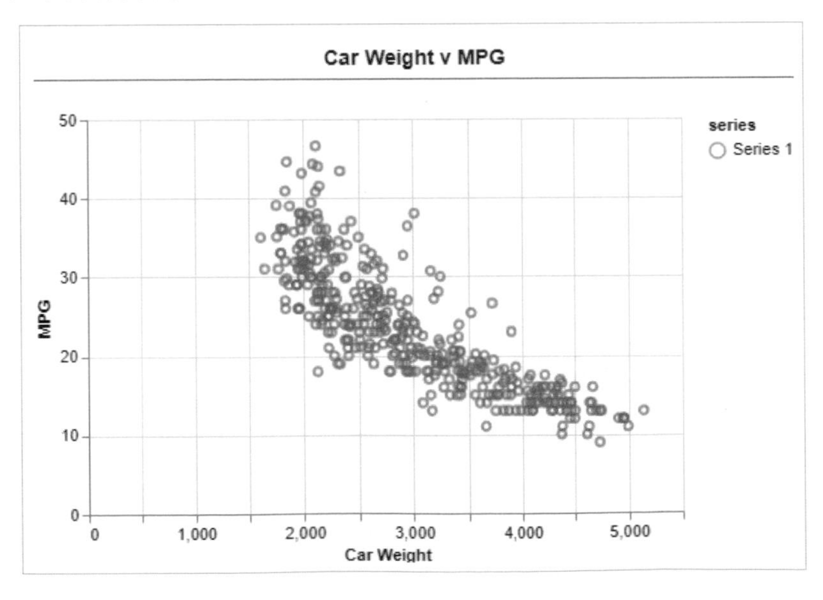

使用線性迴歸神經網路以汽車馬力預測油耗：Ch15_1_3b.html

現在，我們準備建立線性迴歸的神經網路，以汽車馬力來預測油耗，規劃的神經網路有五層，如下圖所示：

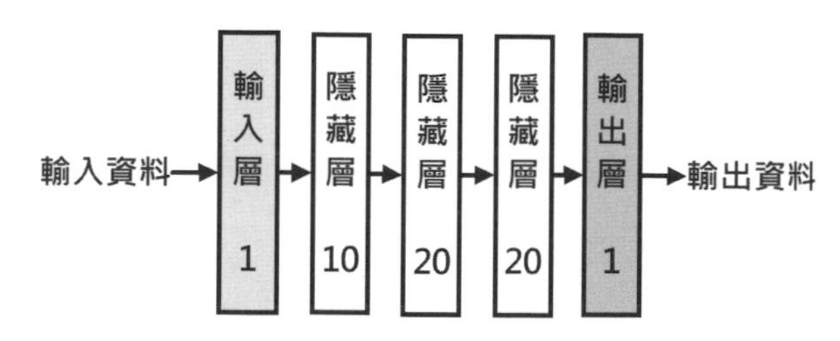

JavaScript 程式是呼叫 createModel()函數建立 Keras 神經網路模型，如下所示：

```
function createModel() {
  const model = tf.sequential();
  model.add(tf.layers.dense({inputShape: [1], units: 10}));
  model.add(tf.layers.dense({units: 20, activation: "sigmoid"}));
  model.add(tf.layers.dense({units: 20, activation: "sigmoid"}));
  model.add(tf.layers.dense({units: 1}));
```

上述程式碼呼叫 4 次 add()方法新增 4 層 Dense 全連接層，其說明如下所示：

- 第 1 層隱藏層：units 指定有 10 個神經元，使用 inputShape 指定輸入層是 1 個神經元。
- 第 2 層隱藏層：20 個神經元，啟動函數是 Sigmoid 函數（可用的啟動函數有 sigmoid、relu 和 tanh 等）。
- 第 3 層隱藏層：20 個神經元，啟動函數是 Sigmoid 函數。
- 輸出層：1 個神經元（在線性迴歸的輸出層並不用啟動函數）。

在定義好模型後，需要編譯模型來轉換成低階計算圖，如下所示：

```
  model.compile({loss:"meanSquaredError",optimizer:"adam",
                 metrics:["mse"]});
  tfvis.show.modelSummary({name: "Model Summary"},model);
  return model;
}
```

上述 compile()方法是編譯模型，損失函數 loss 是 meanSquaredError 均方誤差，optimizer 優化器是 adam，metrics 評估標準也是 mse。此模型的摘要資訊，如下圖所示：

Model Summary

Layer Name	Output Shape	# Of Params	Trainable
dense_Dense1	[batch,10]	20	true
dense_Dense2	[batch,20]	220	true
dense_Dense3	[batch,20]	420	true
dense_Dense4	[batch,1]	21	true

我們一樣是呼叫 getData()函數取得 JSON 資料，在取得資料後，使用 convertToTensor()函數執行資料預處理，如下所示：

```
function convertToTensor(data) {
  return tf.tidy(() => {
    tf.util.shuffle(data);
    const inputs = data.map(d => d.horsepower);
    const labels = data.map(d => d.mpg);
    const inputTensor = tf.tensor2d(inputs, [inputs.length, 1]);
    const labelTensor = tf.tensor2d(labels, [labels.length, 1]);
```

上述程式碼呼叫 tf.util.shuffle()方法打亂資料後，建立特徵資料 inputs 和標籤資料 labels，然後轉換成 2D 張量。在下方取得資料範圍後，就可以執行資料正規化，將張量值轉換成 0~1 區間，如下所示：

```
    const inputMax = inputTensor.max();
    const inputMin = inputTensor.min();
    const labelMax = labelTensor.max();
    const labelMin = labelTensor.min();
    const normalizedInputs = inputTensor.sub(inputMin).
                        div(inputMax.sub(inputMin));
    const normalizedLabels = labelTensor.sub(labelMin).
                        div(labelMax.sub(labelMin));
    return {
      inputs: normalizedInputs, labels: normalizedLabels,
      inputMax, inputMin, labelMax, labelMin,
    }
```

```
  });
}
```

上述資料正規化的公式，分母是最大和最小值的差，分子是與最小值的差，如下所示：

$$X_{norm} = \frac{X - X_{\min}}{X_{\max} - X_{\min}}$$

函數在回傳正規化後的資料和範圍值後，呼叫 trainModel()函數來訓練模型，如下所示：

```
async function trainModel(model, inputs, labels) {
  const batchSize = 32;
  const epochs = 50;
  return await model.fit(inputs, labels, {
    batchSize, epochs, shuffle: true,
    callbacks: tfvis.show.fitCallbacks(
      {name: "Training Performance"},
      ["loss", "mse"],
      {height: 200, callbacks: ["onEpochEnd"]})
  });
}
```

上述 fit()方法的 batchSize 批次尺寸是 32；epochs 訓練週期是 50 次，shuffle: true 表示打亂資料，最後的 callbacks，可以在每一個訓練周期顯示目前的訓練情況，如右圖所示：

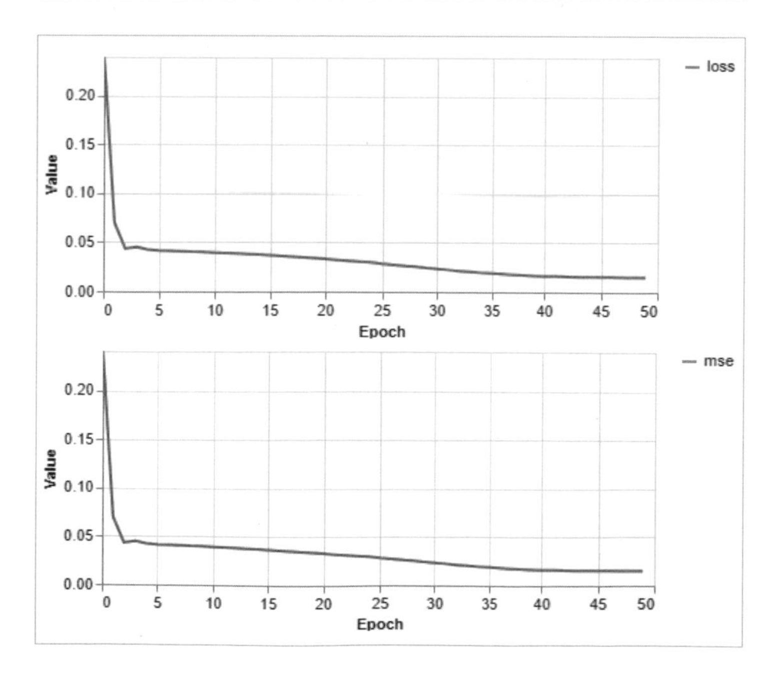

在完成訓練後，呼叫 getPrediction()函數來預測油耗，如下所示：

```
function getPrediction(model, normalizationData) {
  const {inputMax, inputMin, labelMin, labelMax} = normalizationData;
  return tf.tidy(() => {
    const input_x = tf.linspace(0, 1, 100);
    const preds = model.predict(input_x.reshape([100, 1]));
```

上述程式碼呼叫 tf.linspace()方法建立 0~1 之間平均分配的 100 個值，然後呼叫 predict()方法進行預測。在下方的運算是使用範圍來還原正規化值成為原始值後，回傳預測結果的原始值，如下所示：

```
    const toOrignalX = input_x
      .mul(inputMax.sub(inputMin)).add(inputMin);
    const toOrignalY = preds
      .mul(labelMax.sub(labelMin)).add(labelMin);
    return [toOrignalX.dataSync(), toOrignalY.dataSync()];
  });
}
```

最後，呼叫 visualizationPrediction()函數顯示視覺化的預測結果，如下所示：

```
function visualizationPrediction(originalData, predictedData){
  const original = originalData.map(d => ({
    x: d.horsepower, y: d.mpg,
  }));
  const [px, py] = predictedData;
  const predicted = Array.from(px).map((val, i) => {
    return {x: val, y: py[i]}
  });
```

上述程式碼分別建立原始資料 original 和預測資料 predicted 的資料點物件後，呼叫 tfvis.render.scatterplot()方法來繪出散佈圖，如下所示：

```
  tfvis.render.scatterplot(
    { name: "Model Predictions vs Original Data" },
    { values: [original, predicted],
      series: ["original", "predicted"]},
    { xLabel: "Horsepower", yLabel: "MPG",
      height: 300 }
  );
}
```

上述 values 值的陣列是 2 組資料點，對應 series 陣列的 2 個資料名稱，其執行結果如下圖所示：

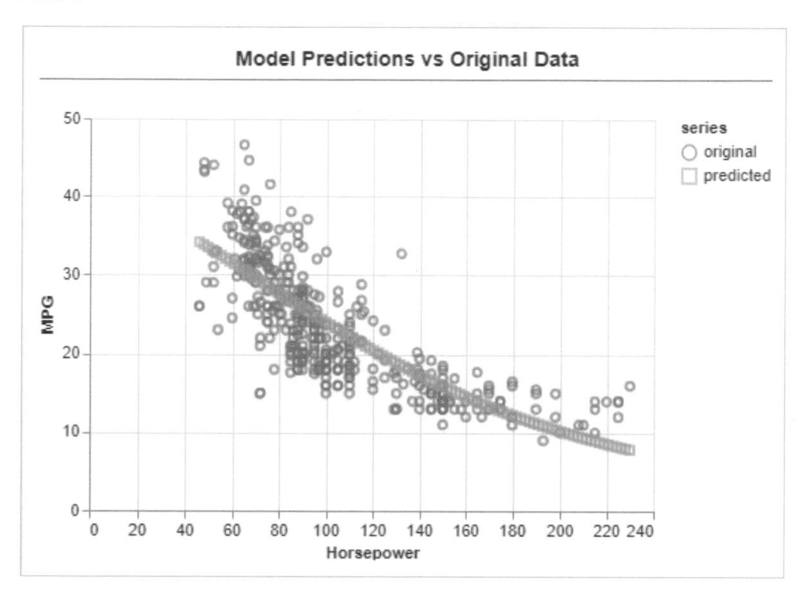

15-2 機器學習的分類問題

機器學習另一種最常處理的問題是分類問題，我們一樣可以使用神經網路來預測分類資料，可以分類成男與女、成功與失敗等二元分類，或超過二種分類的多元分類。

15-2-1 XOR 邏輯閘的二元分類

XOR 邏輯閘的輸入是 x1 與 x2（2 個輸入），輸出是 out（1 個輸出），其符號和真假值表如下圖所示：

x1	x2	out
0	0	0
0	1	1
1	0	1
1	1	0

上述真假值表可以看出 4 種輸入值產生二種 0 或 1 的輸出值，即二種分類。現在，我們可以使用神經網路來建立二元分類模型，規劃的神經網路有三層，如下圖所示：

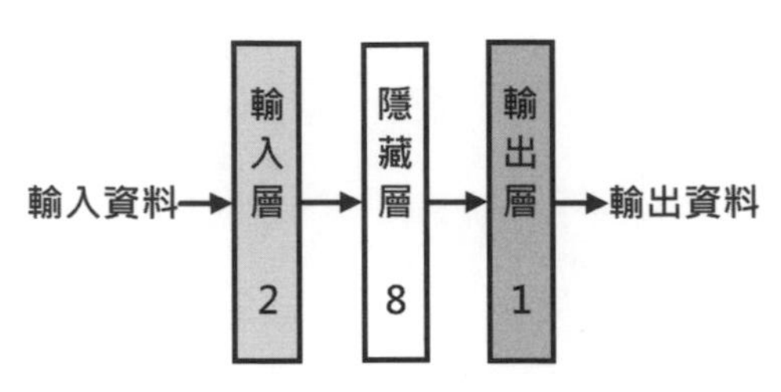

上述輸入層有 x1 和 x2 共 2 個特徵，隱藏層是 8 個神經元，因為二元分類只有 2 種輸出，所以輸出層是 1 個神經元。JavaScript 程式是呼叫 createModel()函數建立 Keras 神經網路模型，如下所示：

```
function createModel() {
  let model = tf.sequential();
  model.add(tf.layers.dense({units:8, inputShape:2, activation: "tanh"}));
  model.add(tf.layers.dense({units:1, activation: "sigmoid"}));
```

上述程式碼呼叫 2 次 add()方法新增 2 層 Dense 全連接層，其說明如下所示：

- 隱藏層：8 個神經元，inputShape 指定輸入層是 2 個神經元，啟動函數是 Tanh。
- 輸出層：1 個神經元，啟動函數是 Sigmoid（這是適用二元分類的啟動函數），其輸出只有 2 個狀態。

在定義好模型後，需要編譯模型來轉換成低階計算圖，如下所示：

```
  model.compile({optimizer: "sgd", loss: "binaryCrossentropy",
                 lr:0.1, metrics:["accuracy"]});
  tfvis.show.modelSummary({name: "Model Summary"},model);
  return model;
}
const model = createModel();
```

上述 compile()方法是編譯模型，損失函數 loss 是 binaryCrossentropy，optimizer 優化器是 sgd，metrics 評估標準是 accuracy，ir 指定學習率 0.1。此模型的摘要資訊，如下圖所示：

Model Summary

Layer Name	Output Shape	# Of Params	Trainable
dense_Dense1	[batch,8]	24	true
dense_Dense2	[batch,1]	9	true

接著，我們可以建立訓練資料的 2D 張量，xs 是訓練用的特徵資料，ys 是對應的標籤資料（即真假值表的內容），如下所示：

```
const xs = tf.tensor2d([[0,0],[0,1],[1,0],[1,1]]);
const ys = tf.tensor2d([[0],[1],[1],[0]]);
```

然後，呼叫 fit()方法來訓練模型，如下所示：

```
model.fit(xs, ys, {batchSize:1, epochs:3000,
  callbacks: tfvis.show.fitCallbacks(
    { name: "Training Performance"},
    ["loss", "acc"],
    { yLabel: "loss/acc", height: 200,
      callbacks: ["onEpochEnd"]})
```

上述 fit()方法的參數依序是特徵和標籤資料，第 3 個參數的物件文字值指定訓練方式，batchSize 批次尺寸是 1；epochs 訓練週期是 3000 次，在 onEpochEnd 每一次訓練周期結束後，繪出損失 loss 和 accuracy 的 2 個折線圖，可以看到損失愈來愈小；準確度愈來愈好，其執行結果如右圖所示：

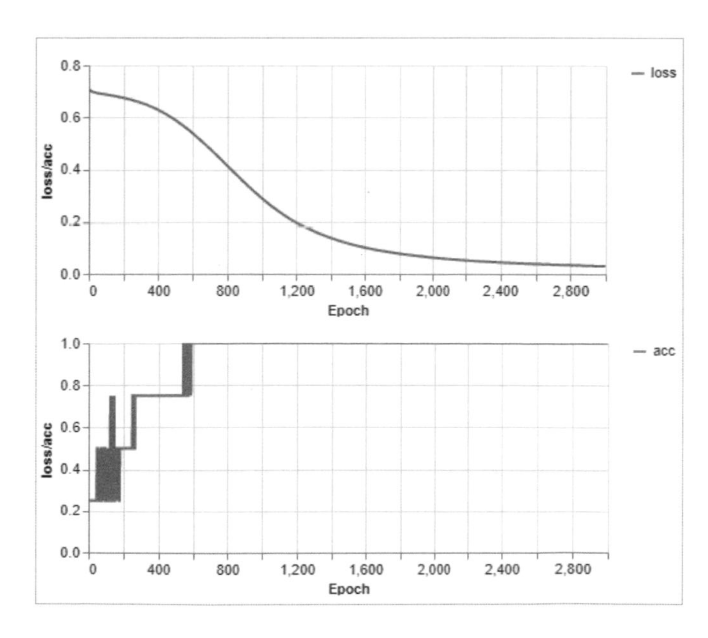

在完成訓練後，呼叫 predict()方法使用 xs 資料預測 XOR 邏輯閘的輸出，如下所示：

```
}).then(() => {
  alert("完成訓練...");
  document.getElementById("output").innerText = "預測中...";
  // 預測資料
  preds = model.predict(xs);
  preds.array().then(array => {
    document.getElementById("output").innerText = array;
  });
});
```

上述 predict()方法的參數就是訓練資料 xs，其執行結果的值大約就是 0, 1, 1, 0，如下圖所示：

XOR 預測結果:

0.014416582882404327,0.9681832790374756,0.9649848937988281,0.03369723632931709

15-2-2 鳶尾花資料集的多元分類

鳶尾花資料集是三種鳶尾花的花瓣和花萼資料，我們可以使用神經網路訓練預測模型來分類鳶尾花，因為有三種鳶尾花，所以是多元分類。鳶尾花資料集的 URL 網址，如下所示：

- https://fchart.github.io/test/iris.json

```
[
  {"sepalLength": 5.1, "sepalWidth": 3.5, "petalLength": 1.4, "petalWidth": 0.2, "species": "setosa"},
  {"sepalLength": 4.9, "sepalWidth": 3.0, "petalLength": 1.4, "petalWidth": 0.2, "species": "setosa"},
  {"sepalLength": 4.7, "sepalWidth": 3.2, "petalLength": 1.3, "petalWidth": 0.2, "species": "setosa"},
```

上述每一個 JSON 物件是一種鳶尾花，其鍵有：sepal_length（花萼長度）、sepal_width（花萼寬度）、petal_length（花瓣長度）、petal_width（花瓣寬度）和 target（種類，值是 setosa、versicolor 或 virginica）。

載入 JSON 資料和執行資料視覺化：Ch15_2_2~b.html

Ch15_2_2.html 是使用散佈圖來視覺化顯示花萼長度/寬度和花瓣長度/寬度。首先呼叫 getData()非同步函數載入 JSON 資料，如下所示：

```
let data_path="https://fchart.github.io/test/iris.json";
async function getData() {
  const irisDataReq = await fetch(data_path);
  const irisData = await irisDataReq.json();
  const filterData = irisData.map(flower => ({
    sLength: flower.sepalLength,
    sWidth: flower.sepalWidth,
    pLength: flower.petalLength,
    pWidth: flower.petalWidth
  }))
  .filter(flower => (flower.sLength != null && flower.sWidth != null
             && flower.pLength != null && flower.pWidth != null));
  return filterData;
}
```

上述 getData()函數載入 JSON 資料和執行資料清理，這是使用 fetch()函數下載資料後，呼叫 json()方法剖析 JSON 資料，即可使用 map()方法重建物件陣列的屬性為 sLength、sWidth、pLength 和 pWidth，和使用 filter()方法過濾掉沒有值的資料，即可回傳清理後的資料 filterData。

然後，在 visualization()非同步函數繪出花萼長度 / 寬度和花瓣長度 / 寬度的散佈圖，如下所示：

```
async function visualization() {
  const data = await getData();
  const sepals = data.map(d => ({ x: d.sLength, y: d.sWidth }));
  const petals = data.map(d => ({ x: d.pLength, y: d.pWidth }));
  tfvis.render.scatterplot(
    { name: "Sepal/Petal Length v Sepal/Petal Width" },
    { values: [sepals, petals], series: ["Sepal", "Petal"] },
    { xLabel: "Sepal/Petal Length", yLabel: "Sepal/Petal Width",
      height: 300 }
  );
}
visualization();
```

上述 visualization()函數呼叫 getData()函數取得資料後，呼叫 map()方法重建花萼/花瓣 x 和 y 的物件陣列，然後呼叫 tfvis.render.scatterplot()方法繪出散佈圖，其執行結果如下圖所示：

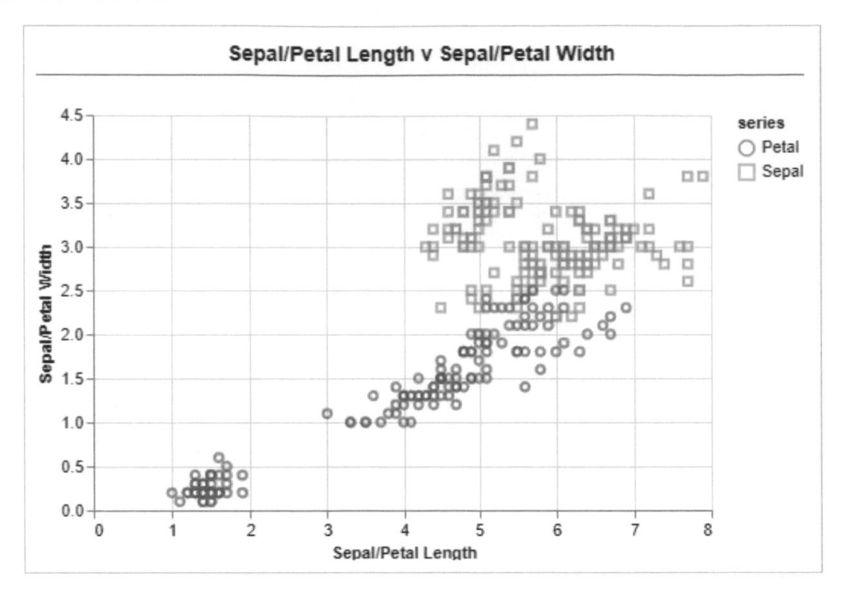

上述圖例可以清楚看出花萼和花瓣尺寸的集中區域分佈。Ch15_2_2a.html 和 Ch15_2_2b.html 分別是三種鳶尾花的花瓣和花萼長/寬資料的散佈圖，在 visualization()函數是使用 filter()方法過濾出這三種鳶尾花，如下所示：

```
const setosa = data.filter(d => (d.species == "setosa"))
.map(d => ({ x: d.pLength, y: d.pWidth }));
const virginica = data.filter(d => (d.species == "virginica"))
.map(d => ({ x: d.pLength, y: d.pWidth }));
const versicolor = data.filter(d => (d.species == "versicolor"))
.map(d => ({ x: d.pLength, y: d.pWidth }));
```

上述程式碼在過濾資料後，建立三種鳶尾花的花瓣和花萼長/寬尺寸的資料點，其執行結果如下圖所示：

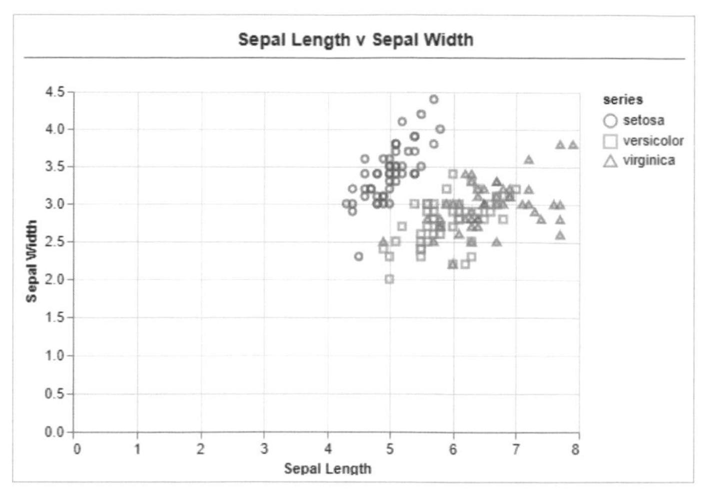

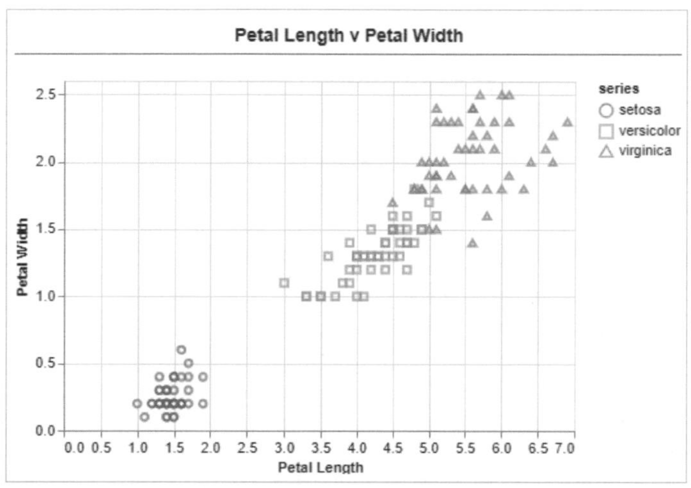

上述散佈圖使用 3 種色彩標示三種鳶尾花的花瓣和花萼長/寬尺寸的分佈情況。

鳶尾花資料集的多元分類：Ch15_1_3b.html

現在，我們準備建立神經網路來分類三種鳶尾花，規劃的神經網路有三層，如下圖所示：

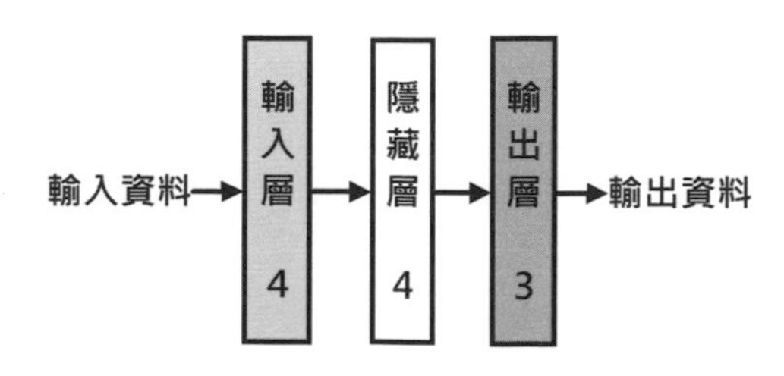

在 JavaScript 程式是呼叫 createModel()函數建立 Keras 神經網路模型，如下所示：

```
const model = tf.sequential();

function createModel() {
  model.add(tf.layers.dense({inputShape: [4], units: 4, activation: "relu"}))
  model.add(tf.layers.dense({units: 3, activation: "softmax" }))
```

上述程式碼呼叫 2 次 add()方法新增 2 層 Dense 全連接層，其說明如下所示：

- 隱藏層：units 指定有 4 個神經元，使用 inputShape 指定輸入層是 4 個神經元，啟動函數是 ReLU。
- 輸出層：因為有三類，所以是 3 個神經元，啟動函數是 Softmax（這是適用多元分類的啟動函數），Softmax 函數可以輸出 3 種鳶尾花的機率，來判斷出是哪一種鳶尾花。

在定義好模型後，需要編譯模型來轉換成低階計算圖，如下所示：

```
  model.compile({loss: "categoricalCrossentropy",
        optimizer: tf.train.adam(0.06), metrics:["accuracy"]});
  tfvis.show.modelSummary({name: "Model Summary"}, model);
}
```

上述 compile()方法是編譯模型，損失函數 loss 是 categoricalCrossentropy，optimizer 優化器是 adam（參數是學習率），metrics 評估標準是 accuracy。此模型的摘要資訊，如下圖所示：

Model Summary

Layer Name	Output Shape	# Of Params	Trainable
dense_Dense1	[batch,4]	20	true
dense_Dense2	[batch,3]	15	true

我們一樣是呼叫 getData()函數來取得 JSON 資料（取出全部 5 個欄位），在取得資料後，使用 convertToTensor()函數執行資料預處理，如下所示：

```
function convertToTensor(data) {
  return tf.tidy(() => {
    tf.util.shuffle(data);
    const inputs = data.map(d => [d.sLength, d.sWidth,
                                   d.pLength, d.pWidth]);
    const labels = data.map(d => [
      d.species == 'setosa' ? 1 : 0,
      d.species == 'virginica' ? 1 : 0,
      d.species == 'versicolor' ? 1 : 0,
    ]);
```

上述程式碼呼叫 tf.util.shuffle()方法打亂資料後，建立特徵資料 inputs（4 種）和標籤資料 labels（3 種），標籤資料需要進一步執行 One-hot 編碼成[1, 0, 0]、[0, 1, 0]和[0, 0, 1]，分別代表三種鳶尾花的機率，1 就是 100%。在下方建立特徵和標籤資料的 2D 張量，如下所示：

```
    const inputTensor = tf.tensor2d(inputs, [inputs.length, 4]);
    const labelTensor = tf.tensor2d(labels, [labels.length, 3]);
    return {
      inputs: inputTensor, labels: labelTensor,
    }
  });
}
```

上述回傳值是特徵和標籤資料的張量，然後呼叫 trainModel()函數來訓練模型，如下所示：

```
async function trainModel(inputs, labels) {
  const batchSize = 16;
  const epochs = 50;
  return await model.fit(inputs, labels, {
    batchSize, epochs, shuffle: true,
    callbacks: tfvis.show.fitCallbacks(
      { name: "Training Performance" },
      ["loss", "acc"],
      { yLabel: "loss/acc", height: 200,
      callbacks: ["onEpochEnd"]})
  });
}
```

上述 fit()方法的 batchSize 批次尺寸是 16；epochs 訓練週期是 50 次，shuffle: true 表示打亂資料，最後的 callbacks，可以在每一個訓練周期顯示目前的訓練情況，可以看到損失愈來愈小；準確度愈來愈好，如下圖所示：

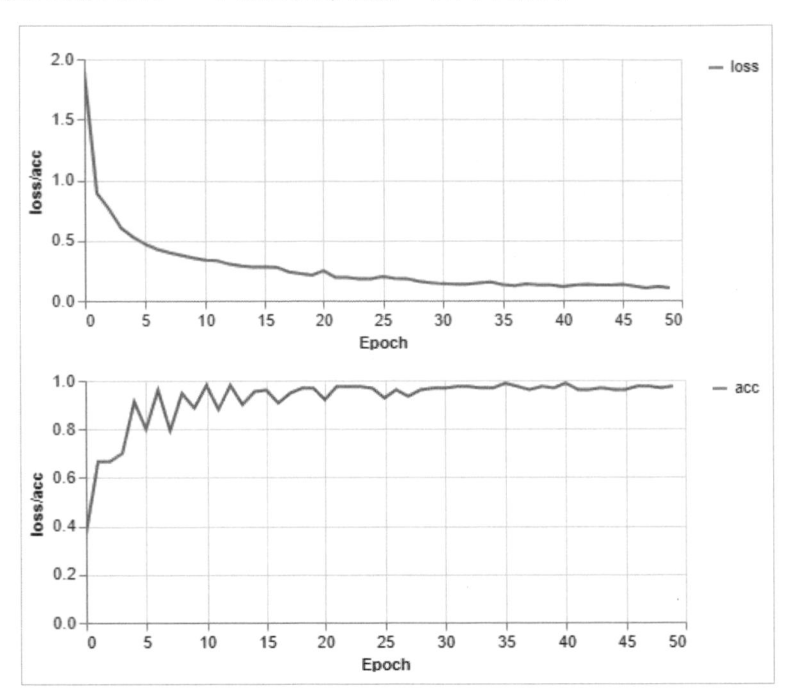

在完成訓練後，HTML 網頁提供 3 個按鈕來測試鳶尾花的多元分類，如下所示：

```
<div id="output">請等待模型訓練中....</div><br/>
<button onclick="testPredict(0)">測試 Setosa</button>
<button onclick="testPredict(1)">測試 Virginica</button>
<button onclick="testPredict(2)">測試 Versicolor</button>
```

上述 3 個 onclick 屬性都是呼叫 testPredict()函數，參數值是測試哪一種鳶尾花，如下所示：

```
function testPredict(index) {
  xs = [[4.3, 3,   1.1, 0.1],
        [6.5, 3,   5.8, 2.2],
        [6.6, 2.9, 4.6, 1.3],];
  testVal = tf.tensor2d(xs[index], [1, 4]);
  const prediction = model.predict(testVal);
```

```
    const pIndex = tf.argMax(prediction, axis=1).dataSync();
    classNames = ["Setosa", "Virginica", "Versicolor"];
    document.getElementById("output").innerText =
                  classNames[pIndex] + "\n" + prediction;
}
```

上述 testPredict()函數的 xs 二維陣列是三種鳶尾花的花瓣和花萼尺寸，參數 index 索引決定使用哪一組資料來進行預測，在轉換成 2D 張量後，呼叫 predict() 方法進行預測，然後顯示分類名稱和各種分類的預測機率，其執行結果如下圖所示：

鳶尾花資料集的多元分類

Setosa
Tensor
[[0.9783792, 0.0000058, 0.0216149],]

請按【測試 Sentosa】鈕，可以看到正確預測鳶尾花種類是 Setosa，在下方張量顯示 Sentosa 機率有 0.9783（索引 0），即 97.83%。按其他 2 個按鈕，可以測試其他 2 種鳶尾花的分類預測。

15-3 圖片識別 – CNN 卷積神經網路

卷積神經網路（Convolutional Neural Network，CNN）簡稱 CNNs 或 ConvNets，這是目前深度學習主力發展的領域之一，不要懷疑，卷積神經網路在圖片辨識的準確度上，早已超越了人類的眼睛。

15-3-1 認識 CNN 卷積神經網路

卷積神經網路的基礎是 1998 年 Yann LeCun 提出名為 LeNet-5 的卷積神經網路架構，基本上，卷積神經網路就是模仿人腦視覺處理區域的神經迴路，一種針對圖像處理的神經網路，例如：分類圖片、人臉辨識和手寫辨識等。

事實上，卷積神經網路的基本結構就是卷積層（Convolution Layers）和池化層（Pooling Layers），再加上多種不同的神經層來依序連接成神經網路，如下圖所示：

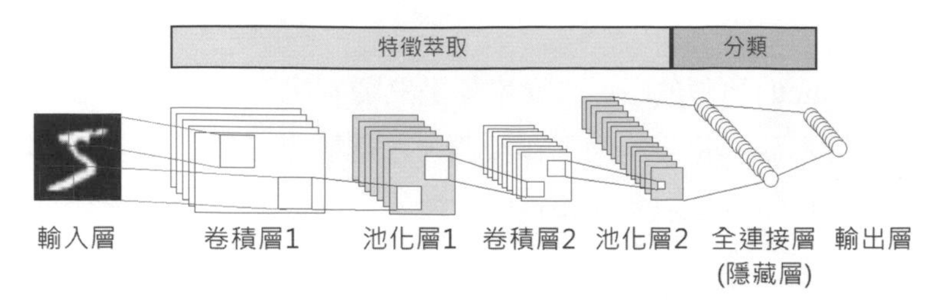

上述圖例是數字手寫辨識的卷積神經網路，數字圖片在送入卷積神經網路的輸入層後，輸入資料也稱為「特徵圖」（Feature Map），在使用 2 組或多組卷積層和池化層來自動執行特徵萃取（Feature Extraction），即可從特徵圖中萃取出所需的特徵（Features），再送入全連接層進行分類，最後在輸出層輸出辨識出了哪一個數字。

卷積神經網路的輸入層、輸出層和全連接層都是 Dense 層，其主要差異是在卷積層和池化層，其簡單說明如下所示：

- 卷積層（Convolution Layers）：在卷積層是執行卷積運算，使用多個過濾器（Filters）或稱為卷積核（Kernels）掃瞄圖片來萃取出特徵，而過濾器就是卷積層的權重（Weights），如下圖所示：

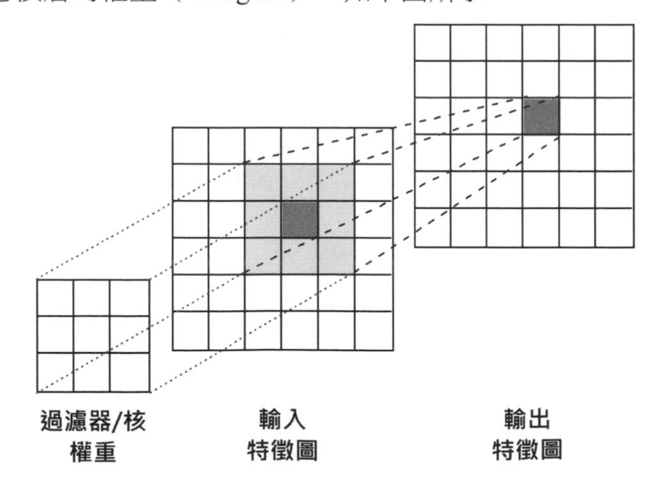

- 池化層（Pooling Layers）：在池化層是執行池化運算，可以壓縮特徵圖來保留重要資訊，其目的是讓卷積神經網路專注於圖片中是否存在此特徵，而不是此特徵是位在哪裡？

15-3-2 MINIST 手寫數字資料集

MNIST（Mixed National Institute of Standards and Technology）資料集是 Yann Lecun's 提供的圖片資料庫，包含 60,000 張手寫數字圖片（Handwritten Digit Image）的訓練資料集，和 10,000 張測試資料集。

MNIST 資料集是成對的數字手寫圖片和對應的標籤資料 0~9，其簡單說明如下所示：

- 手寫數字圖片：尺寸 28 x 28 像素的灰階點陣圖。
- 標籤：手寫數字圖片對應實際的 0~9 數字。

載入和顯示 MNIST 手寫數字資料集：Ch15_3_2.html

TensorFlow.js 官方範例提供 data.js 的 JavaScript 程式檔來處理 MNIST 手寫數字資料集，如下所示：

```
script src="data.js"></script>
```

上述 data.js 提供 MnistData 類別（已修改成適用網頁的版本），提供 2 種方法從 MNIST 手寫數字資料集中，隨機取出指定數量的手寫數字圖片，如下所示：

- nextTrainBatch(batchSize)方法：從訓練資料集取回參數批次尺寸的隨機圖片和標籤。
- nextTestBatch(batchSize)方法：從測試資料集取回參數批次尺寸的隨機圖片和標籤。

在 Ch15_3_2.html 執行 run()函數後，首先建立 MnistData 物件，如下所示：

```
async function run() {
  const data = new MnistData();
  await data.load();
```

```
  await showTestImgs(data);
}
run();
```

上述函數建立 MnistData 物件後，呼叫 load()方法載入資料，完成後，呼叫 showTestImgs()函數隨機顯示測試資料集的 20 張數字圖片，如下所示：

```
async function showTestImgs(data) {
  const surface = tfvis.visor().surface(
      { name: "Test Data Examples", tab: "Test Data"});

  const t_data = data.nextTestBatch(20);
  console.log("形狀: [" + t_data.xs.shape + "]");
  const size = t_data.xs.shape[0];
```

上述函數是呼叫 tfvis.visor().surface()方法建立 Surface 物件後，使用 nextTestBatch()方法隨機取 20 張數字圖片的測試資料集，然後顯示 t_data.xs.shape 形狀是[20,784]，所以 size 的值是 20，如下圖所示：

```
形狀: [20,784]                Ch15_3_2.html:17
```

然後，在下方 for 迴圈顯示取回的 20 張數字圖片，如下所示：

```
  for (let i = 0; i < size; i++) {
    const imgTensor = tf.tidy(() => {
      return t_data.xs
        .slice([i, 0], [1, t_data.xs.shape[1]])
        .reshape([28, 28, 1]);
    });
```

上述程式碼呼叫 slice()方法取出從第 1 個參數開始，尺寸是第 2 個參數的陣列，以此例是回傳切割出每一張 784 轉換成形狀[28, 28, 1]圖片的張量。在下方建立<canvas>標籤（HTML5 繪圖標籤，詳見附錄 A 的說明）後，指定 width 寬和 height 高都是 28，然後是 margin 間距樣式，如下所示：

```
    const canvas = document.createElement("canvas");
    canvas.width = 28;
    canvas.height = 28;
    canvas.style = "margin: 4px;";
    await tf.browser.toPixels(imgTensor, canvas);
    surface.drawArea.appendChild(canvas);
```

```
    imgTensor.dispose();
  }
}
```

上述程式碼呼叫 tf.browser.toPixels()方法，可以在<canvas>標籤將切割出的每一張圖片轉換成像素來顯示，然後呼叫 appendChild()方法新增至 Surface 物件 drawArea 繪圖區，其執行結果可以顯示 20 張數字圖片，如下圖所示：

15-3-3 辨識 MINIST 手寫數字圖片

JavaScript 程式：Ch15_3_3.html 是使用 CNN 卷積神經網路打造的 MNIST 手寫數字圖片辨識，如下圖所示：

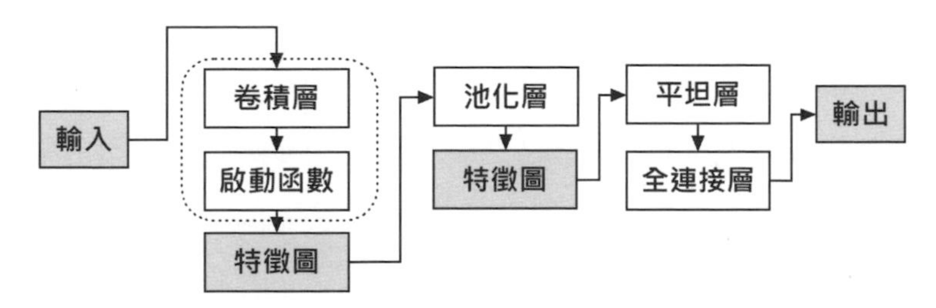

定義和編譯 CNN 模型

JavaScript 程式是在 createModel()函數定義和編譯 CNN 模型，首先建立 Sequential 物件，如下所示：

```
function createModel() {
  const model = tf.sequential();
```

上述程式碼建立 Sequential 模型 model 後，使用 add()方法新增第 1 組的 Conv2D 卷積層，如下所示：

```
model.add(tf.layers.conv2d({
      inputShape: [28, 28, 1], kernelSize: 5, filters: 8,
      strides: 1, activation: "relu",
      kernelInitializer: "varianceScaling"}));
```

上述 tf.layers.conv2d()方法的 input_shape 是輸入資料的形狀[28, 28, 1]，啟動函數是 ReLU 函數，其他物件文字值的參數說明，如下所示：

- filters：過濾器數量的整數值，以此例是 8 個。
- kernelSize：過濾器的窗格尺寸，這是正方形且為奇數，5 就是 5x5。
- strides：指定步幅數，即每次過濾器窗口向右和向下移動的像素數，1 就向右和向下各 1 個像素。
- kernelInitializer：指定初始權重方法，以此例是使用 varianceScaling 方法。

然後新增第 1 組的 MaxPooling2D 最大池化層，如下所示：

```
model.add(tf.layers.maxPooling2d({
      poolSize: [2, 2], strides: [2, 2]}));
```

上述 tf.layers.maxPooling2d()方法物件文字值的參數說明，如下所示：

- poolSize 參數：沿著[垂直, 水平]方向的縮小比例，[2, 2]是各縮小一半。
- strides 參數：指定步幅數，即每次過濾器窗口向右和向下移動的像素數，[2, 2]就向右和向下各 2 個像素。

接著新增第 2 組卷積和池化層，只是將過濾器數改為 16 個，如下所示：

```
model.add(tf.layers.conv2d({
      kernelSize: 5, filters: 16, strides: 1,
      activation: "relu", kernelInitializer: "varianceScaling"}));
model.add(tf.layers.maxPooling2d({
      poolSize: [2, 2], strides: [2, 2]}));
```

在定義好 2 組卷積和池化層後，就可以依序新增 Flatten 平坦層和 Dense 輸出層，如下所示：

```
  model.add(tf.layers.flatten());
  model.add(tf.layers.dense({ units: 10, activation: "softmax",
      kernelInitializer: "varianceScaling",}));
```

上述 model 在新增 Flatten 層轉換成 1 維向量後，新增輸出的 Dense 層，神經元數是 10 個（因為是 0~9 共 10 種數字），啟動函數是 Softmax。

在定義好模型後，我們需要編譯模型來轉換成低階計算圖，如下所示：

```
  model.compile({loss: "categoricalCrossentropy", optimizer: "adam",
                metrics:["accuracy"]});
  tfvis.show.modelSummary({name: "Model Summary"}, model);
  return model;
}
```

上述 compile()方法的損失函數是 categoricalCrossentropy，優化器是 adam，metrics 評估標準是 accuracy。此模型的摘要資訊，如下圖所示：

Model Summary

Layer Name	Output Shape	# Of Params	Trainable
conv2d_Conv2D1	[batch,24,24,8]	208	true
max_pooling2d_MaxPooling2D1	[batch,12,12,8]	0	true
conv2d_Conv2D2	[batch,8,8,16]	3,216	true
max_pooling2d_MaxPooling2D2	[batch,4,4,16]	0	true
flatten_Flatten1	[batch,256]	0	true
dense_Dense1	[batch,10]	2,570	true

取得訓練和測試資料集

JavaScript 程式的 run()函數是本節範例的主程式，在呼叫 createModel()函數建立 CNN 模型後，呼叫 getData()函數取得 MINIST 資料集，然後呼叫 getTrainData()函數取出 5500 張訓練圖片；getTestData()函數取出 1000 張測試圖片，如下所示：

```
  const model = createModel();
  const data = await getData();
```

```
const t_data = getTrainData(data, 5500);
const v_data = getTestData(data, 1000);
```

上述 3 個函數 getData()、getTrainData()和 getTestData()的說明，如下所示：

- getData()函數：在建立 MnistData 物件後，呼叫 load()方法來載入 MINIST 資料集，如下所示：

```
async function getData(){
  data = new MnistData();
  await data.load();
  return data;
}
```

- getTrainData()函數：從 MINIST 資料集取出訓練資料集的圖片，第 1 個參數是 MINIST 資料集，第 2 個參數是圖片數，在函數是呼叫 nextTrainBatch()方法取出指定張數的隨機圖片，然後回傳訓練資料集，如下所示：

```
function getTrainData(data, size) {
  return tf.tidy(() => {
    const d = data.nextTrainBatch(size);
      return {
        inputs: d.xs.reshape([size, 28, 28, 1]),
        labels: d.labels
      }
  });
}
```

- getTestData()函數：從 MINIST 資料集取出測試資料集的圖片，第 1 個參數是 MINIST 資料集，第 2 個參數是圖片數，在函數是呼叫 nextTestBatch()方法取出指定張數的隨機圖片，然後回傳測試資料集，如下所示：

```
function getTestData(data, size) {
  return tf.tidy(() => {
    const d = data.nextTestBatch(size);
      return {
        inputs: d.xs.reshape([size, 28, 28, 1]),
        labels: d.labels
      }
  });
}
```

訓練模型

在編譯模型和取得資料集後，就可以呼叫 trainModel()函數來訓練模型，第 1 個參數是模型；第 2 個參數是訓練資料集；第 3 個參數是測試資料集，如下所示：

```
async function trainModel(model, t_data,v_data) {
  const batchSize = 500;
  const epochs =10;
  return await model.fit(t_data.inputs, t_data.labels, {
    batchSize, epochs, shuffle: true,
    validationData: [v_data.inputs, v_data.labels],
    callbacks: tfvis.show.fitCallbacks(
      { name: "Training Performance" },
      ["loss", "val_loss", "acc", "val_acc"],
      { yLabel: "loss/acc", height: 200,
        callbacks: ["onEpochEnd"] }
    )
  });
}
```

上述 fit()方法的 batchSize 批次尺寸是 500；epochs 訓練週期是 10 次，shuffle: true 表示打亂資料，validationData 指定驗證資料是測試資料集 v_data，最後的 callbacks，可以在每一個訓練周期顯示目前的訓練情況，可以看到損失愈來愈小；準確度愈來愈好，如右圖所示：

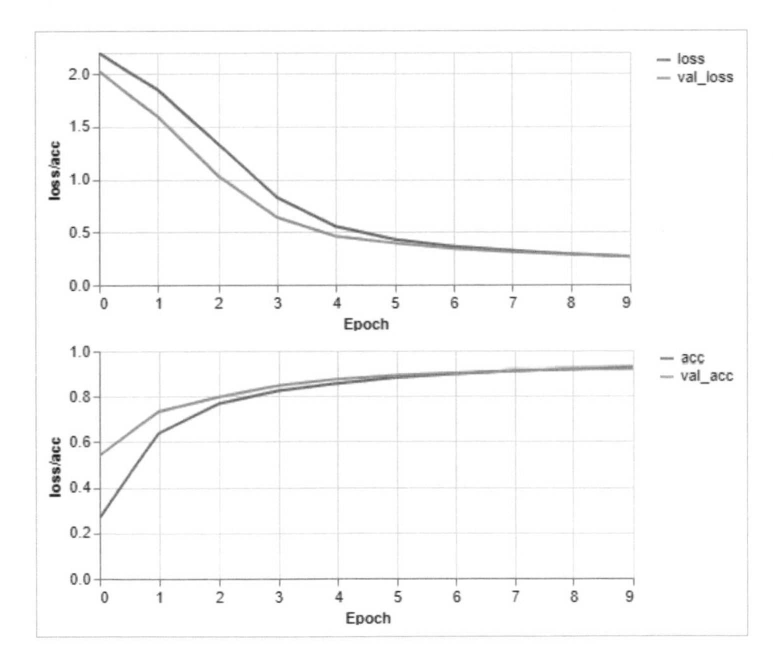

評估模型

當成功使用訓練資料集訓練模型後，我們可以取出一些測試資料來評估模型的效能。首先定義 10 個數字的分類名稱陣列，如下所示：

```
const classNames = ["0", "1", "2", "3", "4", "5", "6", "7", "8", "9"];

async function predictModel(model, data, size = 500) {
  const t_data = data.nextTestBatch(size);
  const t_xs = t_data.xs.reshape([size, 28, 28, 1]);
  const labels = t_data.labels.argMax(-1);
  const preds = model.predict(t_xs).argMax(-1);
  t_xs.dispose();
```

上述 predictModel()函數呼叫 nextTestBatch()方法再隨機取出預設值 500 張的測試圖片，這是準備用來評估模型的測試資料，在更改形狀後，呼叫 predict()方法來預測數字圖片。

在下方呼叫 tfvis.metrics.perClassAccuracy()方法計算出各類數字預測的準確度，如下所示：

```
  const classAccuracy = await tfvis.metrics.perClassAccuracy(labels, preds);
  const container = {name: "Accuracy", tab: "Evaluation"};
  tfvis.show.perClassAccuracy(container, classAccuracy, classNames);
  labels.dispose();
}
```

上述函數的最後是呼叫 tfvis.show.perClassAccuracy()方法顯示各類別預測準確度的表格(位在【Evaluation】標籤)，其執行結果如右圖所示：

右述準確度表格的欄位：【Class】是數字 0~9、【Accuracy】是準確度和【# Samples】是此類別的樣本數。

Visor　Evaluation

Accuracy

Class	Accuracy	# Samples
0	0.9583	48
1	0.9344	61
2	0.9574	47
3	0.9836	61
4	0.9556	45
5	0.875	40
6	0.9091	44
7	0.9388	49
8	0.8936	47
9	0.8793	58

15-4 客戶端人工智慧的機器學習應用

客戶端人工智慧的機器學習應用，就是使用 TensorFlow.js 在 Web 應用程式部署機器學習模型。我們準備使用 Python 在 Google Colab 雲端服務訓練 MINIST 模型的手寫數字辨識，然後在客戶端 TensorFlow.js 載入此模型來進行預測，如右圖所示：

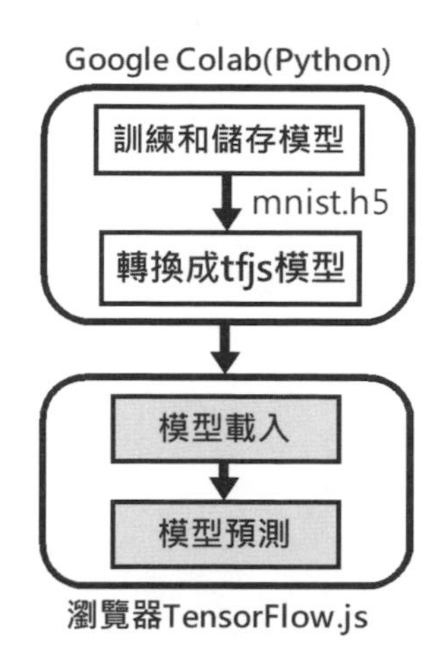

上述圖例是在 Google Colab 雲端服務訓練和儲存模型，在轉換成 TensorfFlow.js 模型後，即可以在瀏覽器網頁使用 TensorFlow.js 載入模型，然後使用 jQuery 建立的 Web 介面，以滑鼠手寫數字來進行預測。

使用 Python 訓練和儲存模型：Ch15_4.ipynb

Google Colab 雲端服務的使用請參閱筆者《人工智慧 Python 基礎課 - 用 Python 分析了解你的資料》一書的第 16 章，Python 程式在完成模型訓練後，就會建立目錄來儲存訓練結果的模型檔案，如下所示：

```
!mkdir -p saved_model
model.save("saved_model/mnist.h5")
```

上述程式碼執行 mkdir 指令建立 saved_model 目錄後，呼叫 model.save()方法儲存成名為 minist.h5 的模型檔。然後，我們可以執行 ls 指令來檢視模型檔案是否已經成功建立，如下所示：

```
!ls saved_model
```

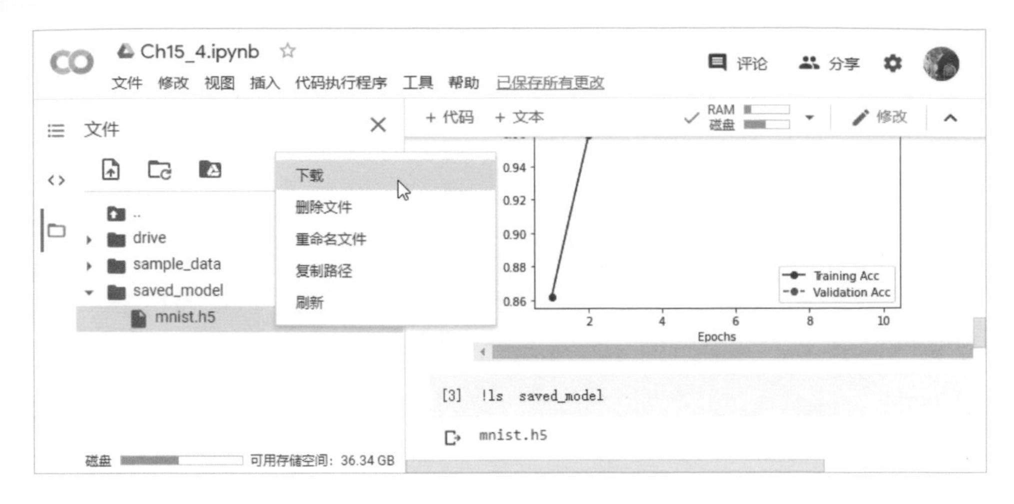

請在上述網頁點選最左邊垂直欄的最後 1 個檔案圖示，可以開啟檔案總管面板，在展開【saved_model】目錄後，可以看到 minist.h5 模型檔，如果需要，請執行右鍵快顯功能表的【下載】命令來下載模型檔。

將 Python 模型轉換成 TensorFlow.js 格式

因為 Python 儲存的 minist.h5 模型檔是 Keras 使用的格式，我們需要轉換成 TensorFlow.js 格式後，才能在瀏覽器載入，其步驟如下所示：

1. 請在 Google Colab 雲端服務執行 pip 指令（前方有「!」）來安裝 tfjs 的 Python 套件，如下所示：

```
!pip install tensorflowjs
```

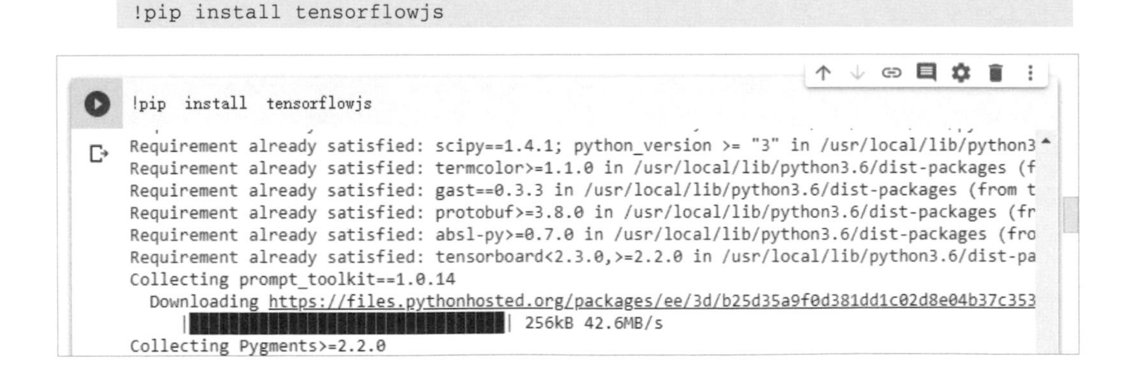

2. 當成功安裝後，請執行 tensorflowjs_converter 工具將 Python 模型檔轉換成 TensorFlow.js 格式的模型檔，如下所示：

```
!tensorflowjs_converter --input_format keras "/content/saved_model/mnist.h5
" "/content/model"
```

上述--input_format 參數是輸入格式 keras，之後是模型檔路徑，最後是轉換模型儲存的目錄，當成功執行，可以在左方檔案總管看到目錄下的 2 個檔案，如下圖所示：

請分別執行右鍵快顯功能表的【下載】命令來下載這 2 個模型檔。

建立客戶端人工智慧的機器學習應用

現在，我們已經成功轉換和下載適用 TensorFlow.js 的模型檔，請注意！本節 JavaScript 程式需要 Web 伺服器才能成功載入模型檔，其目錄結構如下圖所示：

```
Ch15\
└─Ch14_5\
    ├─Ch15_4.html
    ├─jquery.min.js
    └─model\
        ├─group1-shard1of1.bin
        └─model.json
```

上述 Ch15_4.html 是使用 jQuery 建立的 Web 介面和提供按鈕來預測手寫數字，在「model」子目錄下是轉換的 TensorFlow.js 模型檔。請啟動 Viewer for PHP 工具，輸入下列網址來執行 JavaScript 程式 Ch15_4.html，如右圖所示：

```
http://localhost:8080/Ch15/Ch14_5/Ch14_5.html
```

請使用滑鼠在方框中手寫數字後，按上方【預測數字】鈕，可以在下方顯示預測結果是數字 3。在 Ch15_4.html 是呼叫 tf.loadLayersModel()方法來載入 tfjs 模型，如下所示：

```
tf.loadLayersModel('model/model.json').then(function(model) {
  window.model = model;
  …
});
```

HTML 按鈕是呼叫 predictNum()函數預測手寫數字，在建立 Image 物件 img 後，因為函數最後指定 img.src 屬性值是 Canvas 手繪數字圖片，在載入後，就會觸發 onload 事件，如下所示：

```
function predictNum() {
  let img = new Image();
  img.onload = function() {
    context.drawImage(img, 0, 0, 28, 28);
    data = context.getImageData(0, 0, 28, 28).data;
```

上述 drawImage()方法繪出 28X28 尺寸的數字圖片後（位在方框左上角的小數字），然後使用 getImageData()方法取出方框尺寸的像素，這是一維 RGBA 值的陣列。在下方 input 陣列使用 for 迴圈取出藍色（因為畫筆顏色是藍色），如下所示：

```
    let input = [];
    for(let i = 0; i < data.length; i += 4) {
      input.push(data[i + 2] / 255);
    }
```

上述 data 陣列值是 RGBARGBARG....，藍色 B 是間隔 4，在除以 255 後，就可以建立如同 MINIST 資料集的手寫數字圖片。在下方是使用 for 迴圈來顯示此數字圖片的內容，如下所示：

```
    let str = "";
    for (let i = 0; i < input.length; i++) {
      str += input[i];
      if ((i+1) % 28 == 0)
        str += "<br/>";
    }
    $("#result").html(str);
    console.log(input);
    $("#number").html("");
    predictImg(input);
  };
  img.src = canvas.toDataURL('image/png');
}
```

上述程式碼在取得手寫輸入的數字圖片資料後，呼叫 predictImg()函數來預測數字，如下所示：

```
var predictImg = function(input) {
  if (window.model) {
    window.model.predict([tf.tensor(input).reshape([1, 28, 28, 1])]).array()
    .then(function(scores){
      scores = scores[0];
      predicted = scores.indexOf(Math.max(...scores));
      $('#number').html("預測結果的數字: " + predicted);
    });
  } else {
    setTimeout(function(){predict(input)}, 50);
  }
}
```

上述程式碼呼叫 predict()方法進行數字預測，Math.max(...scores)方法可以判斷哪一個索引是最大機率，即預測的數字。在滑鼠手寫數字介面部分是使用 jQuery 註冊滑鼠 mousedown、mousemove、mouseup 和 mouseout 事件，如下所示：

```
$("#canvas").mousedown(function(mouseEvent) {
 let position = getPosition(mouseEvent, sigCanvas);
 context.moveTo(position.X, position.Y);
 context.beginPath();
```

```
  $(this).mousemove(function(mouseEvent) {
    drawLine(mouseEvent, sigCanvas, context);
  }).mouseup(function(mouseEvent) {
    finishDrawing(mouseEvent, sigCanvas, context);
  }).mouseout(function(mouseEvent) {
    finishDrawing(mouseEvent, sigCanvas, context);
  });
});
```

上述 getPosition()函數取得滑鼠游標的位置，drawLine()函數是畫線，finishDrawing()函數結束手寫數字。

Memo

本節 JavaScript 範例是使用<canvas>標籤來繪圖，其進一步說明請參閱「附錄 A：HTML5 繪圖標籤與 Canvas API」。

CHAPTER

16

人工智慧應用：TensorFlow.js 預訓練模型

16-1 預訓練模型：MobileNet

MobileNet 是 Google 在 2017 年提出的模型，這是適用在運算能力不高的行動和內嵌式裝置的預訓練模型，因為深度學習的模型十分巨大，整體參數量也十分可觀，隨隨便便就是數十億規模的乘法與累加運算，而且大部分運算都是卷積運算，MobileNet 的 Depthwise Separable Convolution 可以在不降低太多效能下，減少卷積運算的計算量。

使用 MobileNet 進行圖片識別：Ch16_1.html

JavaScript 範例程式的執行需要使用 Web 伺服器，請啟動 Viewer for PHP 工具，輸入下列網址來執行 JavaScript 程式 Ch16_1.html，如右圖所示：

```
http://localhost:8080/Ch16/Ch16_1.html
```

king penguin, Aptenodytes patagonica

上述圖例下方是預測結果，在開發人員工具的【Console】標籤可以看到預測結果的表格，如下圖所示：

Ch16_1.html:17

(index)	className	probability
0	"king penguin, Ap…	1
1	"albatross, molly…	8.141237906045262…
2	"toucan"	3.814788485101417…

▶ Array(3)

在 JavaScript 程式需要使用<script>標籤載入 MobileNet 預訓練模型，如下所示：

```
<script src="https://cdn.jsdelivr.net/npm/@tensorflow/tfjs@latest"></script>
<script
src="https://cdn.jsdelivr.net/npm/@tensorflow-models/mobilenet"></script>
```

在 HTML 標籤部分是識別圖片的<img>標籤和顯示結果的<p>標籤，如下所示：

```
<img id="img" src="images\penguins.png" width="300" height="300"/>
<p id="result"></p>
```

JavaScript 程式碼在取得<img>標籤物件的圖片後，呼叫 mobilenet.load()方法載入 MobileNet 模型，即可呼叫 classify()方法識別出圖片的分類，即 result[0].className，如下所示：

```
const img = document.getElementById('img');
mobilenet.load().then(model => {
  model.classify(img).then(result => {
    document.getElementById("result").innerHTML = result[0].className;
    console.table(result);
  });
});
```

使用 MobileNet 識別載入的圖片：Ch16_1a.html

請啟動 Viewer for PHP 工具，輸入下列網址來執行 JavaScript 程式 Ch16_1a.html，如下圖所示：

```
http://localhost:8080/Ch16/Ch16_1a.html
```

圖片網址: https://fchart.github.io/img/Butterfly.png 顯示 預測

koala, koala bear, kangaroo bear, native bear, Phascolarctos cinereus

上述網頁預設載入無尾熊圖片，在下方是預測的分類。請在上方輸入圖片網址，按【顯示】鈕，稍等一下，可以看到蝴蝶圖片，再按【預測】鈕即可以預測此圖片的分類，如下圖所示：

cabbage butterfly

在 JavaScript 程式的 HTML 表單介面，擁有 1 個文字方塊和按鈕欄位，如下：

```
<div>
  <label for="src" class="label">圖片網址:</label>
  <input type="text" id="src" size="30"
        value="https://fchart.github.io/img/Butterfly.png">
```

```
  <input type="button" value="顯示" onclick="loadImg();">
  <input type="button" value="預測" onclick="predict();">
</div>
```

上述 2 個按鈕分別呼叫 loadImg()函數顯示圖片；predict()函數進行預測。因為<img>標籤會顯示其他 Web 伺服器的圖片，所以需要加上 crossorigin 屬性，以避免 CROS（Cross-Origin Resource Sharing）問題，如下所示：

```
<img id="img" src="images\koala.png" width="300" height="300"
     crossorigin/>
<p id="result"></p>
```

JavaScript 程式是在 app()函數載入 MobileNet 模型後，呼叫 predict()函數來預測<img>標籤的圖片，如下所示：

```
async function predict() {
  let img = document.getElementById("img");
  const result = await mobilenet_model.classify(img);
  p.innerHTML = result[0].className;
  console.table(result);
}
```

上述程式碼呼叫 classify()方法識別圖片分類。loadImg()函數顯示文字方塊輸入的 URL 網址的圖片，如下所示：

```
function loadImg() {
  p.innerHTML = "等待圖片載入..."
  let img = document.getElementById("img");
  img.src = document.getElementById("src").value;
  p.innerHTML = "按[預測]鈕預測圖片..."
}
```

16-2 預訓練模型：MobileNet+KNN 影像分類

KNN 演算法（K Nearest Neighbor Algorithm）英文原意是使用 K 個最接近目標資料的資料來預測目標資料所屬的類別，簡單的說，就是一種物以類聚，在午餐時間找同事，在人最多排隊的店找，一定不會錯。

KNN 演算法的基本步驟

現在，我們準備使用一個簡單實例透過計算的過程來說明 KNN 演算法。例如：某家面紙廠商使用問卷調查客戶對面紙的好惡，問卷共使用 2 個屬性（耐酸性、強度）判斷面紙的好或壞，如下表所示：

編號	耐酸性	強度	分類
1	7	7	壞
2	7	4	壞
3	3	4	好
4	1	4	好

廠商在今年開發出面紙的新產品，其實驗室測試結果的耐酸性是 3；強度是 7，在 K 值 3 的情況下，請使用 KNN 演算法判斷新產品是好面紙，還是壞面紙，其步驟如下所示：

1. 計算新產品與所有資料集的距離：我們需要計算新產品與所有資料集其他面紙產品的距離，其公式是各屬性與新產品屬性差的平方和，例如：編號 1 是(7, 7)，新產品是(3, 7)，各屬性差的平方和是：$(7-3)^2+(7-7)^2 = 4^2 = 16$，如右表所示：

編號	耐酸性	強度	分類	距離(3, 7)
1	7	7	壞	$(7-3)^2+(7-7)^2=16$
2	7	4	壞	$(7-3)^2+(4-7)^2=25$
3	3	4	好	$(3-3)^2+(4-7)^2=9$
4	1	4	好	$(1-3)^2+(4-7)^2=13$

2. 排序找出最近的 K 筆距離：在計算出距離後，因為 K 是 3，我們可以找出距離最近 3 筆的編號是 1、3 和 4，距離分別是 16、9 和 13，距離 25 被排除，如右表所示：

編號	耐酸性	強度	分類	距離(3, 7)
1	7	7	壞	$(7-3)^2+(7-7)^2=16$
2	7	4	壞	$(7-3)^2+(4-7)^2=25$
3	3	4	好	$(3-3)^2+(4-7)^2=9$
4	1	4	好	$(1-3)^2+(4-7)^2=13$

3. 新產品分類是最近 K 筆距離的多數分類：現在，我們知道距離最近 3 筆編號是 1、3 和 4，其分類分別是壞、好和好，2 個好比 1 個壞，好比較多，所以新產品的分類是「好」，這就是 KNN 演算法。

使用 MobileNet+KNN 進行影像分類：Ch16_2.html

請啟動 Viewer for PHP 工具，輸入下列網址來執行 JavaScript 程式 Ch16_2.html，如右圖所示：

```
http://localhost:8080/Ch16/Ch16_2.html
```

Test1: 

預測分類: cat

Test2: 

預測分類: dog

上述網頁上方各有 3 張貓 / 狗圖片，這是訓練 KNN 分類用的圖片，在完成訓練後，下方 2 張是測試 KNN 分類的圖片，其 HTML 標籤如下所示：

```
Cat:<div id="cat">
       <img id="cat0" src="images/cat1.jpg"/>
       <img id="cat1" src="images/cat2.jpg"/>
       <img id="cat2" src="images/cat3.jpg"/>
    </div><br/>
Dog:<div id="dog">
       <img id="dog0" src="images/dog1.jpg"/>
       <img id="dog1" src="images/dog2.jpg"/>
       <img id="dog2" src="images/dog3.jpg"/>
    </div>
<hr>
Test1: <img id="test1" src="images/cat4.jpg"/><br/>
<p>預測分類: <span id="result1"></span></p>
Test2: <img id="test2" src="images/dog4.jpg"/><br/>
<p>預測分類: <span id="result2"></span></p>
```

JavaScript 程式需要使用<script>標籤載入 MobileNet 和 KNN Classifier 預訓練模型，如下所示：

```
<script src="https://cdn.jsdelivr.net/npm/@tensorflow/tfjs@latest"></script>
<script
src="https://cdn.jsdelivr.net/npm/@tensorflow-models/mobilenet"></script>
<script
src="https://cdn.jsdelivr.net/npm/@tensorflow-models/knn-classifier"></script>
```

然後使用 trainKNN() 函數訓練 2 種分類的 3 張圖片，首先呼叫 knnClassifier.create()建立 KNN 分類器後，載入 MobileNet 模型，如下所示：

```
let classifer = null;
let mobilenetModule = null;

const trainKNN = async function() {
  classifier = knnClassifier.create();
  mobilenetModule = await mobilenet.load();
  let logits = null;
  const cat0 = tf.browser.fromPixels(document.getElementById("cat0"));
  logits = mobilenetModule.infer(cat0, false);
  classifier.addExample(logits, "cat");
  const cat1 = tf.browser.fromPixels(document.getElementById("cat1"));
  logits = mobilenetModule.infer(cat1, false);
  classifier.addExample(logits, "cat");
  const cat2 = tf.browser.fromPixels(document.getElementById("cat2"));
  logits = mobilenetModule.infer(cat2, false);
  classifier.addExample(logits, "cat");
```

上述程式碼是訓練 KNN 貓分類"cat"的圖片，三張圖片依序呼叫 tf.browser.fromPixels()方法將圖片像素轉換成陣列後，使用 MobileNet 的 infer()方法取得分類機率，即可呼叫 KNN 分類器的 addExample()方法新增至分類"cat"。

Memo

MobileNet 的 infer()方法是回傳圖嵌入（Embedding of an Image），這是用在遷移學習（Transfer Learning）的特徵資料，換句話說，我們是將 MobileNet 識別出的特徵資料遷移用來訓練 KNN，第 2 個參數 true 是回傳圖嵌入；false 是回傳 1000 維度未正規化的分類機率值。

在下方使用相同方式訓練 KNN 狗分類"dog"的三張圖片，如下所示：

```
  const dog0 = tf.browser.fromPixels(document.getElementById("dog0"));
  logits = mobilenetModule.infer(dog0, false);
  classifier.addExample(logits, "dog");
  const dog1 = tf.browser.fromPixels(document.getElementById("dog1"));
  logits = mobilenetModule.infer(dog1, false);
  classifier.addExample(logits, "dog");
  const dog2 = tf.browser.fromPixels(document.getElementById("dog2"));
  logits = mobilenetModule.infer(dog2, false);
  classifier.addExample(logits, "dog");
}
```

在完成 KNN 分類訓練後，即可測試下方 2 張圖片的分類，這是呼叫 predict() 函數，如下所示：

```
async function predict(input, output){
  const x = tf.browser.fromPixels(document.getElementById(input));
  const xlogits = mobilenetModule.infer(x, false);
  const result = await classifier.predictClass(xlogits);
  document.getElementById(output).innerHTML = result.label;
  console.log(result);
}
```

上述函數首先使用和訓練相同的方式來處理圖片，然後呼叫 classifier.predictClass()方法進行分類，即可顯示分類標籤。在下方 app()函數是範例的主程式，如下所示：

```
async function app() {
  await trainKNN();
  predict("test1", "result1");
  predict("test2", "result2");
}
app();
```

上述函數在呼叫 trainKNN()函數訓練分類器後，呼叫 2 次 predict()函數來分類 2 張圖片。

16-3 預訓練模型：COCO-SSD 物件偵測

Google 公司在 2017 年六月釋出 TensorFlow 版的「物件偵測 API」（Object Detection API），TensorFlow.js 預訓練模型 COCO-SSD 就是移植物件偵測 API 的 COCO-SSD 模型，資料集是使用 COCO；SSD 是基於 MobileNet 或 Inception 的 SSD 模型（Single Shot Multibox Detector），簡單的說，可以在單一圖片上識別出多個物件。

Memo

在本節之後的 JavaScript 範例需要使用<canvas>標籤來繪圖，其進一步說明請參閱「附錄 A：HTML5 繪圖標籤與 Canvas API」。

使用 COCO-SSD 進行物件偵測：Ch16_3.html

請啟動 Viewer for PHP 工具，輸入下列網址來執行 JavaScript 程式 Ch16_3.html，如下圖所示：

```
http://localhost:8080/Ch16/Ch16_3.html
```

上述網頁圖片共偵測到 15 隻羊物件，其 HTML 標籤是<img>和<canvas>，如下所示：

```
<img id="object" src="images/objects.jpg"
     style="position:absolute;top:0;left:0;"/>
<canvas id="output" style="position:absolute;top:0;left:0;"></canvas>
```

JavaScript 程式需要使用<script>標籤載入 COCO-SSD 預訓練模型，如下所示：

```
<script src="https://cdn.jsdelivr.net/npm/@tensorflow/tfjs@latest"></script>
<script
src="https://cdn.jsdelivr.net/npm/@tensorflow-models/coco-ssd"></script>
```

然後在 app()函數的主程式載入 COCO-SSD 模型，如下所示：

```
async function app() {
  canvas = document.getElementById("output");
  img = document.getElementById("object");
  canvas.width = img.naturalWidth;
  canvas.height = img.naturalHeight;
  ctx = canvas.getContext('2d');
  ctx.font = '20px Arial';
```

上述程式碼取得<img>和<canvas>標籤物件後，指定 Canvas 尺寸和圖片相同，因為我們是在 Canvas 物件上繪出識別物件的色彩方框。

```
  model = await cocoSsd.load();
  detect();
}
app();
```

上述程式碼載入 COCO-SSD 模型後，呼叫 detect()函數偵測物件。首先建立 color 陣列，可以依序標示偵測到物件的框線色彩，如下所示：

```
const color=["green","yellow","red","blue"];

async function detect() {
  const results = await model.detect(img);
  alert(results.length);
  console.log(results);
```

上述程式碼是呼叫 model.detect()方法來偵測物件，回傳的是偵測到物件的物件陣列，如果陣列的 length 屬性大於 0，表示有偵測到物件，然後，使用 for 迴圈一一繪出識別出的物件方框，如下所示：

```
if (results.length > 0) {
  ctx.clearRect(0, 0, canvas.width, canvas.height);
  for (let i = 0; i < results.length; i++) {
    ctx.beginPath();
    ctx.rect(...results[i].bbox);
    ctx.lineWidth = 3;
    ctx.strokeStyle = color[i % 4];
    ctx.fillStyle = color[i % 4];
    ctx.stroke();
```

上述程式碼是在 Canvas 物件繪出物件外的方框，results[i].bbox 陣列值依序是方框左上角座標、寬和高。在下方顯示預測的機率和分類，如下所示：

```
    ctx.fillText(
      results[i].score.toFixed(3) + "/" + results[i].class,
      results[i].bbox[0],
      results[i].bbox[1] - 5);
  }
 }
}
```

16-4 預訓練模型：Blazeface 人臉辨識

Blazeface 是 Google 開發一種快速和輕量級的人臉辨識模型，可以在圖片中識別出人臉和標示關鍵點（Keypoints），這是使用 Single Shot Detector 架構和客製化編碼器所建立的人臉辨識模型。

使用 Blazeface 進行人臉辨識：Ch16_4.html

請啟動 Viewer for PHP 工具，輸入下列網址來執行 JavaScript 程式 Ch16_4.html，如下圖所示：

```
http://localhost:8080/Ch16/Ch16_4.html
```

Names of latest hollywood ...
panconcepts.gq

Student becomes an Instagra...
bestfemaletips.com

Celebrity Protection | M...
pinterest.com

Movie Star - Hollywood ...
cialis7dosage.com

Movie star Lindsay faces drink-drive ...
express.co.uk

CARDINALE Italian mo...
shutterstock.com

Lori Loughlin poster | L...
pinterest.com

Rate Tom Cruise's Smil...
davidwurbandds.wordp...

上述網頁的圖片共辨識出 7 張臉，黑白照片沒有辨識出，其 HTML 標籤是<img>和<canvas>，如下所示：

```
<img id="face" src="images/faces.jpg" style="position:absolute;top:0;left:0;">
<canvas id="output" style="position:absolute;top:0;left:0;"></canvas>
```

JavaScript 程式需要使用<script>標籤載入 Blazeface 預訓練模型，如下所示：

```
<script src="https://cdn.jsdelivr.net/npm/@tensorflow/tfjs@latest"></script>
<script src="https://cdn.jsdelivr.net/npm/@tensorflow-models/blazeface"></script>
```

然後在 app()函數的主程式載入 Blazeface 模型，如下所示：

```
async function app() {
  canvas = document.getElementById('output');
  img = document.getElementById("face");
  canvas.width = img.naturalWidth;
  canvas.height = img.naturalHeight;
  ctx = canvas.getContext('2d');
  ctx.fillStyle = "rgba(255, 0, 0, 0.5)";
```

上述程式碼取得<img>和<canvas>標籤物件後，指定 Canvas 尺寸和圖片相同，因為我們是在 Canvas 物件上繪出辨識出人臉的色彩方框。

```
  model = await blazeface.load();
  predict();
}
app();
```

上述程式碼載入 Blazeface 模型後，呼叫 predict()函數辨識人臉。我們是在 predict()函數呼叫 model.estimateFaces()方法來辨識人臉，可以回傳辨識出人臉的物件陣列，如下所示：

```
async function predict() {
  const predictions = await model.estimateFaces(img, false);
  alert(predictions.length);
  console.log(predictions);
```

如果陣列的 length 屬性大於 0，表示有辨識出人臉，然後，就可以使用 for 迴圈一一繪出辨識出的人臉方框，如下所示：

```
  if (predictions.length > 0) {
    ctx.clearRect(0, 0, canvas.width, canvas.height);
    for (let i = 0; i < predictions.length; i++) {
      const start = predictions[i].topLeft;
      const end = predictions[i].bottomRight;
      const size = [end[0] - start[0], end[1] - start[1]];
      ctx.fillRect(start[0], start[1], size[0], size[1]);
    }
  }
}
```

上述程式碼是呼叫 Canvas 物件的 fillRect()方法來繪出人臉方框。

使用 Blazeface 進行人臉辨識和顯示關鍵點：Ch16_4a.html

請啟動 Viewer for PHP 工具，輸入下列網址來執行 JavaScript 程式 Ch16_4a.html，如下圖所示：

```
http://localhost:8080/Ch16/Ch16_4a.html
```

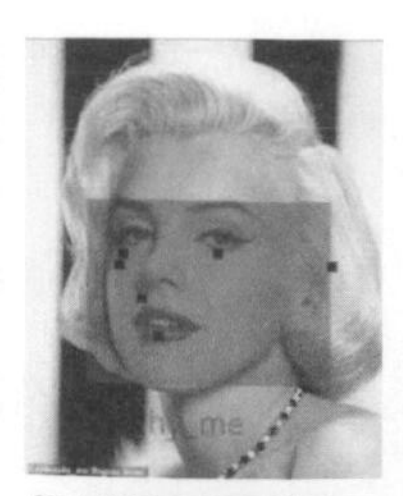

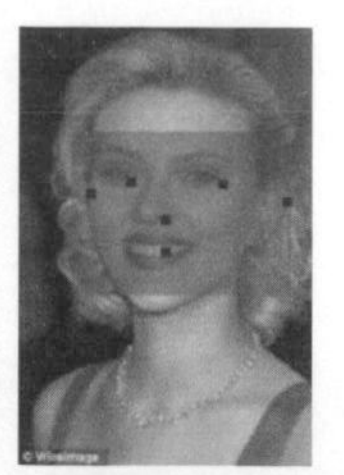

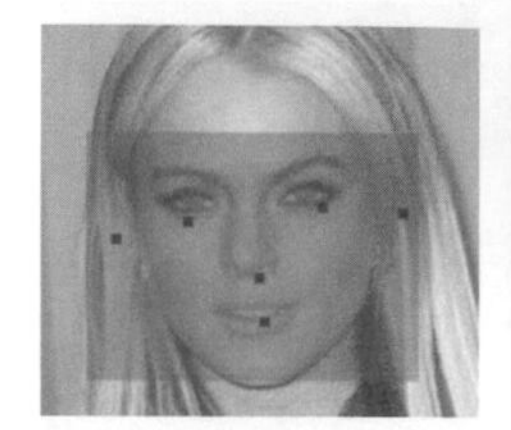

上述網頁的圖片共辨識出 7 張臉，和標示每張人臉的關鍵點。JavaScript 程式結構和 Ch16_4.html 相同，只是在 predict()函數繪出辨識出人臉的方框後，再進一步繪出位在臉上的 6 個關鍵點，如下所示：

```
const landmarks = predictions[i].landmarks;
ctx.fillStyle = "blue";
for (let j = 0; j < landmarks.length; j++) {
  const x = landmarks[j][0];
  const y = landmarks[j][1];
  ctx.fillRect(x, y, 5, 5);
}
```

上述程式碼使用 landmarks 取得關鍵點資訊後，使用 for 迴圈一一繪出這些關鍵點，這是 5x5 的藍色小方塊。

16-5 預訓練模型：即時物件偵測與人臉辨識

HTML5 支援<video>標籤，可以直接在瀏覽器開啟 WebCam 網路攝影機，換句話說，我們可以結合預訓練模型和 WebCam 網路攝影機，輕鬆建立即時的物件偵測與人臉辨識。

Memo

請注意！使用 WebCam 網路攝影機的 JavaScript 程式可以直接在本機執行，並不需要使用 Web 伺服器。

16-5-1 在瀏覽器使用 WebCam

HTML 的<video>標籤可以在網頁上顯示影片，在實務上，我們就是在此標籤顯示 WebCam 網路攝影機的影像（JavaScript 程式：Ch16_5_1.html），如下所示：

```
<video autoplay muted id="video" width="320" height="320"></video>
```

上述<video>標籤的屬性說明，如下表所示：

屬性	說明
autoplay	指定當準備完成後就自動播放
controls	指定顯示控制面板的按鈕來播放/暫停
weight/height	指定影片的寬和高
loop	指定影片是否循環播放
muted	指定影片是靜音

JavaScript 程式是呼叫 setupWebcam()函數來設定 WebCam 網路攝影機，如下所示：

```
async function setupWebcam() {
  video = document.getElementById("video");
  const stream = await navigator.mediaDevices.getUserMedia({
    "audio": false,
    "video": { facingMode: "user" },
  });
  video.srcObject = stream;
```

上述函數在取得<video>標籤物件後，呼叫 navigator 物件的 mediaDevices.getUserMedia()方法取得 WebCam 網路攝影機 stream 物件，參數的物件文字值是參數設定，然後指定<video>標籤 srcObject 屬性的影像來源就是 stream（即 WebCam 網路攝影機）。函數的回傳值是一個 Promise 物件，如下所示：

```
  return new Promise((resolve) => {
    video.onloadedmetadata = () => {
      resolve(video);
    };
  });
}
```

JavaScript 程式：Ch16_5_1.html 的執行結果，首先看到要求相機權限的對話方塊，請按【允許】鈕同意授權，如右圖所示：

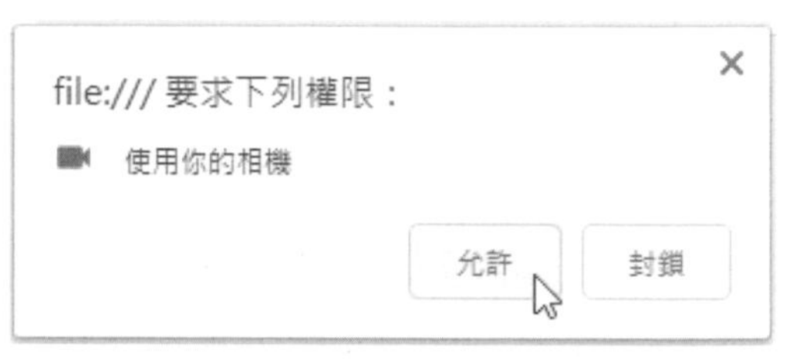

然後，就可以看到 WebCam 網路攝影機的影像，如右圖所示：

16-5-2 COCO-SSD 即時物件偵測

現在，我們只需整合第 16-3 節和第 16-5-1 節的 JavaScript 程式，就可以使用 COCO-SSD 預訓練模型來執行即時的物件偵測，JavaScript 程式：Ch16_5_2.html 的執行結果，如下圖所示：

在上述網頁的攝影機影像共偵測到 3 個物件，其 HTML 標籤是<video>和<canvas>，如下所示：

```
<video autoplay muted id="video" width="400" height="400"></video>
<canvas id="output" style="position:absolute;top:0;left:0;"></canvas>
```

JavaScript 程式是在 app()函數的主程式設定網路攝影機和載入 COCO-SDD 模型，如下所示：

```
async function app() {
  await setupWebcam();
  video.play();
  videoWidth = video.videoWidth;
  videoHeight = video.videoHeight;
  video.width = videoWidth;
  video.height = videoHeight;
```

上述函數首先呼叫 setupWebcam()函數設定網路攝影機後，呼叫 play()方法播放影片，接著取得目前影片的實際尺寸後，指定成<video>標籤物件的尺寸。然後在下方取得 Canvas 物件 output，如下所示：

```
  canvas = document.getElementById("output");
  canvas.width = videoWidth;
  canvas.height = videoHeight;
  ctx = canvas.getContext('2d');
  ctx.font = '20px Arial';
```

```
  model = await cocoSsd.load();
  detect();
}
app();
```

上述程式碼取得<canvas>標籤物件後，指定 Canvas 尺寸和<video>標籤尺寸相同，因為我們是在Canvas物件上繪出識別物件的色彩方框。在成功載入COCO-SSD模型後，呼叫 detect()函數偵測物件。

在 detect()函數是呼叫 model.detect()方法偵測物件，回傳的是偵測到物件的物件陣列，如下所示：

```
async function detect() {
  const results = await model.detect(video);
  if (results.length > 0) {
    ctx.clearRect(0, 0, canvas.width, canvas.height);
```

上述 if 條件判斷陣列的 length 屬性大於 0，表示有偵測到物件，然後，在清除 Canvas 物件的繪圖後，使用下方 for 迴圈一一繪出識別出的物件方框，如下所示：

```
    for (let i = 0; i < results.length; i++) {
      ctx.beginPath();
      ctx.rect(...results[i].bbox);
      ctx.lineWidth = 5;
      ctx.strokeStyle = color[i % 4];
      ctx.fillStyle = color[i % 4];
      ctx.stroke();
```

上述程式碼是在 Canvas 物件繪出出偵測到物件的方框。在下方是標示預測的機率和分類，如下所示：

```
      ctx.fillText(
        results[i].score.toFixed(3) + "/" + results[i].class,
        results[i].bbox[0],
        results[i].bbox[1] - 5);
    }
  }
  requestAnimationFrame(detect);
}
```

上述函數最後呼叫 requestAnimationFrame()函數，可以通知瀏覽器需要產生動畫，並且在下次重繪畫面前呼叫參數 detect()函數來更新動畫。

16-5-3 Blazeface 即時人臉辨識

同理，我們只需整合第 16-4 節和第 16-5-1 節的 JavaScript 程式，就可以使用 Blazeface 預訓練模型來執行即時的人臉辨識，JavaScript 程式：Ch16_5_3.html 的執行結果，如下圖所示：

Probability 0 : 0.9993762969970703
Probability 1 : 0.9979022741317749

上述網頁的攝影機影像共辨識出 2 張臉和繪出臉上的關鍵點，在下方顯示 2 張是人臉的機率。其 HTML 標籤是<video>、<canvas>和顯示機率的<div>標籤，如下所示：

```
<video id="video" style="
  -webkit-transform: scaleX(-1);
  transform: scaleX(-1);
  width: auto;  height: auto;
">
</video>
<canvas id="output" style="position:absolute;top:0;left:0;"></canvas>
<div id="result">...</div>
```

JavaScript 程式是在 app()函數的主程式設定網路攝影機和載入 Blazeface 模型，如下所示：

```
async function app() {
  await setupWebcam();
  video.play();
  videoWidth = video.videoWidth;
  videoHeight = video.videoHeight;
  video.width = videoWidth;
  video.height = videoHeight;
```

上述函數首先呼叫 setupWebcam()函數設定網路攝影機後，呼叫 play()方法播放影片，接著取得目前影片的實際尺寸後，指定成<video>標籤物件的尺寸。然後在下方取得 Canvas 物件 output，如下所示：

```
  canvas = document.getElementById("output");
  canvas.width = videoWidth;
  canvas.height = videoHeight;
  ctx = canvas.getContext('2d');
  ctx.fillStyle = "rgba(255, 0, 0, 0.5)";

  model = await blazeface.load();
  predict();
}
app();
```

上述程式碼取得<canvas>標籤物件後，指定 Canvas 尺寸和<video>標籤尺寸相同，因為我們是在 Canvas 物件上繪出辨識出人臉的色彩方框和關鍵點。在成功載入 Blazeface 模型後，呼叫 predict()函數辨識人臉。

在 predict()函數是呼叫 model.estimateFaces()方法辨識人臉，回傳的是辨識出人臉的物件陣列，如下所示：

```
async function predict() {
  const predictions = await model.estimateFaces(video, false, true, true);
  document.getElementById("result").innerHTML = ''
  if (predictions.length > 0) {
    ctx.clearRect(0, 0, canvas.width, canvas.height);
```

上述 if 條件判斷陣列的 length 屬性大於 0，表示有辨識出人臉，然後，在清除 Canvas 物件的繪圖後，使用下方 for 迴圈一一繪出辨識出的人臉方框，如下所示：

```
    for (let i = 0; i < predictions.length; i++) {
    try {
      document.getElementById("result").innerHTML += 'Probability ' +
                      i + ' : ' + predictions[i].probability + '<br>'
      console.log(predictions[i])
    }
    catch(err){
      document.getElementById("result").innerHTML = err.message
    }
```

上述 try/catch 程式區塊顯示辨識出人臉是真正人臉的機率。在下方使用 Canvas 物件的 fillRect()方法繪出人臉方框，如下所示：

```
    const start = predictions[i].topLeft;
    const end = predictions[i].bottomRight;
    const size = [end[0] - start[0], end[1] - start[1]];
    ctx.fillStyle = "rgba(255, 0, 0, 0.5)";
    ctx.fillRect(start[0], start[1], size[0], size[1]);
```

然後使用 landmarks 取得關鍵點資訊後，使用 for 迴圈一一繪出這些關鍵點，這是 5x5 的藍色小方塊，如下所示：

```
    const landmarks = predictions[i].landmarks;
    ctx.fillStyle = "blue";
    for (let j = 0; j < landmarks.length; j++) {
      const x = landmarks[j][0];
      const y = landmarks[j][1];
      ctx.fillRect(x, y, 5, 5);
    }
  }
}
else {
  ctx.clearRect(0, 0, canvas.width, canvas.height);
}
requestAnimationFrame(predict);
}
```

上述函數最後呼叫 requestAnimationFrame()函數，可以通知瀏覽器需要產生動畫，並且在下次重繪畫面前呼叫參數 predict()函數來更新動畫。

16-6 預訓練模型：PoseNet 即時姿勢偵測

PoseNet 預訓練模型可以在瀏覽器使用 WebCam 網路攝影機進行即時的人體姿勢偵測，支援單人或多人的姿勢偵測。在 JavaScript 程式需要使用<script>標籤載入 PoseNet 預訓練模型，如下所示：

```
<script src="https://cdn.jsdelivr.net/npm/@tensorflow/tfjs"></script>
<script src="https://cdn.jsdelivr.net/npm/@tensorflow-models/posenet"></script>
```

使用 PoseNet 即時偵測單人的姿勢：Ch16_6.html

JavaScript 程式並不需要 Web 伺服器，就可以使用 PoseNet 即時偵測單人的姿勢，請注意！此範例只能偵測單人姿勢；多人會誤判，其執行結果如下圖所示：

在上述網頁的攝影機影像偵測到 1 位女生的單人姿勢，除了繪出姿勢的關鍵點外，還繪出骨架的身形，其 HTML 標籤是<video>和<canvas>，如下所示：

```
<video autoplay muted id="video" width="400" height="400"></video>
<canvas id="output" style="position:absolute;top:0;left:0;"></canvas>
```

JavaScript 程式是在 app()函數的主程式設定網路攝影機和載入 PoseNet 模型，如下所示：

```
async function app() {
  await setupWebcam();
```

```
  video.play();
  videoWidth = video.videoWidth;
  videoHeight = video.videoHeight;
  video.width = videoWidth;
  video.height = videoHeight;
```

上述函數首先呼叫 setupWebcam()函數設定網路攝影機後，呼叫 play()方法播放影片，接著取得目前影片的實際尺寸後，指定成<video>標籤物件的尺寸。然後在下方取得 Canvas 物件 output，如下所示：

```
  canvas = document.getElementById("output");
  canvas.width = videoWidth;
  canvas.height = videoHeight;
  ctx = canvas.getContext('2d');
```

上述程式碼取得<canvas>標籤物件後，指定 Canvas 尺寸和<video>標籤尺寸相同，因為我們是在 Canvas 物件上繪出單人姿勢的關鍵點和骨架。在下方呼叫 load()方法載入 PoseNet 模型，如下所示：

```
  model = await posenet.load({
    architecture: 'MobileNetV1',
    outputStride: 16,
    multiplier: 0.75
  });
  detect();
}
app();
```

上述 load()方法參數的物件文字值，可用參數的說明，如下所示：

- architecture：決定模型使用的是 MobileNetV1，或 RestNet50。
- outputStride：指定 PoseNet 模型的輸出步幅，值可以是 8、16 或 32（RestNet 支援 16 和 32；MobileNet 支援 8、16 和 32），值愈小愈準確，但愈慢，值愈大可以增加速度，但需付出準確度的代價。
- multiplier：值可以是 1.0、0.75 或 0.5，此參數只有 MobileNet 支援，指定浮點數乘數運算的深度，值愈小，速度愈快，但需付出準確度的代價。

在函數的最後是呼叫 detect()函數來偵測單人姿勢，detect()函數如下所示：

```
async function detect() {
  let minPoseConfidence = 0.1;
  let minPartConfidence = 0.5;
  const pose = await model.estimateSinglePose(video, {
    flipHorizontal: false
  });
  console.log(pose);
```

上述函數首先指定姿勢的最小信心水準 minPoseConfidence 和骨架部分的最小信心水準 minPartConfidence 兩個變數值，以決定繪出哪些部分的關鍵點和骨架，然後呼叫 model.estimateSinglePose()方法偵測單人姿勢（flipHorizontal 參數值 false 是不需水平翻轉），回傳值的是偵測到單人姿勢各部分的分數和關鍵點的物件，共有 17 部分，如下表所示：

Id	部分（Part）
0	鼻子（Nose）
1	左眼（Left Eye）
2	右眼（Right Eye）
3	左耳（Left Ear）
4	右耳（Right Ear）
5	左肩（Left Shoulder）
6	右肩（Right Shoulder）
7	左手肘（Left Elbow）
8	右手肘 Right Elbow）
9	左手腕（Left Wrist）
10	右手腕（Right Wrist）
11	左臀（Left Hip）
12	右臀（Right Hip）
13	左膝（Left Knee）
14	右膝（Right Knee）

Id	部分（Part）
15	左腳踝（Left Ankle）
16	右腳踝（Right Ankle）

然後，在清除 Canvas 後，if 條件判斷分數是否有大於最小信心水準，大過此值才會繪出姿勢的關鍵點和骨架，這是呼叫 drawKeypoints()函數繪出姿勢的關鍵點，drawSkeleton()函數繪出姿勢的骨架，參數 minPartConfidence 是當超過此值時，才會繪出此部分的關鍵點和骨架，如下所示：

```
  ctx.clearRect(0, 0, canvas.width, canvas.height);
  if (pose.score >= minPoseConfidence) {
    drawKeypoints(pose.keypoints, minPartConfidence, ctx);
    drawSkeleton(pose.keypoints, minPartConfidence, ctx);
  }
  requestAnimationFrame(detect);
}
```

上述函數最後呼叫 requestAnimationFrame()函數，可以通知瀏覽器需要產生動畫，並且在下次重繪畫面前呼叫參數 detect()函數來更新動畫。

在 Canvas 繪出姿勢的關鍵點是呼叫 drawKeypoints()函數，如下所示：

```
function drawKeypoints(keypoints, minConfidence, ctx, scale=1) {
  for (let i = 0; i < keypoints.length; i++) {
    const keypoint = keypoints[i];
    if (keypoint.score < minConfidence) {
      continue;
    }
    const {y, x} = keypoint.position;
    drawPoint(ctx, y * scale, x * scale, 3, color);
  }
}
```

上述 for 迴圈繪出參數 keypoints 的每一個關鍵點，if 條件判斷是否小於 minConfidence，如果是，就馬上執行下一次迴圈（也就是不繪出關鍵點），在最後呼叫 drawPoint()函數繪出關鍵點，此函數如下所示：

```
function drawPoint(ctx, y, x, r, color) {
  ctx.beginPath();
  ctx.arc(x, y, r, 0, 2 * Math.PI);
```

```
  ctx.fillStyle = color;
  ctx.fill();
}
```

上述函數是在 Canvas 繪出填滿圓形的關鍵點，arc()方法可以繪出弧形，然後在最後呼叫 fill()方法填滿圓形的色彩。繪出姿勢的骨架是呼叫 drawSkeleton()函數，如下所示：

```
function drawSkeleton(keypoints, minConfidence, ctx, scale=1) {
  const adjacentKeyPoints =
    posenet.getAdjacentKeyPoints(keypoints, minConfidence);

  adjacentKeyPoints.forEach((keypoints) => {
    drawSegment(
      toTuple(keypoints[0].position), toTuple(keypoints[1].position), color,
      scale, ctx);
  });
}
```

上述函數首先呼叫 getAdjacentKeyPoints()方法找出鄰接的關鍵點後，即可呼叫 drawSegment()函數繪出各部分的骨架，toTuple()函數是將物件文字值{y, x}轉換成陣列[y, x]，如下所示：

```
function toTuple({y, x}) {
  return [y, x];
}
```

在 Canvas 繪出各部分骨架是呼叫 drawSegment()函數，這是使用路徑方式來繪圖骨架各關鍵點之間的連接線，如下所示：

```
function drawSegment([ay, ax], [by, bx], color, scale, ctx) {
  ctx.beginPath();
  ctx.moveTo(ax * scale, ay * scale);
  ctx.lineTo(bx * scale, by * scale);
  ctx.lineWidth = lineWidth;
  ctx.strokeStyle = color;
  ctx.stroke();
}
```

使用 PoseNet 即時偵測多人的姿勢：Ch16_6a.html

JavaScript 程式並不需要 Web 伺服器，就可以使用 PoseNet 即時偵測多人的姿勢，其執行結果如下圖所示：

上述網頁的攝影機影像共偵測到 2 位女生的多人姿勢，除了繪出姿勢的關鍵點外，還繪出骨架的身形。JavaScript 程式 Ch16_6a.html 和 Ch16_6.html 的差異是在 detect()函數，如下所示：

```
async function detect() {
  let minPoseConfidence = 0.15;
  let minPartConfidence = 0.1;
  let maxPoseDetections = 5;
  let nmsRadius = 30.0;
```

上述函數開頭首先指定一些變數值，其說明如下所示：

- minPoseConfidence 變數：姿勢的最小信心水準。
- minPartConfidence 變數：骨架部分的最小信心水準。
- maxPoseDetections 變數：最多可以偵測幾個人的姿勢。
- nmsRadius 變數：姿勢各部分相互壓住時少於的距離，預設值是 20.0 值，而且一定是正值。

然後，呼叫 model.estimatePoses()方法偵測多人姿勢，如下所示：

```
const all_poses = await model.estimatePoses(video, {
  flipHorizontal: false,
  decodingMethod: "multi-person",
  maxDetections: maxPoseDetections,
  scoreThreshold: minPartConfidence,
  nmsRadius: nmsRadius
});
console.log(all_poses);
```

上述 model.estimatePoses() 方法的參數值就是之前指定的變數值，decodingMethod 參數值"multi-person"是多人，回傳值是偵測到多人姿勢各部分的分數和關鍵點的物件陣列。

然後，在清除 Canvas 後，因為是陣列，所以使用 forEach()方法走訪陣列，if 條件判斷分數是否有大於最小信心水準，大過此值才會繪出姿勢的關鍵點和骨架，一樣是呼叫 drawKeypoints()函數繪出姿勢的關鍵點，drawSkeleton()函數繪出姿勢的骨架，參數 minPartConfidence 是當超過此值時，才會繪出此部分的關鍵點和骨架，如下所示：

```
  ctx.clearRect(0, 0, canvas.width, canvas.height);
  all_poses.forEach(({score, keypoints}) => {
    if (score >= minPoseConfidence) {
      drawKeypoints(keypoints, minPartConfidence, ctx);
      drawSkeleton(keypoints, minPartConfidence, ctx);
    }
  });
  requestAnimationFrame(detect);
}
```

上述函數最後呼叫 requestAnimationFrame()函數，可以通知瀏覽器需要產生動畫，並且在下次重繪畫面前呼叫參數 detect()函數來更新動畫。